高等职业技术教育电子电工类系列教材

电 路 分 析

(第六版)

主　编　刘志民
副主编　张咏军　张　甜
参　编　李浩然　钱际光
主　审　杨健康

陕西省优秀教材二等奖

西安电子科技大学出版社

内 容 简 介

本书第一版是依据教育部制定的《高职高专教育基础课程教学基本要求》编写的，出版以来深受广大读者的厚爱，并入选教育部推荐教材目录。根据教学实际情况，这次(第六版)修订，总体上降低了难度，文字叙述更加简洁，内容更加贴近高等职业教育的特点。

本书主要内容有：电路的基本概念和定律，电路的等效变换，线性电路的一般分析方法和基本定理，正弦交流电路，互感电路及理想变压器，非正弦周期信号电路，动态电路的时域分析。每节后有练习与思考，每章后留有一定量的习题和自测题，在书末还提供了两套模拟试题。

本书可作为高职院校电子、通信、计算机类专业的教材，也可供中职学校相关专业选用，并可供从事电子技术工作的工程技术人员和参加自学考试的人员参考。

图书在版编目(CIP)数据

电路分析/刘志民主编. —6 版. —西安：西安电子科技大学出版社，2020.10
(2023.8 重印)
ISBN 978-7-5606-5905-3

Ⅰ. ①电… Ⅱ. ①刘… Ⅲ. ①电路分析—高等职业教育—教材 Ⅳ. ①TM133

中国版本图书馆 CIP 数据核字(2020)第 200689 号

策　　划　马乐惠
责任编辑　马乐惠
出版发行　西安电子科技大学出版社(西安市太白南路 2 号)
电　　话　(029)88202421　88201467　　邮　　编　710071
网　　址　www.xduph.com　　电子邮箱　xdupfxb001@163.com
经　　销　新华书店
印刷单位　陕西天意印务有限责任公司
版　　次　2020 年 10 月第 6 版　2023 年 8 月第 31 次印刷
开　　本　787 毫米×1092 毫米　1/16　印张 17
字　　数　389 千字
印　　数　143 001～147 000 册
定　　价　37.00 元
ISBN 978-7-5606-5905-3/TM
XDUP 6207006-31

高等职业技术教育电子电工类系列教材

编委会名单

前　　言

本教材自2002年出版以来，受到使用学校师生们的普遍认可，选用本教材的高职院校遍及全国各地，涉及通信技术、计算机应用、电子工程、机电工程、家用电器等诸多专业。使用者普遍认为，本教材编写思想紧扣高职层次的教学要求，内容充实，对高职学生够用且实用；概念表述清楚、到位；举例典型、合适又贴近工程实际；习题配置完善、周详、系统，给教与学双方均带来帮助和方便。

十余年来，本教材已进行了五次修订、再版，每次修订，都遵循“实用为主，够用为度”的原则，总体上一直在降低难度，以方便教与学，因此赢得了使用者的信任和欢迎，总发行量已突破13万册。本教材曾获陕西省普通高等学校优秀教材二等奖。

为了培养与时俱进的21世纪应用型人才，编者根据最新的电子信息类、通信技术类、计算机应用类和机电工程类相关专业的人才培养方案和电路分析课程标准，结合编者多年教学改革的实践经验，进行第五次修订。本次修订宗旨为：保留原教材相对成熟的基本体系、风格及章节顺序，着重从以下几方面进行修订：

(1) 为了帮助读者更好地掌握各章节知识要点，对全书各节的重点知识添加了波浪线进行重点标识。

(2) 从易于理解、便于掌握的角度考虑，对一些内容进行了调整和充实，以增强其逻辑性，使之更加准确到位。如3.4节进一步补充、强调了处理受控源的方法，4.1.3节中对正弦量有效值定义进行了修订等。

(3) 对某些容易被忽视的概念进行了重点强调，使其更加明确、突出。如4.1.1节中对正弦量的三要素作了专门强调叙述；7.2.1节中补充了一阶电路的定义等。

(4) 强调了实际工作应用中应注意的一些普通常识性问题。如第4章前序中增加了正弦交流电之所以能广泛应用的简单原因；4.1.1节中增加了常用电器使用要求电源频率匹配的问题；4.13.2节充实了三相电源Y形连接供电的制式常识问题等。

(5) 修订了个别容易引发误解的表达和一些印刷上的错误。

本次修订第 1、2 章由陕西邮电职业技术学院张甜老师完成，第 3、5 章由陕西邮电职业技术学院刘志民老师完成，第 4 章由咸阳师范学院李浩然老师完成，第 6 章由陕西能源职业技术学院钱际光老师完成，第 7 章由西安航空职业技术学院张咏军老师完成，全书由刘志民老师统稿。

借此次再版机会，编者对本教材的出版、发行付出辛勤劳动的西安电子科技大学出版社的有关领导、策划、编辑诸同志及大力支持本书的广大读者表示衷心的感谢。限于编者水平，本教材虽经多次修改，疏漏可能依然存在，殷切希望广大读者不吝赐教。

编者

2020 年 9 月

第一版前言

本书是依据1999年8月教育部高教司制定的《高职高专教育基础课程教学基本要求》和《高职高专教育专业人才培养目标及规范》的精神，参照陕西省职业技术教育学会电子电工教学委员会组织讨论并确定的高等职业院校电子电工类专业“电路分析”教学大纲编写的，供高等职业院校电子电工类专业使用。

我们在编写本教材时按照精选传统内容、严格把握深度和广度、尽量体现新度的总体思路，尽力让它成为一本教师好教、学生好学的基础教材。为此，着重考虑了以下方面：

(1) 为突出理论与实践相结合，培养学生解决实际问题的能力及创新精神，在例题和习题的选择上，尽量列举日常生活、生产实际中能接触到的一些现实电路问题，力求生动、具体、鲜活，以激发学生的兴趣，调动起学生学习的积极性，同时注意到对新知识、新工艺的体现。

(2) 配合理论教学列举了较多的例题，目的在于加深学生对所学理论的进一步理解及用所学知识对具体电路进行分析，进而掌握一般电路的分析计算方法。根据教学实践中学生普遍反映理论易懂、习题难做的情况，适当增加了部分例题的难度，并力求做到解题思路简捷，步骤清晰明了，取值计算精简，文字表述严谨，附图完整，以期对学生掌握具体分析方法起到应有的指导作用。有些题目给出多个解法，以启发和培养学生的发散型思维能力。

(3) 每章开始有引入，在做到过渡自然的同时兼起“本章学习指导”之作用，以求教学层次明确，利于教师和学生共同把握各章最基本的知识点，获得重点突出、顾及一般之效。每章后附有小结，旨在对本章内容做出比较系统、完整的归纳，梳理出头绪，以帮助学生更深入地理解和全面掌握本章内容。

(4) 每节后有少量练习与思考题，每章都配置了数量较大的习题，覆盖了本书中要求理解和掌握的全部内容，便于学生选择和练习，以巩固基本概念及加强对实践能力的培养，其中许多题目是经多年教学实践而精选的。

本书在编写过程中借鉴了同行们编写的优秀教材，从中受到了不少教益和启发，在此对各位作者表示衷心的感谢。

本书第1章由刘志民和王向阳编写，第2、3章由刘志民编写，第4章由李浩然编写，第5、7章由张咏军编写，第6章由钱际光编写。全书由刘志民统稿并修改，杨健康主审。张浩同志参加了部分电路图的前期电脑制作及后期电脑统盘工作。郭宗智、张平、王拴存及陕西邮电职业技术学院电路组全体同志参加了本书的审稿会，并提出了不少宝贵建议，对本书的修改工作帮助很大，在此谨表示诚挚的谢意。

由于编者水平所限，书中错误及欠妥之处在所难免，恳请读者和使用本书的同行批评指正。

编　者

2001 年 12 月

本书常用符号说明

1. 基本符号

i，I	电流
u，U	电压
φ(带单下标)	电位
p，P	功率
w，W	能量
R	电阻
G	电导
μ	VCVS 中的电压放大系数
γ	CCVS 中的转移电阻
g	VCCS 中的转移电导
β	CCCS 中的电流放大系数
θ	初相
T	周期
ω	角频率
f	频率
φ(或 φ 带双下标)	相位差
L	电感
C	电容
Z	阻抗
X	电抗
Y	导纳
B	电纳
φ_z	阻抗角
φ_y	导纳角
λ(或 $\cos\varphi$)	功率因数
ω_0	谐振角频率
f_0	谐振频率
Q	LC 回路的品质因数
B_W	通频带
α	单位相量算子

η	效率
N	线圈匝数
Φ	磁通
Ψ	磁链
M	互感
k	耦合系数
T	变压器
n	理想变压器匝比
τ	脉冲持续时间
p	微分方程的特征根
τ	动态电路的时间常数

2. 电压、电流

$i(t)$	正弦电流的瞬时值
$u(t)$	正弦电压的瞬时值
I_m	正弦电流的振幅值
U_m	正弦电压的振幅值
I	正弦电流的有效值
U	正弦电压的有效值
$\dot{I}_m$	正弦电流的振幅值相量
$\dot{U}_m$	正弦电压的振幅值相量
$\dot{I}$	正弦电流的有效值相量
$\dot{U}$	正弦电压的有效值相量
U_S	电压源电压值
I_S	电流源电流值
$\dot{U}_S$	电压源电压相量值
$\dot{I}_S$	电流源电流相量值
i_b	晶体管基极电流
i_c	晶体管集电极电流
U_p	三相电的相电压有效值
I_p	三相电的相电流有效值
U_l	三相电的线电压有效值
I_l	三相电的线电流有效值
u_{ch}，i_{ch}	齐次微分方程的通解
u_{cp}，i_{cp}	非齐次微分方程的特解

3. 功率

P	有功功率
Q	无功功率
Q_L	电感的无功功率
Q_C	电容的无功功率

S	视在功率

4. 电阻、阻抗及导纳

R_S	电源内阻
R_L	负载电阻
R_P	电位计(可变电阻器)
ρ	串联谐振电路的特性阻抗
Z_S	电源内阻抗
Z_L	负载阻抗
Z_S^*	电源内阻抗的共轭复数
X_C	容抗
X_L	感抗
B_C	容纳
B_L	感纳
Re[ ]	取复数的实部
Im[ ]	取复数的虚部

目　　录

第 1 章　电路的基本概念和定律

基尔霍夫定律是电路理论中的基本定律，也是学习本课程的基础。

本章首先介绍电路的一些基本概念，其中有些内容在物理课中已经学过，这里着重以电路分析的观点讨论这些概念并加以必要的拓展。

学习本章，要求充分理解并牢固掌握电压的参考极性、电流的参考方向及关联方向等基本概念，电功率 $P>0$ 和 $P<0$ 的意义，基尔霍夫定律的内容及应用。

1.1　电路和电路模型

1.1.1　电路及其功能

电路是由电路元(器)件按一定要求连接而成，为电流的流通提供闭合路径的集合体，复杂的电路也常称为网络。

实际应用中的电路种类繁多，用途各异，但按其功能可概括为两个方面：一是对能量的传送、转换与分配，电力系统中的输电电路就是典型实例；二是完成电信号的产生、传输、处理及应用，手机、电视机电路就是这方面的典型实例。

1.1.2　理想电路元件

组成实际电路的元(器)件种类甚多，性能也不尽相同，但它们在电路中发生的电磁现象却有着共同之处。有些元(器)件主要是消耗电能的，如各种电阻器、电灯、电炉等。有些元(器)件主要是供给电能的，如发电机和电池。有些元(器)件主要是储存磁场能量的，如各种各样的电感线圈。有些元(器)件主要是储存电场能量的，如各种类型的电容器。各种元(器)件除了主要物理性质之外，还有次要性质。如电阻器，通过电流时还会产生磁场，因而兼有电感的性质；实际电感线圈是用金属导线绕制而成的，总要呈现一定电阻，因而兼有电阻的性质。分析电路时，若对电路元(器)件的物理性质全都考虑，肯定会非常麻烦，而且在工程实践中也没有必要这样做。因此，为了分析电路方便起见，必须在一定条件下对实际电路元(器)件加以近似化，忽略其次要性质，用一些足以表示实际电路元(器)件主要物理性质的模型来代替实际电路元(器)件。

构成模型的元(器)件称为理想电路元件。电路分析中常用的三种最基本的理想元件是：表示将电能转换成热能的电阻元件；表示电场现象的电容元件；表示磁场现象的电感元件。另外还有电压源和电流源两种理想电源元件。每一种理想元件都有各自严格的数学定义式和符号。

1.1.3 电路模型

各种实际元(器)件在一定条件下都可以建立其模型，有些模型比较简单，仅由一种理想元件组成，有些则比较复杂，要由几种理想元件组成。用抽象的理想元件及其组合近似代替实际元(器)件，从而构成了与实际电路相对应的电路模型。所谓电路模型，就是按理想电路元件的符号在平面上所画的电路图。

图 1.1 是一个最简单的电路模型。实际电源(如干电池)看作由理想电压源 U_s 和理想电阻元件 R_s 串联组成，负载(如灯泡)看作理想的电阻元件 R_L，导线看作电阻为零的短路线，即理想导线。

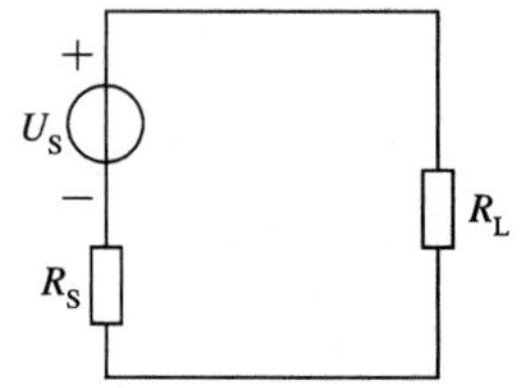

图 1.1　一个最简单的电路图

电路模型只反映各理想元件在电路中的作用及其连接方式，并不反映实际设备的内部结构、几何尺寸及其相互位置。因此，电路模型又称电路原理图(以区别于其他图，如装配图)。要分析某一个实际电路，首先要建立它的电路模型。不特别说明，本课程中涉及的电路图都是指原理图(电路模型)，理想元件简称元件，涉及到的元件都是二端元件。

实际电路可分为"集总参数电路"和"分布参数电路"两大类。当一个实际电路的几何尺寸远小于电路中电磁波的波长时，则称其为集总参数电路，否则就称其为分布参数电路。集总参数电路又按其元件参数是否为常数，分为线性电路和非线性电路。本课程讨论的都是集总参数线性电路。

1.1.4 单位制

我国于 1984 年 2 月规定统一使用国际单位(简称 SI)制。在 SI 中，电磁学采用四个基本单位，即长度单位：米(m)，质量单位：千克(kg)，时间单位：秒(s)，电流单位：安(A)。其他常用的电磁学导出单位列于表 1-1 中。

表 1-1　常用电磁学单位一览表

量的名称	单位名称	单位符号	与其他单位的关系
电荷量	库〔仑〕	C	A·s
电压、电位、电动势	伏〔特〕	V	W/A
力	牛〔顿〕	N	$kg\cdot m/s^2$
能量、功、热	焦〔耳〕	J	N·m
功率	瓦〔特〕	W	J/s(V·A)
电阻	欧〔姆〕	Ω	V/A
电导	西〔门子〕	S(或 ℧)	A/V
电容	法〔拉〕	F	C/V
电感	亨〔利〕	H	Wb/A(Ω·s)
磁通、磁链	韦〔伯〕	Wb	V·s
磁感强度、磁通密度	特〔斯拉〕	T	Wb/m^2
频率	赫〔兹〕	Hz	s^{-1}

表 1-2 表示 SI 制常用的词头。本书各物理量的计算和表达式都采用 SI 制。

表 1-2　常用物理量的表述

因数	词头名称		符号	因数	词头名称		符号
	英文	中文			英文	中文	
10^9	giga	吉	G	10^{-3}	milli	毫	m
10^6	mega	兆	M	10^{-6}	micro	微	μ
10^3	kilo	千	k	10^{-9}	nano	纳	n
10^{-2}	centi	厘	c	10^{-12}	pico	皮	p

练习与思考

1.1-1　结合自己所熟悉的一种家用电器，谈谈对电路功能的理解，并举出建立该电器设备的电路模型所需要的理想电路元件种类。

1.1-2　实验室用的一种滑动式可变电阻器，是将铜线绕在圆形骨架上，要建立它的电路模型只用理想电感元件行吗？严格地讲应该用哪几种理想电路元件？

1.2　电流、电压及其参考方向

1.2.1　电流及其参考方向

从物理学得知，电荷的定向移动形成电流，规定正电荷移动的方向为电流的方向。电流的大小用电流强度来度量，将单位时间内通过导体横截面的电荷量定义为电流强度，用 i 表示，即

$$i=\frac{\mathrm{d}q}{\mathrm{d}t} \tag{1-1}$$

式(1-1)中的 $\mathrm{d}q$ 为时间 $\mathrm{d}t$ 内通过导体横截面的电荷量，若 $\mathrm{d}q/\mathrm{d}t$ 为常数，则称为直流电流，简称直流(表示符号为“—”，英文缩写为 DC 或 dc)，用 I 表示，即

$$I=\frac{q}{t} \tag{1-2}$$

电流是客观存在的，尽管看不见摸不着，却可以通过它的各种效应来体现。日常生活中的开灯、关灯就可体现其“存在”与“消失”。电流强度简称电流，这样，电流一词不仅代表一种物理现象，而且也代表一个物理量。在 SI 中，电流的单位是安(A)，实际应用中还有毫安(mA)和微安(μA)等。

分析电路时，尤其是复杂电路，电流的实际方向很难确定(特别是交流电路，电流方向时刻在变化)。为此，引入参考方向这一概念，即任意设定一个方向作为其数值为正的标准，通常用箭头表示，并且规定，电流的实际方向与参考方向一致，电流为正值；反之，电流为负值，如图 1.2 所示。这样电流就是一个代数量了。除用箭头表示电流参考方向外，

还可用双下标表示，如 I_{ab} 就表示电流参考方向是从 a 点流向 b 点。不设定参考方向而谈电流的正负是没有意义的。

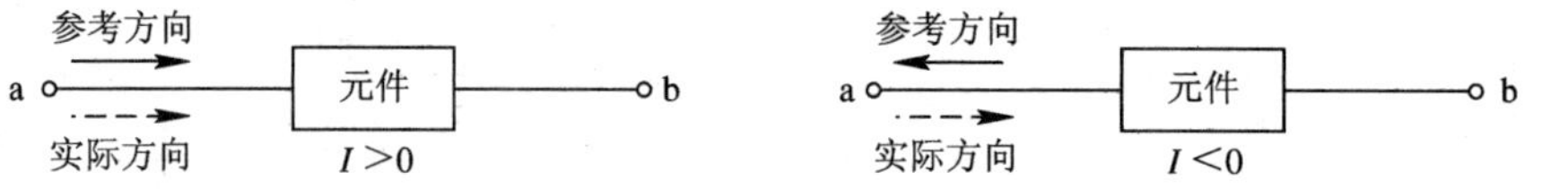

图 1.2　电流的参考方向

（图中方框代表一个元件或一段电路，以下同）

在直流电路中，测量电流时，应根据电流的实际方向将电流表串入待测支路中，如图 1.3 所示，电流表两旁标注的"+"、"-"号为电流表的极性。

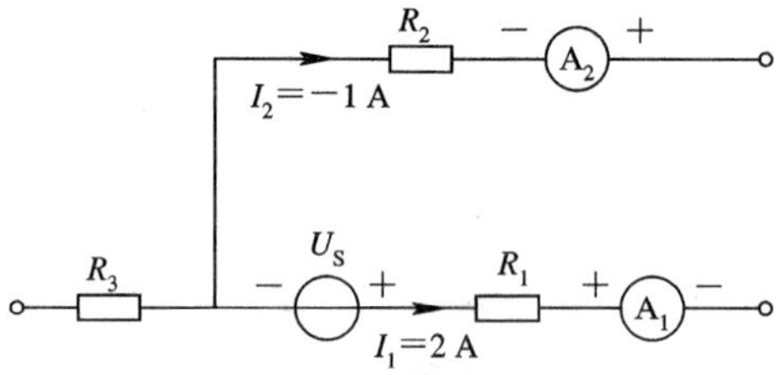

图 1.3　直流电流测试电路

例 1.1　在图 1.4 中，各电流的参考方向已设定。已知 $I_1=10$ A，$I_2=-2$ A，$I_3=8$ A。确定 I_1、I_2、I_3 的实际方向。

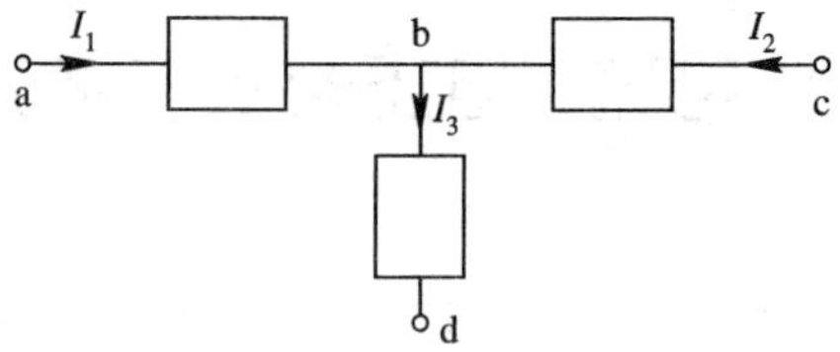

图 1.4　例 1.1 图

解　$I_1>0$，故 I_1 的实际方向与参考方向相同，I_1 由 a 点流向 b 点。

$I_2<0$，故 I_2 的实际方向与参考方向相反，I_2 由 b 点流向 c 点。

$I_3>0$，故 I_3 的实际方向与参考方向相同，I_3 由 b 点流向 d 点。

1.2.2　电压及其参考方向

从物理学中知道，电路中 a、b 两点的电压就是将单位正电荷由 a 点移动到 b 点时电场力所做的功。电压用 u 表示，即

$$u=\frac{dw}{dq} \tag{1-3}$$

在式(1-3)中，dq 为由 a 点转移到 b 点的电荷量，dw 为移动电荷 dq 电场力所做的功。在 SI 中，电压的单位为伏特(V)，实用中还有千伏(kV)、毫伏(mV)和微伏(μV)等。

也可用电位表示电压，电路中某点的电位表示该点到参考点的电压。电位用 φ(带单下标)表示，φ_a 就表示 a 点的电位，其单位与电压相同。两点间的电压就是这两点的电位之差。电路中，规定电位降低的方向为电压的实际方向。故电压又称电位差或电压(位)降。与电流类似，也要给电压设参考方向(参考极性)，通常在电路中用"+"(表示高电位端，称正极)、"-"(表示低电位端，称负极)号标出，如图 1.5 所示。或用带双下标的字母表示电

压，如 u_{ab} 就表示 a、b 两点之间的电压，而且表明 a 点电位高于 b 点。若计算结果 u_{ab} 为正值，说明 a 点电位确实高于 b 点；若 u_{ab} 为负值，说明 a 点电位低于 b 点。

如果电压的大小和方向都不随时间变化，则称为直流电压，用 U 表示。引入电位概念以后，a、b 两点的电压可表示为

$$U_{ab} = \varphi_a - \varphi_b \tag{1-4}$$

当电压的参考方向与实际方向相同时，则为正，反之为负，如图 1.5 所示。

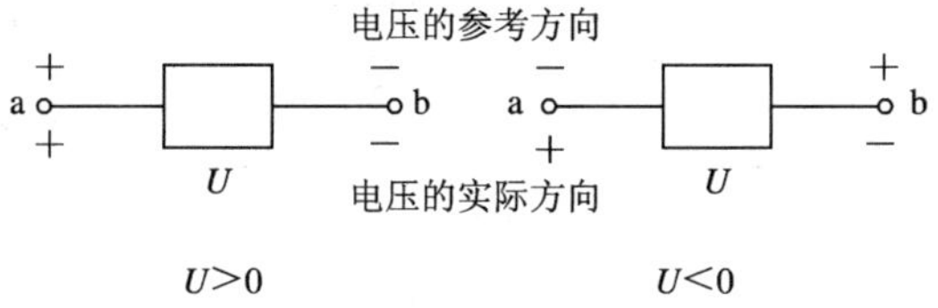

图 1.5　电压的参考方向

同样，有了参考方向，电压也就成为一个代数量。不设定参考方向谈电压的正负也是没有意义的。电压的参考方向也称为电压的正方向。

在直流电路中，测量电压时，应根据电压的实际极性将直流电压表跨接在待测支路两端，如图 1.6 所示，若 $U_{ab}=10$ V，$U_{bc}=-3$ V，测量这两个电压时应按图示极性接入电压表。电压表两旁标注的“＋”“－”号分别表示电压表的正极性端和负极性端。

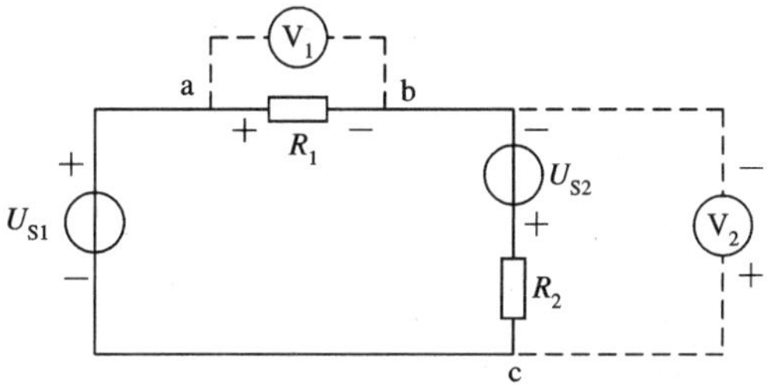

图 1.6　直流电压测试电路

电流的参考方向和电压的参考极性原则上可以各自独立设定。但为了分析方便，通常采用关联参考方向，即电流从电压“＋”极流入，从“－”极流出(称两者参考方向一致)，如图1.7(a)所示。图 1.7(b)中两者参考方向不一致时，称为非关联参考方向。

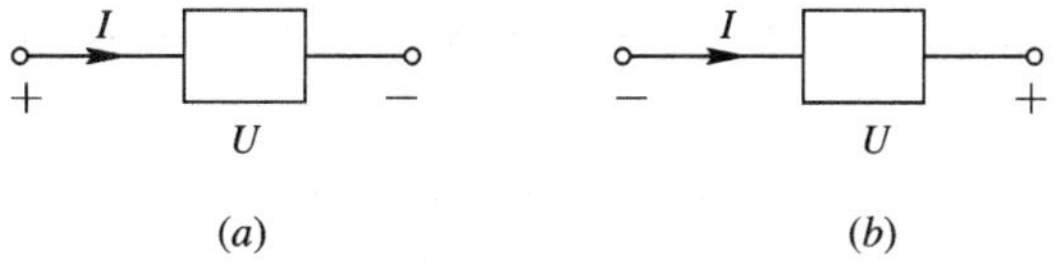

图 1.7　关联与非关联参考方向

注意：分析计算电路时，无需考虑各电流、电压的实际方向，只需在图中标(设)定其参考方向，计算结果的正、负就能反映其实际方向。参考方向一经选定，在整个分析计算过程中就必须以此为准而不能再变动。

例 1.2　在图 1.8(a)中，各方框泛指元件。已知 $I_1=3$ A，$I_2=2$ A，$I_3=-1$ A，$\varphi_a=10$ V，$\varphi_b=8$ V，$\varphi_d=-3$ V。

(1) 欲验证 I_1、I_3 数值是否正确，问电流表在图中应如何连接？并标明电流表极性。

(2) 求 U_{ab} 和 U_{bd}，若要测量这两个电压，问电压表如何连接？并标明电压表极性。

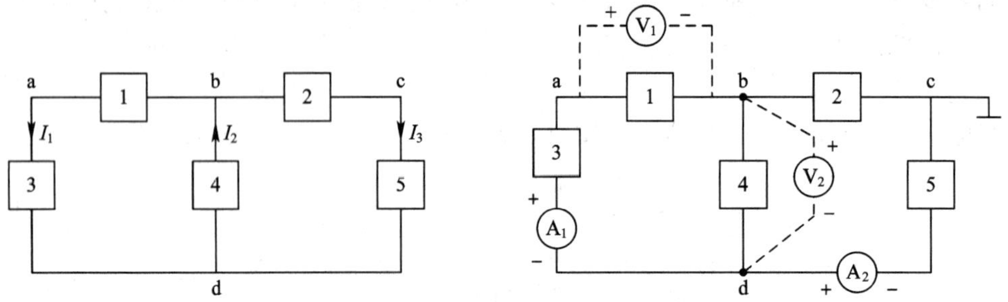

(a)　　　　(b)

图 1.8　例 1.2 图

解　(1) 电流表应按图 1.8(*b*)所示串入所测支路，其极性如图中所标注。

(2)
$$U_{ab}=\varphi_a-\varphi_b=10-8=2\ \text{V}$$
$$U_{bd}=\varphi_b-\varphi_d=8-(-3)=11\ \text{V}$$

或
$$U_{bd}=\varphi_b-\varphi_d=\varphi_b-\varphi_a+\varphi_a-\varphi_d=U_{ba}+U_{ad}$$

而
$$U_{ba}=\varphi_b-\varphi_a=8-10=-2\ \text{V}$$
$$U_{ad}=\varphi_a-\varphi_d=10-(-3)=13\ \text{V}$$

故
$$U_{bd}=U_{ba}+U_{ad}=-2+13=11\ \text{V}$$

以上用两种思路计算所得结果完全相同，由此可得出两条重要结论：

(1) 两点之间的电压等于这两点之间路径上的全部电压的代数和。

(2) 计算两点间的电压与路径无关。

电压表应按图 1.8(*b*)所示跨接在待测电压的两端，其极性如图中所标注。

练习与思考

1.2-1　如图 1.9 所示，已知 $\varphi_a=10$ V，$\varphi_b=0$，$\varphi_c=6$ V。求 U_{ab}、U_{bc} 及 U_{ac}。

1.2-2　试标出如图 1.10 所示电路中，对网络 N 和元件 R 而言符合关联参考方向的电流和电压。

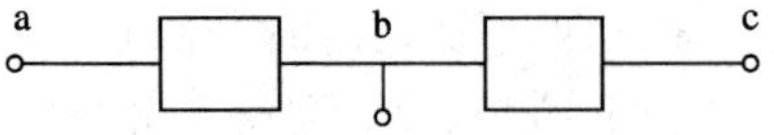

图 1.9　题 1.2-1 图

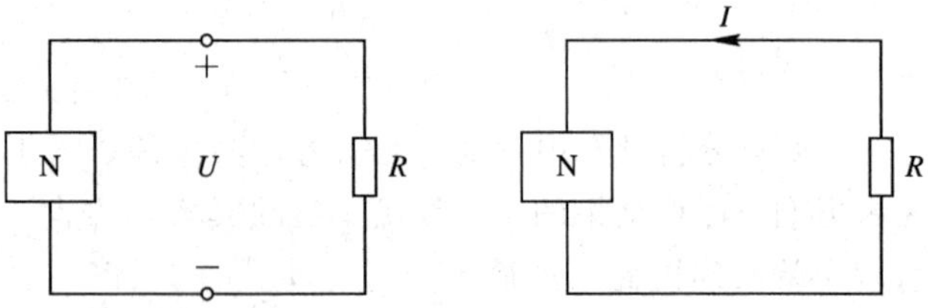

(a)　　　　(b)

图 1.10　题 1.2-2 图

1.3 电功率与电能

1.3.1 电功率

传送、转换电能的速率叫做电功率。如图 1.11(*a*)所示，a、b 两点间的电压为正电荷 dq 由 a 点移动到 b 点时电场力所做的功

$$\mathrm{d}w = u\,\mathrm{d}q$$

电场力做功，意味着 dq 有电能损耗，损耗的这部分电能被 ab 段电路所吸收。该功率为

$$p = \frac{\mathrm{d}w}{\mathrm{d}t} = u\frac{\mathrm{d}q}{\mathrm{d}t} = ui \qquad (1-5)$$

在直流电路中，

$$P = UI \qquad (1-6)$$

注意：用式(1-6)计算功率，当电压、电流为关联方向时，若 $P>0$，表明该段电路吸收功率，若 $P<0$，表明该段电路供出功率。当电压、电流为非关联方向时，如图 1.11(*b*)所示，若 $P>0$，表明该段电路供出功率，若 $P<0$，表明该段电路吸收功率。

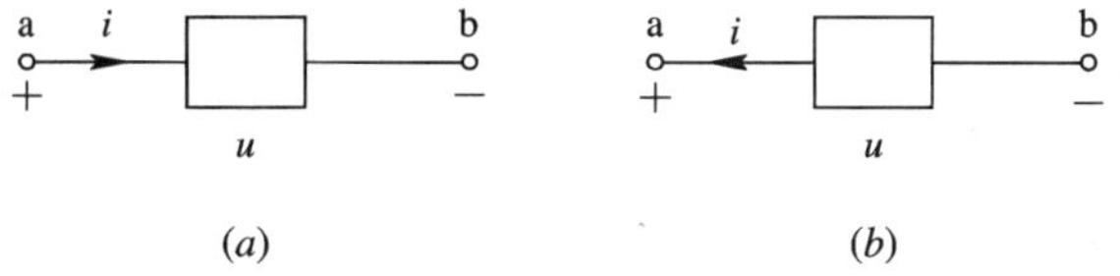

图 1.11 功率

在 SI 中，功率的单位为瓦(W)，实用中还有千瓦(kW)、毫瓦(mW)等。

1.3.2 电能

前已述及，正电荷 dq 在时间 dt 内由电路中的 a 点移动到 b 点，ab 段电路吸收的能量为 dw=u dq，由于 dq=i dt，故 dw=ui dt 就是 ab 段电路在时间 dt 内所吸收的电能。通电时间由 t_0 到 t，则电路吸收的电能为

$$w = \int_{t_0}^{t} u(\zeta)i(\zeta)\,\mathrm{d}\zeta \qquad (1-7)$$

在直流电路中，有

$$W = UIt \qquad (t\text{ 为通电时间})$$

在 SI 中，电能单位为焦耳(J)。实用中还有度，1 度=1 千瓦×1 小时=1 千瓦·时(kW·h)。

例 1.3 图 1.12 为某电路中的一部分。已知 $I=2$ A，$U_1=-2$ V。

(1) 求元件 1 的功率 P_1，并说明是吸收功率还是向外提供功率。

(2) 若元件 2 向外供出的功率为 10 W，元件 3 吸收的功率为 12 W，求 U_2 和 U_3。

解 (1) 由于元件 1 的电压、电流为非关联参考方向，故

$$P_1 = U_1 I = -2\times 2 = -4\ \mathrm{W}(\text{吸收})$$

（2）由于元件 2 和元件 3 的电压、电流均为关联参考方向，且元件 2 向外供出功率，而元件 3 吸收功率，故

$$P_2=-10=U_2 I$$
$$P_3=12=U_3 I$$

则

$$U_2=\frac{-10}{2}=-5\ \text{V}$$

$$U_3=\frac{12}{2}=6\ \text{V}$$

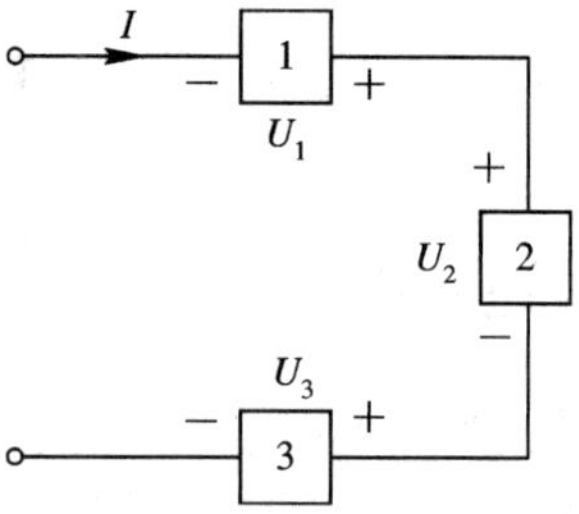

图 1.12　例 1.3 图

例 1.4　在图 1.13 中，方框代表电源或电阻，各电压、电流的参考方向均已设定。已知$I_1=2$ A，$I_2=1$ A，$I_3=-1$ A，$U_1=7$ V，$U_2=3$ V，$U_3=-4$ V，$U_4=8$ V，$U_5=4$ V。求各元件吸收或向外供出的功率。

解　元件 1、3、4 的电压、电流为关联方向，故

$P_1=U_1I_1=7\times2=14$ W　（吸收）

$P_3=U_3I_2=-4\times1=-4$ W　（供出）

$P_4=U_4I_3=8\times(-1)=-8$ W（供出）

元件 2、5 的电压、电流为非关联方向，故

$P_2=U_2I_1=3\times2=6$ W　（供出）

$P_5=U_5I_3=4\times(-1)=-4$ W（吸收）

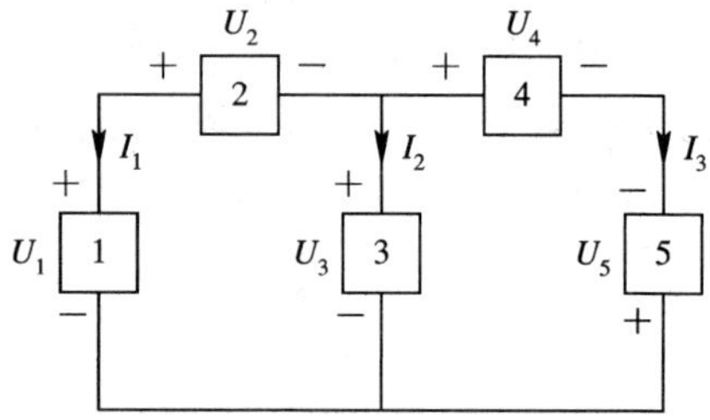

图 1.13　例 1.4 图

电路向外供出的总功率为

$$4+8+6=18\ \text{W}$$

电路吸收的总功率为

$$14+4=18\ \text{W}$$

计算结果证明功率平衡，即符合能量守恒原理，说明所计算的数值完全正确。

练习与思考

1.3－1　在图 1.14 中，已知元件 1 消耗的功率为－36 W；元件 2 向外供出的功率为－54 W；元件 3 向外供出的功率为 200 W。分别求 I_1、U_2 及 I_3 的值。

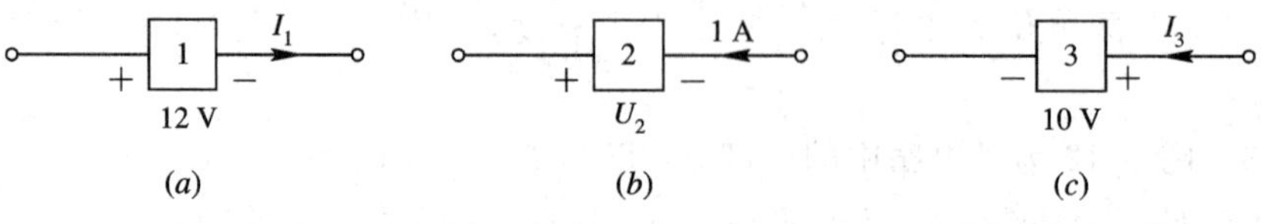

图 1.14　题 1.3－1 图

1.3－2　在图 1.15 中，已知 $I=1$ A，$U_1=3$ V，$U_2=7$ V，$U_3=10$ V。求各元件上所消耗的功率。

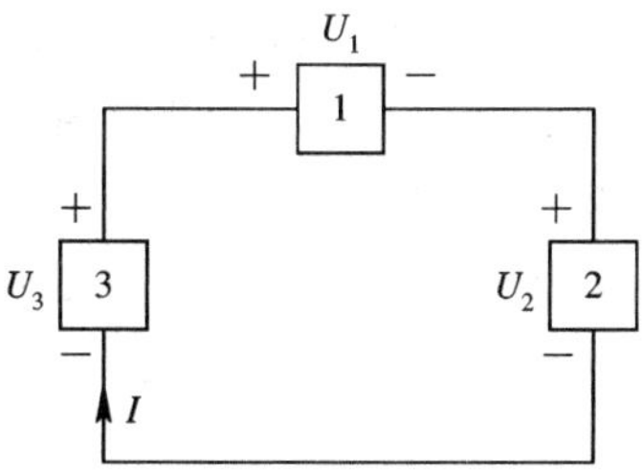

图 1.15　题 1.3-2 图

1.3-3　某车间装有 10 只“220 V，60 W”工作照明灯和 20 把“220 V，45 W”电烙铁，平均每天使用 7 小时，求该车间每月(按 22 个工作日计算)用电多少 kW·h。

1.4　电 阻 元 件

1.4.1　电阻元件及伏安特性

1.1 节中提到，电阻元件是经科学抽象定义的理想电路元件之一，是代表消耗能量的电路元件，有阻碍电流通过的本能，因此沿电流流动的方向必然会出现电压降。

元件电压与电流的关系曲线叫做元件的伏安特性。若电阻值不随其上电压或电流的数值而变化，则称为线性电阻，其伏安特性是一条通过坐标原点的直线，如图 1.16(*a*)所示，其符号如图 1.16(*b*)所示。线性电阻两端电压与电流之间的关系服从欧姆定律，这是其特性所决定的，通常称为元件的特性约束。当电压电流为关联方向时，欧姆定律可表示成

$$U=RI \tag{1-8}$$

在式(1-8)中，R 是一个与电压和电流均无关的常数，称为元件的电阻。在 SI 中，电阻的单位为欧姆，简称欧(Ω)。常用单位还有千欧(kΩ)、兆欧(MΩ)等。

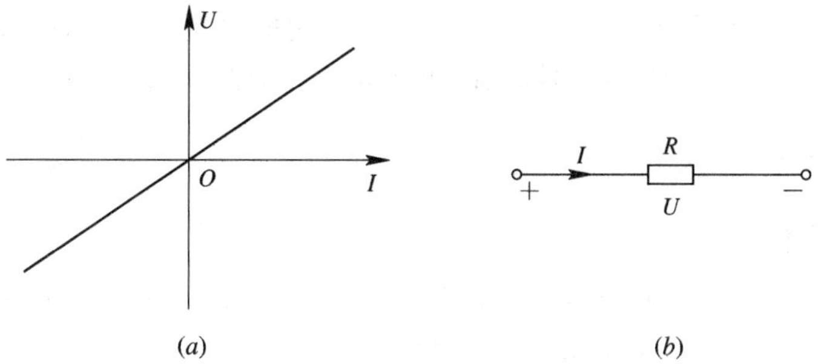

图 1.16　线性电阻及伏安特性

电阻的倒数叫做电导，用 G 表示。在 SI 中，电导的单位是西门子，简称西(S)，用电导表征电阻时，欧姆定律可写成

$$I = GU \quad 或 \quad U = \frac{I}{G}$$

如果电阻的端电压和电流为非关联方向，则欧姆定律应写为

$$U = -RI \quad 或 \quad I = -GU$$

严格地说，线性电阻是不存在的，但绝大多数电阻在一定的工作范围内都非常接近线性电阻的条件，因此可用线性电阻作为它们的模型。

习惯上把电阻元件称为电阻。因此，电阻一词，一方面表示电阻元件，另一方面也表示电阻元件的参数。

1.4.2 电阻元件的功率

根据式(1-6)，无论在关联或非关联参考方向下，电阻元件消耗的功率均为

$$P = UI = I^2R = \frac{U^2}{R}$$

电阻 R 为正实常数，故功率 P 恒为正值，这是其耗能性质的真实体现。

练习与思考

1.4-1 有人说欧姆定律写成 $U=-RI$，说明此时的电阻是负的。这种说法对吗？

1.4-2 求图 1.17 中的电压、电流和电阻。

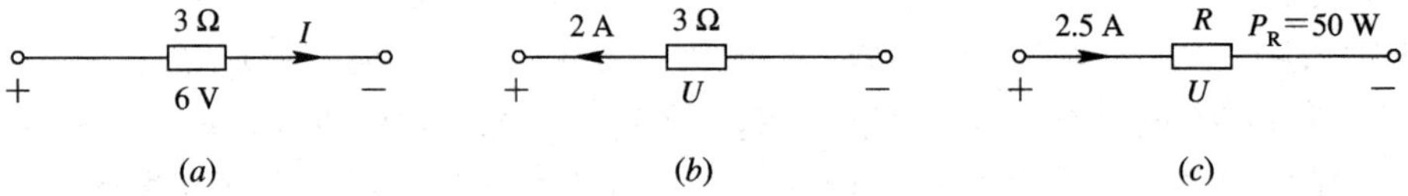

图 1.17 题 1.4-2 图

1.5 电压源与电流源

给实际电路提供能量的装置是电源，实际中使用的电源有干电池、蓄电池、光电池、发电机等，在一定条件下，对实际电源经过抽象而定义的理想电源模型有电压源和电流源。

1.5.1 电压源

1. 理想电压源

理想电压源是一个理想电路元件：无论外部电路状态如何，其端电压总保持定值 U_S 或者是一定的时间函数，而与流过它的电流无关。其符号及直流伏安特性如图 1.18 所示。

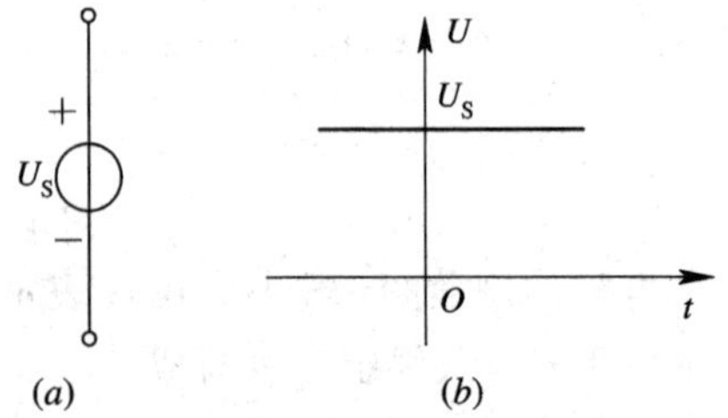

图 1.18 理想电压源
(a) 符号；(b) 直流伏安特性

理想电压源的端电压大小及极性由自身决定，而其输出电流却与外部电路有关。电流可以不同的方向流过电压源，当电流从电压源的“－”极流入、“＋”极流出时，电压源供出功率(作电源)；当电流

从电压源的“+”极流入、“−”极流出时，电压源吸收功率(作别的电源的负载)，如蓄电池充电。

通常，实验室中的直流稳压源、交流信号源，电网上的交流电压源均可视为理想电压源。

2. 实际电压源的电路模型

实际电压源由于内部存在能量消耗，两端电压会随流过电流的变化而变化。如电池接电阻性负载后端电压会降低，其伏安特性如图 1.19(*a*)所示，通过实验测得其表示式为

$$U = U_S - R_S I \tag{1-9}$$

对应式(1-9)的电路如图 1.19(*b*)所示，因此，实际电源可用理想电压源和电阻相串联的模型来表征，称 R_S 为电源内阻，称这种电路模型为实际电压源。

由式(1-9)知，实际电压源端电压低于 U_S。电流越大，端电压越低。因此实际电压源的内阻越小，其特性越接近理想电压源。

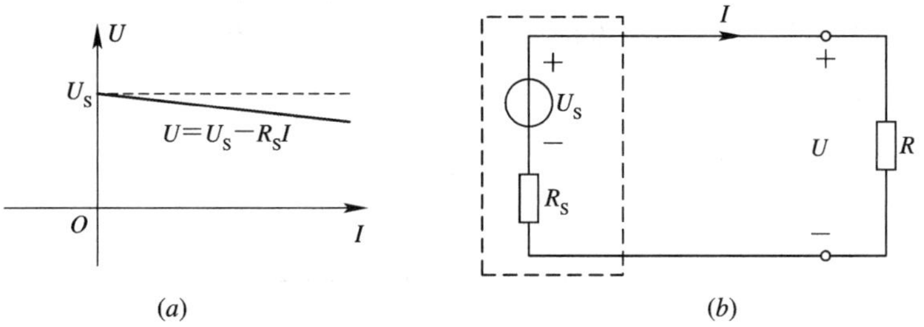

图 1.19　实际电压源

(*a*) 伏安特性曲线；(*b*) 模型

电源不接负载时，称为开路状态，如图 1.20(*a*)所示，此时的端电压称为开路电压，记作 U_{OC}，因为 $I=0$，所以 $U_{OC}=U_S$，实际电压源可用开路电压和内阻两个参数来表征。

图 1.20(*b*)所示为短路状态，此时短路电流 $I_{SC}=U_{OC}/R_S$，而端电压 $U=0$。由于实际电压源的内阻都较小，故短路电流很大，会损坏电源，因此，电压源通常不允许短路。

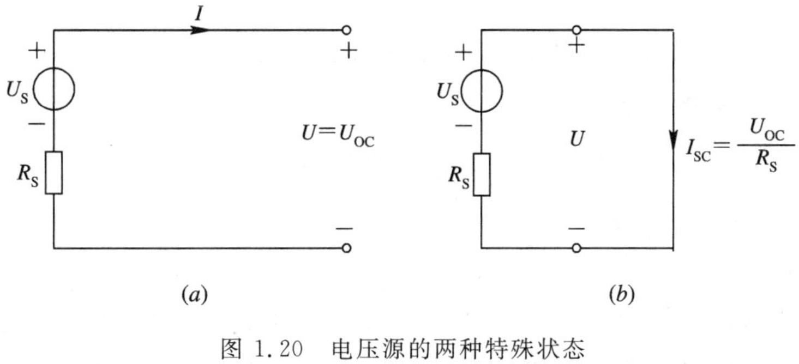

图 1.20　电压源的两种特殊状态

(*a*) 开路状态；(*b*) 短路状态

例 1.5　某电压源的开路电压为 30 V，当外接电阻 R 后，其端电压为 25 V，此时流经的电流为 5 A，求 R 及电压源内阻 R_S。

解　用实际电压源模型表征该电压源，如图 1.21 所示。

设电流及电压的参考方向如图中所示，根据欧姆定律可得

$$U = RI$$

即

$$R=\frac{U}{I}=\frac{25}{5}=5\ \Omega$$

根据

$$U=U_S-R_SI$$

可得

$$R_S=\frac{U_S-U}{I}=\frac{30-25}{5}=1\ \Omega$$

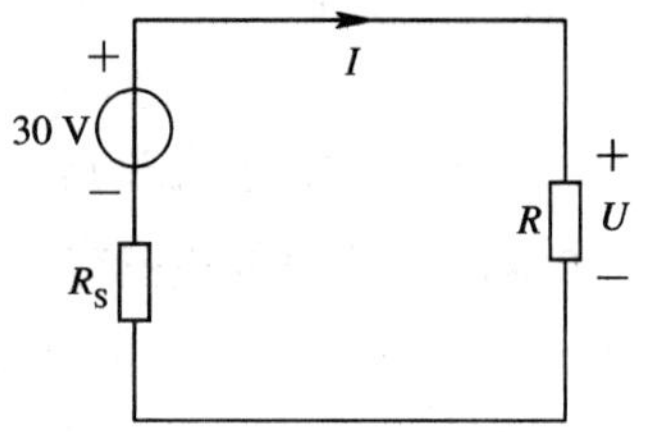

图 1.21　例 1.5 图

1.5.2　电流源

1. 理想电流源

理想电流源也是一个理想电路元件：无论外部电路状态如何，其输出电流总保持定值 I_S 或为一定的时间函数，而与其端电压无关。其符号及直流伏安特性如图 1.22 所示。

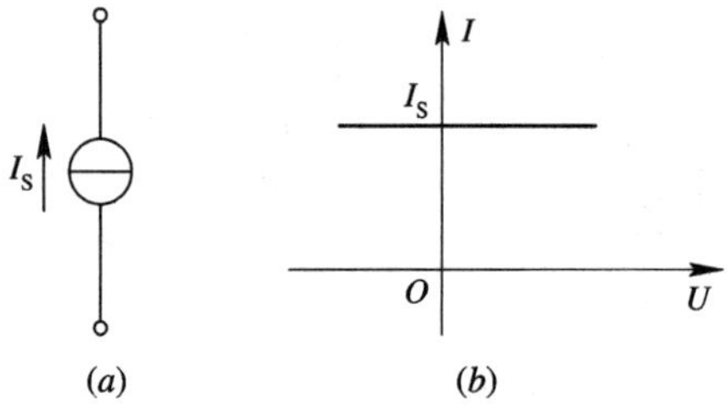

图 1.22　理想电流源

(a) 符号；(b) 直流伏安特性

理想电流源电流的大小和方向由自身决定，但其两端电压的实际极性和大小则与外部电路有关。当实际电压降的方向与电流源的箭头指向相反时(即非关联方向)，电流源供出功率，起电源作用；当实际电压降的方向与电流源的箭头指向相同时(即关联方向)，则电流源吸收(消耗)功率，作负载。

通常，太阳能电池板、光电池电源、电流互感器均可视为理想电流源。

2. 实际电流源的电路模型

式(1-9)可改写(变换)为

$$I=I_S-\frac{U}{R_S} \tag{1-10}$$

其中 $I_S=U_S/R_S$。对应式(1-10)的电路如图 1.23(*a*)所示，即实际电源也可用理想电流源与电阻并联的模型来表征，称 R_S 为电源内阻，称这种电路模型为实际电流源。

由式(1-10)知，电流源输出的电流小于 I_S。R_S 越小，输出电流越小。因此实际电流源内阻越大，其特性越接近理想电流源。实际电流源的伏安特性如图 1.23(*b*)所示。

实际电流源的短路电流 $I_{SC}=I_S$，实际电流源可用 I_{SC} 和 R_S 两参数来表征。

应当指出：实际元件的模型仅表示该元件外部的电压、电流关系，并不涉及其内部结构；电源内部并不真正接有电阻，R_S 只表示电源工作时内部有能量消耗。

理想电压源、电流源统称为独立源，在电路理论中统称为“激励”，把独立源在电路中产生的电流和电压统称为“响应”。

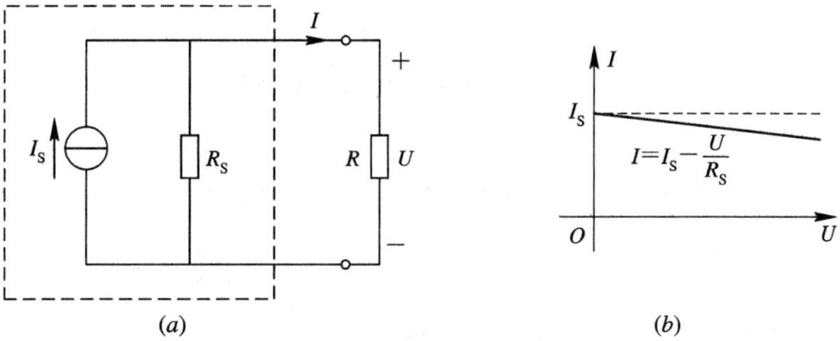

图 1.23　实际电流源

(a) 模型；(b) 伏安特性曲线

例 1.6　电路如图 1.24 所示，求：

(1) 电阻两端的电压。

(2) 1 A 电流源两端的电压及功率。

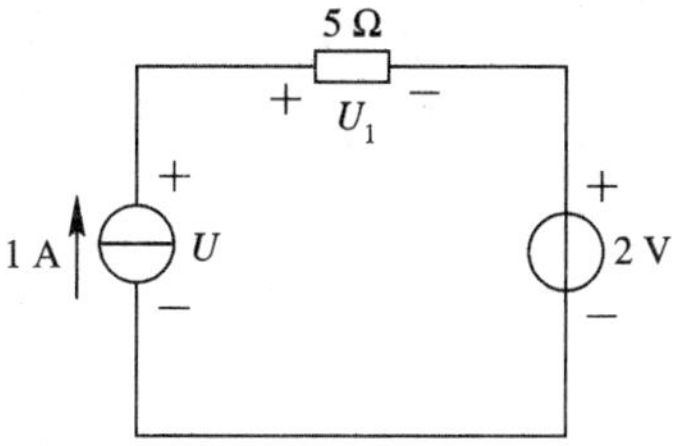

图 1.24　例 1.6 图

解　(1) 由于 1 A 电流源为理想电流源，因此流过 5 Ω 电阻的电流就是 1 A 而与 2 V 电压源无关，即

$$U_1 = 5 \times 1 = 5 \text{ V}$$

(2) 1 A 电流源两端的电压包括 5 Ω 电阻上的电压和 2 V 电压源，因此

$$U = U_1 + 2 = 5 + 2 = 7 \text{ V}$$

因 1 A 电流源的电流与其端电压为非关联方向，故

$$P = 1 \times 7 = 7 \text{ W}（供出）$$

练习与思考

1.5 - 1　求图 1.25 所示电路的功率，并说明是供出功率还是消耗功率。

1.5 - 2　将图 1.26 所示各电路用一个电源表示。

1.5 - 3　求图 1.27 所示各电路中消耗的功率，并指出是哪个电源供出的。

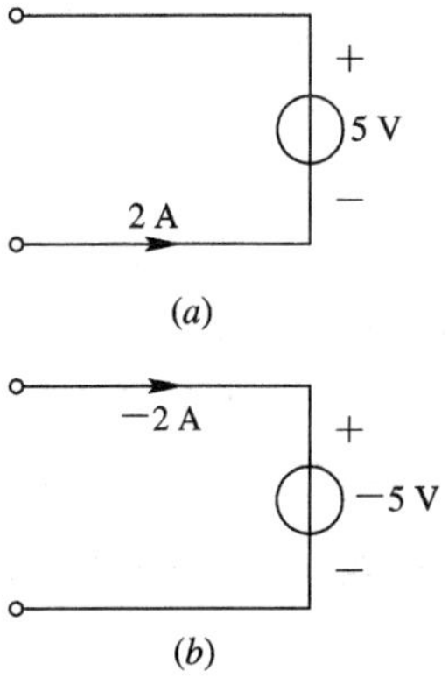

图 1.25　题 1.5 - 1 图

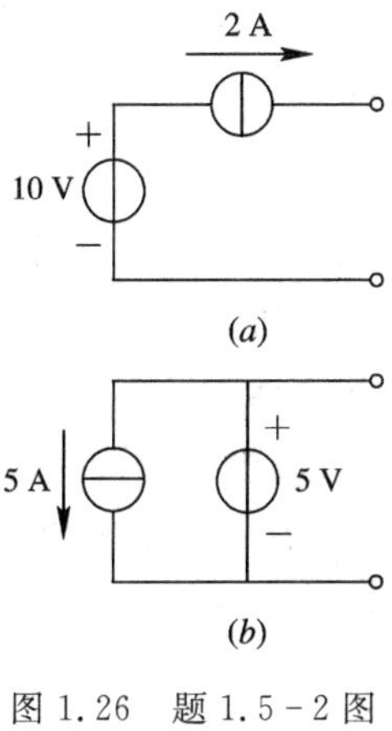

图 1.26　题 1.5 - 2 图

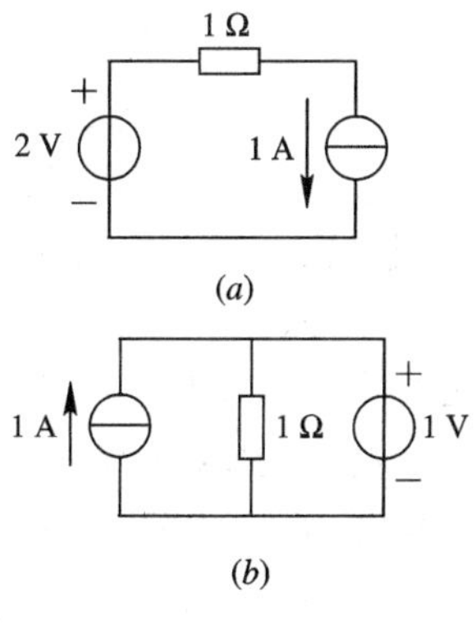

图 1.27　题 1.5 - 3 图

1.6 基尔霍夫定律

1.4 节已经引入元件特性约束的概念，本节将介绍另一种约束关系，它与元件连接方式(即电路结构)有关，这就是基尔霍夫定律。称此种约束为互连约束或拓扑约束。集总参数电路中的电压和电流均服从基尔霍夫定律，因此它是分析和计算电路的基础。在介绍基尔霍夫定律之前，先介绍几个有关的电路名词。

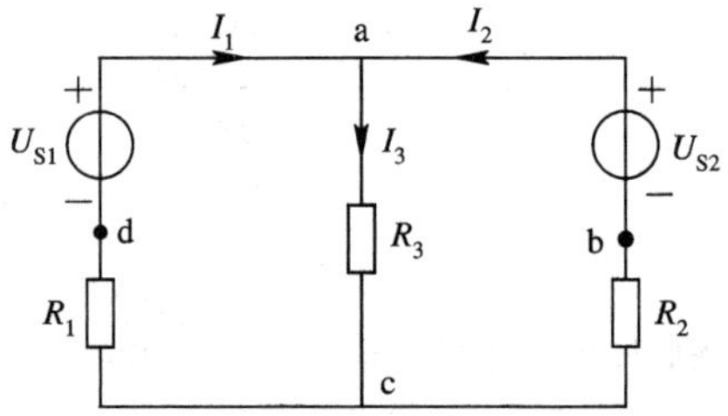

图 1.28　电路名词用图

支路：单个电路元件或是若干个电路元件的串联，构成电路的一个分支，一个分支上流经的是同一个电流，电路中每个分支都称为支路，如图 1.28 中，abc、adc、ac 为三条支路。其中 abc、adc 支路包含电源，称为有源支路，ac 支路无电源称为无源支路。

节点：三条或三条以上支路的连接点称为节点。在图 1.28 中，a、c 都是节点。

回路：由支路构成的任一闭合路径称为回路。

网孔：其内部不含任何支路的回路称网孔。在图 1.28 中，abcda、abca、adca 都是回路；abca、adca 是网孔。

通常把较复杂的电路称为网络，但电路和网络这两个名词并无明确区别，它们可以相互混用。

1.6.1 基尔霍夫电流定律(KCL)[①]

基尔霍夫电流定律反映了电路中与节点相连的各支路电流间的约束关系，简称 KCL，其内容是：对于集总参数电路，任意时刻，连接在任一节点的各支路电流的代数和恒为零。

如对于图 1.29 中的节点 a，在图示各电流的参考方向下，依 KCL，有

$$I_1 + I_3 + I_5 - I_2 - I_4 = 0$$

其一般形式为

$$\sum I = 0 \qquad (1-11)$$

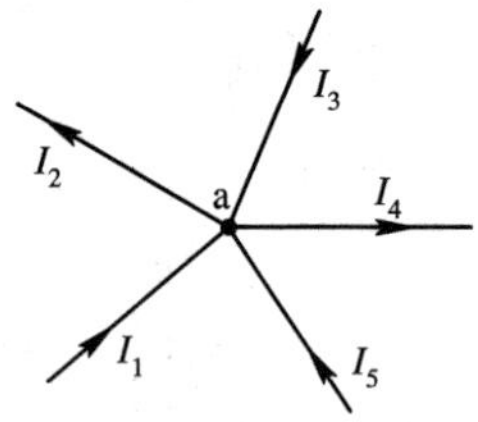

图 1.29　基尔霍夫电流定律用图

规定流入节点的电流为"+"，流出节点的电流为"−"(亦可做相反规定)。注意：各电流前的"+"或"−"与电流本身由参考方向形成的正、负无关。

式(1-11)称为节点电流方程(简写为 KCL 方程)。

KCL 不仅适用于节点，还可用于包围几个节点的闭合面。在图 1.30 所示的电路中，将节点 1、2、3 包围在一个闭合面内，对该闭合面亦应有 $\sum I = 0$，即

① KCL 为 Kichhoff's Current Law 的缩写，今后经常用 KCL 代表基尔霍夫电流定律。

$$I_1 - I_2 + I_3 = 0$$

节点 1：　$I_1 + I_6 - I_4 = 0$

节点 2：　$-I_2 + I_4 - I_5 = 0$

节点 3：　$I_3 + I_5 - I_6 = 0$

将以上三式相加，得

$$I_1 - I_2 + I_3 = 0$$

可见，流入(或流出)一个闭合面的各支路电流的代数和恒为零，此即广义的 KCL 方程。

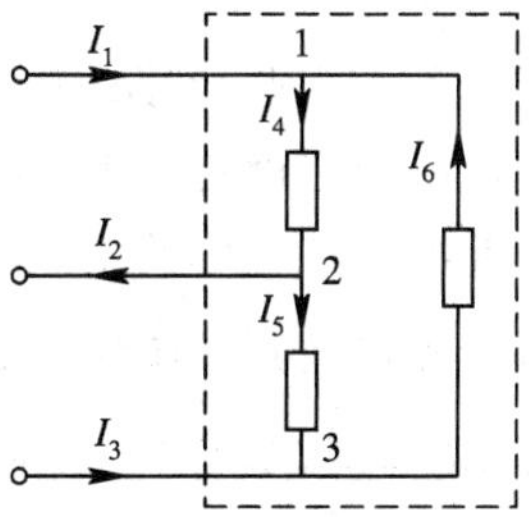

图 1.30　KCL 适合一个闭合面

例 1.7　在图 1.31 所示电路中，已知 $R_1 = 2\ \Omega$，$R_2 = 5\ \Omega$，$U_S = 10$ V。求各支路电流。

解　由于 $U_{ab} = U_S = 10$ V，根据欧姆定律，有

$$I_1 = \frac{U_{ab}}{R_1} = \frac{10}{2} = 5\ \text{A}$$

$$I_2 = -\frac{U_{ab}}{R_2} = -\frac{10}{5} = -2\ \text{A}$$

对节点 a 列 KCL 方程，有

$$-I_1 + I_2 + I_3 = 0$$

$$I_3 = I_1 - I_2 = 5 - (-2) = 7\ \text{A}$$

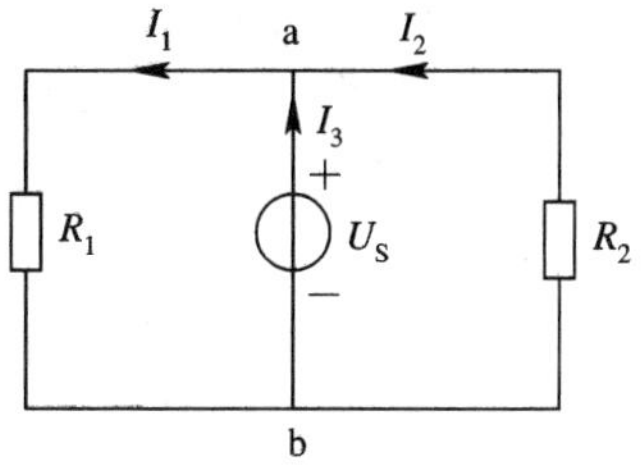

图 1.31　例 1.7 图

1.6.2　基尔霍夫电压定律(KVL)[①]

基尔霍夫电压定律反映了回路中各支路电压间的约束关系，简称 KVL，其内容是：对于集总参数电路，任意时刻，任一回路的各支路电压的代数和恒为零。即

$$\sum U = 0 \qquad (1-12)$$

式(1-12)称为回路的电压方程(简写为 KVL 方程)。

列写 KVL 方程时，应先设定绕行方向，若电压的参考方向与绕行方向一致，该电压前取“+”号，否则取“−”号。如图 1.32 所示绕行方向为顺时针时，则有

$$U_1 + U_2 - U_3 - U_4 + U_5 = 0$$

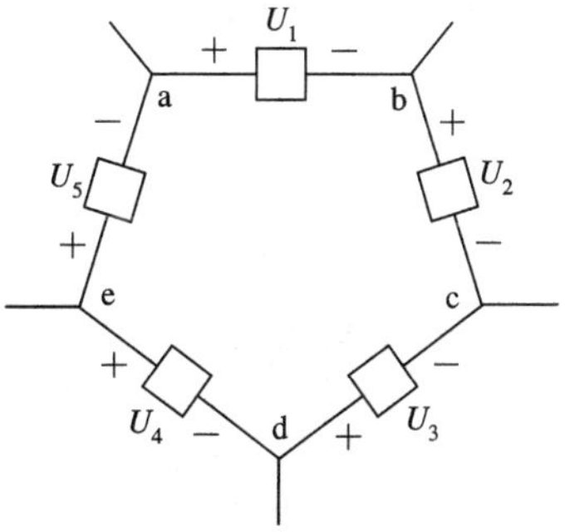

图 1.32　KVL 用图

KVL 不仅适用于实际回路，还可用于假想回路。如图 1.32 中，可假想有 abca 回路，绕行方向不变。根据 KVL，则有

$$U_1 + U_2 + U_{ca} = 0$$

由此可得

$$U_{ca} = -U_1 - U_2$$

即

① KVL 为 Kicrchhoff's Voltage Law 的缩写，今后经常用 KVL 代表基尔霍夫电压定律。

$$U_{ac}=-U_{ca}=U_1+U_2$$

应用KVL时，回路的绕行方向是任意设定的，一经设定，回路中各电压前的“+”或“-”号也将随之确定，即凡与绕行方向一致者取“+”，不一致者取“-”。注意：这与电压本身由参考极性造成的正、负无关。

对于经常遇到的电压源和电阻组成的电路，KVL可表示为 $\sum RI=\sum U_S$，即回路各电阻电位降的代数和等于各电压源电位升的代数和(这在第3章将用到)。

例 1.8 电路如图1.33所示，求 U_{R_4}、I_2、I_3、R_2、R_4 及 U_S。

解 设左边网孔绕行方向为顺时针，依KVL有

$$-U_S+2I_1+10=0$$

代入数值后，有

$$U_S=2\times4+10=18\ \text{V}$$

$$I_3=\frac{6}{3}=2\ \text{A}$$

对于节点a，依KCL有

$$I_2=I_1-I_3=4-2=2\ \text{A}$$

则

$$R_2=\frac{10}{I_2}=\frac{10}{2}=5\ \Omega$$

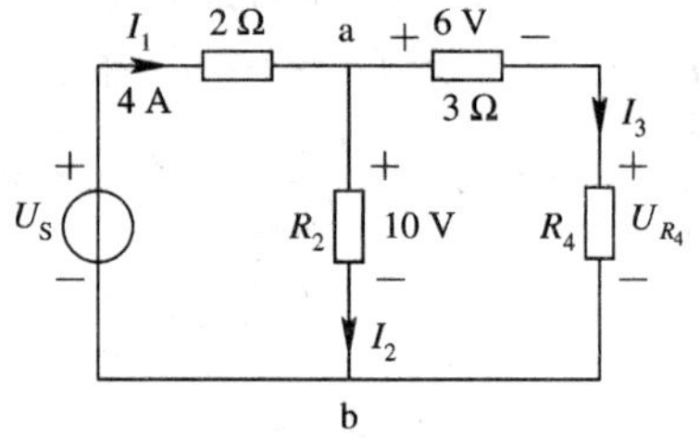

图1.33 例1.8图

设右边网孔绕行方向为顺时针，依KVL有

$$-10+6+U_{R_4}=0$$

则

$$U_{R_4}=10-6=4\ \text{V}$$

$$R_4=\frac{U_{R_4}}{I_3}=\frac{4}{2}=2\ \Omega$$

练习与思考

1.6-1 求图1.34所示电路中的电流 I。

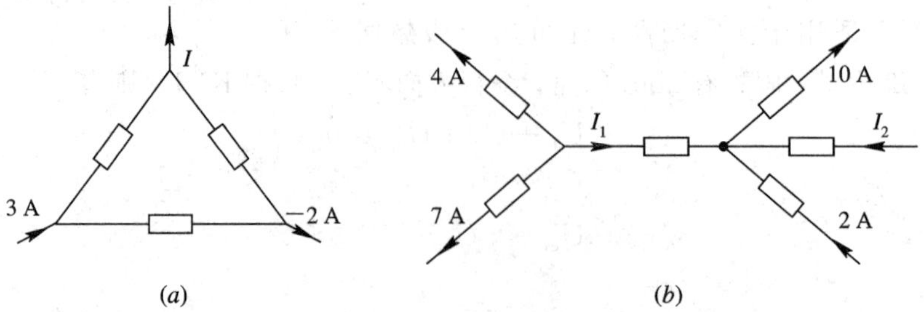

图1.34 题1.6-1图

1.6－2　图 1.35 为某电路中的一个回路，试求 U_3。

1.6－3　列写出图 1.36 所示电路中各节点的 KCL 方程及各网孔的 KVL 方程。

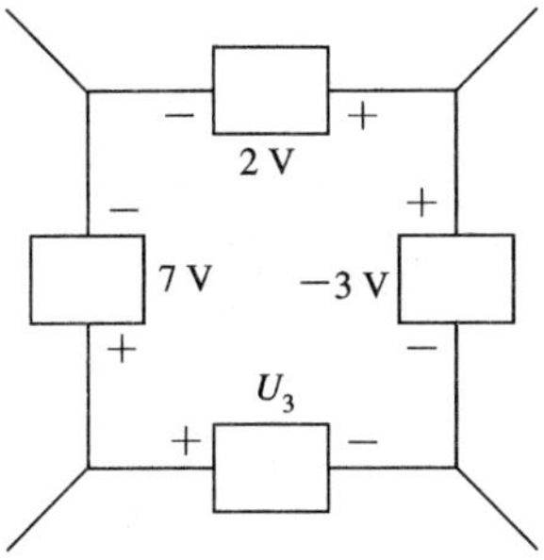

图 1.35　题 1.6－2 图

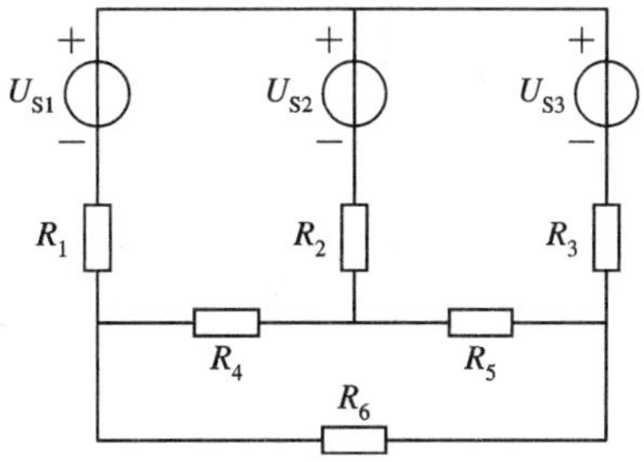

图 1.36　题 1.6－3 图

1.7　用电位的概念分析电路

1.7.1　电位及其参考点

为了计算电压而引入电位这一物理量。电路中，某点的电位是将单位正电荷由该点沿电路所约束的路径移至参考点电场力所做的功。

电路中每一点都有一定的电位，就如同空间每一处都有一定的高度，这个高度从什么地方算起，必须要选定一个参考点，这个参考点就是海平面。同样，计算电位也需要一个参考点，即零电位点。参考点原则上可以任意选取(实用中则要看分析计算问题的方便而定)，但一经选定，各点电位的计算即以参考点为准。参考点变了，则各点的电位也随之改变，即电位随参考点的选择不同而异。在电路中不设定参考点而谈电位是没有意义的。参考点处用接地符号“⊥”表示。

1.7.2　电位的计算

既然参考点的电位为零，则电路中某一点 a 的电位

$$\varphi_a = U_{a0}$$

因此计算电位与计算电压的方法相同。同样，电位也是代数量。

计算电路中某点电位的常用方法有：

(1) 根据电位定义计算：从该点到参考点选取任一路径，此路径各段电压求代数和。

(2) 根据已知点的电位和两点电压计算，依 $U_{ab}=\varphi_a-\varphi_b$，得 $\varphi_a=\varphi_b+U_{ab}$，即 a 点电位等于 b 点电位(已知)，加上 a、b 两点的电压(已知)。

(3) 电路分析方法：第 3 章将要讲的节点电位法。

例 1.9　如图 1.37(*a*)所示电路，分别以 b、c 为参考点，求开关 S 打开及闭合时的 φ_a。

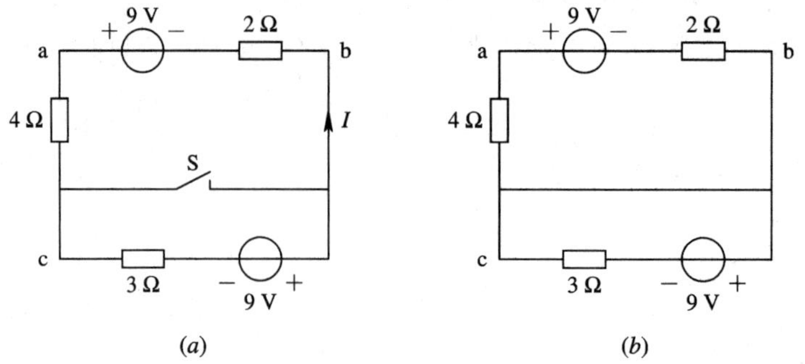

图 1.37　例 1.9 图

解　(1) 当开关 S 打开时，依图有

$$I=\frac{9+9}{2+4+3}=2\ \text{A}$$

当以 b 点为参考点时(即 $\varphi_b=0$)，则

$$\varphi_a=U_{ab}=9-2I=9-2\times2=5\ \text{V}$$

或

$$U_{ac}=4I=8\ \text{V}$$

$$\varphi_c=3I-9=-3\ \text{V}$$

$$\varphi_a=U_{ac}+\varphi_c=8-3=5\ \text{V}$$

当以 c 点为参考点时(即 $\varphi_c=0$)，则

$$\varphi_a=U_{ac}=4I=8\ \text{V}$$

或

$$U_{ab}=9-2I=5\ \text{V}$$

$$\varphi_b=9-3I=3\ \text{V}$$

$$\varphi_a=U_{ab}+\varphi_b=5+3=8\ \text{V}$$

(2) 当开关 S 闭合时，如图 1.37(*b*)所示电路，此时 b、c 为同一点，当以其为参考点时(即$\varphi_b=\varphi_c=0$)，则

$$\varphi_a=U_{ab}=U_{ac}=4\times\frac{9}{4+2}=6\ \text{V}$$

或

$$\varphi_a=U_{ab}=U_{ac}=9-2\times\frac{9}{4+2}=6\ \text{V}$$

1.7.3　有接地点电路的习惯画法

图 1.38(*a*)所示电路，当 d 为参考点时，则 $\varphi_a=U_{S1}$，$\varphi_c=-U_{S2}$，可将其画成如图 1.38(*b*)的形式，电子技术课程中常用此画法，称其为“习惯画法”。

顺便提及等位点的概念，把电路中电位相同的点称为等位点，对于两个等位点，可以将其短路(或开路)，这都不会对电路产生任何影响。这一点在简化电路时很有用。

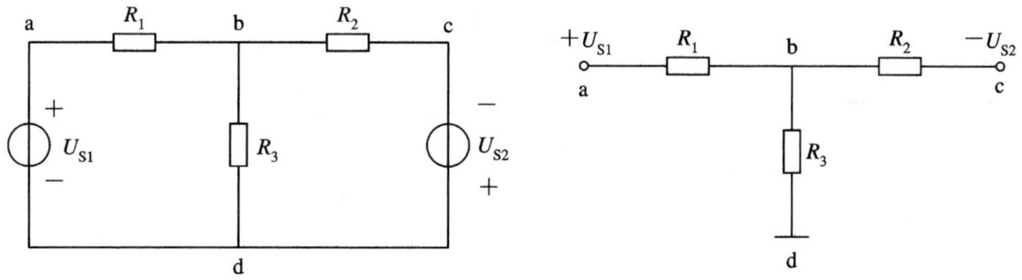

(a)　　　　(b)

图 1.38　电位分析用图及电路的习惯画法

例 1.10　试求图 1.39(a)所示电路中的 φ_a、φ_b 及 U_{ab}。

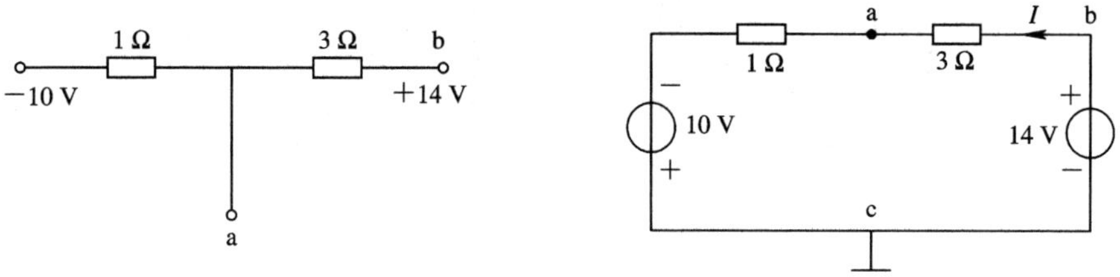

(a)　　　　(b)

图 1.39　例 1.10 图

解　若不习惯这种画法，可将其改画成图 1.39(b)所示的形式，依图有

$$I = \frac{14+10}{1+3} = 6\ \text{A}$$

$$\varphi_a = U_{ac} = 1\times 6 - 10 = -4\ \text{V},\ \varphi_b = U_{bc} = 14\ \text{V}$$

或

$$\varphi_a = U_{ac} = -3\times 6 + 14 = -4\ \text{V}$$

$$\varphi_b = U_{bc} = 3\times 6 + 1\times 6 - 10 = 14\ \text{V}$$

$$U_{ab} = \varphi_a - \varphi_b = -4 - 14 = -18\ \text{V}$$

练习与思考

1.7－1　计算如图 1.40 所示电路中的各点电位。

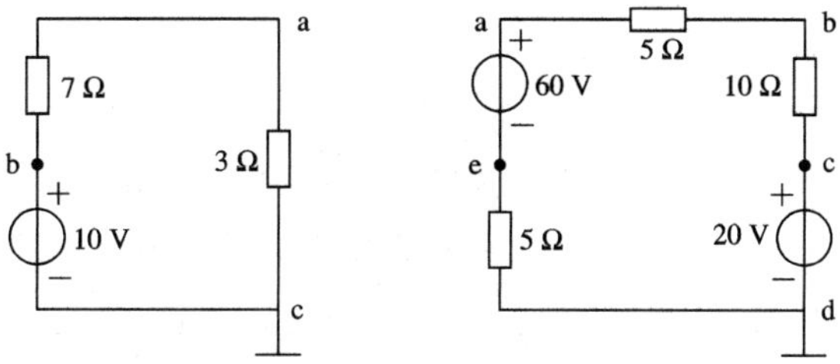

(a)　　　　(b)

图 1.40　题 1.7－1 图

1.7－2　对于图 1.41 所示电路，I_0 应为多少？为什么？

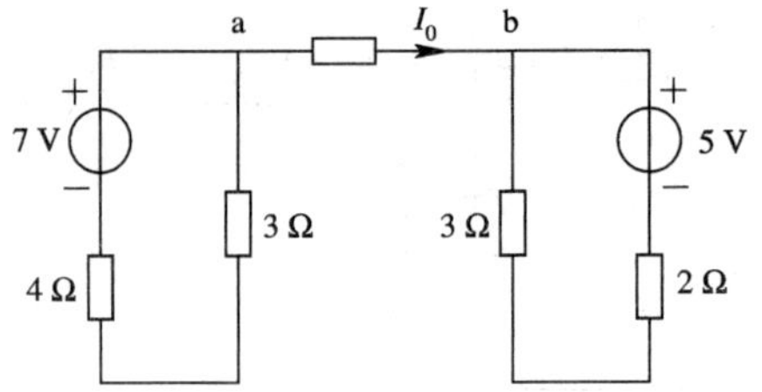

图 1.41　题 1.7 - 2 图

1.7 - 3　图 1.42 所示电路，求开关 S 打开或闭合时的 φ_a、φ_b 及 U_{ab}。

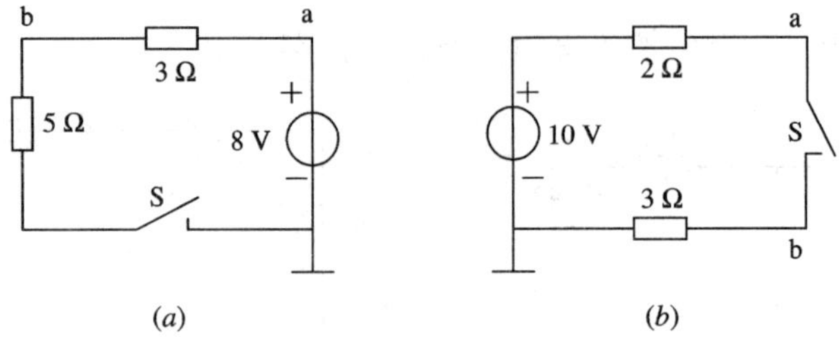

图 1.42　题 1.7 - 3 图

小　　结

1. 电流、电压、功率和电位

电流和电压是电路分析的基本变量，其参考方向和关联方向很重要。分析计算电路时，必须首先设定其参考方向才会使计算结果有意义。在关联参考方向下，功率 $P>0$，电路吸收功率，$P<0$ 电路供出功率。在非关联方向下，$P>0$，电路供出功率，$P<0$，电路吸收功率。电路中某点到参考点的电压就是该点的电位，其计算方法与计算电压基本相同。

2. 电压源、电流源和电阻

它们都是电路中的基本元件，电压源的端电压总是定值 U_S 或一定的时间函数；电流源的电流总是定值 I_S 或一定的时间函数。电压源和电流源都是分析实际电源非常有用的工具。电阻元件是电路的主要元件，其伏安关系虽然简单，但其分析思路和方法都是分析动态元件的基础。

3. 欧姆定律和基尔霍夫定律

二者都是电路理论中的重要定律，欧姆定律确定了电阻元件上电压和电流之间的约束关系，通常称为特性约束。KCL 定律确定了电路中各支路电流之间的约束关系，其内容为：对电路中任一节点在任一时刻，有 $\sum I=0$；KVL 确定了回路中各电压之间的约束关系，其内容为：对电路中任意回路，在任一时刻，有 $\sum U=0$。基尔霍夫定律表达的约束关系通常称为拓扑约束。两种约束关系是分析电路的基础。

习 题 1

1.1 图示电路中，已知 $U_1=2$ V，$U_2=10$ V，$U_4=2$ V，求电压 U_3，U_5 及 U_6。

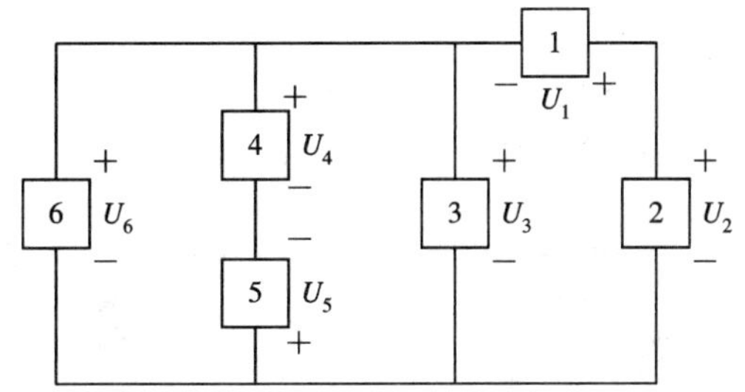

题 1.1 图

1.2 求图示电路中的电压 U_{ab} 和 U_1。

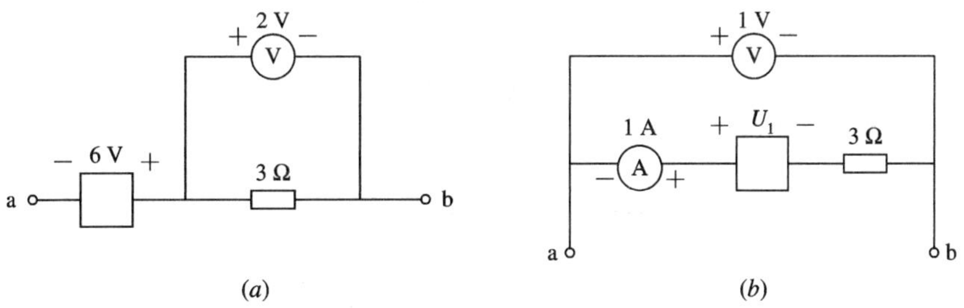

题 1.2 图

1.3 图示电路中，已知 $U_1=1$ V，$U_2=-3$ V，$U_4=-4$ V，$U_5=7$ V，求电压 U_{bd}。

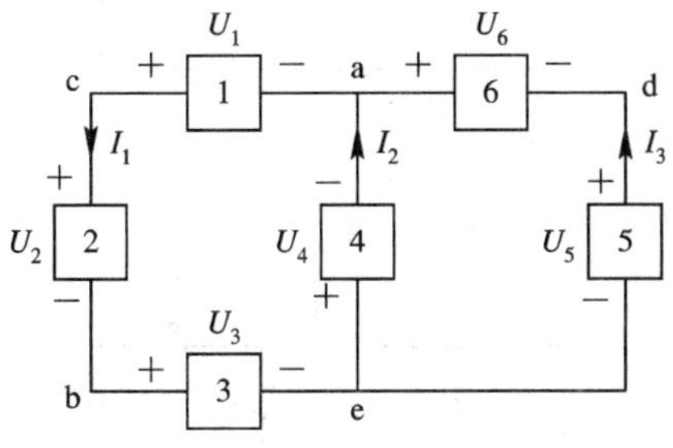

题 1.3 图

1.4 上题图中若已知 $I_1=2$ A，$I_2=1$ A，$I_3=1$ A，求元件 1、3、4、6 所吸收或供出的功率。

1.5 求图示电路中的电压 U_{ab}、U_{ac} 和 U_{ad}。

1.6 求图示电路中的电压 U。

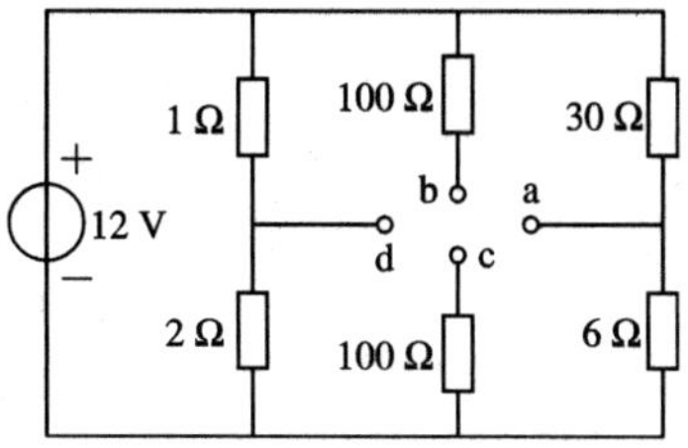

题 1.5 图

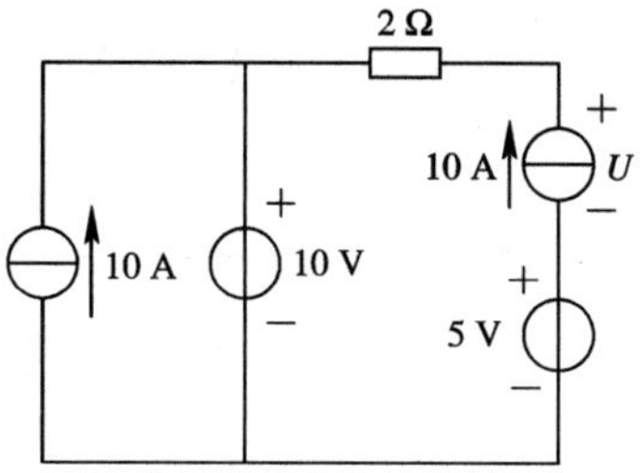

题 1.6 图

1.7　求图示电路中各电流及各电压的值。

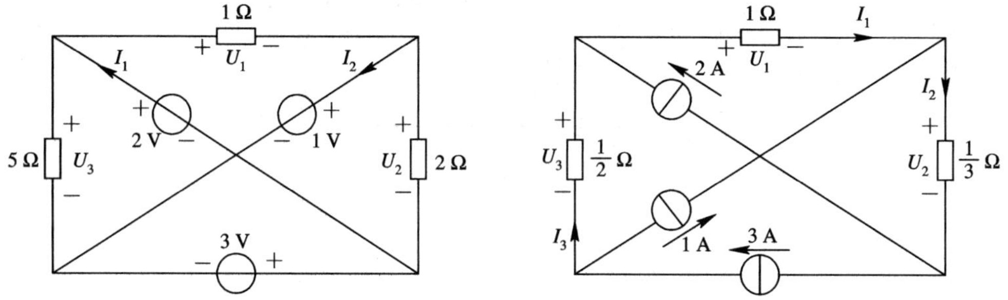

(*a*)　(*b*)

题 1.7 图

1.8　求图示电路中的 U_{ab} 和 U_{cd}。

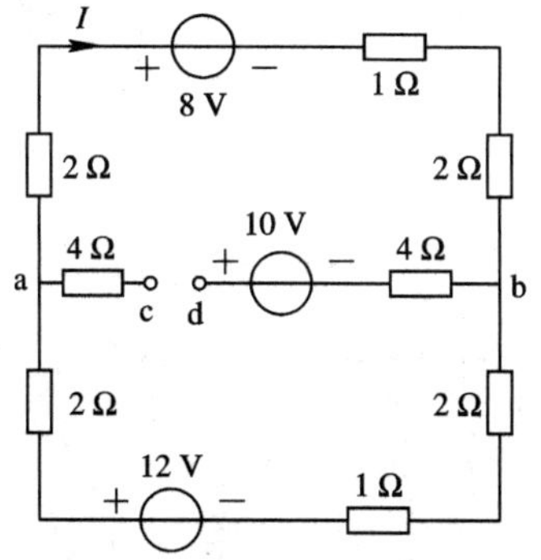

题 1.8 图

1.9　图示电路中，若 $I_5=0$，求 R_4 的值。

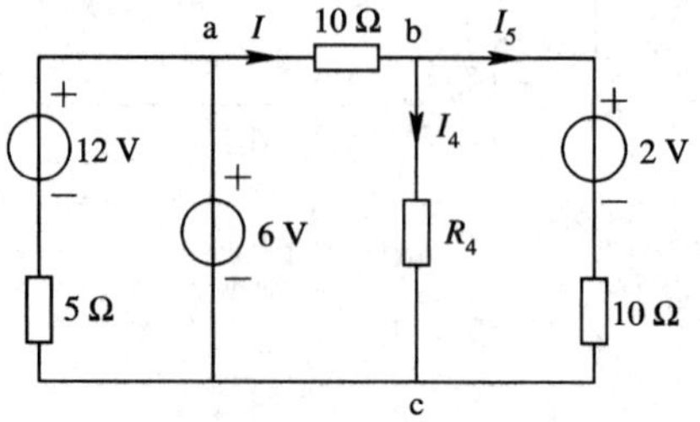

题 1.9 图

1.10　求图示电路中的各电压值。

1.11　求图示电路中的 R 及 U_S 发出的功率(提示：根据 KVL 先求 15 Ω 电阻上的电压。)

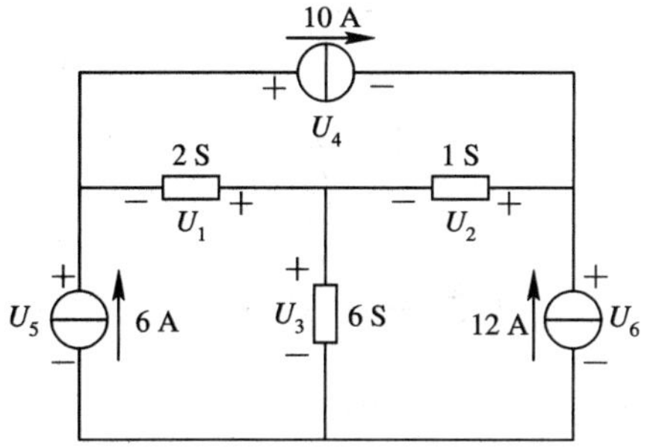

题 1.10 图

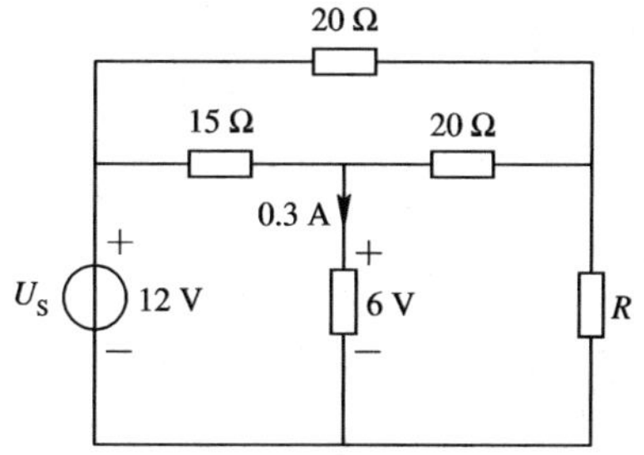

题 1.11 图

1.12　求图示电路中的 I_S 和 U。

1.13　图示电路中，已知 $I=-2$ A，$U_{ab}=6$ V，求电阻 R_1 和 R_2 的值。(提示：先求 4 Ω 支路电流和电压。)

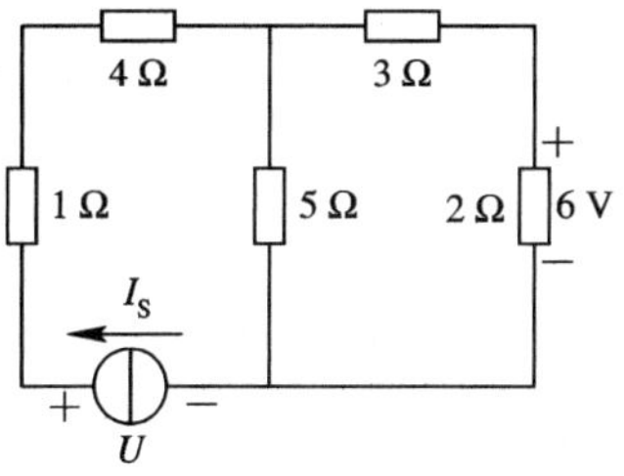

题 1.12 图

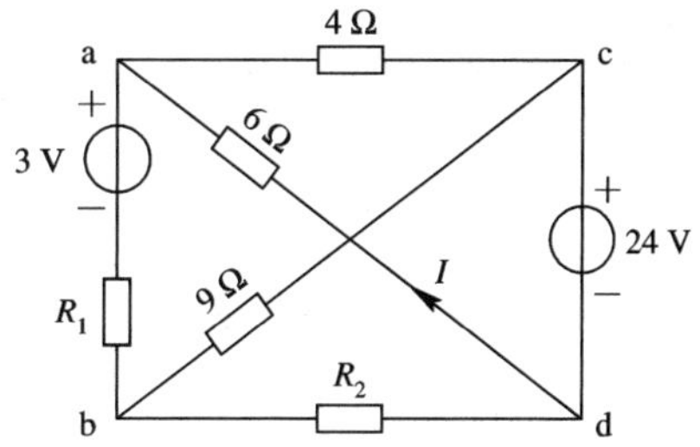

题 1.13 图

1.14　求图示电路中的 φ_1、φ_2 和 φ_3 的值。

1.15　电路如图所示，求 S 打开和闭合时 a 点的电位值。

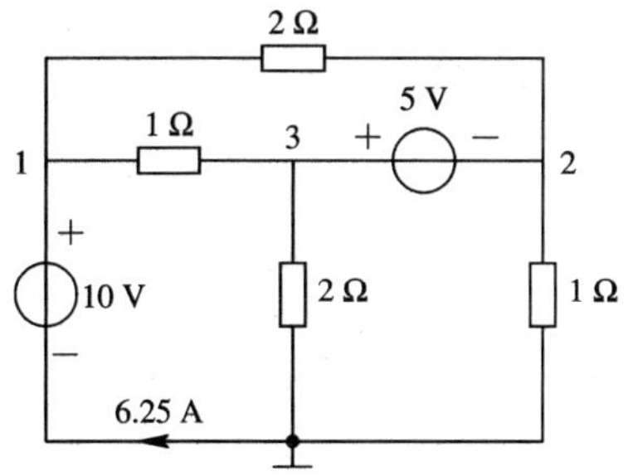

题 1.14 图

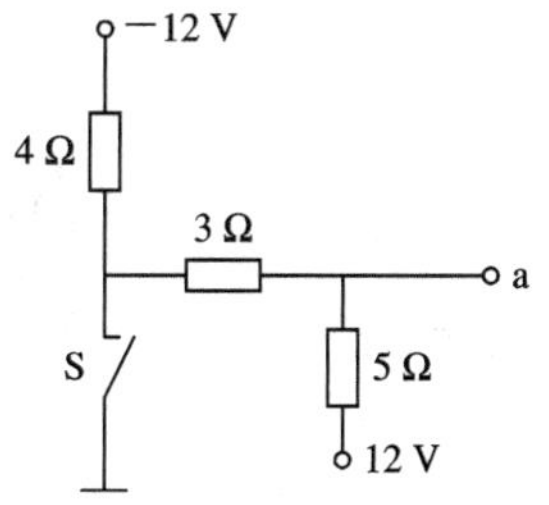

题 1.15 图

自测题 1

1-1　图示为某复杂电路中的一部分，求 I、U_S、R 及电压源发出的功率(20 分)。

1-2　求图示电路中的电压 U_{ac} 和 U_{ad}。(20 分)

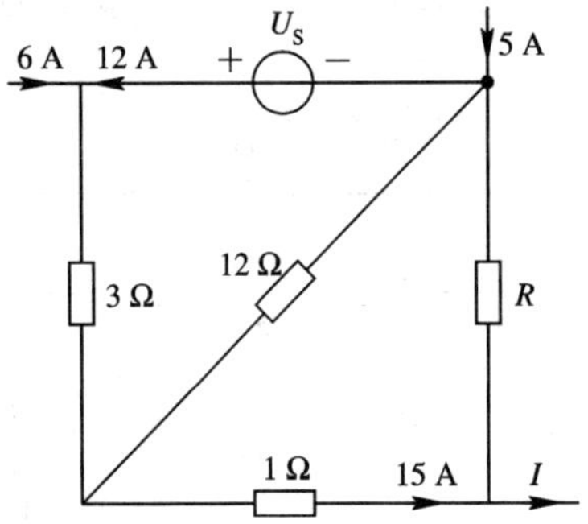

自测题 1-1 图

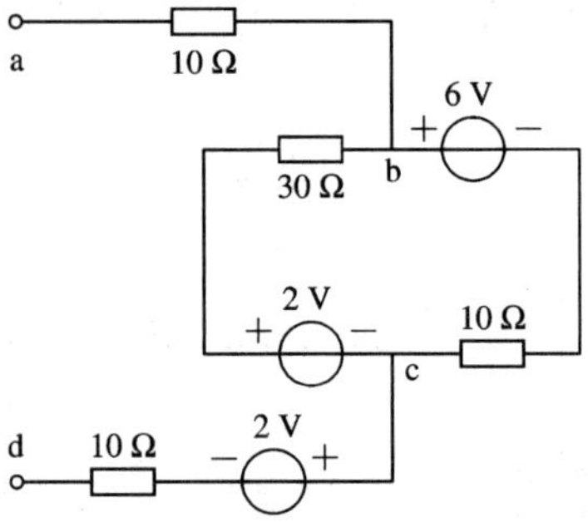

自测题 1-2 图

1-3　求图示电路中的 U、I 及元件 N 消耗的功率。(20 分)

1-4　在图示电路中，已知 $U_{bd}=4$ V，求 U_{bc} 和 U_S 的值。(20 分)

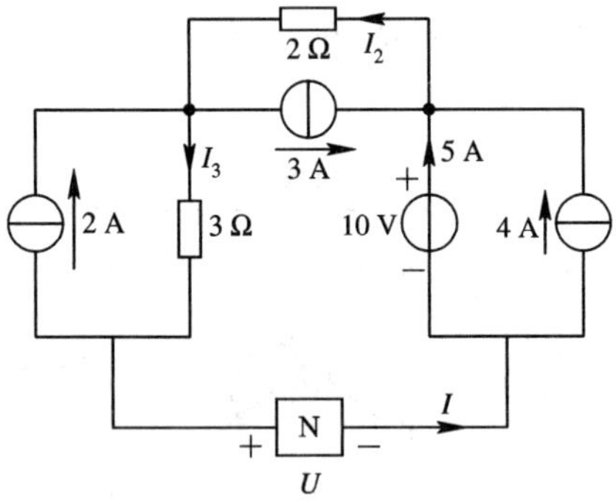

自测题 1-3 图

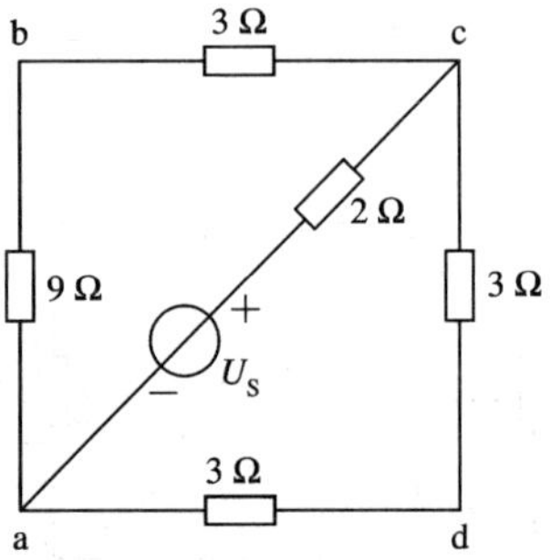

自测题 1-4 图

1-5　图示电路中，已知 $U_{ab}=5$ V，求 U_S。(20 分)

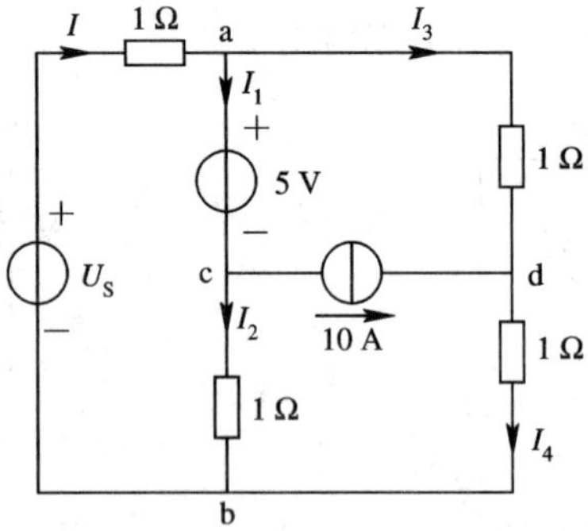

自测题 1-5 图

第 2 章　电路的等效变换

用等效概念，可以把多个元件组成的电路简化成由少数几个元件甚至一个元件组成的电路，从而使所分析的问题变得简单。运用等效变换分析电路，是电路分析中经常使用的方法，在电路理论中有着重要的地位。

两个线性电路等效，是指二者对外电路的作用完全相同，即外加相同电压便获得同一电流，这样就可以用其中结构简单的电路去代替另一结构复杂的电路。

本章首先讨论电阻串、并联电路的等效，由此引入无源二端网络的等效问题，并进一步介绍多端无源电路的等效变换，即△—Y 形等效互换。然后讨论两种实际电源模型的等效变换，并引申到含源的串、并、混联电路，由此引入含源二端网络的等效问题。最后讨论受控源，再用等效概念对其进行互换。

学习本章要求熟练掌握用等效变换分析电路的方法。

2.1　电阻的串、并、混联

2.1.1　电阻的串联

若电路中两个或两个以上电阻首尾相接、中间无分支，在电源作用下，通过各电阻的电流都相同，则称此连接方式为电阻的串联。图 2.1(*a*)所示为三个电阻串联。

设电压和电流的参考方向如图 2.1(*a*)中所示，依 KVL 有

$$U = U_1 + U_2 + U_3 \tag{2-1}$$

又由欧姆定律，可得

$$\left.\begin{aligned} U_1 &= R_1 I \\ U_2 &= R_2 I \\ U_3 &= R_3 I \end{aligned}\right\} \tag{2-2}$$

由式(2－1)及式(2－2)可得

$$U = (R_1 + R_2 + R_3) \cdot I \tag{2-3}$$

式(2－3)表明了图 2.1(*a*)所示电路外端钮上电压与电流的关系，若用一个电阻

$$R = R_1 + R_2 + R_3 \tag{2-4}$$

来替代图 2.1(*a*)中的三个电阻，如图 2.1(*b*)所示，则外端钮上电压与电流的关系不变。换言之，它们对外电路具有相同的效果，这就是等效变换，称 R 为等效电阻，称图 2.1(*b*)为图 2.1(*a*)的等效电路。显然，n 个电阻相串联，其等效电阻等于 n 个电阻之和。

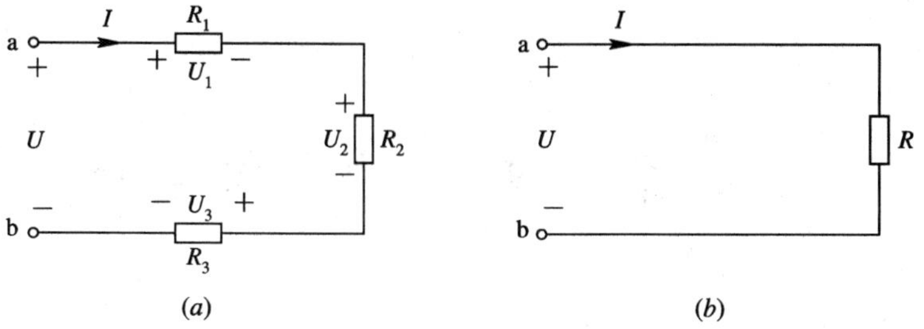

图 2.1　电阻串联及其等效电路

串联电路中，若已知总电压，根据式(2－3)和式(2－4)可求出各电阻电压：

$$\left.\begin{aligned} U_1 &= R_1 I = \frac{R_1}{R}U \\ U_2 &= R_2 I = \frac{R_2}{R}U \\ U_3 &= R_3 I = \frac{R_3}{R}U \end{aligned}\right\} \tag{2-5}$$

式(2－5)为串联电阻的分压公式；由此可得

$$U_1 : U_2 : U_3 = R_1 : R_2 : R_3$$

上式说明：串联电阻上的电压分配与电阻大小成正比。

使用分压公式时，注意各电压的参考极性。若给式(2－1)两边同乘电流 I，则得

$$UI = U_1 I + U_2 I + U_3 I$$

即

$$P = P_1 + P_2 + P_3$$

上式表明，串联电路消耗的总功率等于串联各电阻消耗功率之和。各电阻消耗的功率可写成：

$$P_1 = I^2 R_1,\ P_2 = I^2 R_2,\ P_3 = I^2 R_3$$

故有

$$P_1 : P_2 : P_3 = R_1 : R_2 : R_3$$

上式说明：电阻串联时，各电阻消耗的功率与电阻大小成正比。

例 2.1　有一量程为 100 mV，内阻为 1 kΩ 的电压表。如欲将其改装成量程为 U_1 = 1 V 和 U_2 = 10 V 的电压表，试问应采用什么措施？

解　根据串联电阻分压概念，用一个电阻与电压表相串联，可以分去所扩大部分的电压。由于要求扩大为两个量程，故应串入两个电阻(也可以说是将一个电阻一分为二)，其原理如图 2.2 所示，各量程标注在相应的端钮上。

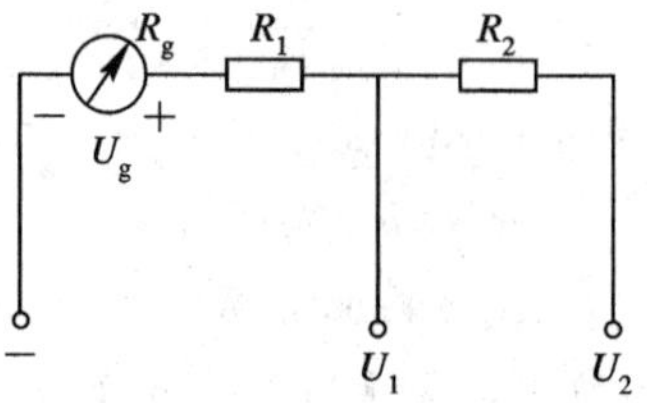

图 2.2　例 2.1 图

图中 R_g 为电压表内阻，U_g 为其量程，R_1、R_2 为分压电阻。当用 U_1 量程时，U_2 端钮断开，此时分压电阻只有 R_1；当用 U_2 量程时，U_1 端钮断开，分压电阻为 R_1+R_2。

根据串联电阻分压关系可得

$$\frac{U_1}{U_g}=\frac{R_g+R_1}{R_g}$$

则

$$R_1=\left(\frac{U_1}{U_g}-1\right)R_g=\left(\frac{1}{100\times10^{-3}}-1\right)\times1\times10^3=9\ \text{k}\Omega$$

$$\frac{U_2}{U_g}=\frac{R_g+(R_1+R_2)}{R_g}$$

$$R_1+R_2=\left(\frac{U_2}{U_g}-1\right)R_g=\left(\frac{10}{100\times10^{-3}}-1\right)\times1\times10^3=99\ \text{k}\Omega$$

所以

$$R_2=99-R_1=90\ \text{k}\Omega$$

2.1.2 电阻的并联

若电路中两个或两个以上电阻，其首尾两端分别连接于两点之间，各电阻两端电压都相同，则称此连接方式为电阻的并联。图 2.3(*a*)所示为三个电阻并联。

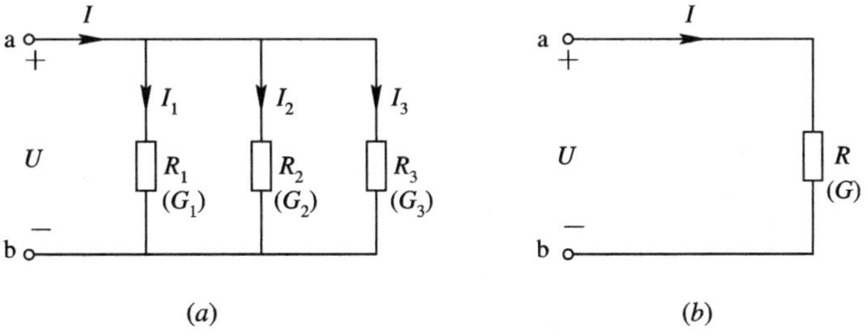

图 2.3 电阻并联及其等效电路

设电压和电流的参考方向如图 2.3(*a*)中所示，依 KCL 有

$$I=I_1+I_2+I_3 \tag{2-6}$$

又由欧姆定律，可得

$$\left.\begin{aligned}I_1&=\frac{U}{R_1}=G_1U\\I_2&=\frac{U}{R_2}=G_2U\\I_3&=\frac{U}{R_3}=G_3U\end{aligned}\right\} \tag{2-7}$$

上式中 G_1、G_2、G_3 分别为各电阻的电导。由式(2-6)和式(2-7)可得

$$I=(G_1+G_2+G_3)U \tag{2-8}$$

若用一个电导

$$G=G_1+G_2+G_3 \tag{2-9}$$

来替代图 2.3(*a*)中的三个电导，如图 2.3(*b*)所示，则外端钮上电压与电流的关系不变，即

它们对外电路具有相同的效果，称G为等效电导。称图2.3(b)为图2.3(a)的等效电路。显然，n个电导相并联，其等效电导等于n个电导之和。

若将式(2－9)用电阻形式表示，则有

$$\frac{1}{R}=\frac{1}{R_1}+\frac{1}{R_2}+\frac{1}{R_3} \tag{2-10}$$

其中，$R=\frac{1}{G}$为R_1、R_2、R_3并联后的等效电阻。

并联电路中，若已知总电流，根据式(2－8)和式(2－9)可求出各电导支路电流：

$$\left.\begin{aligned} I_1 &= G_1U = \frac{G_1}{G}I \\ I_2 &= G_2U = \frac{G_2}{G}I \\ I_3 &= G_3U = \frac{G_3}{G}I \end{aligned}\right\} \tag{2-11}$$

式(2－11)为并联电导的分流公式，由此可得

$$I_1 : I_2 : I_3 = G_1 : G_2 : G_3$$

上式说明，并联电导中电流的分配与电导大小成正比，即与电阻成反比。若给式(2－6)两边各乘以电压U，则得

$$UI = UI_1 + UI_2 + UI_3$$

即

$$P=P_1+P_2+P_3$$

上式表明，并联电路消耗的总功率等于并联各电导消耗功率之和。各电导功率可写成：

$$P_1 = U^2G_1,\quad P_2 = U^2G_2,\quad P_3 = U^2G_3$$

故有

$$P_1 : P_2 : P_3=G_1 : G_2 : G_3$$

上式说明，各并联电导所消耗的功率与该电导的大小成正比，即与电阻成反比。

由以上讨论可知，在串联电路中用电阻方便，而在并联电路中用电导比较方便。但由于电阻元件习惯于用电阻表示，因此式(2－10)也经常应用，特别是两个电阻并联的情况更经常遇到。通常两个电阻并联时记作$R_1 /\!/ R_2$。其等效电阻可用下式求出：

$$R = R_1 /\!/ R_2 = \frac{R_1R_2}{R_1+R_2} \tag{2-12}$$

此时的分流公式为

$$\left.\begin{aligned} I_1 &= \frac{R_2}{R_1+R_2}I \\ I_2 &= \frac{R_1}{R_1+R_2}I \end{aligned}\right\} \tag{2-13}$$

顺便指出，使用分流公式时，应注意各电流的参考方向。

例2.2 有一量程为100 μA，内阻为1.6 kΩ的电流表，如欲将其改装成量程I_1＝500 μA和I_2＝5 mA的电流表，应采取什么措施？

解 根据并联电阻分流的概念，用一电阻与电流表并联，可分去扩大部分的电流，使流过电流表的电流始终不超过100 μA。由于要扩大为两个量程，故应将并入电阻分成两个部分(即由两个电阻串联而成)，其原理如图2.4所示，各量程标注在相应的端钮上。

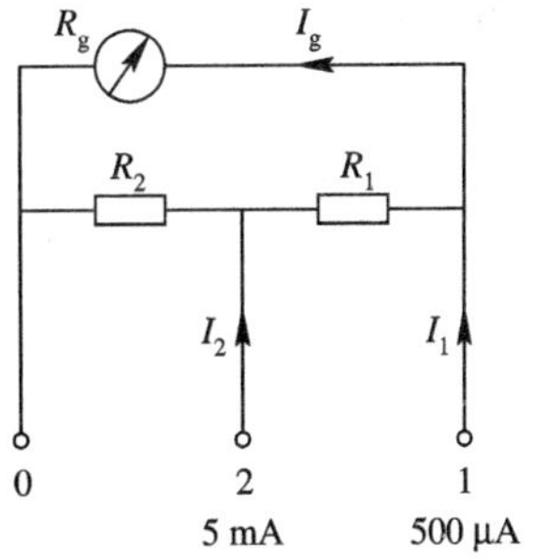

图 2.4 例 2.2 图

图中 R_g 为电流表内阻，I_g 为其量程，R_1、R_2 为分流电阻。先求出量程 I_1 的分流电阻，此时，I_2 端钮断开，分流电阻为 R_1+R_2，根据并联电阻分流关系，有

$$I_g=\frac{R_1+R_2}{R_g+R_1+R_2}I_1$$

所以
$$R_1+R_2=\frac{I_gR_g}{I_1-I_g}=\frac{100\times10^{-6}\times1.6\times10^3}{(500-100)\times10^{-6}}=400\ \Omega$$

当量程 $I_2=5$ mA时，分流电阻为 R_2，而 R_1 与 R_g 相串联，根据并联电阻分流关系，有

$$I_g=\frac{R_2}{R_g+R_1+R_2}I_2$$

$$R_2=\frac{I_g}{I_2}(R_g+R_1+R_2)=\frac{100\times10^{-6}}{5\times10^{-3}}\times(1600+400)=40\ \Omega$$

故
$$R_1=400-40=360\ \Omega$$

2.1.3 电阻的混联

既有串联又有并联的电路称为混联电路。对于电阻混联电路，可以应用等效概念，逐次求出各串、并联部分的等效电路，最终将其简化成一个无分支的等效电路，通常称这类电路为简单电路；若不能用串、并联方法简化的电路，则称其为复杂电路。

例 2.3 求图2.5(*a*)所示电路中的电流 I 和电压 U_{ab}。

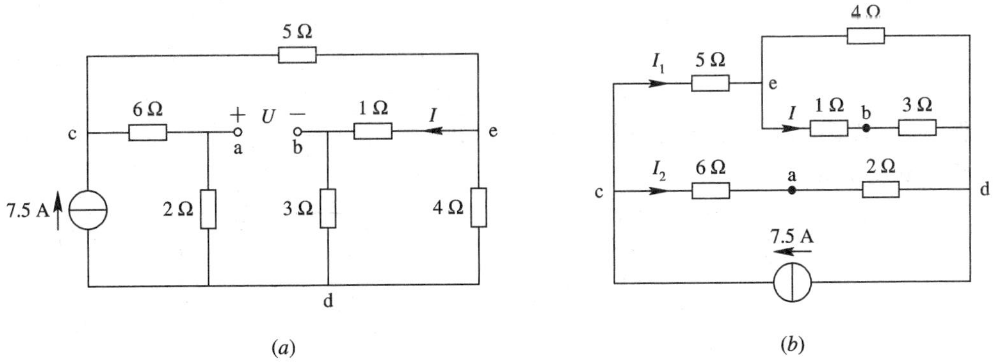

图 2.5 例 2.3 图

解 对此类电路的分析方法可归纳为三步(称三步处理法)：设电位点；画直观图；利用串、并联方法求等效电阻。据此可将原电路改画成如图2.5(*b*)所示电路，则

$$R_{ed}=\frac{(1+3)\times4}{1+3+4}=2\ \Omega$$

由分流关系，有

$$I_1 = 7.5 \times \frac{6+2}{6+2+5+2} = 4\ \text{A}$$

$$I_2 = 7.5 \times \frac{5+2}{6+2+5+2} = 3.5\ \text{A}$$

或

$$I_2 = 7.5 - I_1 = 3.5\ \text{A}$$

$$I = I_1 \times \frac{4}{1+3+4} = 2\ \text{A}$$

$$U_{ab} = 2I_2 - 3I = 2 \times 3.5 - 3 \times 2 = 1\ \text{V}$$

例 2.4 求图 2.6(*a*)所示电路中 a、b 两端的等效电阻。

解 按三步处理法逐步化简，可得图 2.6(*b*)、(*c*)、(*d*)所示简化电路，由此可得

$$R_{ab} = 2 + 3 = 5\ \Omega$$

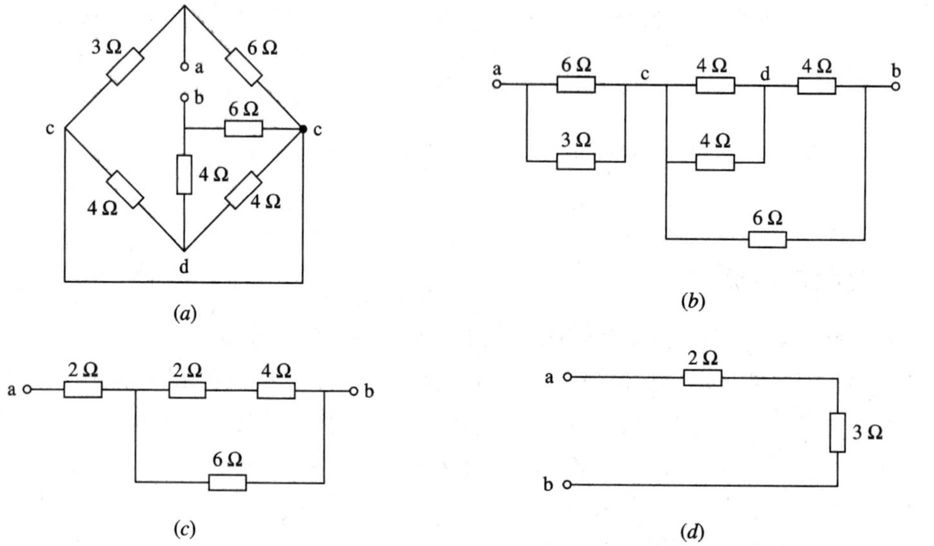

图 2.6 例 2.4 的电路

例 2.5 求图 2.7 所示电路中 R_4 上的功率 P。

解 ab 端口的等效电阻

$$\begin{aligned} R_{ab} &= R_1 + (R_2 \mathbin{/\!/} R_4) + (R_3 \mathbin{/\!/} R_5) \\ &= 1 + 1 + 2 \\ &= 4\ \Omega \end{aligned}$$

$$I = \frac{U_{ab}}{R_{ab}} = \frac{12}{4} = 3\ \text{A}$$

由分流关系可知

$$I_2 = I\frac{R_2}{R_2 + R_4} = 3 \times \frac{1}{2} = 1.5\ \text{A}$$

$$P = R_4 I_2^2 = 2 \times 1.5^2 = 4.5\ \text{W}$$

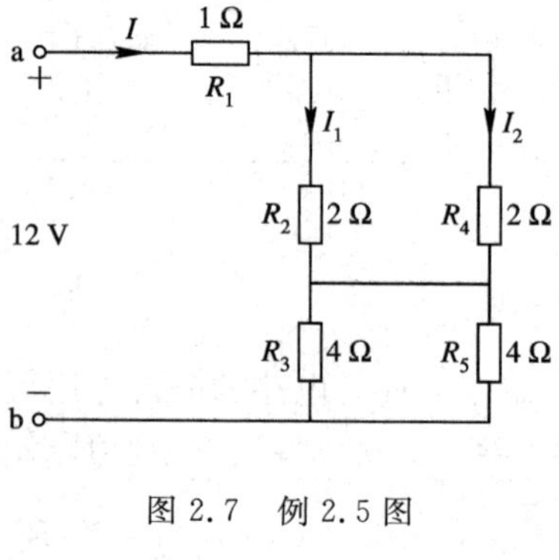

图 2.7 例 2.5 图

练习与思考

2.1－1　求图 2.8 所示各电路的等效电阻 R_{ab}。

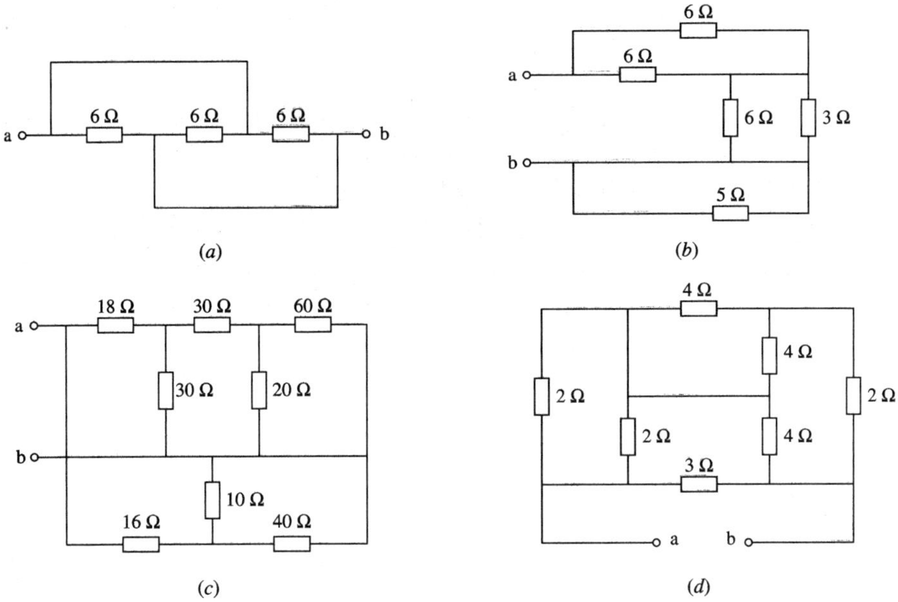

图 2.8　题 2.1－1 图

2.1－2　有一个 120 V 电源与 100 Ω 电阻串联的电路，为了使电阻上的功率不超过 100 W，问至少应再串入多大的电阻 R？电阻 R 上所消耗的功率为多少？

2.1－3　3 A 电流源通过 2 Ω 电阻和一未知电阻 R 相并联的电路，欲使流过电阻 R 的电流为 2/3 A，试问 R 取值应为多少？

2.2　△形和 Y 形电阻电路的等效变换

无源三端式电路如图 2.9 所示，其中图(*a*)称为△形电路，图(*b*)称为 Y 形电路。

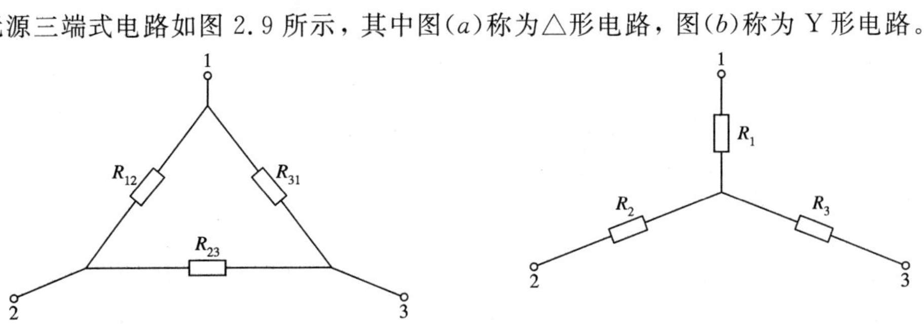

(*a*) △形电路　　(*b*) Y形电路

图 2.9　无源三端式电路

△形和Y形电路之间的相互变换也应满足外部特性相同的原则，直观地说：就是任意两对应端的电阻应相等。具体地说，就是当第3端断开时，两电路中每一对应端的电阻相等。如图2.9(*a*)和(*b*)中，当第3端断开时，两电路中1、2端的电阻应相等，即

$$R_1 + R_2 = \frac{R_{12}(R_{23} + R_{31})}{R_{12} + R_{23} + R_{31}} \tag{2-14}$$

同理有

$$R_2 + R_3 = \frac{R_{23}(R_{12} + R_{31})}{R_{12} + R_{23} + R_{31}} \tag{2-15}$$

$$R_3 + R_1 = \frac{R_{31}(R_{12} + R_{23})}{R_{12} + R_{23} + R_{31}} \tag{2-16}$$

将△形变换成Y形，即已知△形电路的R_{12}、R_{23}、R_{31}，求Y形电路的R_1、R_2、R_3。为此，将式(2-14)、(2-15)和式(2-16)相加后除以2，可得

$$R_1 + R_2 + R_3 = \frac{R_{23}R_{12} + R_{23}R_{31} + R_{12}R_{31}}{R_{12} + R_{23} + R_{31}} \tag{2-17}$$

从式(2-17)中分别减去式(2-15)、(2-16)和式(2-14)，可得

$$R_1 = \frac{R_{12}R_{31}}{R_{12} + R_{23} + R_{31}} \tag{2-18}$$

$$R_2 = \frac{R_{12}R_{23}}{R_{12} + R_{23} + R_{31}} \tag{2-19}$$

$$R_3 = \frac{R_{23}R_{31}}{R_{12} + R_{23} + R_{31}} \tag{2-20}$$

以上三式就是△形电路变换为等效Y形电路的公式。三个公式可概括为

$$R_Y = \frac{\triangle\text{形中相邻两电阻的乘积}}{\triangle\text{形中电阻之和}}$$

当$R_{12}=R_{23}=R_{31}=R_\triangle$时，则

$$R_1 = R_2 = R_3 = \frac{1}{3}R_\triangle \tag{2-21}$$

将Y形变换成△形，即已知Y形电路的R_1、R_2、R_3，求△形电路的R_{12}、R_{23}、R_{31}。为此，将式(2-18)、(2-19)和式(2-20)两两相乘后再相加，经化简后可得

$$R_1R_2 + R_2R_3 + R_3R_1 = \frac{R_{12}R_{23}R_{31}}{R_{12} + R_{23} + R_{31}} \tag{2-22}$$

将式(2-22)分别除以式(2-20)、(2-18)和式(2-19)，可得

$$R_{12} = R_1 + R_2 + \frac{R_1R_2}{R_3} \tag{2-23}$$

$$R_{23} = R_2 + R_3 + \frac{R_3R_2}{R_1} \tag{2-24}$$

$$R_{31} = R_3 + R_1 + \frac{R_3R_1}{R_2} \tag{2-25}$$

以上三式就是Y形电路变换为等效△形电路的公式。三个公式可概括为

$$R_\triangle = \frac{\text{Y形中两两电阻的乘积之和}}{\text{Y形中对面的电阻}}$$

当$R_1=R_2=R_3=R_Y$时，则

$$R_{12} = R_{23} = R_{31} = 3R_Y \tag{2-26}$$

应当指出，上述等效变换公式仅适用于无源三端式电路。

例 2.6 在图 2.10(a)所示电路中，

(1) 欲使 R_5 支路无电流，则应满足什么条件？

(2) 若已知 $R_1=10\ \Omega$，$R_2=30\ \Omega$，$R_3=22\ \Omega$，$R_4=4\ \Omega$，$R_5=60\ \Omega$，$U_S=22\ V$，求电流 I。

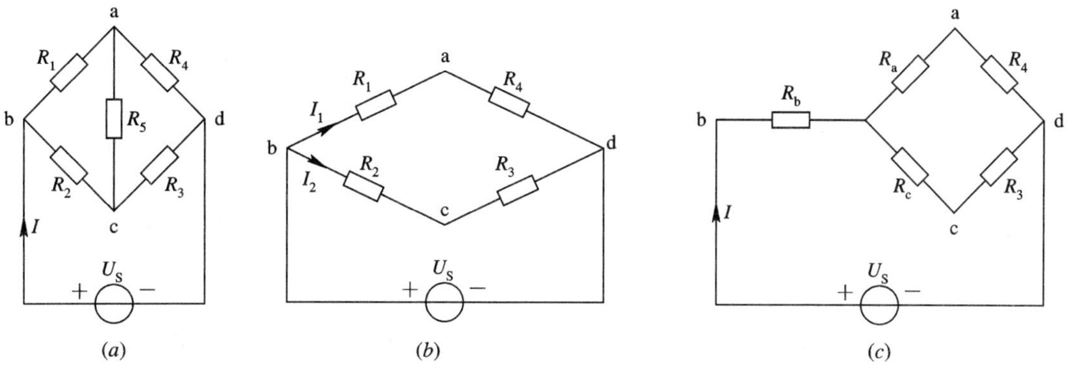

图 2.10 例 2.6 图

解 (1) 这是一个电桥电路，电阻 R_1、R_2、R_3、R_4 称为电桥的四个臂，对角线 ac 支路为桥路，另一对角线 bd 为电源支路。欲使 R_5 中无电流，即 $\varphi_a=\varphi_c$。由此可通过计算 φ_a 和 φ_c 的值而得出相应条件(即电桥平衡的条件)。依题意拿掉 R_5 支路将不会影响电路的其余部分，则原电路可等效成图 2.10(b)所示电路。选取 d 为参考点，则有

$$\varphi_a = I_1R_4 = -I_1R_1 + U_S$$

$$\varphi_c = I_2R_3 = -I_2R_2 + U_S$$

依 $\varphi_a=\varphi_c$ 可得

$$I_1R_4 = I_2R_3,\ I_1R_1 = I_2R_2$$

将两式相除，可得

$$\frac{R_1}{R_4} = \frac{R_2}{R_3}$$

或

$$R_1R_3 = R_2R_4$$

这个结论称为电桥平衡条件，利用它在某些情况下求解电路十分方便。

(2) 该电路既含△形电路又含 Y 形电路，等效变换方案有多种，现仅选一种，如图 2.10(c)所示。根据式(2-18)、(2-19)和式(2-20)可得

$$R_a = \frac{R_1R_5}{R_1+R_2+R_5} = \frac{10\times 60}{10+30+60} = 6\ \Omega$$

$$R_b = \frac{R_1R_2}{R_1+R_2+R_5} = \frac{10\times 30}{10+30+60} = 3\ \Omega$$

$$R_c = \frac{R_2R_5}{R_1+R_2+R_5} = \frac{30\times 60}{10+30+60} = 18\ \Omega$$

用串、并联的方法求出等效电阻 R_{bd} 为

$$R_{bd} = R_b + \frac{(R_a+R_4)(R_c+R_3)}{R_a+R_c+R_3+R_4} = 3 + \frac{(6+4)(18+22)}{6+18+22+4} = 11\ \Omega$$

则电流 I 为

$$I=\frac{U_S}{R_{bd}}=\frac{22}{11}=2\ \text{A}$$

例 2.7　求图 2.11(a)所示电路中 a、b 两端的等效电阻。

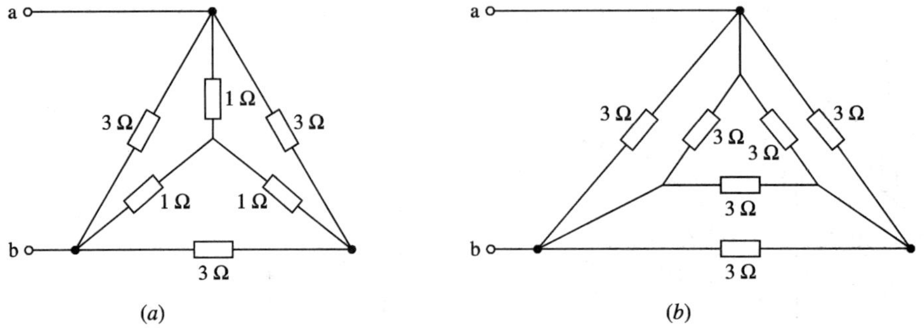

图 2.11　例 2.7 图

解　将三个 1 Ω 电阻组成的 Y 形连接等效变换成△形连接，如图(b)所示，故可得

$$R_{ab}=\frac{3\times1.5}{3+1.5}=1\ \Omega$$

练习与思考

2.2－1　求图 2.12 所示电路中的等效电阻 R_{ab}。

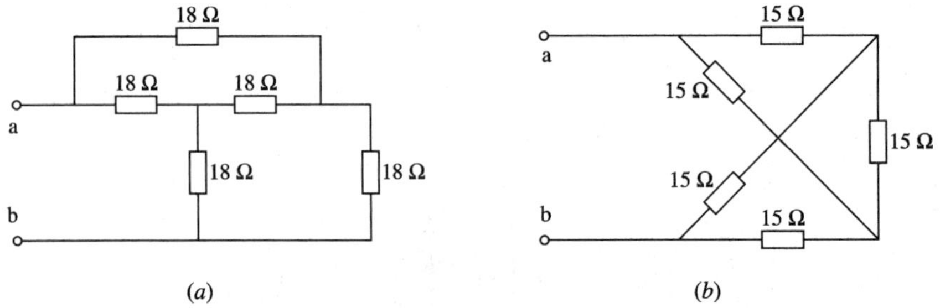

图 2.12　题 2.2－1 图

2.2－2　利用电路的对称性求图 2.13 所示电路中的等效电阻 R_{ab}。

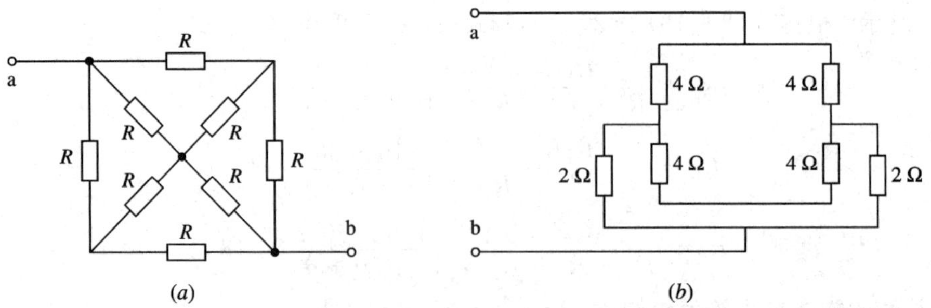

图 2.13　题 2.2－2 图

2.2-3　欲将图 2.14(a)所示电路，利用△—Y 形等效变换成图 2.14(b)所示电路，从何处着手比较方便？为什么？

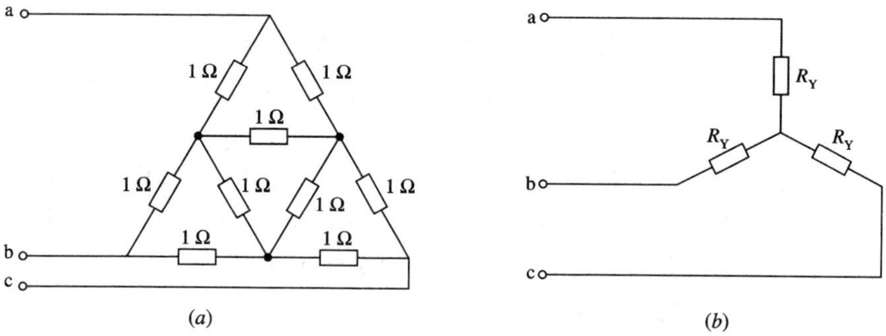

图 2.14　题 2.2-3 图

2.3　两种电源模型的等效变换

前面讲到，一个实际电源可用理想电压源与电阻串联或理想电流源与电阻并联的模型来表征，这其实就是两种电源模型的等效互换，当然也是等效原则下的互换，这种互换在分析计算电路时经常用到，为明确其等效互换条件，重画两种电源模型于图 2.15。

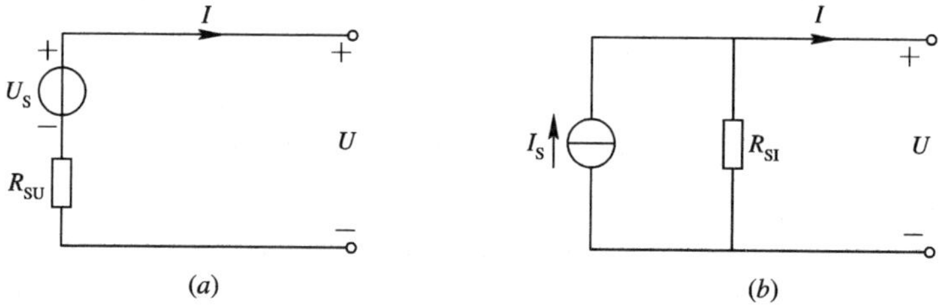

图 2.15　两种电源模型

(a) 电压源模型；(b) 电流源模型

对于图 2.15(a)，依 KVL 有

$$U = U_S - R_{SU} I \tag{2-27}$$

对于图 2.15(b)，依 KCL 有

$$I = I_S - \frac{U}{R_{SI}}$$

即

$$U = R_{SI} I_S - R_{SI} I \tag{2-28}$$

比较式(2-27)和式(2-28)，若

$$\left.\begin{aligned} U_S &= R_{SI} I_S \\ R_{SU} &= R_{SI} \end{aligned}\right\} \tag{2-29}$$

则两种实际电源模型的外部电压、电流关系都相同，因此，对外电路而言，它们是等效的。

式(2-29)也可以写成另一种形式，即

$$\left.\begin{aligned} I_S &= \frac{U_S}{R_{SI}} \\ R_{SI} &= R_{SU} \end{aligned}\right\} \tag{2-30}$$

式(2-29)和式(2-30)为两种电源模型等效的条件。注意：① 两种电源模型进行等效变换时，其参考方向应满足图2.15的关系，即 I_S 的箭头方向由 U_S 的“－”指向“＋”。② 两种电源模型相互等效是指其外部，其内部并不等效。例如，同在开路状态下，电压源既不产生功率，其内阻也不消耗功率；而电流源则产生功率，并且全部被内阻所消耗。

理想电压源与理想电流源之间不能等效互换。因为理想电压源的伏安特性为平行于电流轴的直线，而理想电流源的伏安特性为平行于电压轴的直线，二者不可能有相同的伏安特性，即不满足等效变换的条件。

说明：两种电源的等效互换方法可以推广运用，即一个电压源与电阻相串联的组合和一个电流源与电阻相并联的组合也可以等效互换，而这个电阻不一定是电源内阻。

例 2.8 将图2.16(*a*)所示电路简化成电压源和电阻的串联组合。

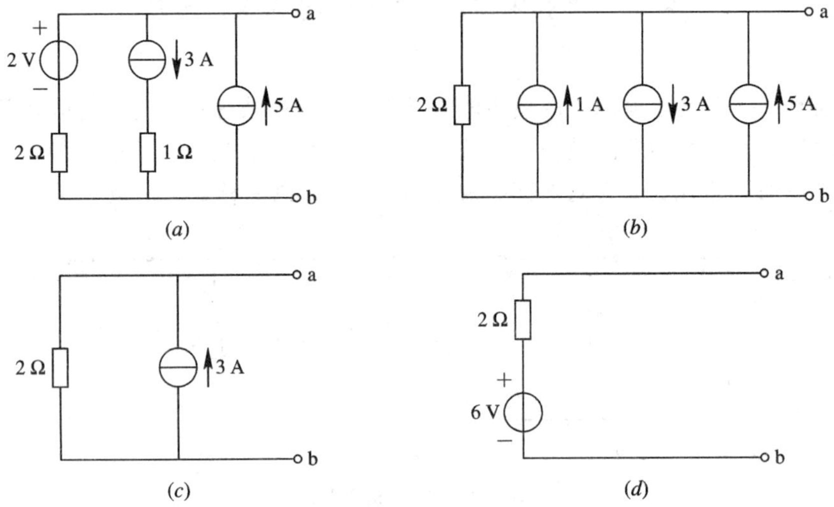

图 2.16　例 2.8 图

解　利用电源串、并联和等效变换，按图2.16(*b*)、(*c*)、(*d*)所示顺序逐步化简，可得等效电压源和电阻的串联组合。

例 2.9 如图2.17(*a*)所示电路，求电位 φ_A。

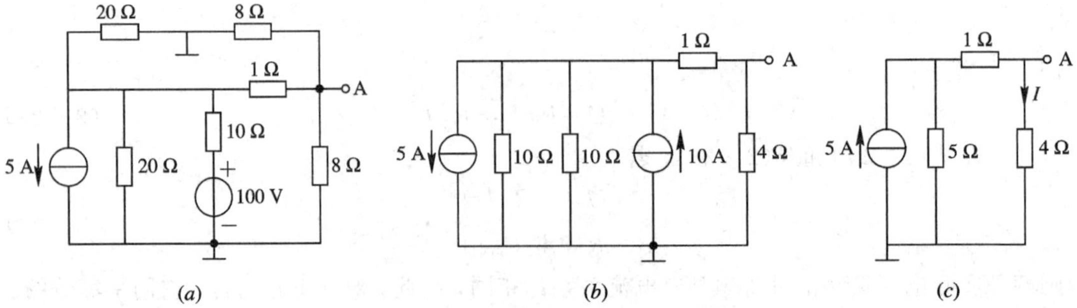

图 2.17　例 2.9 图

解　两个接地点即为等位点，将其用短路线连接。再应用电阻串、并联及电源等效变换将图 2.17(a)依次等效为图 2.17(b)、(c)所示电路，由(c)图可得

$$I=\frac{5}{5+1+4}\times 5=2.5\ \text{A}$$

故

$$\varphi_A=4I=4\times 2.5=10\ \text{V}$$

例 2.10　试求图 2.18(a)所示电路的电流 I 和 I_1。

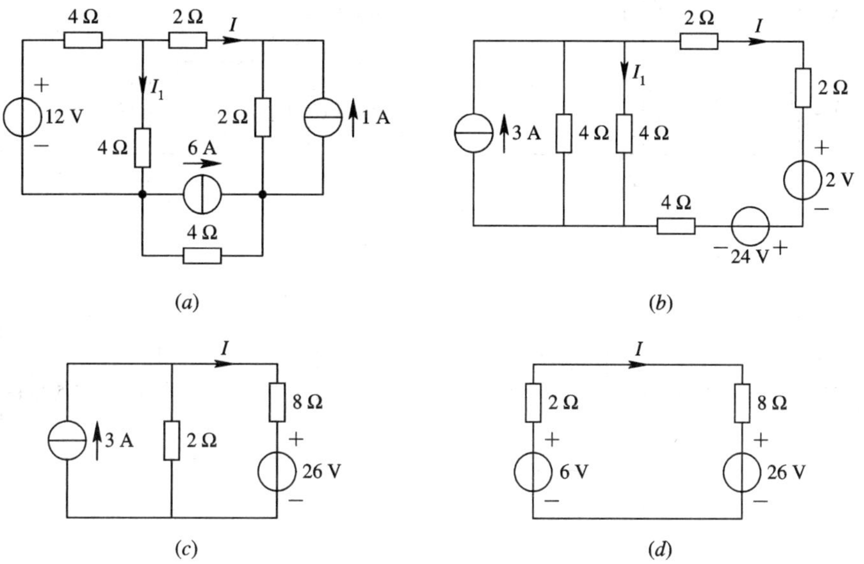

图 2.18　例 2.10 图

解　依电源模型的等效变换将原图依次变换为图 2.18(b)、(c)、(d)所示电路，由(d)图可得

$$I=\frac{-26+6}{8+2}=-2\ \text{A}$$

由图 2.18(b)及分流关系得

$$I_1=\frac{3-I}{2}=\frac{3-(-2)}{2}=2.5\ \text{A}$$

练习与思考

2.3-1　两种电源模型等效互换的条件是什么？如何确定等效后的 U_S 和 I_S 的参考方向？

2.3-2　将图 2.19 所示各电路化成单个电源的电路。

2.3-3　求图 2.20 所示电路中的电流 I 及图(b)中的 U_{ab}。

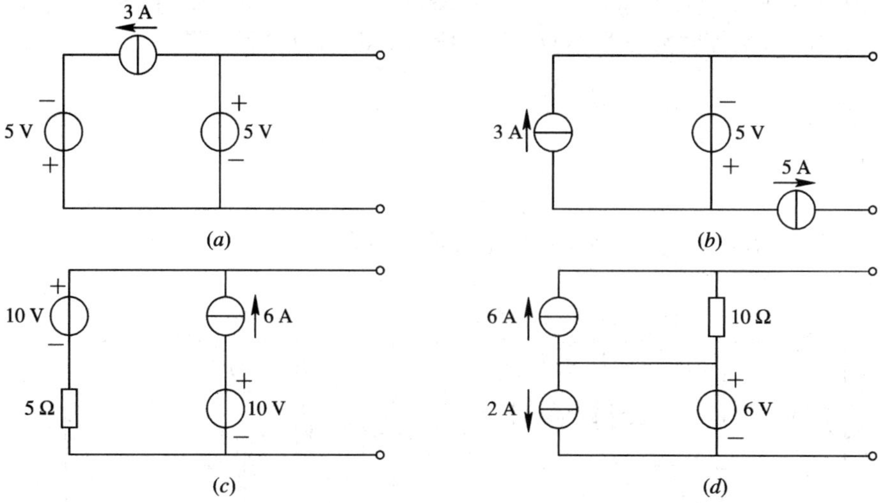

图 2.19　题 2.3-2 图

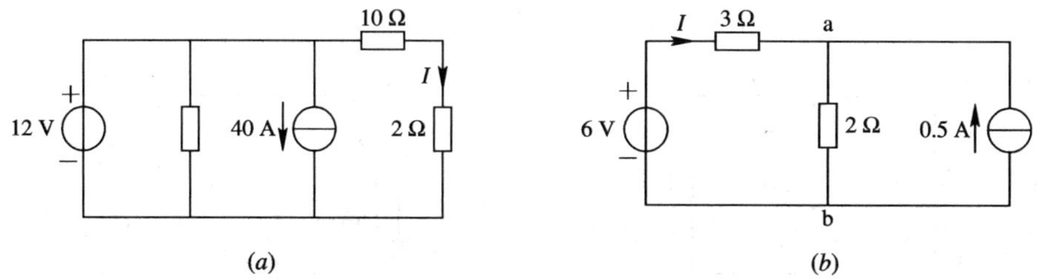

图 2.20　题 2.3-3 图

*2.4　受控源及其等效变换

第 1 章介绍的电压源和电流源，因其电压和电流均为定值或一定的时间函数，故称为独立源。除独立源外，实用中还有受控源。受控源的电压或电流受电路中某处电压或电流的控制，因此，受控源亦称非独立源。其符号用菱形代替圆形。

受控源有输入和输出两对端钮。输出端电压或电流受输入端电压或电流的控制，按照控制量和被控制量的组合情况，理想受控源电路有四种形式，如图 2.21 所示。

图 2.21(*a*)为压控电压源(VCVS)，u_1 为控制量，μu_1 为被控制量；图 2.21(*b*)为流控电压源(CCVS)，i_1 为控制量，γi_1 为被控制量；图 2.21(*c*)为压控电流源(VCCS)，u_1 为控制量，$g u_1$ 为被控制量；图 2.21(*d*)为流控电流源(CCCS)①，i_1 为控制量，βi_1 为被控制量。μ、γ、g 和 β 为相关控制系数，其中 $\mu = u_2/u_1$ 为电压放大系数，无量纲；$\gamma = u_2/i_1$ 为转移电

① VCVS——Voltage Controlled Voltage Source;
CCVS——Current Controlled Voltage Source;
VCCS——Voltage Controlled Current Source;
CCCS——Current Controlled Current Source。

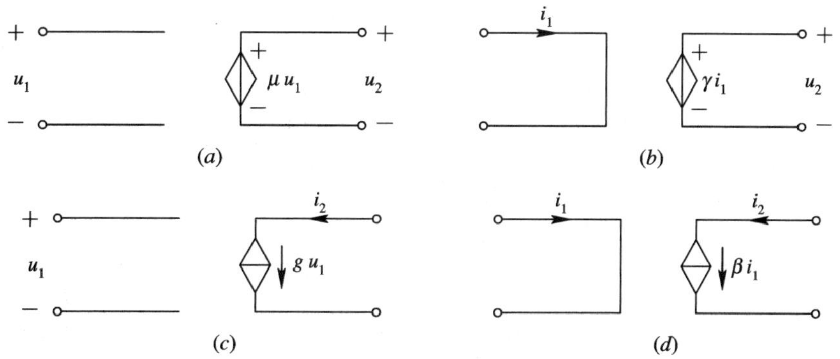

图 2.21　四种理想受控源

(*a*) VCVS；(*b*) CCVS；(*c*) VCCS；(*d*) CCCS

阻，为电阻量纲；$g=i_2/u_1$ 为转移电导，为电导量纲；$\beta=i_2/i_1$ 为电流放大系数，无量纲。当控制系数为常数时，被控制量与控制量成正比，称为线性受控源。本书仅讨论线性受控源。

受控源实际上是有源器件(晶体管、电子管、场效应管、运算放大器等)的电路模型。

例如图 2.22(*a*)所示的晶体管共射组态电路，其微变等效电路用图 2.22(*b*)所示的 CCCS 来表征，其输出特性反映了基极电流 i_b 对集电极电流 i_c 的控制作用，其数值关系为 $i_c=\beta i_b$，其中 β 为晶体管共射组态的电流放大系数。图中 r_i 为晶体管的输入电阻。

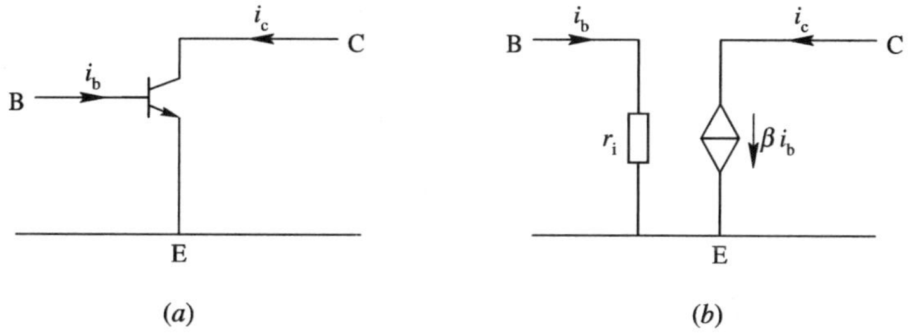

图 2.22　受控源举例

应当指出，尽管受控源也称为电源，但与独立源却有本质的区别。独立源在电路中起“激励”作用，而受控源不起激励作用，其电压(或电流)反受电路中其他电压或电流控制。控制量存在，受控源就存在，控制量为零，受控源也为零。它仅表示“控制”与“被控制”的关系，是一种电路现象而已。

受控源的控制支路在电路图中不画出，只标出控制量。分析含受控源电路时，注意受控源与独立源的异同点，有时将其当独立源对待，有时当电阻元件对待。受控电压源、电阻串联组合与受控电流源、电阻并联组合仍可进行等效互换(如例 2.12、例 2.14 的情况)，此时受控源当独立源对待，但要注意在变换中不要把控制量所在的支路消除掉；对于受控源和电阻组成的二端网络可等效成一个电阻，此时受控源当电阻对待，值得注意的是，等效电阻可能是负值，这表明该网络向其外部输出功率(如例 2.13 的情况)。

例 2.11 试求图 2.23 所示电路中的 U_S。

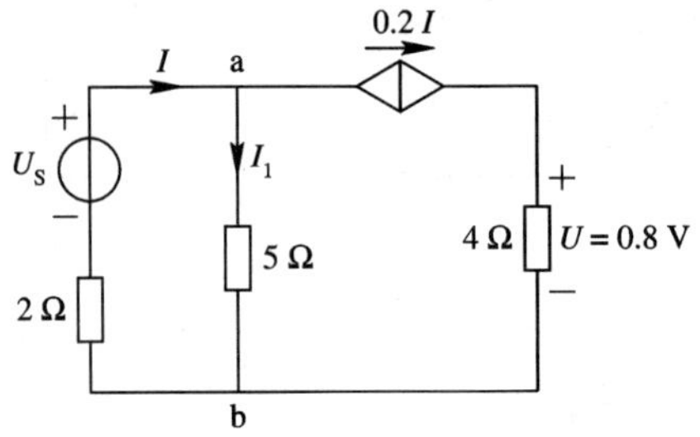

图 2.23 例 2.11 图

解 $0.2I$ 电流源(CCCS)与 4 Ω 电阻相串联，流经 4 Ω 电阻的电流为

$$\frac{U}{4}=\frac{0.8}{4}=0.2\ \text{A}$$

此电流应与 CCCS 的电流相等，即

$$0.2=0.2I$$

则

$$I=\frac{0.2}{0.2}=1\ \text{A}$$

依 KCL 有

$$I_1=I-0.2I=1-0.2=0.8\ \text{A}$$

则

$$U_{ab}=0.8\times5=4\ \text{V}$$

依 KVL 有

$$4=U_S-2I=U_S-2$$

则

$$U_S=4+2=6\ \text{V}$$

例 2.12 化简图 2.24 所示电路。

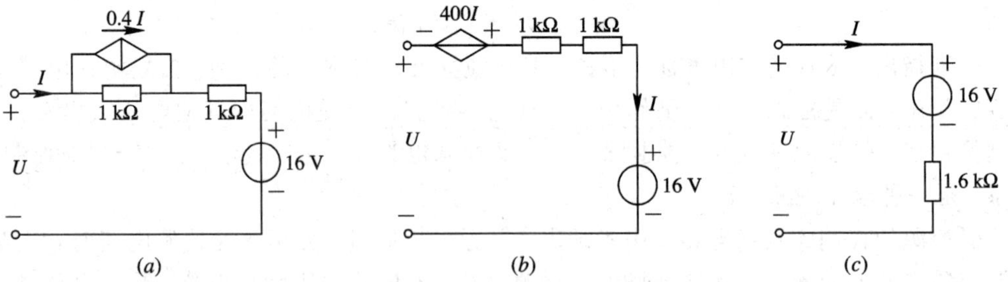

图 2.24 例 2.12 图

解 将 $0.4I$ 与 1 kΩ 并联的受控电流源等效变换成 $400I$ 与 1 kΩ 相串联的受控电压源，如图 2.24(*b*)所示，其中 U 与 I 的关系为

$$U=-400I+2000I+16=1600I+16$$

令上式中的 $I=0$，则 $U=16$ V 就是电压源的开路电压 U_{OC}，该电压源的内阻为

$$R_o = \frac{1600I}{I} = 1.6\ \text{k}\Omega$$

据此关系式可得到等效电路如图 2.24(c)所示。

例 2.13 求图 2.25(a)所示电路的输入电阻 R_i。

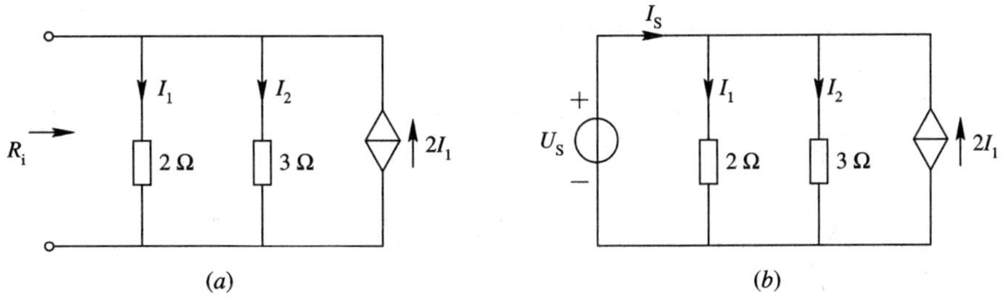

图 2.25 例 2.13 图

解 因含受控源，不能直接用电阻串、并联化简，此时可以设想在入口两端施加一电压源 U_S，则会产生端钮电流 I_S，如图 2.25(b)所示。故 R_i 可由下式计算：

$$R_i = \frac{U_S}{I_S}$$

对于图 2.25(b)，有

$$I_S = I_1 + I_2 - 2I_1 = \frac{U_S}{2} + \frac{U_S}{3} - \frac{2U_S}{2} = -\frac{U_S}{6}$$

则

$$R_i = \frac{U_S}{I_S} = \frac{U_S}{-\frac{U_S}{6}} = -6\ \Omega$$

R_i 为负值，意味着 R_i 所消耗的功率为负，说明该电路是向外电路提供能量的。

例 2.14 求图 2.26(a)所示电路中的电流 I_1 及电压 U。

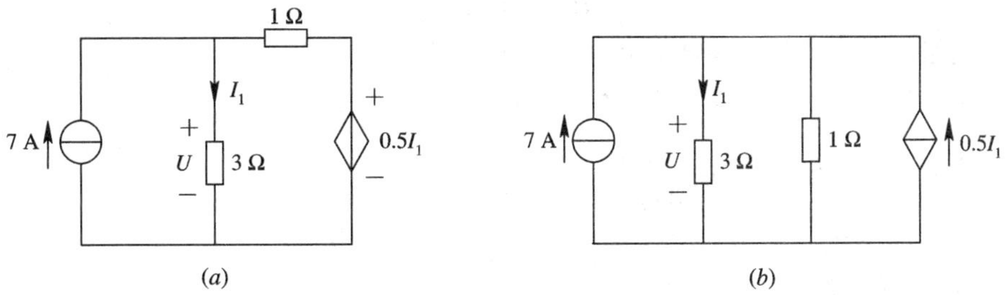

图 2.26 例 2.14 图

解 将图 2.26(a)所示电路等效成图 2.26(b)所示电路，依图有

$$I_1 = \frac{1}{3+1} \times (7 + 0.5I_1)$$

解得 $I_1=2$ A，所以 $U=3I_1=6$ V。

练习与思考

2.4-1　求图2.27所示电路中的输入电阻R_{ab}。

2.4-2　求图2.28所示电路中的输入电阻R_{ab}。

2.4-3　图2.29所示电路中，能否将受控源$3I_1$与10 Ω电阻等效变换成一个受控电压源？如果可以，受控量I_1应如何处理？

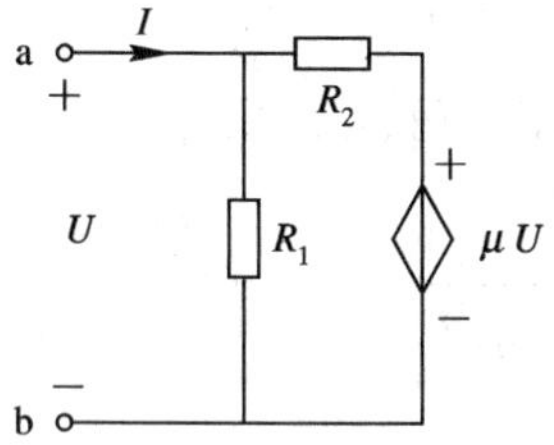

图2.27　题2.4-1图

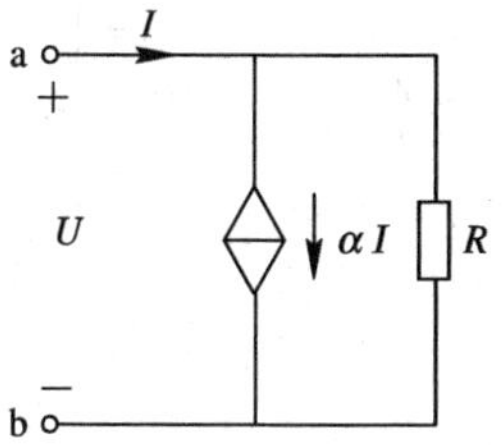

图2.28　题2.4-2图

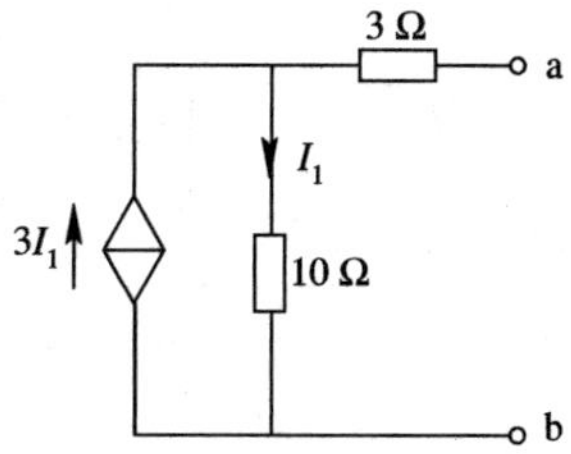

图2.29　题2.4-3图

小　　结

本章内容始终贯穿着“等效”这条主线，这是电路理论中一个非常重要的概念。两个结构和元件参数完全不同的电路“等效”，是指它们对外电路的作用效果完全相同，即它们对外端钮上的电压和电流的关系完全相同。因此将电路中的某一部分用另一种电路结构与元件参数代替后，不会影响原电路中留下来未作变换的任何一条支路中的电压和电流。据此便可推出各种电路的等效变换关系，从而极大地方便了电路分析和计算。

1. 电阻串联电路

(1) 流过各电阻的电流相同。

(2) 等效电阻R等于各电阻之和，即

$$R = R_1 + R_2 + R_3 + \cdots$$

(3) 电路的总电压等于各电阻上电压之和，即

$$U = U_1 + U_2 + U_3 + \cdots$$

(4) 分压公式

$$U_1 = \frac{R_1}{R}U,\ U_2 = \frac{R_2}{R}U,\ U_3 = \frac{R_3}{R}U,\ \cdots$$

2. 电阻并联电路

(1) 各电阻两端的电压相同。

(2) 等效电导等于各电导之和，即

$$G = G_1 + G_2 + G_3 + \cdots$$

两电阻并联时，等效电阻为

$$R = \frac{R_1 R_2}{R_1 + R_2}$$

（3）电路中的总电流等于各电流之和，即

$$I = I_1 + I_2 + I_3 + \cdots$$

（4）分流公式

$$I_1 = \frac{G_1}{G}I, \ I_2 = \frac{G_2}{G}I, \ I_3 = \frac{G_3}{G}I, \ \cdots$$

两电阻并联的分流公式为

$$I_1 = \frac{R_2}{R_1 + R_2}I$$

$$I_2 = \frac{R_1}{R_1 + R_2}I$$

3. △↔Y

在等效原则下得出的△形和Y形电路的等效互换公式，使无源三端式电路的化简变得容易，特别是当△形或Y形电路的电阻相等时，使用公式

$$R_{\triangle} = 3R_{Y} \quad 或 \quad R_{Y} = \frac{1}{3}R_{\triangle}$$

进行两种电路之间的相互变换尤显方便。

4. 两种电源模型的等效变换

具有内阻的实际电源，可用电压源模型或电流源模型来表征，即两种电源模型对外电路可以等效互换。这样将使我们在求解电路时，思路更广阔，办法更多样。

5. 受控源及其等效变换

受控源与独立源虽有本质区别，但既然也被称做电源，那么它们之间的等效互换与独立源完全相同，只需做到在整个变换过程中，控制量所在的支路保持不动即可。

习 题 2

2.1 电位计分压电路如图所示。已知输入电压 $U_i = 20$ V，$R_1 = 350$ Ω，$R_p = 200$ Ω，$R_2 = 450$ Ω，求输出电压 U_o 的变化范围。

2.2 有一磁电式微安表，内阻为 1500 Ω，量程为 100 μA，今欲将其改装成量程为 30 V、100 V 的电压表(如题 2.2 图所示)，求分压电阻 R_1 和 R_2。

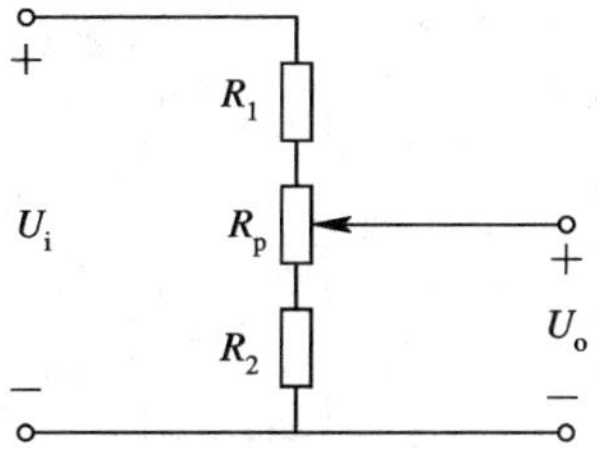

题 2.1 图

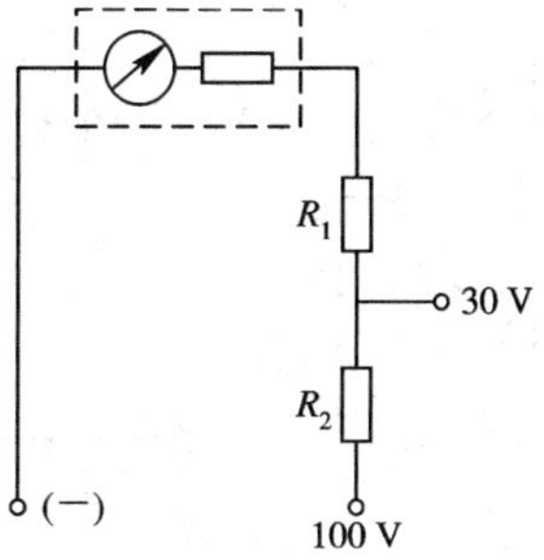

题 2.2 图

2.3　两电阻串联接到 120 V 电源上，电流为 3 A；并联接到相同的电源上时，电流变为 16 A，求这两个电阻的值。

2.4　磁电式微安表量程为 200 μA，内阻为 1500 Ω，若扩大其量程为 $I_1 = 1$ mA 和 $I_2 = 5$ mA(如题 2.4 图所示)，求分流电阻 R_1 和 R_2 的数值。

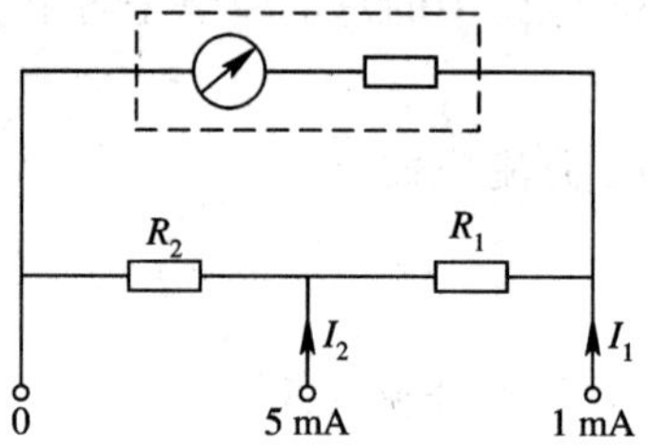

题 2.4 图

2.5　试通过计算证明图示两电路中的电流 I 相等。

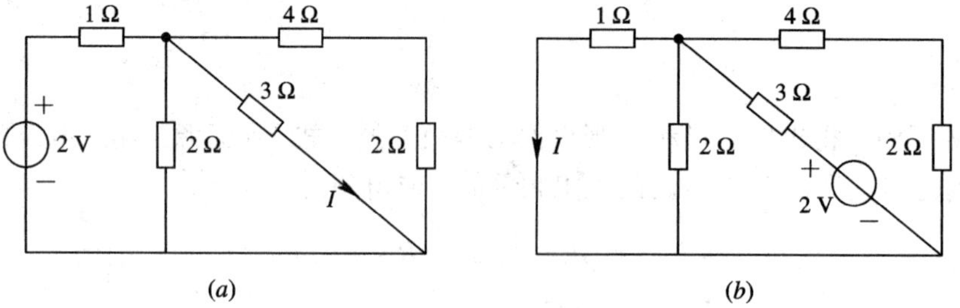

题 2.5 图

2.6　求图示电路中电压表的读数(设电压表内阻为无穷大)。

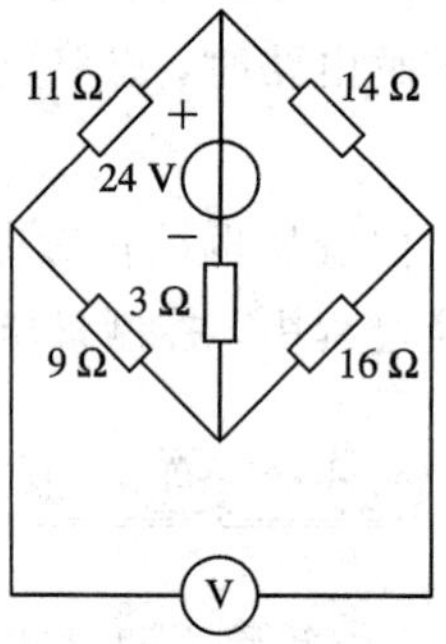

题 2.6 图

2.7　计算图示各电路中的等效电阻 R_{ab}。

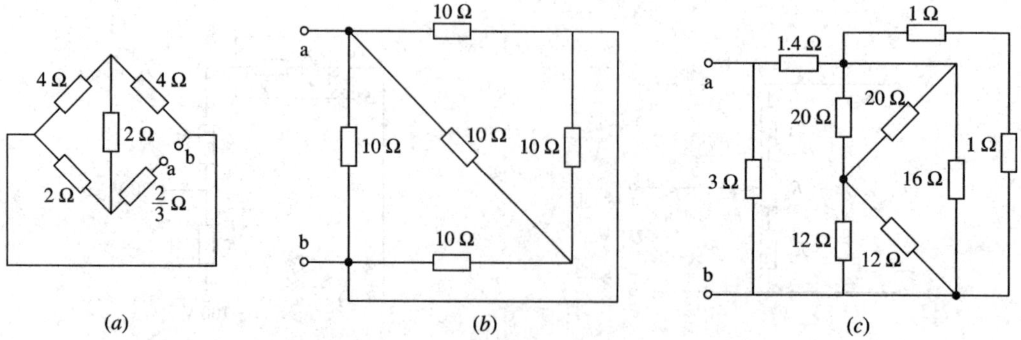

题 2.7 图

2.8 计算图示各电路的等效电阻。

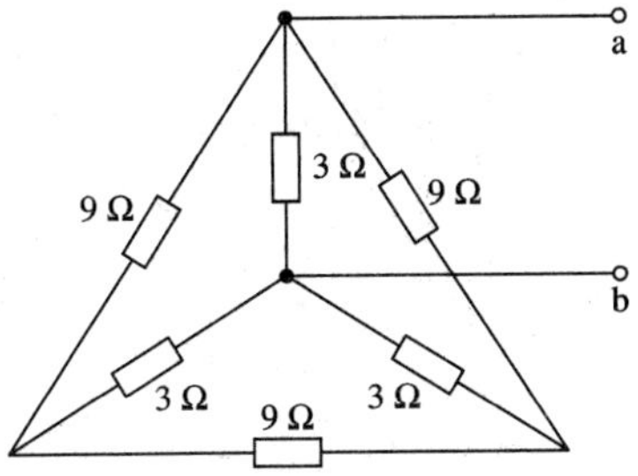

(a)

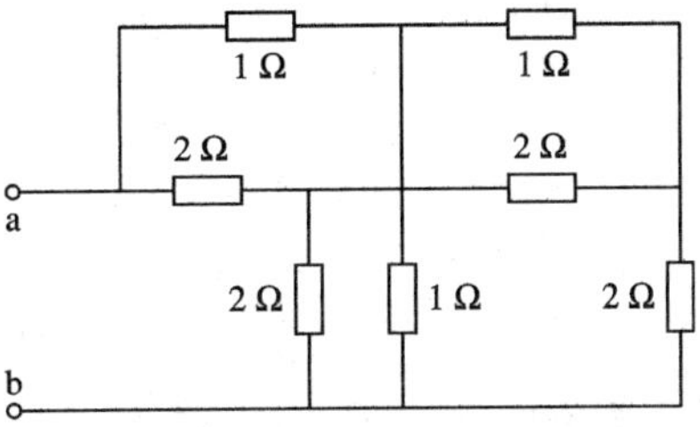

(b)

题 2.8 图

2.9 电路如图所示，求电流 I_1 和 I_2。

2.10 电路如图所示，设各电阻均为 1 Ω，试求各支路电流。

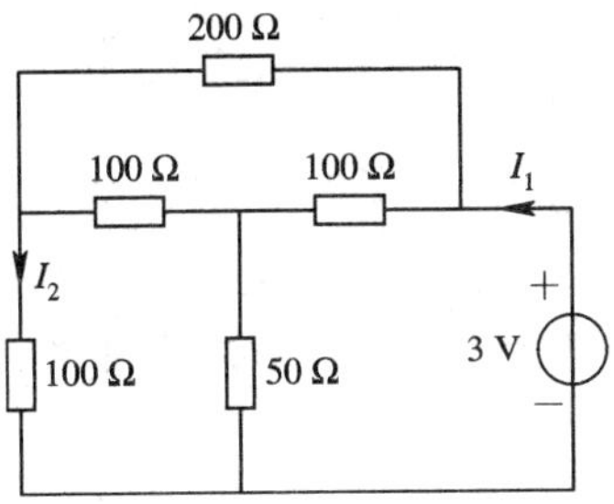

题 2.9 图

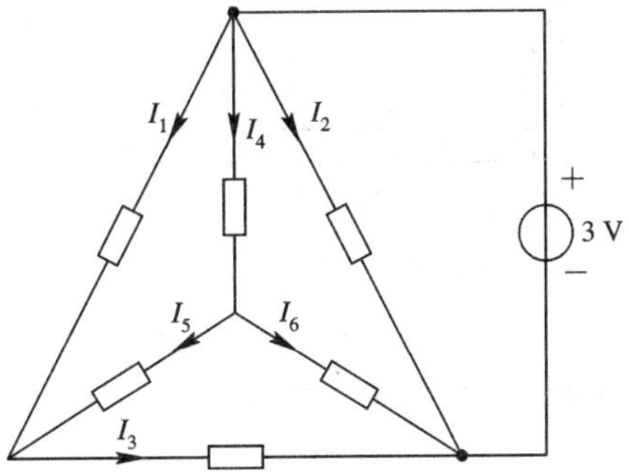

题 2.10 图

2.11 电路如图所示，试求各支路电流 I_1、I_2、I_3。

2.12 求图示电路中电流源发出的功率。

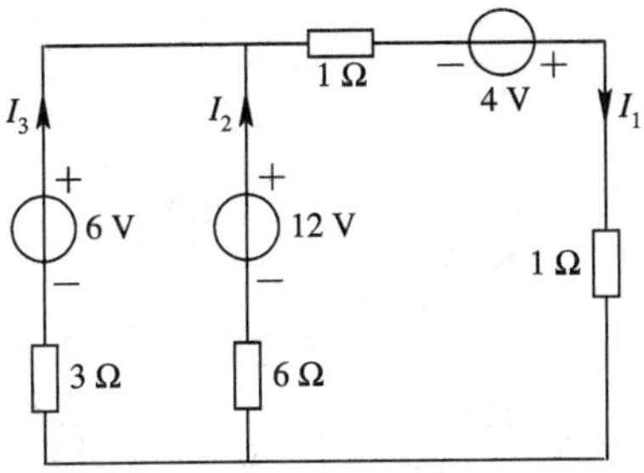

题 2.11 图

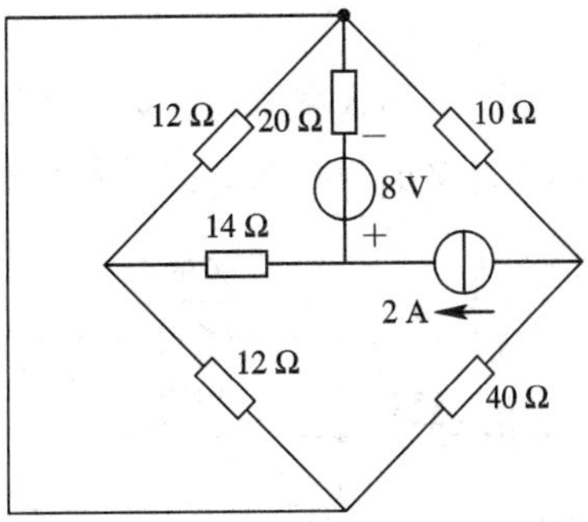

题 2.12 图

2.13 电路如图所示，试求电压 U。

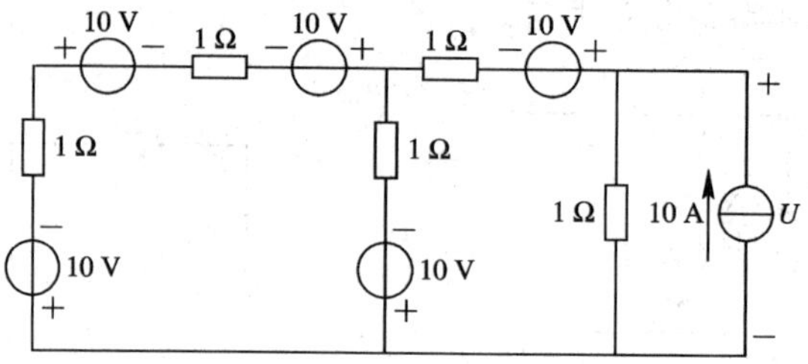

题 2.13 图

2.14　电路如图所示，求电流 I。

2.15　电子技术中，常用图示电路测放大器输出电阻，当 S 置“1”时，电压表读数为 U_{oc}；S 置“2”时，电压表读数为 U。证明网络 N 的等效电源内阻 $R_0=(U_{oc}/U-1)R_L$。(提示：可画成 U_{oc}和 R_0 相串联的电压源模型，接上 R_L 后，利用分压关系求 R_0。)

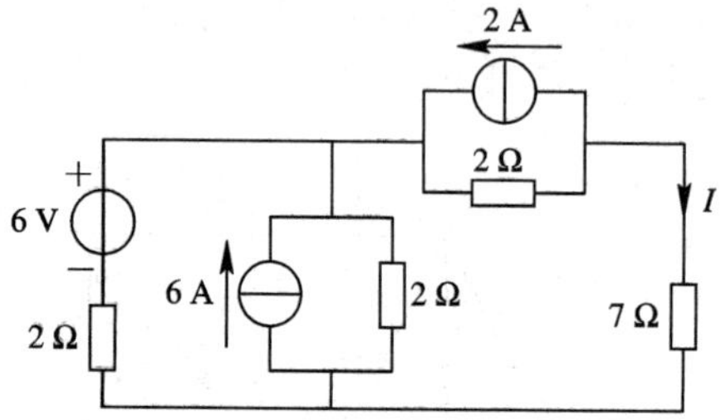

题 2.14 图

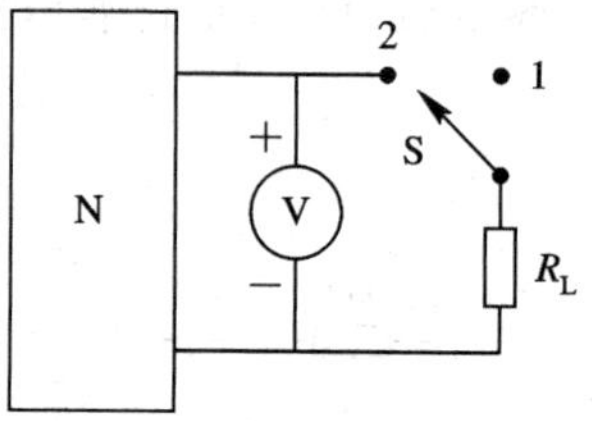

题 2.15 图

2.16　电路如图所示，试求等效电阻 R_0。(提示：先将电路右边部分进行转换合并，在 a、b 端口加一电压 U，设总电流为 I，可列出两个关于 U 的表达式，从中确定 U、I 关系，再利用 $R=U/I$ 求之。)

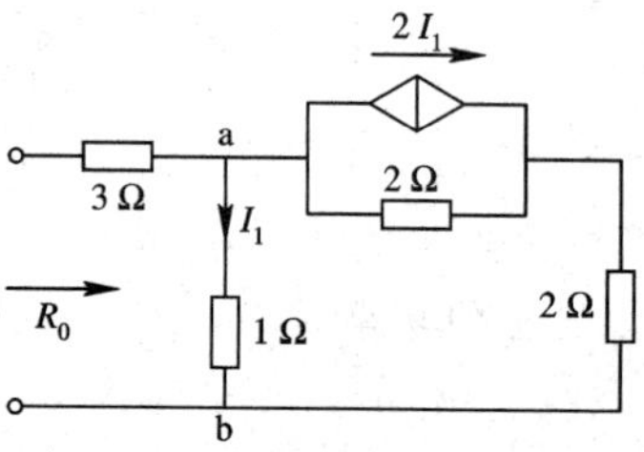

题 2.16 图

2.17　电路如图所示，试求等效电阻 R_{ab}。

2.18　电路如图所示，试求电流源电流 I_S。

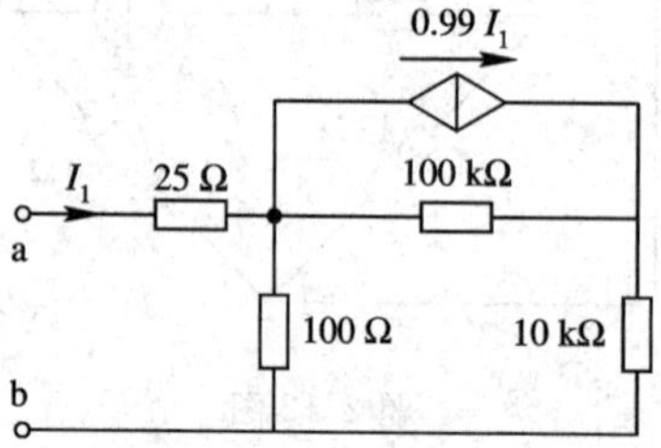

题 2.17 图

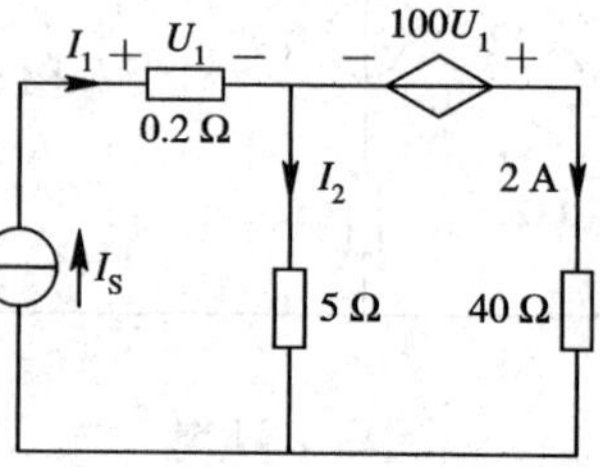

题 2.18 图

自测题 2

2-1　(1) 求图(a)电路中S打开和闭合两种情况下的R_{ab}。(10分)

(2) 分别求图(b)所示电路中的R_{ab}和R_{cd}。(10分)

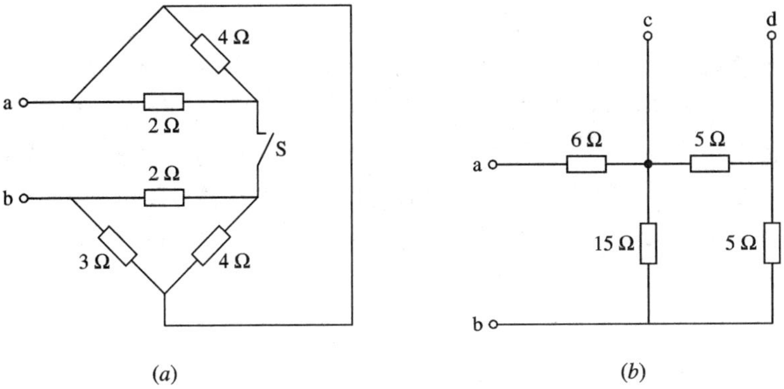

自测题2-1图

2-2　电路如图所示，求电流I。(20分)

2-3　求图示电路中的R_{ab}及电流I_1。(20分)

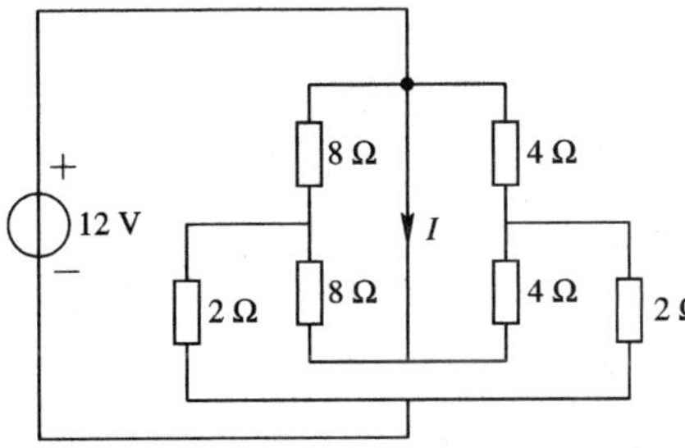

自测题2-2图

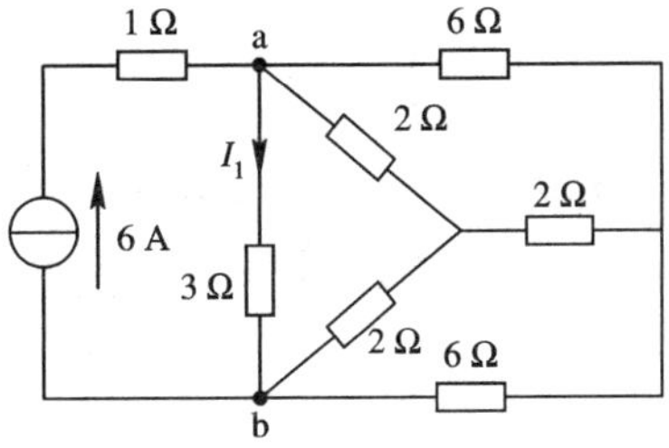

自测题2-3图

2-4　求图示电路中的电压U。(20分)

2-5　求图示电路中的电压U_2。(20分)

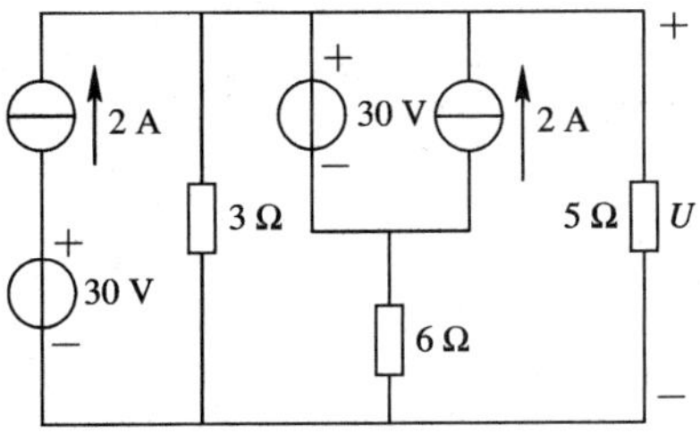

自测题2-4图

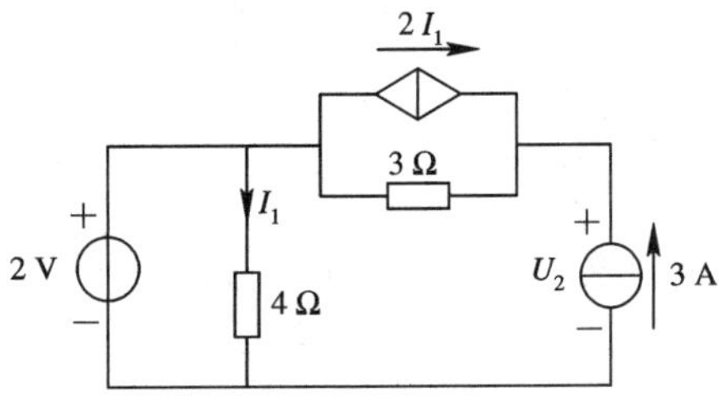

自测题2-5图

第 3 章　线性电路的一般分析方法和基本定理

电路分析的任务是：在给定电路结构、元件参数及独立源数值的前提下，依据两种约束(即元件的特性约束与连接方式的约束)，求出电路中所要求的支路电流、电压或其他电路变量。由于支路电流和电压是由元件的特性约束——伏安关系所联系，因此只要求出两者中的任一个，其他量也就很容易求出了。

两种约束是电路分析的基础，其一般分析方法有支路电流法、网孔电流法和节点电位法等，本章将依次介绍。

本章还将讨论线性电路的几个重要定理，它们是分析电路的有力工具。其中叠加定理体现了线性电路的基本性质——叠加性，并可由它导出戴维南定理。

这些方法和定理在后续章节中普遍应用，为便于理解和讨论，现从直流电阻电路入手进行研究，由此得出一些概念和定理，具有普遍性，应重点掌握。

3.1　支路电流法

支路电流与支路电压是电路分析的基本对象。直接以支路电流作变量，分别对节点和网孔列写 KCL 方程和 KVL 方程的方法，即为支路电流法。

图 3.1 为一线性电阻电路，假定各电阻和电源值均已知，求各支路电流。

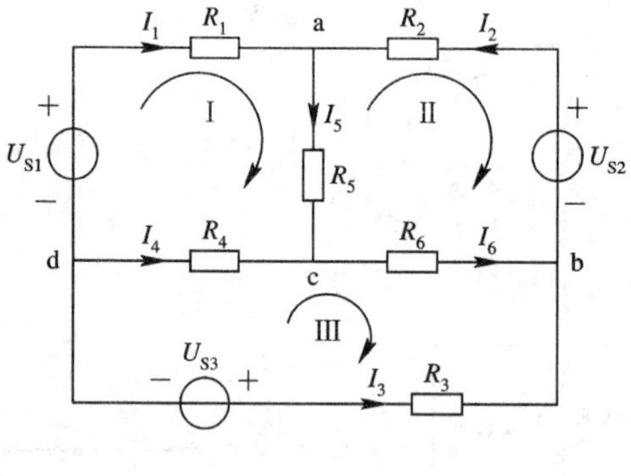

图 3.1　复杂电路举例

根据 KCL，可对四个节点列出四个 KCL 方程：

$$\left.\begin{aligned}&\text{节点 a:} & I_1 + I_2 - I_5 &= 0\\&\text{节点 b:} & -I_2 + I_3 + I_6 &= 0\\&\text{节点 c:} & I_4 + I_5 - I_6 &= 0\\&\text{节点 d:} & -I_1 - I_3 - I_4 &= 0\end{aligned}\right\} \tag{3-1}$$

从这些方程容易发现，任一方程都可由其余三个方程相加并每次改变符号后得到，因而它们并不相互独立，但任何三个方程都是彼此独立的。故可得结论：对具有四个节点的电路只能列出三个独立的 KCL 方程，因此只能有三个独立节点。至于哪些点作独立节点原则上是任意的。例如在图 3.1 所示电路中，若选节点 a、b、c 为独立节点，则式(3 - 1)的前三项即为独立的 KCL 方程。

推而广之，对具有 n 个节点的电路，只能有且一定有 $n-1$ 个独立节点，也只能且一定能列出 $n-1$ 个独立的 KCL 方程。

欲求解六个支路电流，需再建立三个 KVL 方程。为确保方程的独立性，每次选择的回路中至少应包含一条新支路。在此前提下，选用哪些回路是任意的。实践证明：对于平面电路，列写的 KVL 独立方程数正好等于网孔数。故列写三个网孔的 KVL 方程即可。

按顺时针方向绕行并结合欧姆定律可得

$$\left.\begin{array}{ll}\text{网孔 I：} & R_1I_1+R_5I_5-R_4I_4=U_{S1}\\ \text{网孔 II：} & -R_2I_2-R_5I_5-R_6I_6=-U_{S2}\\ \text{网孔 III：} & -R_3I_3+R_4I_4+R_6I_6=-U_{S3}\end{array}\right\}\qquad(3-2)$$

此三个方程以外的其他方程，不难证实不是独立的。如选取最大回路列写方程，有

$$R_1I_1-R_2I_2-R_3I_3=U_{S1}-U_{S2}-U_{S3}$$

该方程由式(3 - 2)三项相加可得到。同样再取别的回路，也不会得到独立方程。

取式(3 - 1)其中的任意三项与式(3 2)联立求解，即可得出六个支路电流。

用支路电流法分析电路的一般步骤可归纳如下：

(1) 在给定电路图中设定各支路电流的参考方向。

(2) 选择 $n-1$ 个独立节点，写出 $n-1$ 个 KCL 方程。

(3) 选网孔为独立回路，并设定其绕行方向，列写出各网孔的 KVL 方程。

(4) 联立求解上述独立方程，得出各支路电流。

例 3.1 求图 3.2 所示电路中的各支路电流。

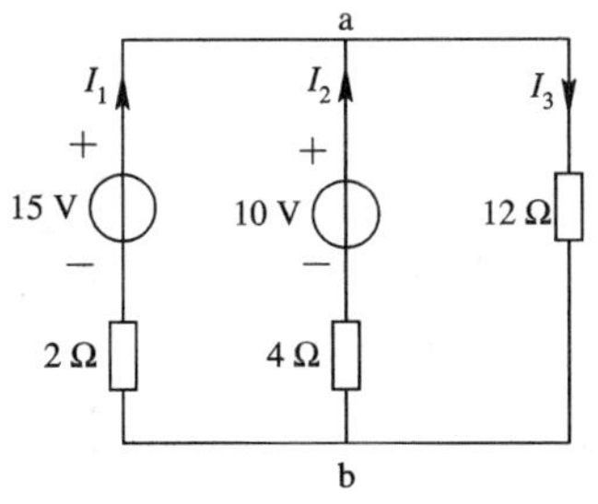

图 3.2 例 3.1 图

解 (1) 该电路有两个节点，只能列一个 KCL 独立方程，选节点 b 为参考点，则

节点 a：　　$I_1+I_2-I_3=0$

(2) 按顺时针方向列出两个网孔的 KVL 独立方程

$$2I_1-4I_2=15-10$$

$$4I_2+12I_3=10$$

(3) 联立求解($\Delta=-80$，$\Delta_1=-120$，$\Delta_2=40$，$\Delta_3=-80$)，得

$$I_1 = 1.5\ \mathrm{A},\quad I_2 = -0.5\ \mathrm{A},\quad I_3 = 1\ \mathrm{A}$$

其中 I_2 为负值，说明假定方向与实际方向相反。

例 3.2 电路如图 3.3 所示，用支路电流法列写出求解各支路电流所需的联立方程组。

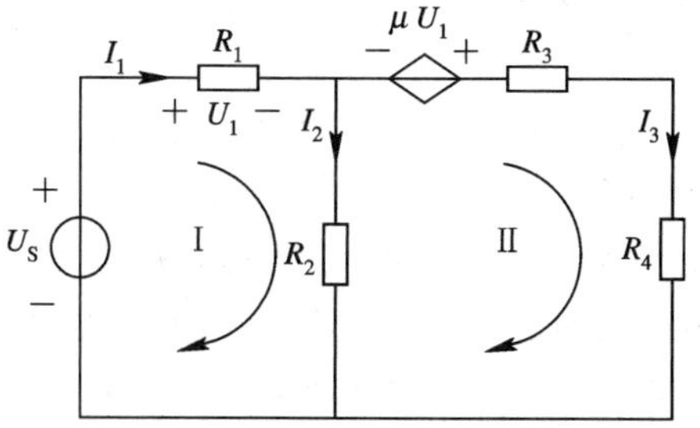

图 3.3 例 3.2 图

解 设网孔绕向如图 3.3 所示，可列一个独立节点方程和两个网孔方程，即

$$I_1 - I_2 - I_3 = 0$$

网孔Ⅰ：
$$R_1 I_1 + R_2 I_2 - U_S = 0$$

网孔Ⅱ：
$$-R_2 I_2 + (R_3 + R_4) I_3 - \mu U_1 = 0$$

建立辅助方程，将控制量 U_1 用支路电流表示，即

$$U_1 = R_1 I_1$$

将以上四个方程联立即为所求。

练习与思考

3.1-1 电路如图 3.4 所示，试用支路电流法列写出其所需方程组。

3.1-2 电路如图 3.5 所示，列写出求各支路电流的联立方程组。

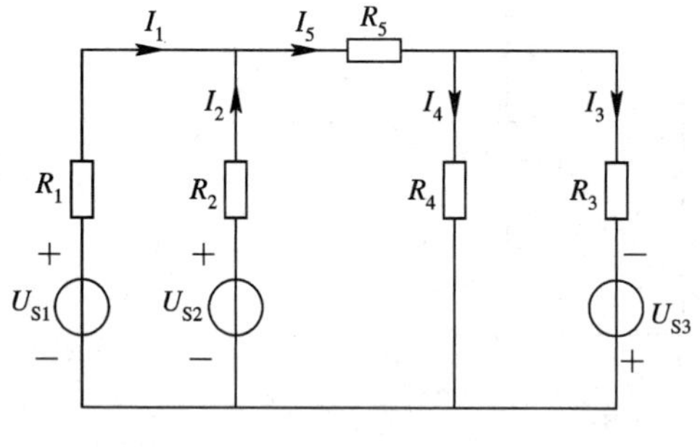

图 3.4 题 3.1-1 图

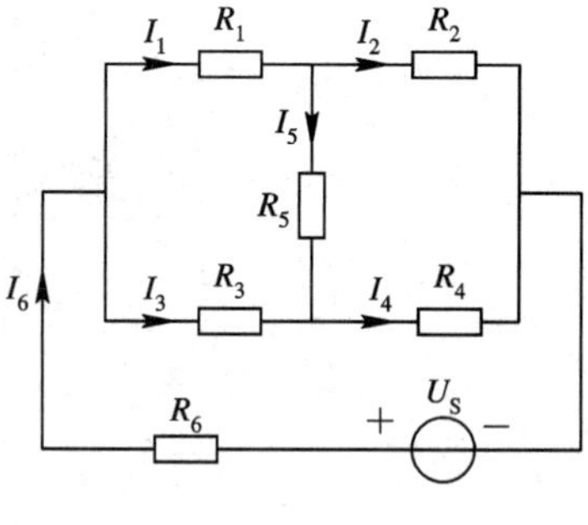

图 3.5 题 3.1-2 图

3.2 网孔电流法

支路电流法列写方程尽管很容易，但当方程数超过三个时计算却很麻烦，故有必要寻

求用列写较少方程求解支路电流的方法，网孔法和节点法即能达此目的。

假想沿网孔环流的电流称为网孔电流，如图 3.6 所示电路中的 I_{I}、I_{II}，其参考方向是任意假定的。直接以网孔电流为变量列写方程求解电路的方法称为网孔电流法。

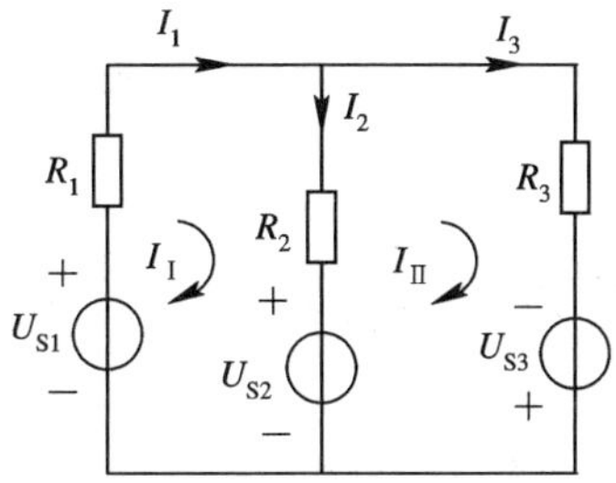

图 3.6 网孔电流法

对于图 3.6 所示电路，若用支路电流法求解，则需列 3 个方程如下：

$$\left.\begin{aligned} I_1 - I_2 - I_3 &= 0 \\ R_1 I_1 + R_2 I_2 &= U_{S1} - U_{S2} \\ R_3 I_3 - R_2 I_2 &= U_{S3} + U_{S2} \end{aligned}\right\} \tag{3-3}$$

设定网孔电流后，由图 3.6 可知，各支路电流都可以由网孔电流表示，即$I_1 = I_{\mathrm{I}}$，$I_3 = I_{\mathrm{II}}$，$I_2 = I_{\mathrm{I}} - I_{\mathrm{II}}$，可见，若能求出网孔电流，便可求出各支路电流。必须指出：

(1) 设想的网孔电流只是一种计算手段，实际上在一条支路中并不能观察到两个网孔电流，客观存在的仍是一个合成的支路电流。

(2) 设想的网孔电流并不违背 KCL 定律，因为网孔电流沿闭合路径流动，流经某一节点时，必然是从该节点流入，又从该节点流出。因此，能自动地服从 KCL 定律。

(3) 各网孔电流之间相互独立，不受 KCL 约束，也不能互求，因此网孔电流具有独立性，可作为电路分析的变量。

将式(3-3)中的各支路电流用网孔电流替代，经整理，则有

$$\left.\begin{aligned} (R_1 + R_2) I_{\mathrm{I}} - R_2 I_{\mathrm{II}} &= U_{S1} - U_{S2} \\ -R_2 I_{\mathrm{I}} + (R_2 + R_3) I_{\mathrm{II}} &= U_{S3} + U_{S2} \end{aligned}\right\} \tag{3-4}$$

很明显，需要求解的方程数目减少了。显然，式(3-4)是以网孔电流 I_{I}、I_{II} 为变量且将回路的绕行方向取成与网孔电流的参考方向一致情况下所列写的 KVL 方程。

在式(3-4)中，令

$$\begin{aligned} R_{11} &= R_1 + R_2 \\ R_{22} &= R_2 + R_3 \\ R_{12} &= R_{21} = -R_2 \\ U_{S11} &= U_{S1} - U_{S2} \\ U_{S22} &= U_{S3} + U_{S2} \end{aligned}$$

则式(3-4)可写成

$$\left.\begin{aligned} R_{11} I_{\mathrm{I}} + R_{12} I_{\mathrm{II}} &= U_{S11} \\ R_{21} I_{\mathrm{I}} + R_{22} I_{\mathrm{II}} &= U_{S22} \end{aligned}\right\} \tag{3-5}$$

式(3-5)中各方程称为网孔电压方程，简称网孔方程。其中 R_{11}、R_{22} 分别称为网孔Ⅰ、Ⅱ的

自电阻，等于各自网孔中全部电阻之和，恒为正值。R_{12}、R_{21}称为互电阻，可正可负；当相邻两网孔电流通过公共支路时的方向一致，则互电阻为正值；不一致时，互电阻为负值。在选定网孔电流都是顺时针(或都是逆时针)方向的情况下，互电阻都是负的。U_{S11}、U_{S22}为网孔Ⅰ、Ⅱ中所有电压源电压的代数和。各电压源前面符号的确定原则是：按网孔电流的箭头方向走，先遇到负极的电压源前面取"＋"号，反之取"－"号。

式(3－5)为网孔电流法常用的规范方程形式，很有规律，便于记忆，有助于对具体电路通过观察而写出所需的方程组。

上面讨论的是两个网孔的情况，当网孔多于两个时(设为 m 个)，则规范方程形式应为

$$\left.\begin{aligned} R_{11}I_{\mathrm{I}}+R_{12}I_{\mathrm{II}}+\cdots+R_{1m}I_{m}&=U_{S11}\\ R_{21}I_{\mathrm{I}}+R_{22}I_{\mathrm{II}}+\cdots+R_{2m}I_{m}&=U_{S22}\\ \vdots\qquad\quad\vdots\qquad\qquad\quad\vdots\qquad&\quad\vdots\\ R_{m1}I_{\mathrm{I}}+R_{m2}I_{\mathrm{II}}+\cdots+R_{mm}I_{m}&=U_{Smm}\end{aligned}\right\}\tag{3-6}$$

用网孔电流法分析电路的一般步骤可归纳如下：

(1) 设定各网孔电流的参考方向，通常取同为顺时针(或同为逆时针)。

(2) 建立与网孔数相等的KVL方程组。通常先计算出自电阻、互电阻及各网孔电压源的代数和，再按规范方程形式写出方程组(简单的也可直接列方程组)。

(3) 求解方程组，可得各网孔电流值。

(4) 依支路电流与网孔电流的关系求出各支路电流(或其他所要求)。

对含理想电流源和受控源电路的处理办法及技巧将在例题中具体体现。

例 3.3 求图3.7(a)所示电路中的电流 I 。

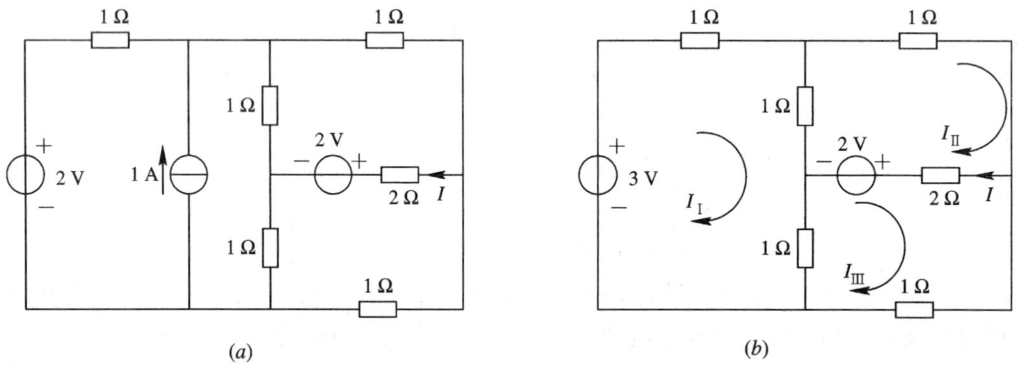

图 3.7 例 3.3 图

解 (1) 将原电路变换成图3.7(b)所示电路(减少一个网孔)，设各网孔电流如图中所示，则有

$$R_{11}=1+1+1=3\ \Omega$$

$$R_{22}=1+1+2=4\ \Omega$$

$$R_{33}=1+2+1=4\ \Omega$$

$$R_{12}=R_{21}=-1\ \Omega$$

$$R_{13}=R_{31}=-1\ \Omega$$

$$R_{23}=R_{32}=-2\ \Omega$$
$$U_{S11}=3\ \text{V},\ U_{S22}=-2\ \text{V},\ U_{S33}=2\ \text{V}$$

(2) 将上述数值代入规范方程，则有

$$3I_{\text{I}}-I_{\text{II}}-I_{\text{III}}=3$$
$$-I_{\text{I}}+4I_{\text{II}}-2I_{\text{III}}=-2$$
$$-I_{\text{I}}-2I_{\text{II}}+4I_{\text{III}}=2$$

(3) 联立求解($\Delta=24$，$\Delta_1=36$，$\Delta_2=10$，$\Delta_3=26$)，得

$$I_{\text{I}}=1.5\ \text{A}$$
$$I_{\text{II}}=\frac{5}{12}\ \text{A}$$
$$I_{\text{III}}=\frac{13}{12}\ \text{A}$$

则

$$I=I_{\text{II}}-I_{\text{III}}=\frac{5}{12}-\frac{13}{12}=-\frac{2}{3}\ \text{A}$$

例 3.4 试求图 3.8(a)所示电路中各支路电流及电流源两端电压 U。

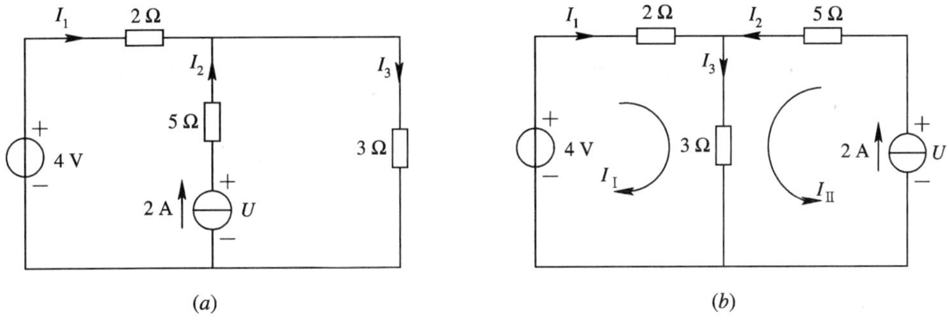

图 3.8 例 3.4 图

解 将原电路改画成如图 3.8(b)所示电路，让理想电流源只属于右边网孔。设各网孔电流如图中所示。则 $I_{\text{II}}=2$ A，故仅需对网孔Ⅰ列 KVL 方程即可。依图有

$$5I_{\text{I}}+3I_{\text{II}}=4$$

以 $I_{\text{II}}=2$ A 代入上式，得

$$5I_{\text{I}}+3\times2=4$$

所以

$$I_{\text{I}}=\frac{4-6}{5}=-0.4\ \text{A}$$

各支路电流为

$$I_1=I_{\text{I}}=-0.4\ \text{A}$$
$$I_2=I_{\text{II}}=2\ \text{A}$$
$$I_3=I_1+I_2=-0.4+2=1.6\ \text{A}$$

电流源两端电压为

$$U=5\times2+3\times1.6=14.8\ \text{V}$$

例 3.5 求图 3.9(a)所示电路中的各支路电流。

解法 1 (1) 设电流源两端电压为 U,并设各网孔电流如图 3.9(b)中所示,依题给条件建立网孔电流规范方程组为

$$4I_{\mathrm{I}} - I_{\mathrm{II}} - I_{\mathrm{III}} = 10 - U$$
$$-I_{\mathrm{I}} + 4I_{\mathrm{II}} - I_{\mathrm{III}} = 0$$
$$-I_{\mathrm{I}} - I_{\mathrm{II}} + 4I_{\mathrm{III}} = U$$

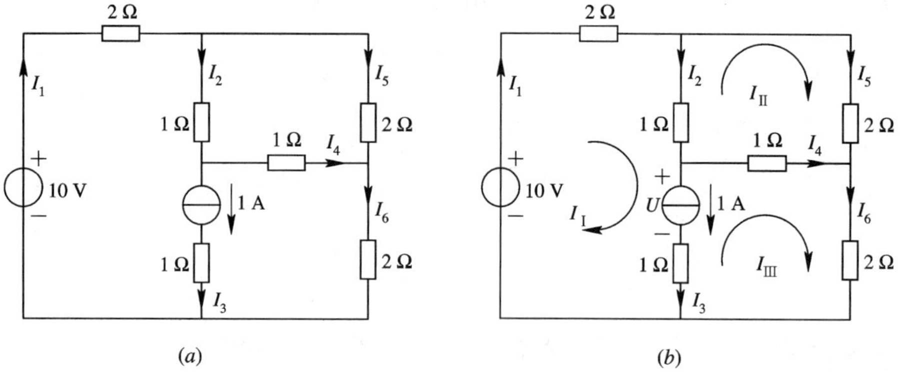

图 3.9 例 3.5 图

(2) 因 U 为未知量,故需再增加一个方程,依网孔电流与电流源的关系,有

$$I_{\mathrm{I}} - I_{\mathrm{III}} = 1$$

(3) 联立求解($\Delta=-20$,$\Delta_1=-50$,$\Delta_2=-20$,$\Delta_3=-30$),得

$$I_{\mathrm{I}} = 2.5\ \mathrm{A}$$
$$I_{\mathrm{II}} = 1\ \mathrm{A}$$
$$I_{\mathrm{III}} = 1.5\ \mathrm{A}$$

(4) 各支路电流为

$$I_1 = I_{\mathrm{I}} = 2.5\ \mathrm{A}$$
$$I_2 = I_{\mathrm{II}} = 1.5\ \mathrm{A}$$
$$I_3 = I_{\mathrm{I}} - I_{\mathrm{III}} = 1\ \mathrm{A}$$
$$I_4 = I_{\mathrm{III}} - I_{\mathrm{II}} = 0.5\ \mathrm{A}$$
$$I_5 = I_{\mathrm{II}} = 1\ \mathrm{A}$$
$$I_6 = I_{\mathrm{III}} = 1.5\ \mathrm{A}$$

解法 2 将原电路改画成图 3.10 所示电路,仍有三个网孔,但 1 A 电流源为网孔 Ⅰ 所独有,即 $I_1=1$ A,不必再求,只须列写网孔 Ⅱ、Ⅲ 的 KVL 方程。依图有

$$-I_{\mathrm{I}} + 4I_{\mathrm{II}} - 2I_{\mathrm{III}} = 0$$
$$-2I_{\mathrm{I}} - 2I_{\mathrm{II}} + 6I_{\mathrm{III}} = 10$$

将 $I_{\mathrm{I}}=1$ A 代入并整理后,可得

$$4I_{\mathrm{II}} - 2I_{\mathrm{III}} = 1$$
$$-2I_{\mathrm{II}} + 6I_{\mathrm{III}} = 12$$

联立求解($\Delta=20$,$\Delta_1=30$,$\Delta_2=50$)得

$$I_{\mathrm{II}} = 1.5\ \mathrm{A}$$

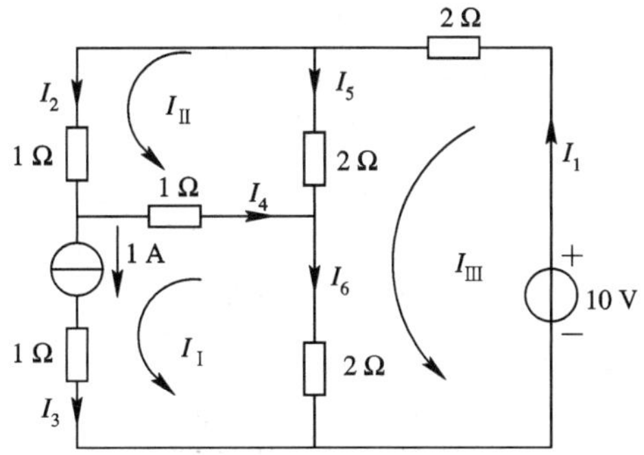

图 3.10 解法 2 用图

$$I_Ⅲ = 2.5\ \mathrm{A}$$

各支路电流为

$$I_1 = I_Ⅲ = 2.5\ \mathrm{A}$$
$$I_2 = I_Ⅱ = 1.5\ \mathrm{A}$$
$$I_3 = I_Ⅰ = 1\ \mathrm{A}$$
$$I_4 = I_Ⅱ - I_Ⅰ = 0.5\ \mathrm{A}$$
$$I_5 = I_Ⅲ - I_Ⅱ = 1\ \mathrm{A}$$
$$I_6 = I_Ⅲ - I_Ⅰ = 1.5\ \mathrm{A}$$

例 3.6 用网孔电流法分析图 3.11 所示电路。

解 对含受控源电路，列写基本方程时，将受控源与独立源等同看待，然后再用待求的网孔电流表示受控源中的受控量，即增加辅助方程。

(1) 依图中设定的网孔电流方向和题中所给条件，建立网孔电流规范方程组为

$$3I_Ⅰ - I_Ⅱ - I_Ⅲ = 5 - 2U$$
$$-I_Ⅰ + 2I_Ⅱ - I_Ⅲ = -2$$
$$-I_Ⅰ - I_Ⅱ + 3I_Ⅲ = 0$$

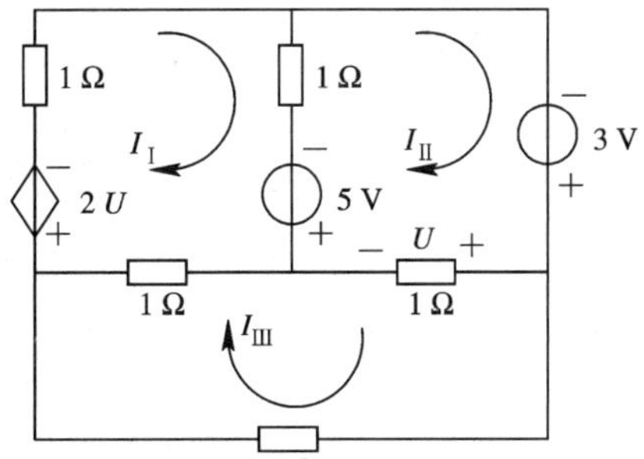

图 3.11 例 3.6 图

(2) 建立辅助方程

$$U = 1(I_Ⅱ - I_Ⅲ)$$

(3) 将上述四个方程整理后，可得

$$3I_Ⅰ + I_Ⅱ - 3I_Ⅲ = 5$$
$$-I_Ⅰ + 2I_Ⅱ - I_Ⅲ = -2$$

$$-I_{\mathrm{I}} - I_{\mathrm{II}} + 3I_{\mathrm{III}} = 0$$

(4) 联立求解($\Delta=10$, $\Delta_1=25$, $\Delta_2=8$, $\Delta_3=11$),得

$$I_{\mathrm{I}} = 2.5\ \mathrm{A}$$

$$I_{\mathrm{II}} = 0.8\ \mathrm{A}$$

$$I_{\mathrm{III}} = 1.1\ \mathrm{A}$$

$$U = -0.3\ \mathrm{V}$$

例 3.7 求图 3.12 所示电路中的 I_1、I_2、I_3。

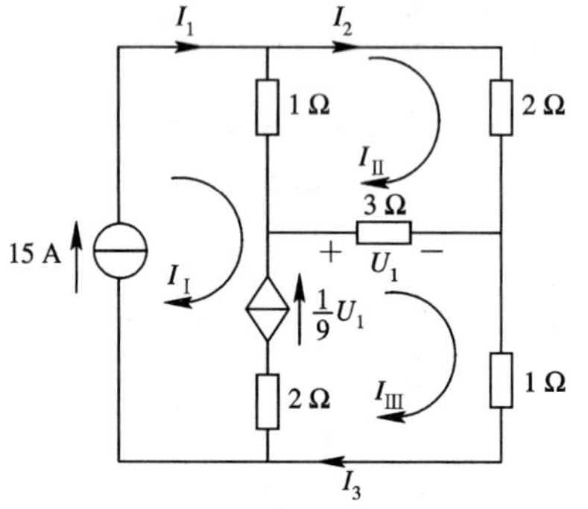

图 3.12 例 3.7 图

解 (1) 很明显,15 A 电流源为左边网孔所独有,故 $I_{\mathrm{I}}=15$ A。

(2) 网孔Ⅱ的 KVL 方程为

$$-I_{\mathrm{I}} + 6I_{\mathrm{II}} - 3I_{\mathrm{III}} = 0$$

即

$$6I_{\mathrm{II}} - 3I_{\mathrm{III}} = 15$$

(3) 根据网孔电流的关系有

$$I_{\mathrm{III}} - I_{\mathrm{I}} = \frac{1}{9}U_1$$

将 $U_1=3(I_{\mathrm{III}}-I_{\mathrm{II}})$ 代入并整理后,可得

$$I_{\mathrm{II}} + 2I_{\mathrm{III}} = 45$$

联立求解($\Delta=15$, $\Delta_1=165$, $\Delta_2=255$),得

$$I_{\mathrm{II}} = 11\ \mathrm{A}$$

$$I_{\mathrm{III}} = 17\ \mathrm{A}$$

所以

$$I_1 = I_{\mathrm{I}} = 15\ \mathrm{A}$$

$$I_2 = I_{\mathrm{II}} = 11\ \mathrm{A}$$

$$I_3 = I_{\mathrm{III}} = 17\ \mathrm{A}$$

练习与思考

3.2-1 电路如图 3.13 所示,试列写出其网孔方程组,并写出各支路电流与网孔电流的关系式。

3.2－2　电路如图 3.14 所示，试用网孔电流法求通过 6 Ω 电阻的电流 I。

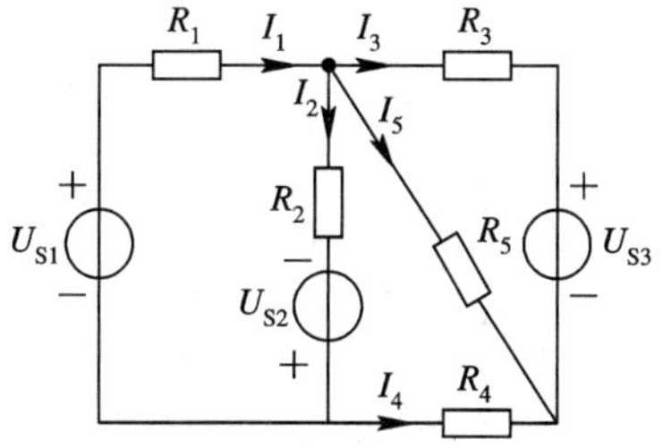

图 3.13　题 3.2－1 图

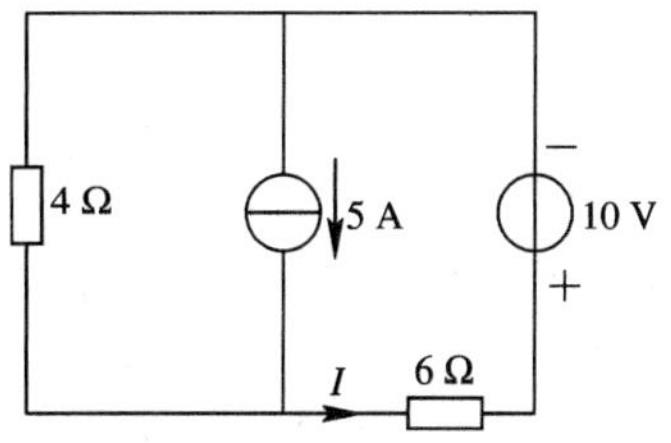

图 3.14　题 3.2－2 图

3.2－3　电路如图 3.15 所示，试用网孔电流法求电流 I。

3.2－4　试列写出如图 3.16 所示电路的网孔电流方程组。

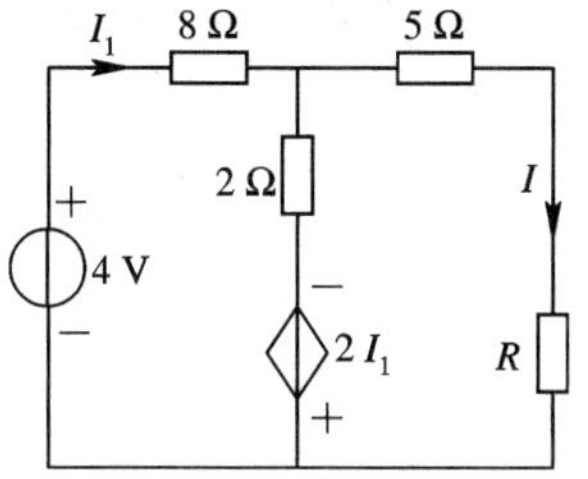

图 3.15　题 3.2－3 图

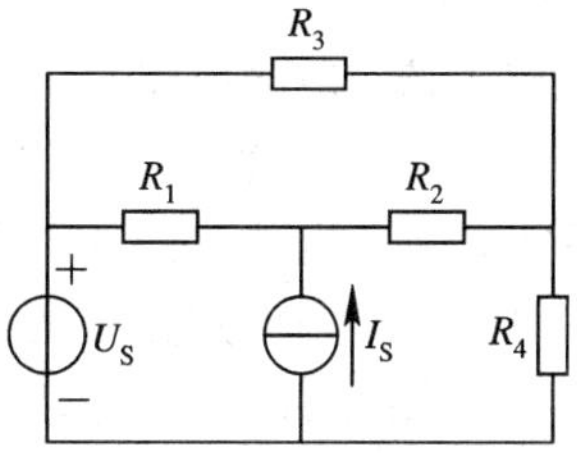

图 3.16　题 3.2－4 图

3.3　节点电位(电压)法

网孔电流法与支路电流法相比，由于避免了列写节点电流方程，因而简化了计算。但对于节点少而网孔多的电路，用节点电位法(亦称节点电压法)则更显简捷。

直接以独立节点电位为变量列写其 KCL 方程进行求解的方法称为节点电位法。独立方程的个数就等于独立节点的个数，即 $n-1$ 个。所剩节点作为计算各独立节点电位的参考点。哪些节点作独立节点，原则上也是任意的。

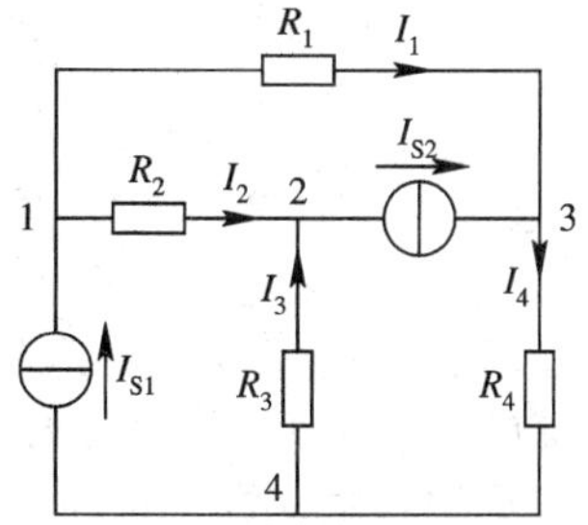

图 3.17　节点电位法

对于图 3.17 电路，假定取节点 4 作为参考点，即令 $\varphi_4=0$，则节点 1、2、3 为独立节点。设各支路电流的参考方向如图中所示，则对三个独立节点可列 KCL 方程为

$$\left.\begin{aligned} &\text{节点 1} \quad & -I_1-I_2&=-I_{S1} \\ &\text{节点 2} \quad & I_2+I_3&=I_{S2} \\ &\text{节点 3} \quad & I_1-I_4&=-I_{S2} \end{aligned}\right\} \tag{3-7}$$

为使方程中含有变量 φ_1、φ_2 和 φ_3，则根据欧姆定律，可得

$$\left.\begin{aligned} I_1 &= \frac{\varphi_1 - \varphi_3}{R_1} = G_1(\varphi_1 - \varphi_3) \\ I_2 &= \frac{\varphi_1 - \varphi_2}{R_2} = G_2(\varphi_1 - \varphi_2) \\ I_3 &= \frac{0 - \varphi_2}{R_3} = -G_3\varphi_2 \\ I_4 &= \frac{\varphi_3 - 0}{R_4} = G_4\varphi_3 \end{aligned}\right\} \tag{3 - 8}$$

将式(3 - 8)代入式(3 - 7)，并经整理后，得

$$\left.\begin{aligned} (G_1 + G_2)\varphi_1 \qquad\quad - G_2\varphi_2 - G_1\varphi_3 &= I_{S1} \\ -G_2\varphi_1 + (G_2 + G_3)\varphi_2 \qquad\qquad &= -I_{S2} \\ -G_1\varphi_1 \qquad\qquad + (G_1 + G_4)\varphi_3 &= I_{S2} \end{aligned}\right\} \tag{3 - 9}$$

式(3 - 9)中各方程称为节点电位方程，解方程组求出节点电位值后，代入式(3 - 8)，可求出各支路电流。应当指出：

(1) 节点电位方程就是 KCL 方程，只是将电流表示成电导与电位相乘的形式而已。

(2) 各独立节点电位之间相互独立，不受 KVL 约束。它们不能互求，因此节点电位变量具有独立性，可作为电路分析的变量。

在式(3 - 9)中，令

$$\begin{aligned} G_{11} &= G_1 + G_2 \\ G_{22} &= G_2 + G_3 \\ G_{33} &= G_1 + G_4 \\ G_{12} &= G_{21} = -G_2 \\ G_{13} &= G_{31} = -G_1 \\ G_{23} &= G_{32} = 0 \\ I_{S11} &= I_{S1} \\ I_{S22} &= -I_{S2} \\ I_{S33} &= I_{S2} \end{aligned}$$

这样式(3 - 9)可写成

$$\left.\begin{aligned} G_{11}\varphi_1 + G_{12}\varphi_2 + G_{13}\varphi_3 &= I_{S11} \\ G_{21}\varphi_1 + G_{22}\varphi_2 + G_{23}\varphi_3 &= I_{S22} \\ G_{31}\varphi_1 + G_{32}\varphi_2 + G_{33}\varphi_3 &= I_{S33} \end{aligned}\right\} \tag{3 - 10}$$

其中 G_{11}、G_{22}、G_{33} 称为节点 1、2、3 的自电导，等于与各节点相连接的各支路电导之和，恒为正值。G_{12}、G_{13}、G_{23} 称为互电导，恒为负值。I_{S11}、I_{S22}、I_{S33} 为流入各节点的电流源电流的代数和，确定各电流源正负的原则是：流入节点者取“+”号，流出节点者取“－”号。

式(3 - 10)为节点电位法常用的规范方程形式，很有规律，便于记忆，有助于对具体电路通过观察写出所需要的方程组。同样式(3 - 10)可以推广为更多节点的情况。

$$\left.\begin{aligned} G_{11}\varphi_1 + G_{12}\varphi_2 + \cdots + G_{1m}\varphi_m &= I_{S11} \\ G_{21}\varphi_1 + G_{22}\varphi_2 + \cdots + G_{2m}\varphi_m &= I_{S22} \\ \vdots \qquad \vdots \qquad\qquad \vdots \qquad &\quad \vdots \\ G_{m1}\varphi_1 + G_{m2}\varphi_2 + \cdots + G_{mm}\varphi_m &= I_{Smm} \end{aligned}\right\} \tag{3 - 11}$$

用节点电位法分析电路的一般步骤可归纳如下：

（1）确定参考节点（其余均为独立节点）。

（2）建立与独立节点数相等的KCL方程组。通常先计算出自电导、互电导及流入各节点电流源的代数和，再按规范方程形式写出方程组（简单的也可直接列方程组）。

（3）求解方程组，可得各节点电位值。

（4）依欧姆定律和各节点电位值求出各支路电流（或其他所要求的量）。

对含理想电压源和受控源电路的处理办法及技巧将在例题中具体体现。

例 3.8 求图3.18所示电路中的电流 I。

解 （1）按规范方程形式建立与独立节点相等的KCL方程组：

$$G_{11}=1+1+1=3\ \text{S}$$

$$G_{22}=1+1+\frac{1}{2}=2.5\ \text{S}$$

$$G_{33}=1+1+\frac{1}{2}=2.5\ \text{S}$$

$$G_{12}=G_{21}=-1\ \text{S}$$

$$G_{13}=G_{31}=-1\ \text{S}$$

$$G_{23}=G_{32}=-0.5\ \text{S}$$

$$I_{S11}=1+\frac{2}{1}=3\ \text{A}$$

$$I_{S22}=-\frac{2}{2}=-1\ \text{A}$$

$$I_{S33}=\frac{2}{2}=1\ \text{A}$$

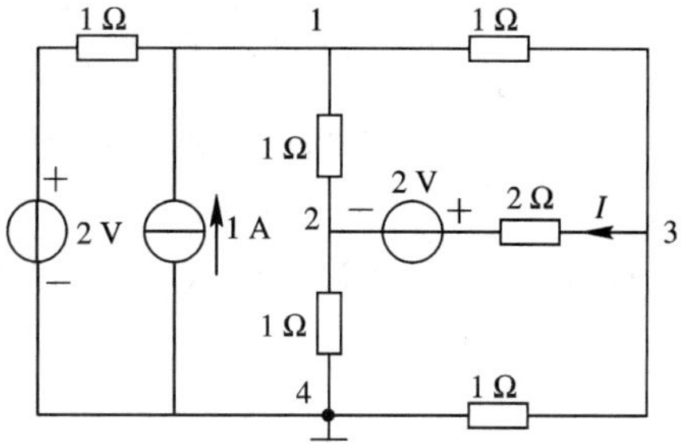

图 3.18 例 3.8 图

故得节点方程为

节点1 $\quad 3\varphi_1-\varphi_2-\varphi_3=3$

节点2 $\quad -\varphi_1+2.5\varphi_2-0.5\varphi_3=-1$

节点3 $\quad -\varphi_1-0.5\varphi_2+2.5\varphi_3=1$

（2）联立求解（$\Delta=12$，$\Delta_1=18$，$\Delta_2=5$，$\Delta_3=13$），得

$$\varphi_1=1.5\ \text{V},\quad \varphi_2=\frac{5}{12}\ \text{V},\quad \varphi_3=\frac{13}{12}\ \text{V}$$

$$I=\frac{\varphi_3-2-\varphi_2}{2}=\frac{\frac{13}{12}-2-\frac{5}{12}}{2}=-\frac{2}{3}\ \text{A}$$

例 3.9 用节点电位法分析图3.19所示电路。

解 因与2 A电流源串联的1 Ω电阻不会影响该支路电流，故列写节点方程时均不予考虑。由于参考点可以任意设定，则该题将有四种求解方案，一一列举，以资比较。

（1）选节点1为参考点，即 $\varphi_1=0$，给理想电压源设一电流 I（流入节点2），建立节点方程组

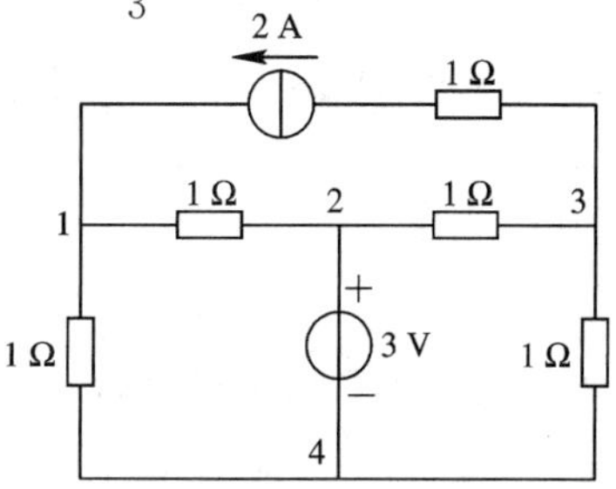

图 3.19 例 3.9 图

节点 2 $2\varphi_2-\varphi_3=I$

节点 3 $-\varphi_2+2\varphi_3-\varphi_4=-2$

节点 4 $-\varphi_3+2\varphi_4=-I$

由于 I 为未知量，需再增加一个辅助方程

$$\varphi_2-\varphi_4=3$$

联立求解上述四方程($\Delta=-4$，$\Delta_2=-2$，$\Delta_3=8$，$\Delta_4=10$)，得

$$\varphi_2=0.5\ \text{V},\quad \varphi_3=-2\ \text{V},\quad \varphi_4=-2.5\ \text{V}$$

(2) 选节点 2 为参考点，即 $\varphi_2=0$，则 $\varphi_4=-3$ V，建立节点方程组：

节点 1 $2\varphi_1-\varphi_4=2$

节点 3 $2\varphi_3-\varphi_4=-2$

即

$$2\varphi_1=2+\varphi_4=2-3=-1,\quad \varphi_1=-0.5\ \text{V}$$

$$2\varphi_3=-2+\varphi_4=-2-3=-5,\quad \varphi_3=-2.5\ \text{V}$$

(3) 选节点 3 为参考点，即 $\varphi_3=0$，建立节点方程组：

节点 1 $2\varphi_1-\varphi_2-\varphi_4=2$

节点 2 $-\varphi_1+2\varphi_2=I$

节点 4 $-\varphi_1+2\varphi_4=-I$

辅助方程 $\varphi_2-\varphi_4=3$

联立求解($\Delta=-4$，$\Delta_1=-8$，$\Delta_2=-10$，$\Delta_4=2$)，得

$$\varphi_1=2\ \text{V},\quad \varphi_2=2.5\ \text{V},\quad \varphi_4=-0.5\ \text{V}$$

(4) 选节点 4 为参考点，即 $\varphi_4=0$，则 $\varphi_2=3$ V，建立节点方程组：

节点 1 $2\varphi_1-\varphi_2=2$

节点 3 $-\varphi_2+2\varphi_3=-2$

联立求解，得

$$\varphi_1=2.5\ \text{V},\quad \varphi_3=0.5\ \text{V}$$

从以上四种设定不同参考点进行求解的过程可见，将和理想电压源相连的节点设为参考点所列方程数目少，如(2)和(4)两种方案求解过程简捷。

例 3.10 试用节点电位法，求图3.20 所示电路中的电流 I。

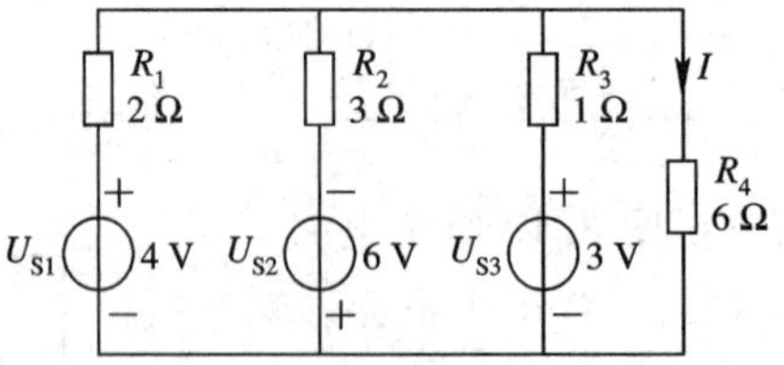

图 3.20 例 3.10 图

解 该电路仅有两个节点，只需列一个独立节点方程，设下边节点为参考点时，有

$$\left(\frac{1}{R_1}+\frac{1}{R_2}+\frac{1}{R_3}+\frac{1}{R_4}\right)\varphi=\frac{U_{S1}}{R_1}-\frac{U_{S2}}{R_2}+\frac{U_{S3}}{R_3}+\frac{0}{R_4}$$

$$\varphi = \frac{\frac{U_{S1}}{R_1} - \frac{U_{S2}}{R_2} + \frac{U_{S3}}{R_3} + \frac{0}{R_4}}{\frac{1}{R_1} + \frac{1}{R_2} + \frac{1}{R_3} + \frac{1}{R_4}}$$

该方程的普遍形式为

$$\varphi = \frac{\sum_{k=1}^{k} \frac{U_{Sk}}{R_k}}{\sum_{k=1}^{k} \frac{1}{R_k}} \quad \left(或\ \varphi = \frac{\sum (GU_S)}{\sum G} \right) \tag{3-12}$$

式(3－12)称为弥尔曼定理，实际上是节点电位法的特例。式(3－12)中各电压源是代数和。凡参考正极连接独立节点的，该项取“＋”，反之取“－”。将相关数值代入，解之，可得

$$\varphi = \frac{3}{2}\ \text{V}$$

$$I = \frac{\varphi}{R_4} = \frac{3}{2} \times \frac{1}{6} = \frac{1}{4}\ \text{A}$$

例 3.11 电路如图 3.21 所示，试求节点电位 φ_1。

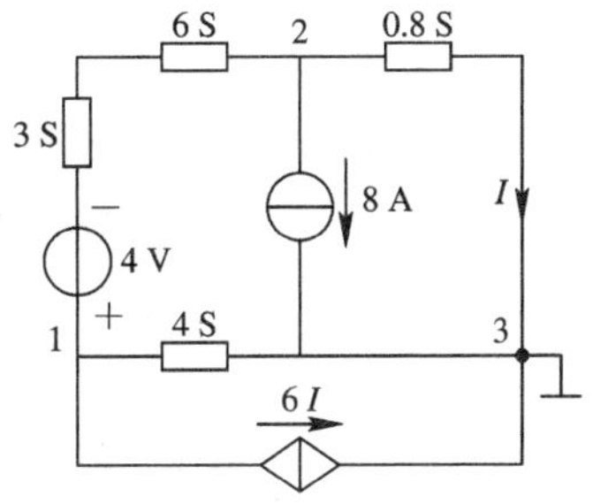

图 3.21 例 3.11 图

解 注意 6 S 和 3 S 串联后的总电导应为 2 S，则节点电位规范方程组为

$$6\varphi_1 - 2\varphi_2 = 8 - 6I$$

$$-2\varphi_1 + 2.8\varphi_2 = -16$$

辅助方程为

$$I = 0.8\varphi_2$$

整理上述方程后，可得

$$3\varphi_1 + 1.4\varphi_2 = 4$$

$$-\varphi_1 + 1.4\varphi_2 = -8$$

联立求解($\Delta=5.6$，$\Delta_1=16.8$，$\Delta_2=-20$)，得

$$\varphi_1 = 3\ \text{V}$$

例 3.12 用节点电位法分析图 3.22(a)所示电路。

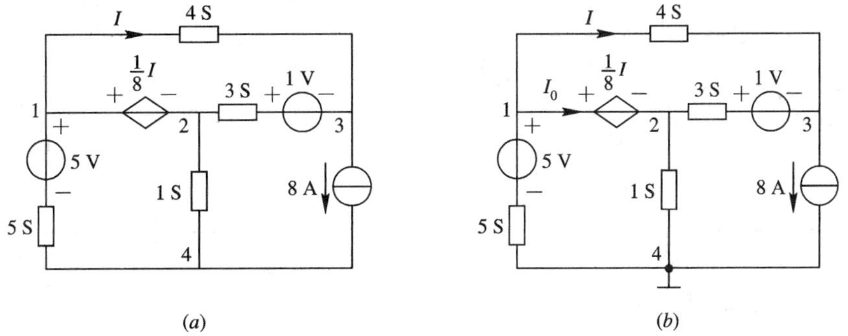

图 3.22 例 3.12 图

解 设参考点如图 3.22(*b*)中所示，由于受控电压源是理想的 CCVS，故应先给其设一电流 I_0，然后列写节点方程及相关的辅助方程。

节点电位规范方程组为

$$9\varphi_1 - 4\varphi_3 = 25 - I_0$$
$$4\varphi_2 - 3\varphi_3 = 3 + I_0$$
$$-4\varphi_1 - 3\varphi_2 + 7\varphi_3 = -11$$

辅助方程为

$$\varphi_1 - \varphi_2 = \frac{1}{8}I$$
$$I = 4(\varphi_1 - \varphi_3)$$

经整理，可得

$$\frac{1}{2}\varphi_1 - \varphi_2 + \frac{1}{2}\varphi_3 = 0$$
$$9\varphi_1 + 4\varphi_2 - 7\varphi_3 = 28$$
$$-4\varphi_1 - 3\varphi_2 + 7\varphi_3 = -11$$

联立求解($\Delta=33$，$\Delta_1=99$，$\Delta_2=66$，$\Delta_3=33$)，得

$$\varphi_1 = 3\ \text{V},\quad \varphi_2 = 2\ \text{V},\quad \varphi_3 = 1\ \text{V}$$
$$I = 8\ \text{A},\quad \frac{1}{8}I = 1\ \text{V}$$

练习与思考

3.3-1 电路如图 3.23 所示，用节点法求 φ_1、φ_2 值。

3.3-2 电路如图 3.24 所示，试列写出其节点电位方程组。

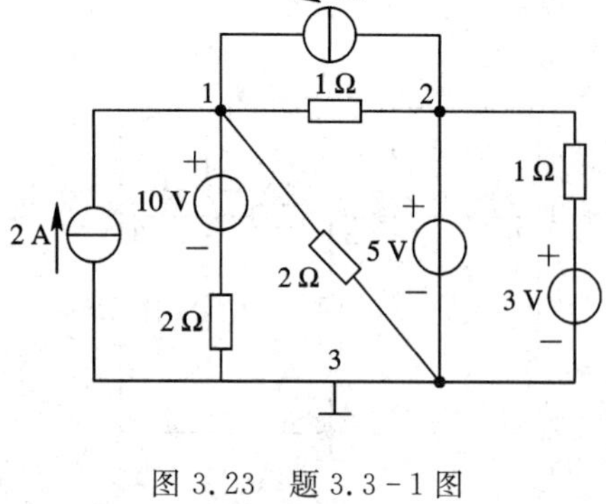

图 3.23 题 3.3-1 图

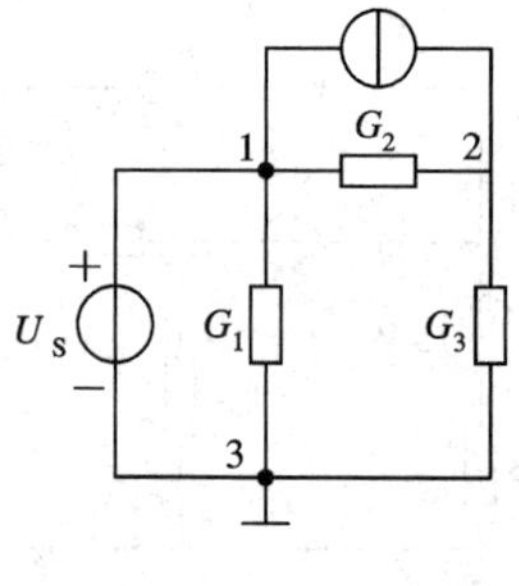

图 3.24 题 3.3-2 图

3.3-3 电路如图 3.25 所示，试用节点电位法求各支路电流。

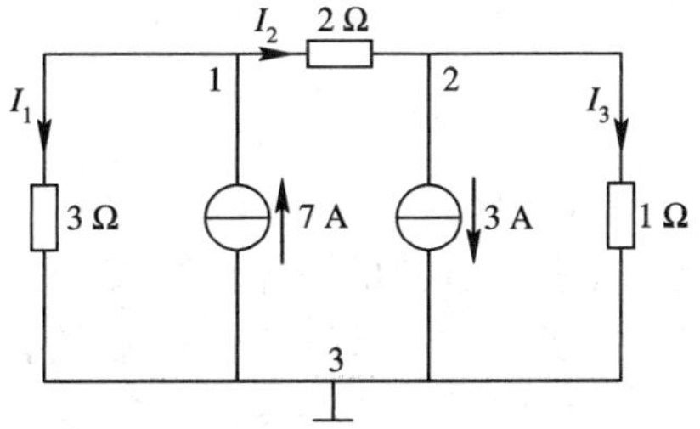

图 3.25　题 3.3

3.3－4　列写如图 3.26 所示电路的节点电位方程，并整理。

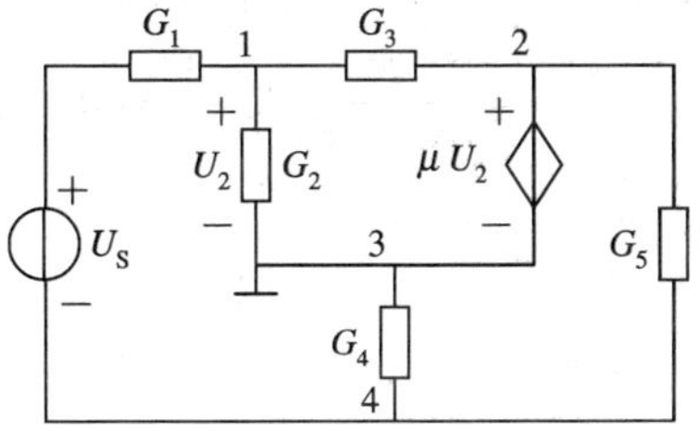

图 3.25　题 3.3

3.3－5　若节点方程组为

$$
\begin{aligned}
1.6\varphi_1 - 0.5\varphi_2 - \quad\ \varphi_3 &= 1 \\
-0.5\varphi_1 + 1.6\varphi_2 - 0.1\varphi_3 &= 0 \\
-\varphi_1 - 0.1\varphi_2 + 3.1\varphi_3 &= 0
\end{aligned}
$$

试画出其电路图。

3.3－6　与理想电流源串联的电阻，在用网孔法求解时要考虑其数值，而用节点法求解时却不必考虑其数值，这是为什么？

3.4　叠加定理

叠加定理体现了线性电路的基本性质，是分析线性电路的理论基础，也是线性电路的一个重要定理。下面用图 3.27(*a*)的线性电阻电路加以说明(不作严密推证)。

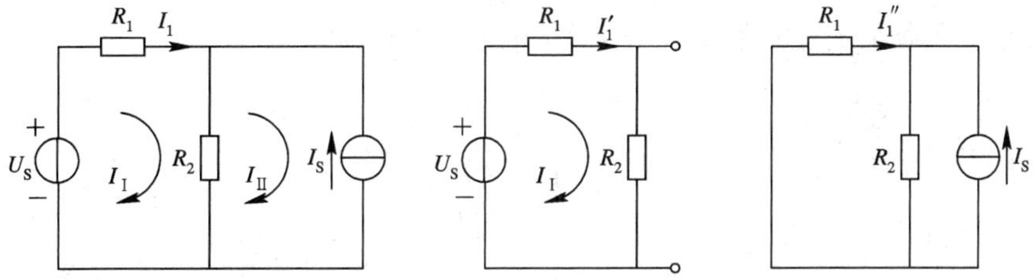

(*a*)　(*b*)　(*c*)

图 3.27　叠加定理

该电路的网孔电流方程为

网孔Ⅰ：　$(R_1+R_2)I_{\rm I}-R_2I_{\rm II}=U_{\rm S}$

网孔Ⅱ： $$I_{\mathrm{II}}=-I_S$$

联立求解，可得

$$I_1=I_{\mathrm{I}}=\frac{1}{R_1+R_2}U_S-\frac{R_2}{R_1+R_2}I_S=aU_S-bI_S \tag{3-13}$$

由式(3-13)可见，电流 I_1 由相互独立的两部分组成，除 a、b 值完全由电路结构与元件参数确定外，一部分只与 U_S 有关，另一部分只与 I_S 有关。当 $I_S=0$(即电流源开路，电路其余部分保持不变)，由 U_S 单独作用，如图 3.27(b)所示，此时有

$$I_1'=\frac{1}{R_1+R_2}U_S=aU_S$$

当 $U_S=0$(即电压源短路，其余保持不变)，由 I_S 单独作用，如图 3.27(c)所示，此时有

$$I_1''=-\frac{R_2}{R_1+R_2}I_S=-bI_S$$

由以上两式得

$$I_1=I_1'+I_1''=aU_S-bI_S$$

此结果与式(3-13)相同，据此有结论：两个独立源 U_S 和 I_S 同时作用在电路中产生的响应电流 I_1，等于每个独立源单独作用时在电路中产生的响应 I_1' 和 I_1'' 的代数和。

由上述结论可得叠加定理：线性电路中，任一支路的响应(电压或电流)都等于电路中各独立源(激励)单独作用时在该支路所产生响应的代数和。

用叠加定理分析电路的步骤实际上就是单个独立源作用于电路中，求支路电流或电压的步骤的重复，故不赘述。应用叠加定理时应注意以下几点：

(1) 当一个独立源单独作用时，其他独立源应为零值(即独立电压源应短路，而独立电流源应开路)，但均应保留其内阻。

(2) 叠加时，必须注意各个响应分量是代数和，因此要考虑总响应与各分响应的参考方向(或参考极性)。凡与总响应的取向一致，叠加时取“+”号，反之取“−”号。

(3) 用叠加定理分析含受控源的电路时，不能把受控源和独立源等同对待。各独立源单独作用时，受控源要予以保留，但其数值应随此时控制量数值的改变而相应改变。

(4) 该定理只适用于求解线性电路中的电压和电流，而不能用来计算电路的功率，因为功率与电流或电压之间不是线性关系(而是平方关系)。

线性电路除叠加性外，还有一个重要性质就是齐次性(或称齐次定理)。其内容为：当线性电路中只有一个激励时，响应与激励成正比。具体应用见例 3.15。

例 3.13 用叠加定理求图 3.28(a)所示电路中的 I_1 和 U。

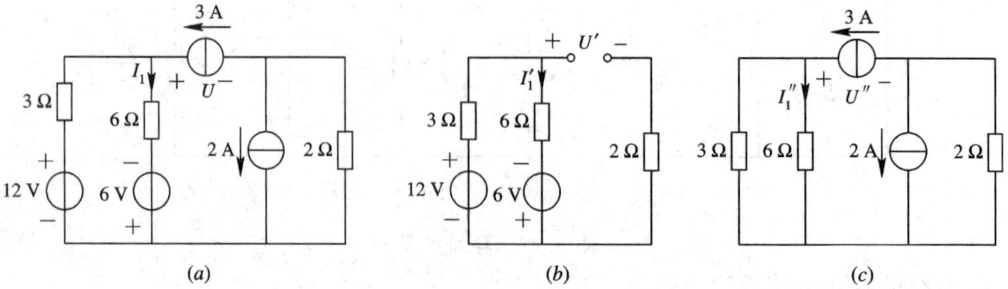

图 3.28 例 3.13 图

解 因图中独立源数目较多，每一独立源单独作用一次，需要做4次计算，比较麻烦。故可采用独立源“分组”作用的办法求解。

(1) 两个电压源同时作用时，可将两电流源开路，如图3.28(*b*)所示。依图有

$$I_1' = \frac{12+6}{3+6} = 2\ \text{A}$$

$$U' = 6I_1' - 6 = 6\ \text{V}$$

(2) 两个电流源同时作用时，可将两电压源短路，如图3.28(*c*)所示。因2 A电流源单独作用时，3 A电流源开路(使得中间回路将断开)，故 I_1'' 仅由3 A电流源决定。依图有

$$I_1'' = \frac{3}{3+6} \times 3 + 0 = 1\ \text{A}$$

$$U'' = 6I_1'' + 2(3+2) = 16\ \text{V}$$

所以

$$I_1 = I_1' + I_1'' = 2 + 1 = 3\ \text{A}$$

$$U = U' + U'' = 6 + 16 = 22\ \text{V}$$

例 3.14 用叠加定理求图3.29(*a*)所示电路中的 U 和 I。

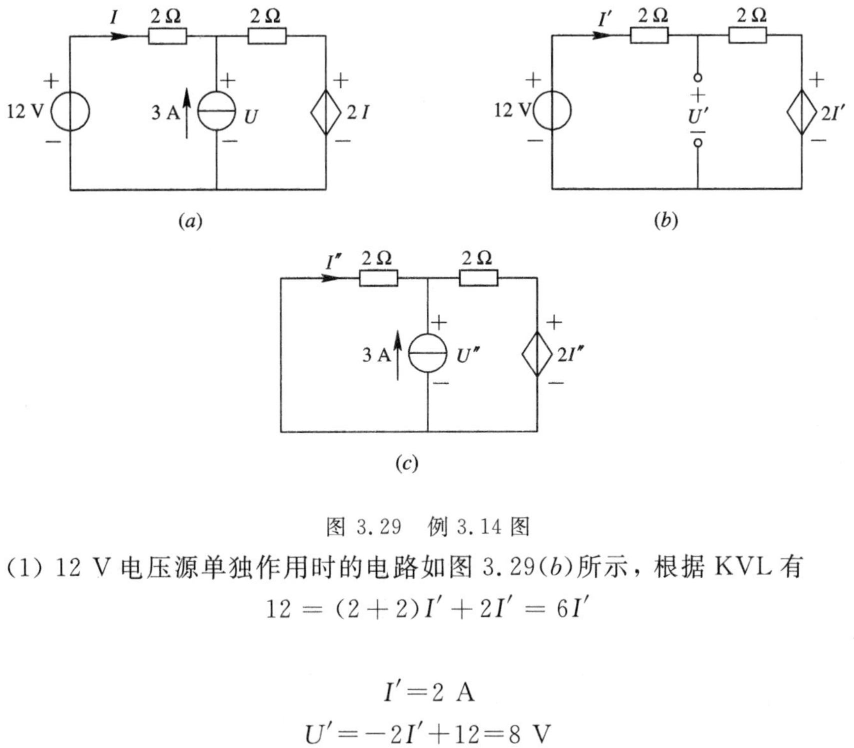

图 3.29 例3.14图

解 (1) 12 V电压源单独作用时的电路如图3.29(*b*)所示，根据KVL有

$$12 = (2+2)I' + 2I' = 6I'$$

所以

$$I' = 2\ \text{A}$$

$$U' = -2I' + 12 = 8\ \text{V}$$

(2) 3 A电流源单独作用时的电路如图3.29(*c*)所示，依图有

$$U'' = 2(3 + I'') + 2I'' = 6 + 4I''$$

$$U'' = -2I''$$

即

$$6 + 4I'' = -2I''$$

$$I'' = -1\ \text{A}$$

$$U'' = 2\ \text{V}$$

所以

$$U = U' + U'' = 8 + 2 = 10\ \text{V}$$
$$I = I' + I'' = 2 - 1 = 1\ \text{A}$$

例 3.15 求图 3.30 所示电路中的各支路电流。

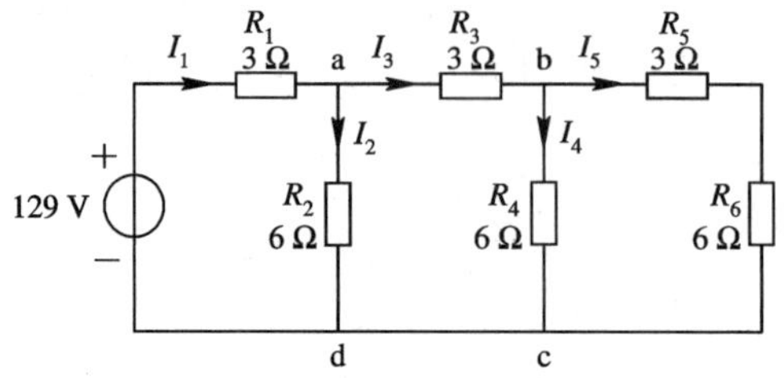

图 3.30 例 3.15 图

解 该电路为梯形电路，用齐次定理求解，先假定响应求出激励。设 $I_5'=1$ A，则

$$U_{bc}' = (R_5 + R_6)I_5' = 9\ \text{V}$$
$$I_4' = \frac{U_{bc}'}{R_4} = 1.5\ \text{A}$$
$$I_3' = I_4' + I_5' = 2.5\ \text{A}$$
$$U_{ad}' = R_3 I_3' + U_{bc}' = 16.5\ \text{V}$$
$$I_2' = \frac{U_{ad}'}{R_2} = 2.75\ \text{A}$$
$$I_1' = I_2' + I_3' = 5.25\ \text{A}$$
$$U_S' = R_1 I_1' + U_{ad}' = 32.25\ \text{V}$$

与 $U_S=129$ V 相比较，电源电压增大了$\frac{129}{32.25}$倍，即 $K=\frac{129}{32.25}=4$，因此，各支路电流也相应增大 4 倍。所以

$$I_1 = KI_1' = 4 \times 5.25 = 21\ \text{A}$$
$$I_2 = KI_2' = 4 \times 2.75 = 11\ \text{A}$$
$$I_3 = KI_3' = 4 \times 2.5 = 10\ \text{A}$$
$$I_4 = KI_4' = 4 \times 1.5 = 6\ \text{A}$$
$$I_5 = KI_5' = 4 \times 1 = 4\ \text{A}$$

本例中所用的这种方法称为“倒推法”，对于计算梯形电路元件较多时尤显方便。

例 3.16 工业生产自动化控制系统中的数模变换梯形 DAC 解码网络如图 3.31(a)所示。其中 2^0、2^1、2^2 分别与输入的二进制数的第一、二、三位相对应。当某位为“1”时，对应的开关接电压 U_S；当某位为“0”时，对应开关接地。图中开关位置表明输入为“110”。从输出电压 U_o的数值就可得知输入二进制的对应代码。试说明其工作原理。

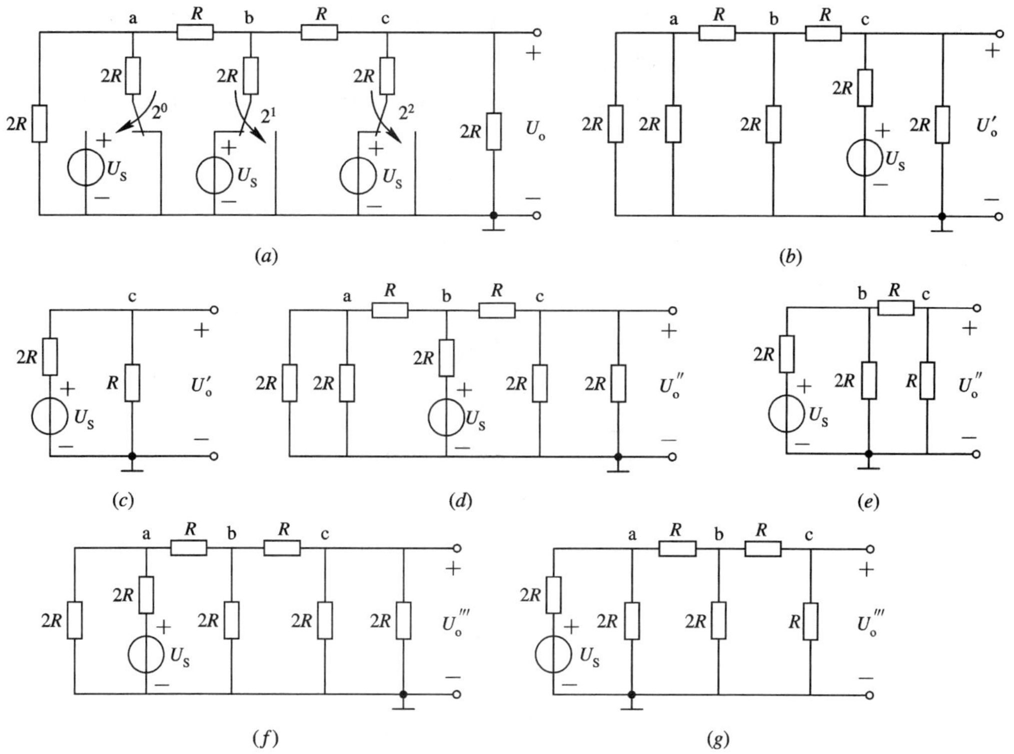

图 3.31　例 3.16 图

解　其工作原理可用叠加定理来说明。

(1) 当开关 2^2 接 U_S 其他都接地时，如图 3.31(*b*)所示，可等效成图(*c*)，依图有

$$U_o' = U_S \frac{R}{2R+R} = \frac{1}{3}U_S$$

(2) 当开关 2^1 接 U_S 其他都接地时，如图 3.31(*d*)所示，可等效成图(*e*)，依图有

$$U_o'' = \frac{U_S}{2R+R} \times \frac{1}{2} \times 2R \times \frac{R}{R+R} = \frac{U_\varepsilon}{3} \times \frac{1}{2}$$

其中 $U_S/3$ 为图 3.31(*e*)中 b 点与地之间的电压。

(3) 当开关 2^0 接 U_S 其他都接地时，如图 3.31(*f*)所示，可等效成图(*g*)，依图有

$$U_o''' = \frac{U_S}{2R+R} \times \frac{1}{2} \times 2R \times \frac{R}{R+R} \times \frac{R}{R+R} = \frac{U_S}{3} \times \frac{1}{2} \times \frac{1}{2}$$

其中$\frac{U_S}{3}$为图 3.31 (*g*)中 a 与地的电压，$\frac{1}{3}U_S \frac{R}{R+R}$为图 3.31(*g*)中 b 点与地的电压。

(4) 因此，当三个开关全接 U_S，即输入的二进制代码为"111"时，可得

$$U_o = U_o' + U_o'' + U_o''' = \frac{1}{3}U_S + \frac{1}{3}U_S \times \frac{1}{2} + \frac{1}{3}U_S \times \frac{1}{2} \cdot \frac{1}{2}$$

若 $U_S = 12$ V，则此时

$$U_o = 4 + 2 + 1 = 7$$

为对应二进制代码"111"的输入电压值(模拟量)。若输入二进制代码为"110"，则

$$U_o = U_o' + U_o'' + U_o''' = \frac{1}{3}U_S + \frac{1}{3}U_S \times \frac{1}{2} + 0 = 4 + 2 = 6$$

为对应二进制代码“110”的输出电压值(模拟量)。同理，依次对应二进制代码 101、100、011、010、001、000 的输入电压值(模拟量) 为“5”、“4”、“3”、“2”、“1”、“0”。

例 3.17 图 3.32 所示电路中的线性无独立源网络，其内部结构不知道。已知在 U_S 和 I_S 共同作用时，实验数据为

(1) $U_S=1$ V，$I_S=1$ A，$U_o=0$。

(2) $U_S=10$ V，$I_S=0$，$U_o=1$ V。

试求 $U_S=0$，$I_S=10$ A 时的 U_o 值。

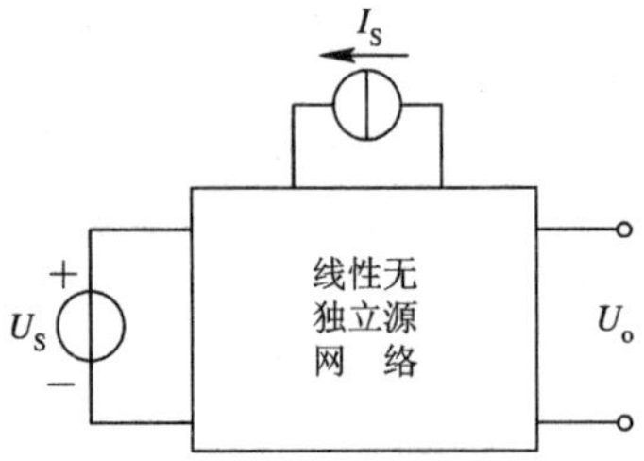

图 3.32 例 3.17 图

解 本例是应用叠加定理研究线性网络激励与响应关系的实验方法。由于 U_S 和 I_S 为两个独立的电源，根据叠加定理，U_o 可写成

$$U_o = K_1U_S + K_2I_S$$

代入两组数据，得

$$K_1\times1+K_2\times1=0$$

$$K_1\times10+K_2\times0=1$$

联立求解得

$$K_1=0.1, \quad K_2=-0.1$$

因此

$$U_o=0.1U_S-0.1I_S$$

$U_S=0$，$I_S=10$ A 时的 U_o 为

$$U_o=0.1\times0-0.1\times10=-1 \text{ V}$$

练习与思考

3.4-1 试用叠加定理求图 3.33 所示电路中的 I_1 和 I_2。

3.4-2 试用叠加定理求图 3.34 所示电路中的 U_2。

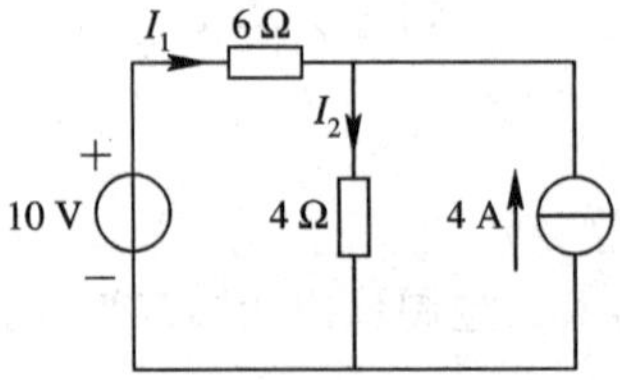

图 3.33 题 3.4-1 图

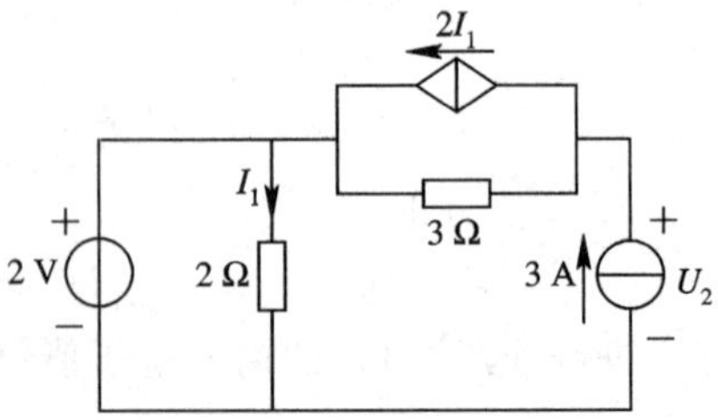

图 3.34 题 3.4-2 图

3.4－3　试用叠加定理求图 3.35 所示电路中的电流 I。

3.4－4　图 3.36 所示电路，N 为含独立源的电阻电路。已知当 $U_S=0$ 时，$I=4$ mA，当 $U_S=10$ V 时，$I=-2$ mA。求当 $U_S=-15$ V 时的 I 值。

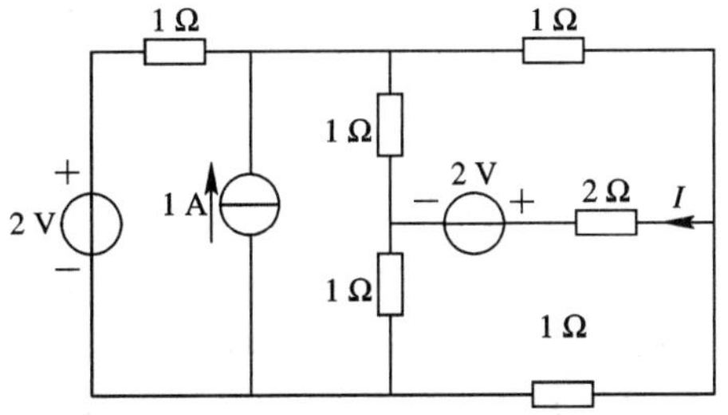

图 3.35　题 3.4－3 图

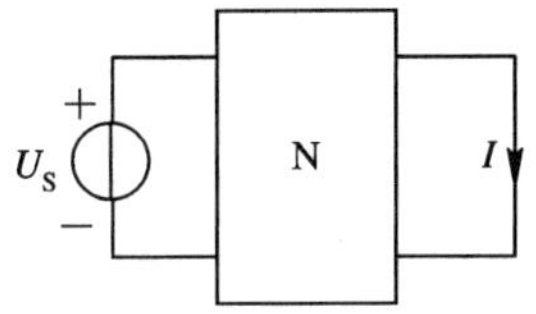

图 3.36　题 3.4－4 图

3.5　戴维南定理

分析电路时经常遇到只研究某一支路电压(或电流)的情况，此时虽然也可以使用网孔法或节点法求解，但通常都不如用戴维南定理方便。

为方便叙述，先介绍二端网络的含义。通常把具有两个端钮的电路称为二端网络，按其中是否含独立源，分有源和无源两种。对于图 3.37(a)电路，只研究 R 支路的电流(或电压)时，则将 R 以外部分(图中虚线框内)看成一个有源二端网络而画成如图 3.37(b)形式。习惯将所研究部分(图中的 R 支路)称做外电路。

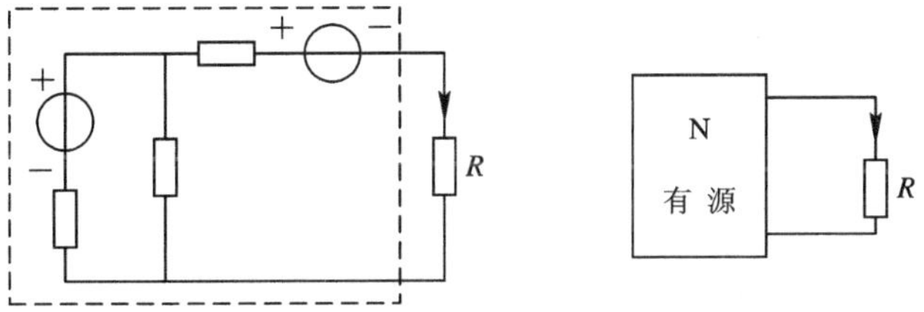

(a)　　(b)

图 3.37　有源二端网络

戴维南定理指出：一个线性有源二端网络 N 如图 3.38(a)所示，对外电路而言，总能等效成一个电压源模型，如图 3.38(b)所示；其电压等于有源二端网络的开路电压 U_{oc}，如图 3.38(c)所示；其内阻 R_0 等于网络 N 中所有独立源均为零时所得无源网络 N_0 的等效内阻 R_{ab}，如图 3.38(d)所示；把 U_{oc}串联 R_0 的模型称为戴维南等效电路。

戴维南定理可以通过替代定理结合叠加定理很容易得到证明，但因涉及到证明替代定理，故只给出定理不作证明。

用戴维南定理可将一个任意复杂的有源二端网络用一个实际电压源等效代替，其关键是：正确理解定理和求 U_{oc}、R_0，U_{oc}的计算方法视电路形式而定。前面介绍过的串并联等效、分压分流关系、网孔法、节点法、叠加定理等均可使用。总而言之，哪种方法求 U_{oc}简

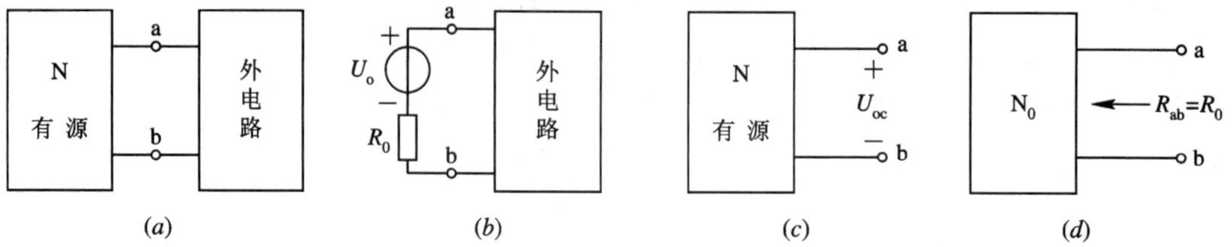

图 3.38　戴维南定理

便(作为读者，简便应理解为得心应手更恰当)就用那种方法。R_0 计算将在后面专门介绍。具体运算步骤其实就包含在定理中，这将在后面的例题中体现，此处不再赘述。

注意：画戴维南等效电路时，电压源的极性必须与开路电压的极性保持一致。另外，当等效内阻不能用电阻串、并联公式计算时，可用下列三种方法求得：

(1) 外加电压法：使网络 N 中所有独立源均为零值(受控源均保持不变)，得一无源二端网络 N_0，然后在 N_0 两端钮上施加电压 U，产生端钮电流 I，如图 3.39 所示，则

$$R_0 = R_{ab} = \frac{U}{I}$$

其实，这种方法在例 2.13 中已经用到过。

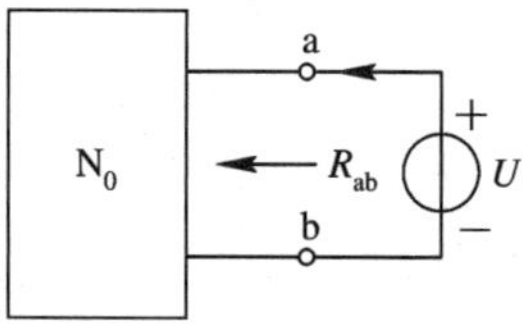

图 3.39　用外加电压法求 R_0

(2) 短路电流法：分别求出有源网络 N 的开路电压 U_{oc} 和短路电流 I_{SC}(注意：求 I_{SC} 时有源网络 N 内所有独立源和受控源均保持不变)。由图 3.40(b)可见

$$I_{SC} = \frac{U_{oc}}{R_0}$$

由此可得

$$R_0 = \frac{U_{oc}}{I_{SC}}$$

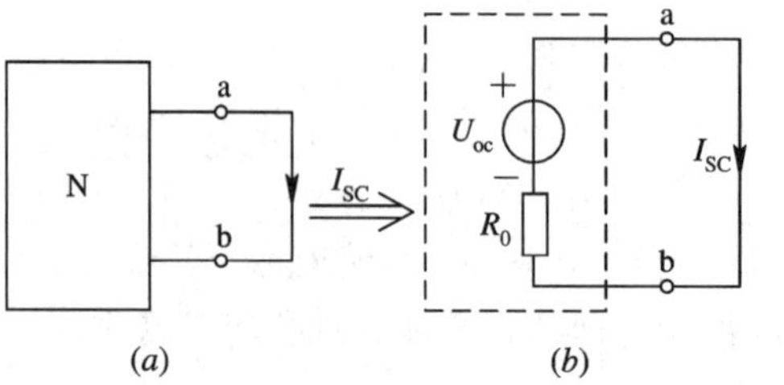

图 3.40　用短路电流法求 R_0

注意：当 $U_{oc}=I_{SC}=0$ 时，此法失效。(对含受控源电路，求 R_0 多用上述两种方法。)

(3) 外接已知电阻测电压法：在有源二端网络两端接上已知电阻 R_L，然后分别测出网络与 R_L 断开、接通时的电压 U_{oc}和 U，则 $R_0=\left(\frac{U_{oc}}{U}-1\right)R_L$。（参照习题 2.15）

用电流源模型也可以等效代替线性有源二端网络，这就是诺顿定理。戴维南定理和诺顿定理统称为等效电源定理，因篇幅所限就不细说诺顿定理了。

例 3.18 用戴维南定理求图 3.41(a)电路中的 I、U。

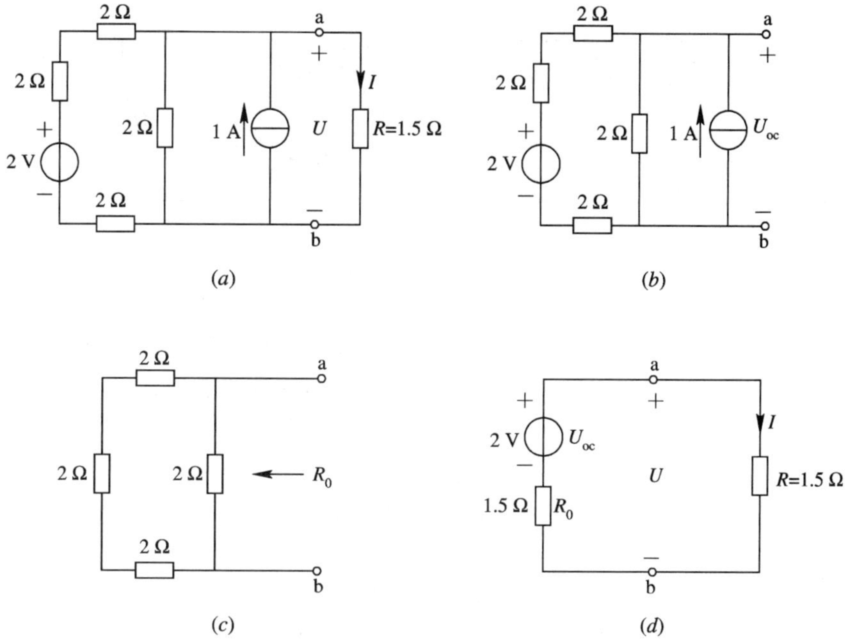

图 3.41 例 3.18 图

解 根据戴维南定理，将 R 支路以外的其余部分所构成的二端网络，用电压源 U_{oc}和电阻 R_0 相串联去等效代替。

(1) 求 U_{oc}：将 R 支路断开，如图 3.41(b)所示。用节点电位法可求得

$$U_{oc}=\frac{\frac{2}{2+2+2}+1}{\frac{1}{2+2+2}+\frac{1}{2}}=2\ \text{V}$$

(2) 求 R_0：将 2 V 电压源短路、1 A 电流源开路，如图 3.41(c)所示。可得

$$R_0=\frac{2\times(2+2+2)}{2+2+2+2}=\frac{3}{2}=1.5\ \Omega$$

(3) 戴维南电路与待求支路连接后如图 3.41(d)所示，则

$$I=\frac{U_{oc}}{R_0+R}=\frac{2}{1.5+1.5}=\frac{2}{3}\ \text{A}$$

$$U=RI=1.5\times\frac{2}{3}=1\ \text{V}$$

例 3.19 试用戴维南定理求图 3.42(a)所示电路中流过 4 Ω 电阻的电流 I。

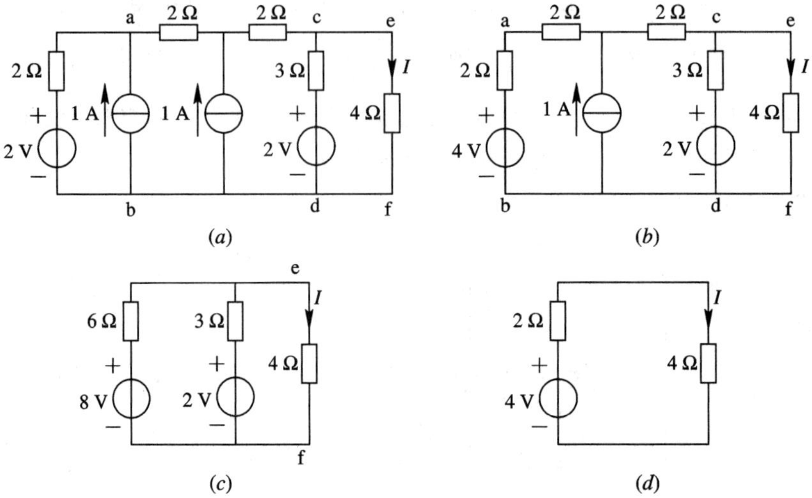

图 3.42　例 3.19 图

解　若直接求 4 Ω 电阻以左的等效电压源，则计算开路电压将会很麻烦。故可逐次应用戴维南定理。先求图 3.42(*a*)中 ab 以左的戴维南等效电路，于是有

$$U_{ab} = 1\times 2 + 2 = 4\ \text{V}$$

$$R_{ab} = 2\ \Omega$$

这样可得图 3.42(*b*)。再求图中 cd 以左的戴维南等效电路，于是有

$$U_{cd} = 1\times(2+2)+4 = 8\ \text{V}$$

$$R_{cd} = 2+2+2 = 6\ \Omega$$

这样可得图 3.42(*c*)。再求图中 ef 以左的戴维南等效电路，于是有

$$U_{ef} = -6\times\frac{8-2}{6+3}+8 = 4\ \text{V}$$

$$R_{ef} = \frac{6\times 3}{6+3} = 2\ \Omega$$

最后得图 3.42(*d*)。由图可求得

$$I = \frac{4}{2+4} = \frac{2}{3}\ \text{A}$$

例 3.20　用戴维南定理求图 3.43(*a*)中的电流 I_1。

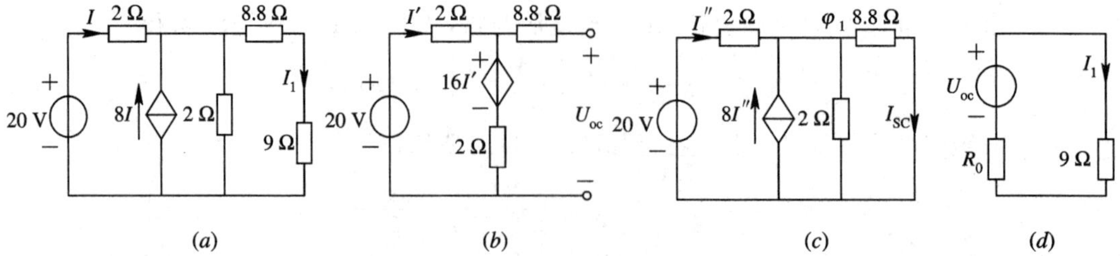

图 3.43　例 3.20 图

解　将 9 Ω 支路断开，并将 CCCS 变换成 CCVS，如图 3.43(*b*)所示。

(1) 求 U_{oc}：由图 3.43 (*b*)可得

$$U_{oc} = 16I' + 2I' = 18I'$$

$$I' = \frac{20 - 16I'}{4}$$

即

$$4I' = 20 - 16I'$$

所以

$$I' = 1\ \text{A}$$

$$U_{oc} = 18\ \text{V}$$

(2) 求短路电流 I_{SC}，由图 3.43(c)，用节点法可得

$$\left(\frac{1}{2} + \frac{1}{2} + \frac{1}{8.8}\right)\varphi_1 = 10 + 8I''$$

$$I'' = \frac{20 - \varphi_1}{2}$$

所以 $$\varphi_1 = 17.6\ \text{V}$$

则 $$I_{SC} = \frac{\varphi_1}{8.8} = 2\ \text{A}$$

(3) 由所求 U_{oc} 和 I_{SC} 求 R_0

$$R_0 = \frac{U_{oc}}{I_{SC}} = \frac{18}{2} = 9\ \Omega$$

(4) 戴维南电路与待求支路连接后如图 3.43(d)所示，于是得

$$I_1 = \frac{U_{oc}}{R_0 + 9} = 1\ \text{A}$$

例 3.21 求图 3.44(a)所示的戴维南等效电路。

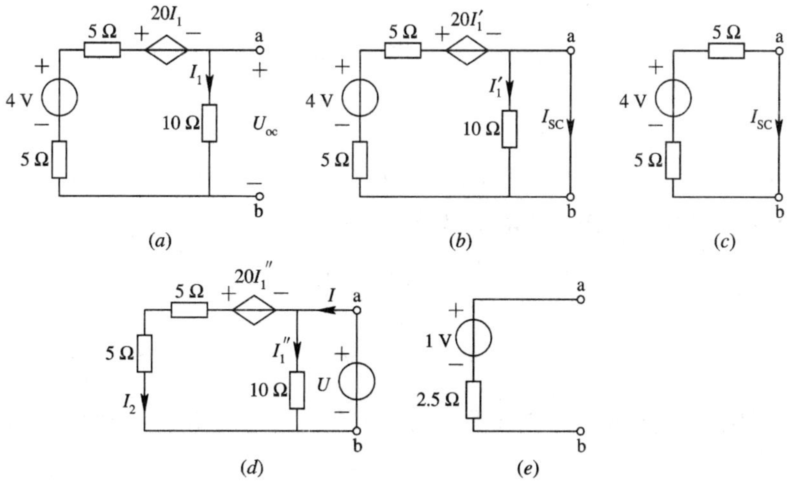

图 3.44 例 3.21 图

解 (1) 由图 3.44(a)，依 KVL 有

$$U_{oc} = -20I_1 - 10I_1 + 4$$

$$I_1 = \frac{U_{oc}}{10}$$

可解得 $U_{oc}=1$ V。

(2) 用短路法求 R_0。短路 a、b 并设电流 I_{SC} 如图3.44(*b*)所示。由图知，$I_1'=0$，则

$$20I_1' = 0$$

这样图3.44(*b*)可等效为图 3.44(*c*)，由图可求得

$$I_{SC} = \frac{4}{10} = 0.4\ \text{A}$$

所以
$$R_0 = \frac{U_{oc}}{I_{SC}} = 2.5\ \Omega$$

(3) 用外加电压法求 R_0。拿掉 4 V 电压源，在 a、b 间加电压 U，如图(*d*)所示，依图有

$$I_1'' = \frac{U}{10}$$

$$I_2 = \frac{U+20I_1''}{5+5} = \frac{3U}{10}$$

依 KCL

$$I = I_1'' + I_2 = \frac{U}{10} + \frac{3U}{10} = \frac{4U}{10}$$

所以
$$R_0 = \frac{U}{I} = 2.5\ \Omega$$

(4) 由计算结果可画出戴维南等效电路如图 3.44(*e*)所示。

例 3.22 证明图 3.45(*a*)所示电路的等效电路为图 3.45(*b*)。

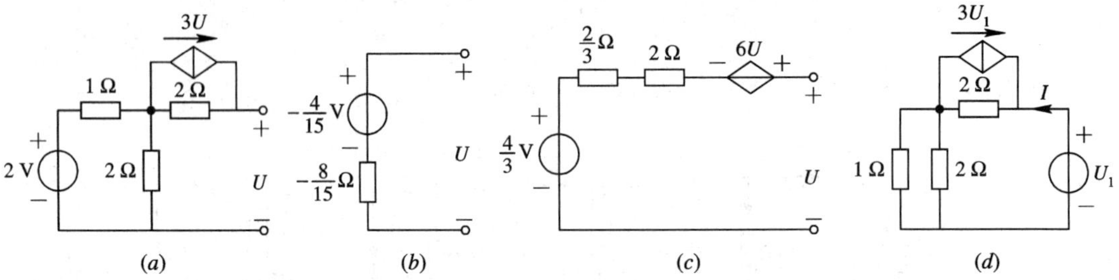

图 3.45 例 3.22 图

解 (1) 原图可等效为图 3.45(*c*)，依图有

$$U = 6U + \frac{4}{3}$$

即
$$U = -\frac{4}{15}\ \text{V}$$

(2) 用外加电压法求 R_0。将电压源短路，外加 U_1，如图 3.45(*d*)所示，依图有

$$U_1 = 6U_1 + \left(2+\frac{2}{3}\right)I$$

即

$$\frac{8}{3}I = -5U_1$$

$$I = -\frac{15}{8}U_1$$

则 $$R_0=\frac{U_1}{I}=\frac{U_1}{-\frac{15}{8}U_1}=-\frac{8}{15}\ \Omega$$

练习与思考

3.5-1　求图3.46所示电路的戴维南等效电路。

3.5-2　求图3.47所示电路的戴维南等效电路。

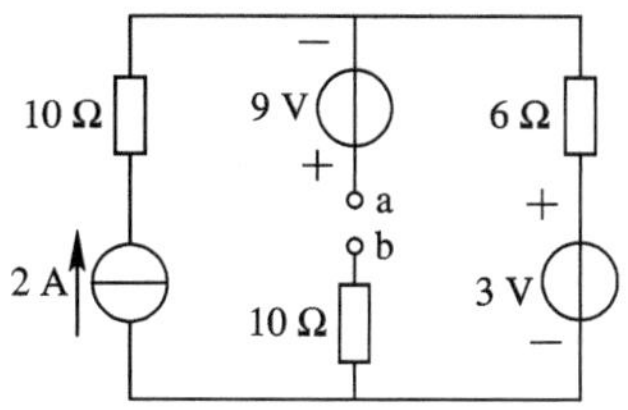

图3.46　题3.5-1图

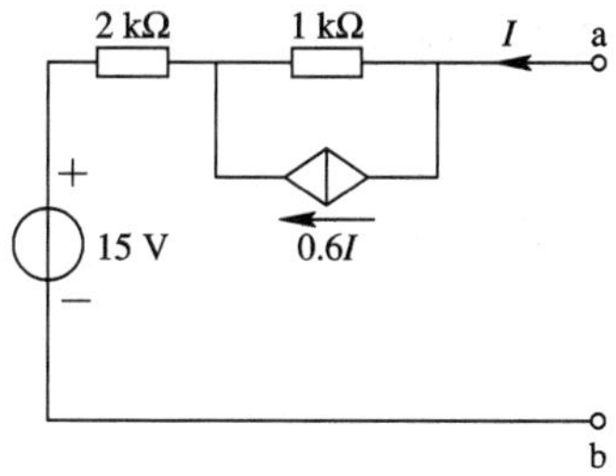

图3.47　题3.5-2图

3.5-3　求图3.48所示电路中流过6 Ω电阻的电流 I。

3.5-4　求图3.49所示电路的戴维南等效电路。

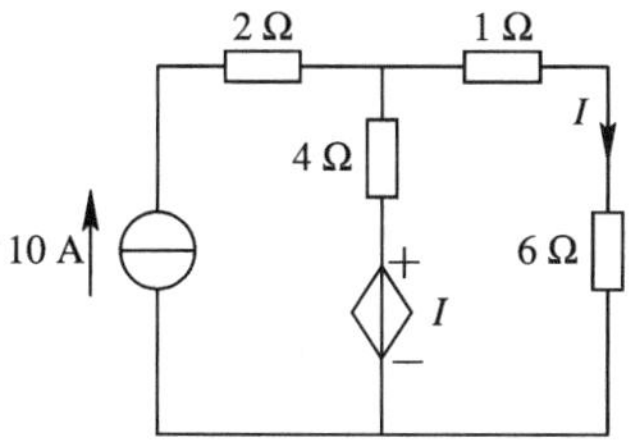

图3.48　题3.5-3图

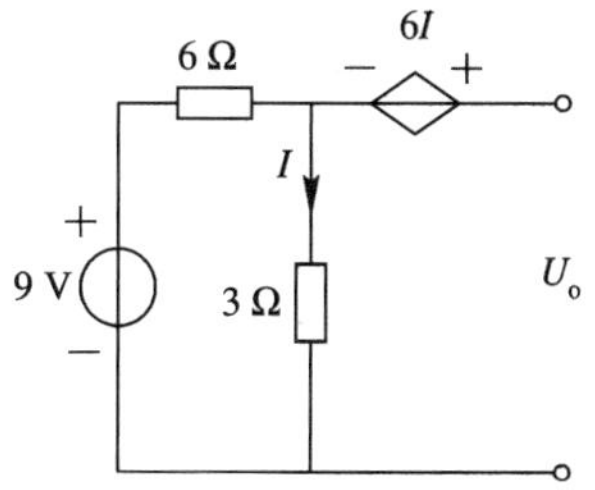

图3.49　题3.5-4图

3.6　最大功率传输定理

实际应用中，给电子设备供电的电源，无论多么复杂，由于都有两个引出端，因此，从理论上讲它就是一个线性有源二端网络，总可以用一个电压源模型来等效。

通常一个实际电压源(设其 U_o 和 R_0 都是定值)所产生的功率总可以分成两部分，其中一部分消耗在内阻 R_0 上，另一部分传送给负载。在通信和电子工程中，总希望负载得到的功率越大越好。究竟怎样才能使负载得到的功率为最大，这个最大功率又是多少，这就是最大传输定理所要回答的问题。

对于图3.50(a)所示电路，在 U_o 和 R_0 都是定值的前提下，只有负载电阻 R_L 是可变的，故负载上得到的最大功率将直接由 R_L 的取值来决定。

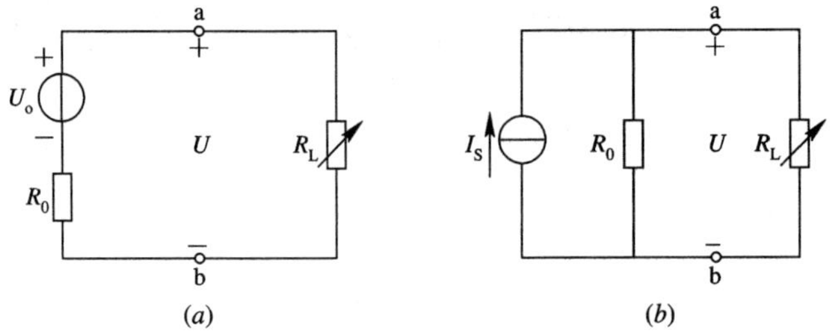

图 3.50 最大功率传输定理

电路中的电流为

$$I=\frac{U_o}{R_0+R_L}$$

负载电阻上的功率为

$$P=I^2R_L=\left(\frac{U_o}{R_0+R_L}\right)^2R_L \tag{3-14}$$

当 R_L 变化时，负载上要得到最大功率必须满足的条件为

$$\frac{dP}{dR_L}=0$$

即

$$\frac{dP}{dR_L}=\frac{d}{dR_L}\left[\left(\frac{U_o}{R_0+R_L}\right)^2R_L\right]=\frac{U_o^2}{(R_0+R_L)^4}[(R_0+R_L)^2-2(R_0+R_L)R_L]=0$$

故

$$(R_0+R_L)^2-2(R_0+R_L)R_L=0$$

解得 $R_L=R_0$。即当 $R_L=R_0$ 时，负载上得到的功率最大。将 $R_L=R_0$ 代入式(3-14)即可得最大功率为

$$P_{max}=\left(\frac{U_o}{R_0+R_L}\right)^2R_0=\frac{U_o^2}{4R_0} \tag{3-15}$$

用图 3.50(*b*)所示电路，同样可在 I_{SC} 和 R_0 为定值的前提下，推得当 $R_L=R_0$ 时，负载上得到的功率为最大，其最大功率为

$$P_{max}=\frac{1}{4}R_0I_{SC}^2 \tag{3-16}$$

式(3-16)实际上是式(3-15)的另一种形式。

综上所述可得最大功率传输定理：实际电压源(或电流源)向负载供电，当负载电阻 R_L 等于电源内阻 R_0 时，负载可获得最大功率。称 $R_L=R_0$ 为最大功率输出条件。

把 $R_L=R_0$ 时的电路状态称为“匹配”，此时电源所产生的功率一半供给负载，一半消耗在内阻上，效率为 50%。不过在通信和电子工程中，由于传输的功率不大，因而宁可牺牲效率也要求电路处于匹配状态。但在电力工程中则绝对不允许电路工作在匹配状态。

注意：推导最大功率传输定理的前提是：U_0 和 R_0 均为定值，而 R_L 可调。因此不能把最大功率传输定理理解成：为使负载获得最大功率，应使 $R_0=R_L$。

例 3.23 在图 3.51(*a*)所示电路中，若已知：当 $R_5=8\ \Omega$ 时，$I_5=20$ A；当 $R_5=2\ \Omega$ 时，$I_5=50$ A，问 R_5 为何值时，它消耗的功率最大？此时最大功率为多少？

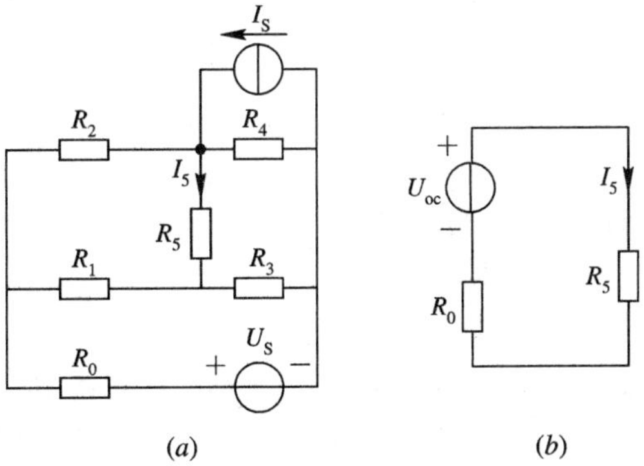

图 3.51　例 3.23 图

解　依戴维南定理，将 R_5 以外用 U_{oc} 和 R_0 相串联等效代替，如图 3.51(b)所示，依图有

$$\frac{U_{oc}}{R_0+R_5}=I_5$$

依题给条件可列方程组

$$\frac{U_{oc}}{R_0+8}=20$$

$$\frac{U_{oc}}{R_0+2}=50$$

联立求解，得

$$U_{oc}=200\ \text{V}\quad R_0=2\ \Omega$$

根据最大功率传输定理可知，当 $R_5=R_0=2\ \Omega$ 时，R_5 可获得最大功率，为

$$P_{max}=\frac{1}{4}\times\frac{U_{oc}^2}{R_5}=\frac{200^2}{4\times 2}=5\ \text{kW}$$

例 3.24　求图 3.52(a)所示含受控源二端网络向外电路所能提供的最大功率 P_{max}。

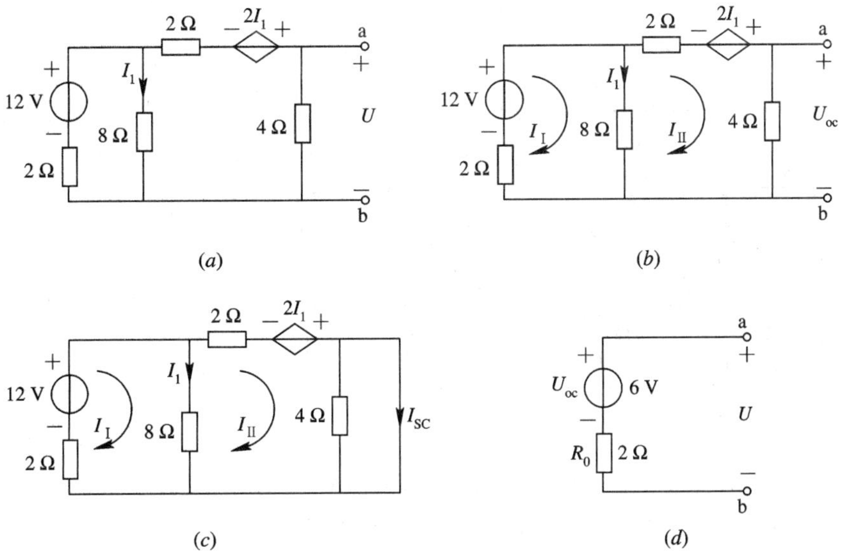

图 3.52　例 3.24 图

解 (1) 根据图 3.52(b)，用网孔电流法求开路电压 U_{oc}，所列方程组为

$$10I_{Ⅰ} - 8I_{Ⅱ} = 12$$
$$-8I_{Ⅰ} + 14I_{Ⅱ} = 2I_1$$
$$I_1 = I_{Ⅰ} - I_{Ⅱ}$$

联立求解($\Delta=80$，$\Delta_1=192$，$\Delta_2=120$)，得

$$I_{Ⅰ} = 2.4\ \text{A}, \quad I_{Ⅱ} = 1.5\ \text{A}, \quad I_1 = 0.9\ \text{A}$$
$$U_{oc} = 4I_{Ⅱ} = 6\ \text{V}$$

(2) 根据图 3.52(c)，用网孔电流法求短路电流 I_{SC}。方程组为

$$10I_{Ⅰ} - 8I_{Ⅱ} = 12$$
$$-8I_{Ⅰ} + 10I_{Ⅱ} = 2I_1$$
$$I_1 = I_{Ⅰ} - I_{Ⅱ}$$

联立求解，可得

$$I_{SC} = I_{Ⅱ} = 3\ \text{A}$$

(3) 根据 U_{oc}和 I_{SC}求 R_0

$$R_0 = \frac{U_{oc}}{I_{SC}} = \frac{6}{3} = 2\ \Omega$$

(4) 戴维南等效电路如图 3.52(d)所示。根据最大功率传输定理

$$P_{max} = \frac{U_{oc}^2}{4R_0} = \frac{6^2}{4\times 2} = 4.5\ \text{W}$$

例 3.25 求图 3.53(a)所示电路中 R_L 为何值时能取得最大功率，该最大功率是多少？

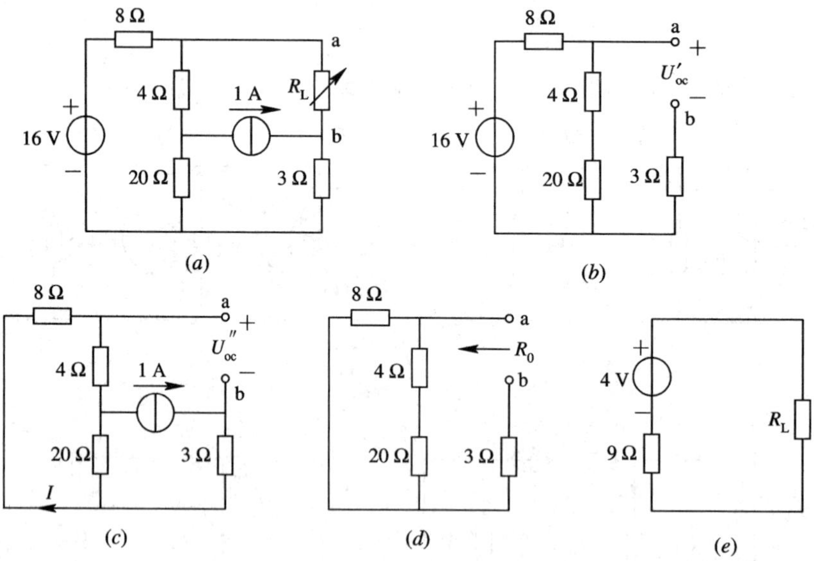

图 3.53 例 3.25 图

解 (1) 断开 R_L 支路用叠加定理求 U_{oc}。电压源单独作用时，如图 3.53(b)所示，

$$U'_{oc} = \frac{16}{8+4+20}\times(4+20) = 12\ \text{V}$$

电流源单独作用时，如图 3.53(c)所示，根据分流关系，有

$$I=\frac{20}{8+4+20}\times 1=\frac{5}{8}\ \text{A}$$

$$U''_{oc}=-\frac{5}{8}\times 8-1\times 3=-8\ \text{V}$$

所以

$$U_{oc}=U'_{oc}+U''_{oc}=4\ \text{V}$$

(2) 求 R_0，将 16 V 电压源和 1 A 电流源均变为零，如图 3.53(d)所示，依图有

$$R_0=3+\frac{8\times(4+20)}{8+4+20}=9\ \Omega$$

(3) 戴维南电路与待求支路连接后如图 3.53(e)所示，由最大功率传输定理知，当

$$R_L=R_0=9\ \Omega$$

时，可获得最大功率，这时，R_L 吸收的功率为

$$P_{max}=\frac{4^2}{4\times 9}=\frac{4}{9}\ \text{W}$$

练习与思考

3.6-1　如图 3.54 所示电路，R_L 为何值时可获得最大功率，并求出最大功率值。

3.6-2　如图 3.55 所示电路，求 R_L 上可能获得的最大功率。

3.6-3　如图 3.56 所示电路，用电流表和一只电阻去测量某有源二端网络，当开关 S 在位置 2 时，电流表读数为 6 mA；当开关 S 在位置 1 时，电流表读数为 2 mA(电流表内阻可忽略不计)。试求：

(1) 该有源二端网络的戴维南等效电路。

(2) R 为何值时才能获得最大功率，最大功率是多少？

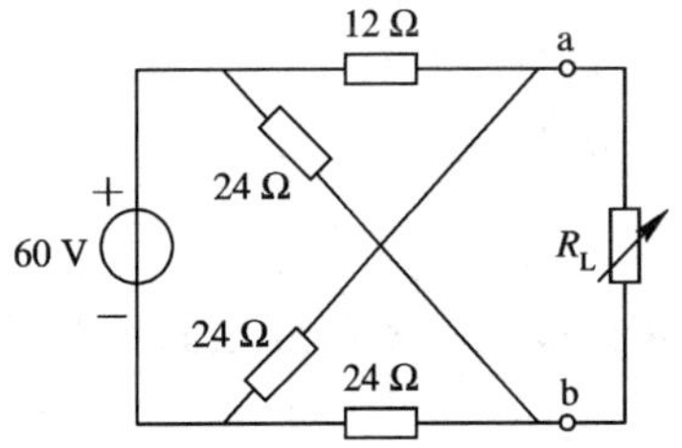

图 3.54　题 3.6-1 图

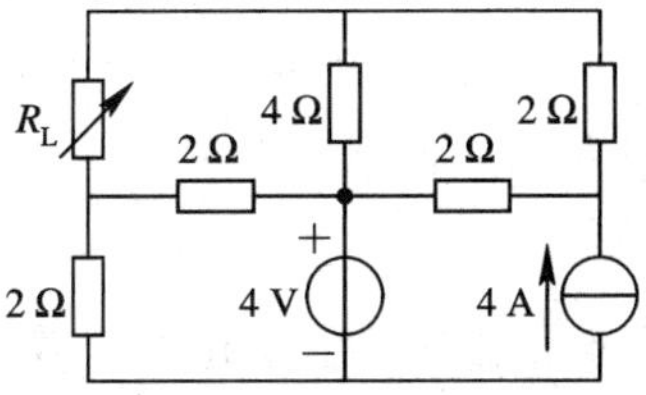

图 3.55　题 3.6-2 图

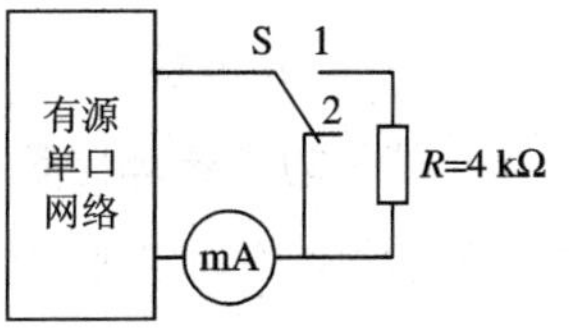

图 3.56　题 3.6-3 图

小　结

1. 支路电流法

以支路电流作变量列写独立节点的 KCL 方程，再补充和网孔数相同的 KVL 方程，联立后足以解出全部支路电流，这就是支路电流法。此法优点：直观，所求就是支路电流。缺点：当支路数目较多时，变量多，求解过程麻烦，不宜于手工计算。

2. 网孔电流法

以假想网孔电流作变量列写和网孔数相同的 KVL 方程，联立求解出网孔电流，再由网孔电流与支路电流的关系求支路电流或其他电路变量，这就是网孔电流法。若含理想电流源，在不能将其转移成某个网孔电流时，可采取设其两端电压，进而增加辅助方程。若含受控源，要将受控变量用待求的网孔电流变量表示作为辅助方程。此法优点：同一电路所需方程数目较支路电流法少，列写方程的规律易于掌握。缺点：不直观。

3. 节点电位(电压)法

以独立节点的电位作变量依 KCL(连同欧姆定律)列写 KCL 方程，求解出节点电位，进而求得支路电流或其他电路变量，这就是节点电位法。若两节点间含理想电压源，通常是给理想电压源支路设一未知电流，增加辅助方程。特殊情况是在电路未指定参考点时，可设定理想电压源的任一端为参考点，则另一节点电位成为已知，故可少列一个方程。若含受控源，要增加用节点电位表示控制量的辅助方程。此法优点：所需方程个数少于支路电流法，特别是节点少而支路多的电路用此法尤显方便，列写方程的规律易于掌握。缺点：对一般给出的电阻参数、电压源形式的电路求解方程工作量较大。

4. 叠加定理

叠加定理是线性电路叠加特性的概括表征，其重要性不仅在于用此法分析电路本身，而且在于它为线性电路的定性分析和一些具体计算方法提供了理论依据。

用叠加定理求解电路时，应特别注意两点：

(1) 当一个独立源单独作用时让其他独立源为零的处理方法；

(2) 总响应是各分响应的代数和。

5. 戴维南定理

戴维南定理表明一个有源二端网络总可用一个电压源模型去代替。解题三步骤：求开路电压 U_{oc}——除源求等效内阻 R_o——画出等效电路，由最简单电路求待求量。若含受控源，计算等效电压时，要注意控制量随二端网络对外端口的开路应作相应的变化(短路、开路、改变方向或极性)；求等效内阻时，只能用外加电压法或短路电流法。

6. 最大功率传输定理

最大功率传输定理阐明了在通信技术中，变化的负载为获得最大功率而应当满足匹配的条件，即 $R_L=R_0$。此最大功率为$\dfrac{U_o^2}{4R_0}$或$\dfrac{1}{4}R_0 I_{SC}^2$。

习　题　3

3.1　用支路法求图示电路各支路电流。

3.2　用支路法求图示电路各支路电流，并用功率平衡法检验结果是否正确。

3.3　用支路电流作变量，列写出求解图示电路中各支路电流所需的方程组。

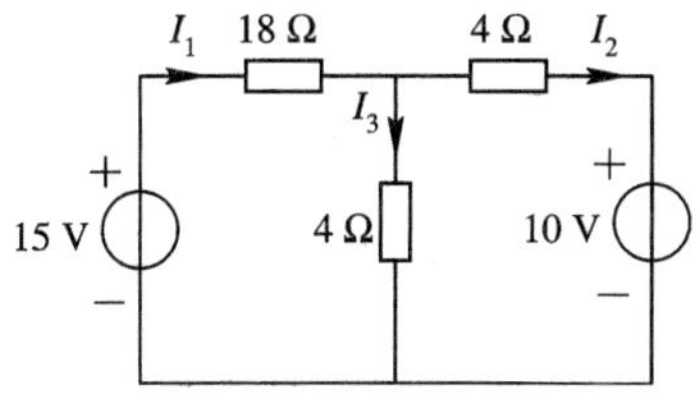

题 3.1 图

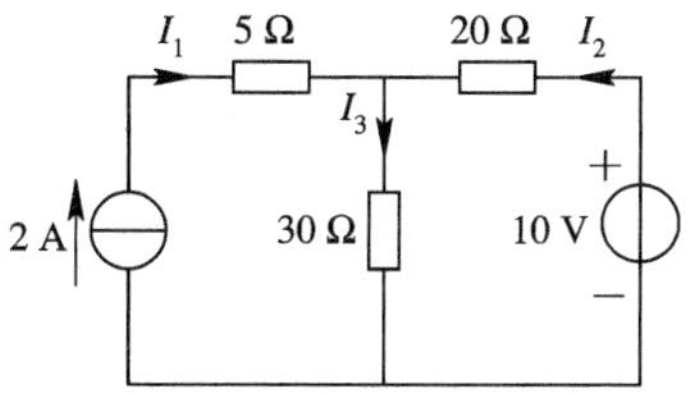

题 3.2 图

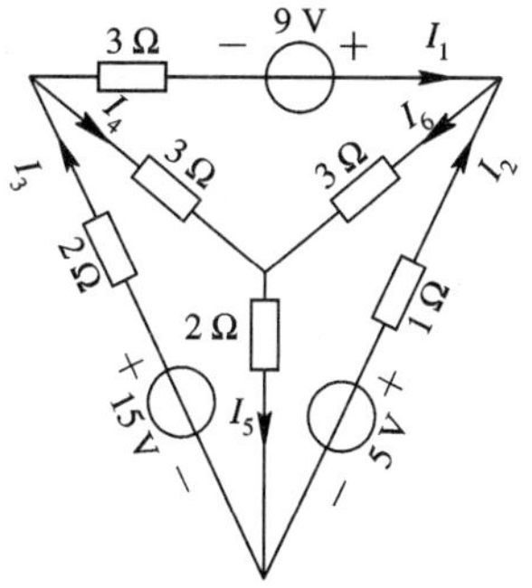

题 3.3 图

3.4 三极管放大电路的微变等效电路如图所示，试列写出其支路电流方程组。

3.5 用网孔法求图示电路中各电阻支路的电流。

3.6 电路如图所示，试用网孔法求流过 5 Ω 电阻的电流 I。

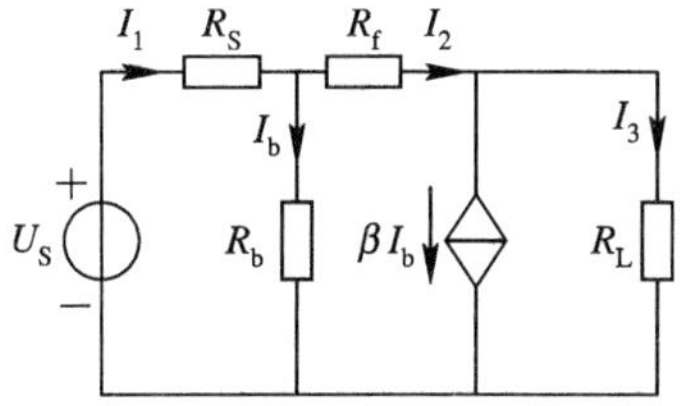

题 3.4 图

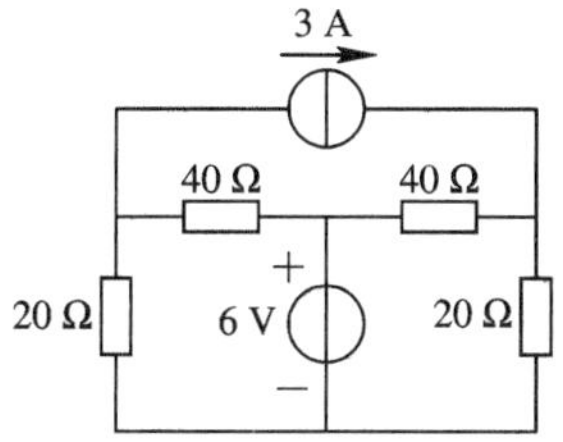

题 3.5 图

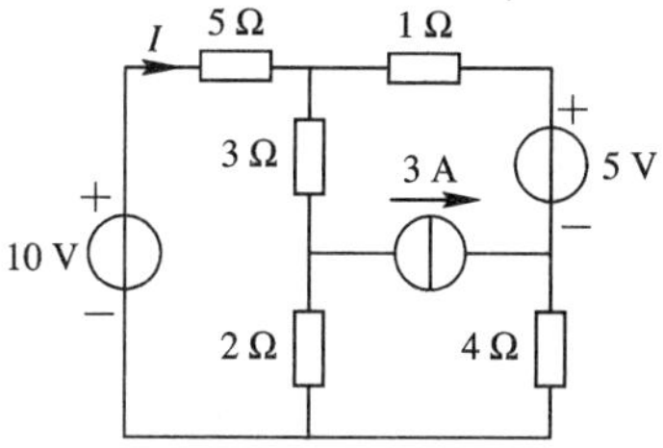

题 3.6 图

3.7 电路如图所示，试用网孔法求 I_1、I_2、I_3。

3.8 电路如图所示，试用网孔法求电压 U_{ab}。

3.9 电路如图所示，试用网孔法求电压 U。

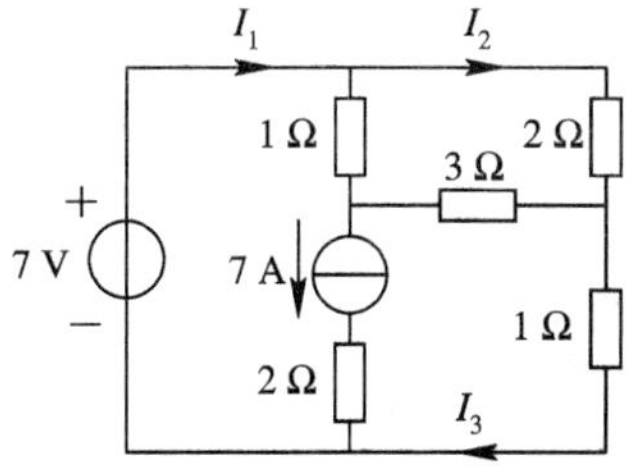

题 3.7 图

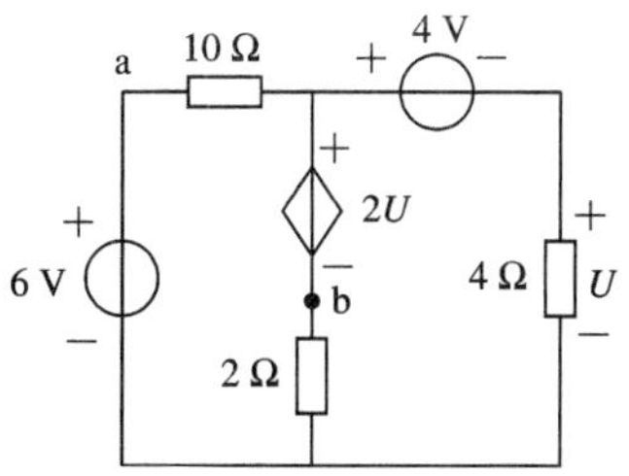

题 3.8 图

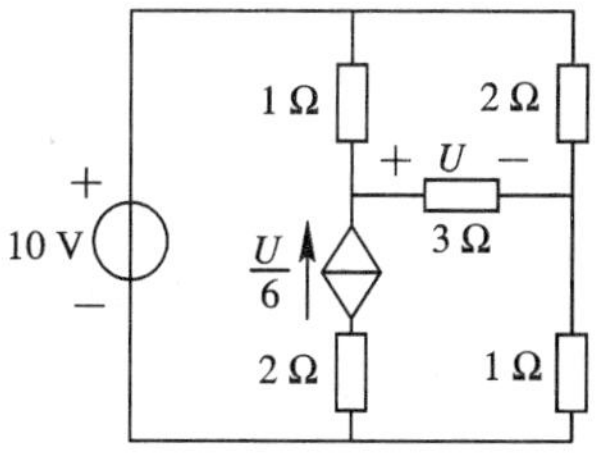

题 3.9 图

3.10 若网孔方程组为

$$
\begin{aligned}
(R_1+R_2)I_{\mathrm{I}} \quad & -R_2 I_{\mathrm{II}} \quad & -0I_{\mathrm{III}} &= U_S \\
-R_2 I_{\mathrm{I}} \quad & +(R_2+R_3+R_4)I_{\mathrm{II}} \quad & -R_4 I_{\mathrm{III}} &= 0 \\
-0I_{\mathrm{I}} \quad & -R_4 I_{\mathrm{II}} \quad & +(R_4+R_5)I_{\mathrm{III}} &= 0
\end{aligned}
$$

试画出其电路。

3.11 电路如图所示，试用节点法求各支路电流。

3.12 电路如图所示，试用节点法求电流 I。

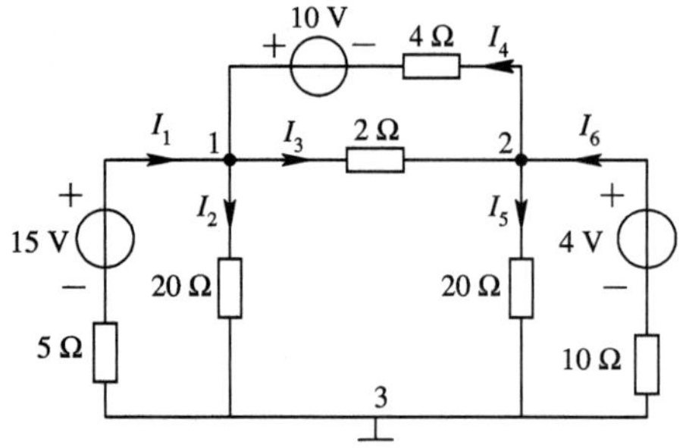

题 3.11 图

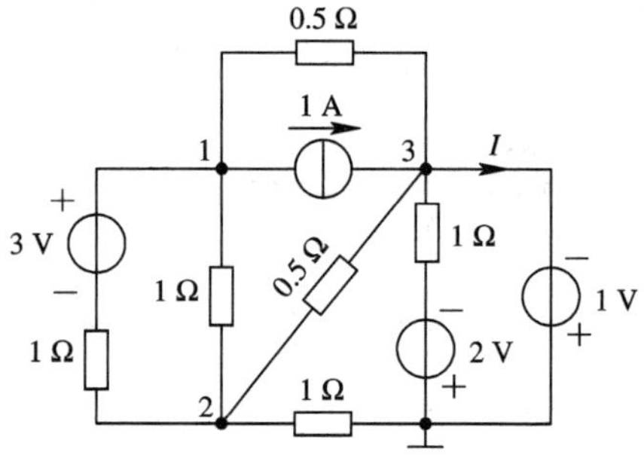

题 3.12 图

3.13　电路如图所示，试用节点法求各支路电流。

3.14　电路如图所示，试用节点法求 φ_1、φ_2、φ_3 的值。

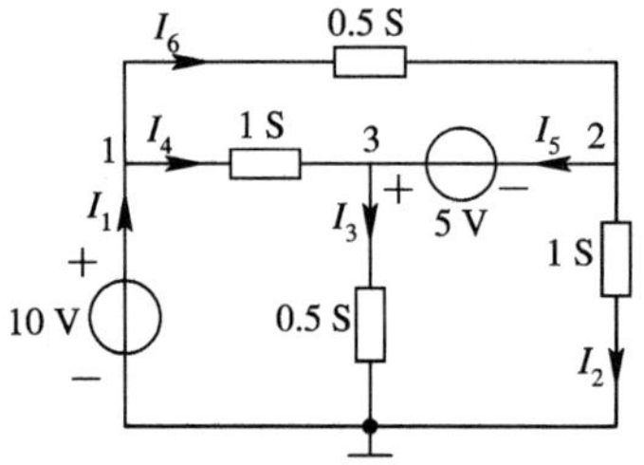

题 3.13 图

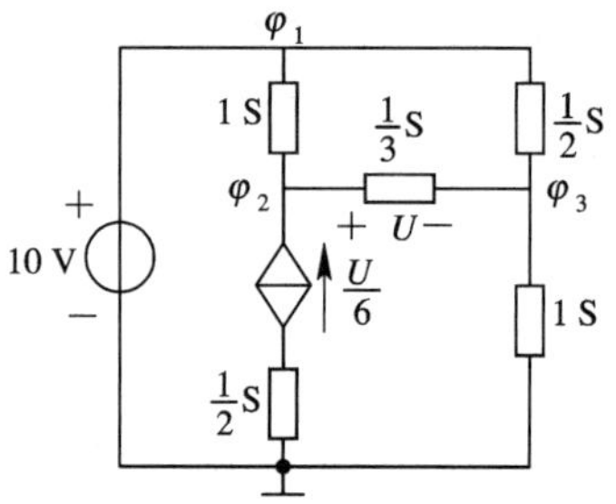

题 3.14 图

3.15　试用节点法求图示电路中的 U_1。

3.16　用节点法求图示电路中 5 V 电压源和 5 A 电流源发出的功率。

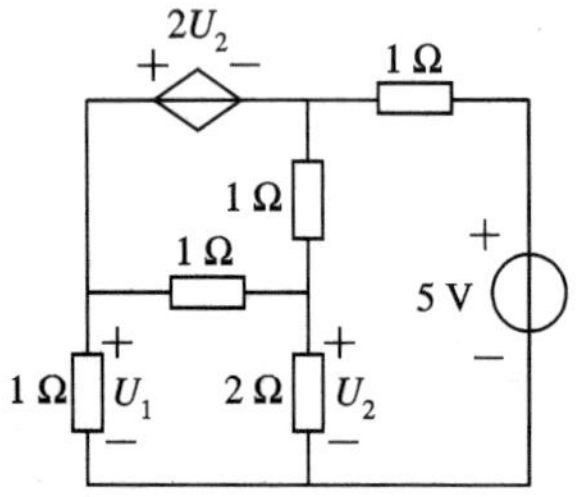

题 3.15 图

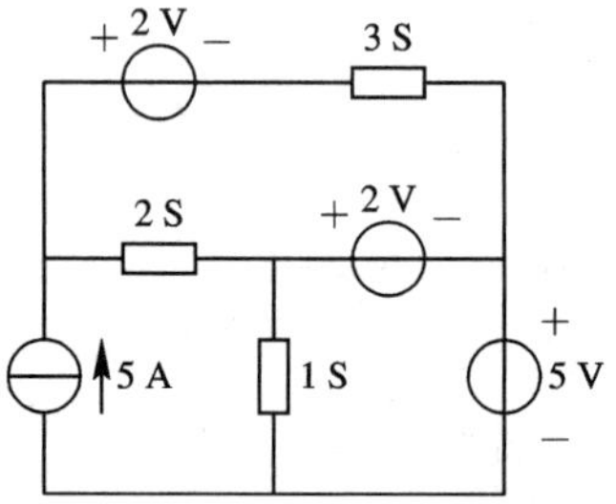

题 3.16 图

3.17　试列写出用节点法求图示电路各支路电流所需的联立方程组及各电流表达式。

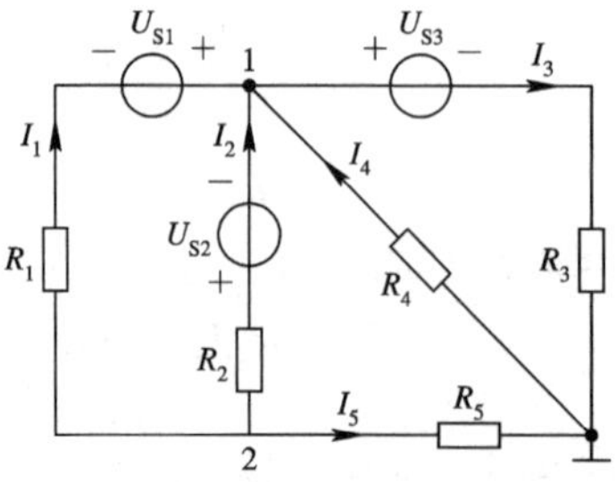

题 3.17 图

3.18　试用叠加定理求图示电路中的电流 I。

3.19　试用叠加定理求图示电路中的 U 和 I。

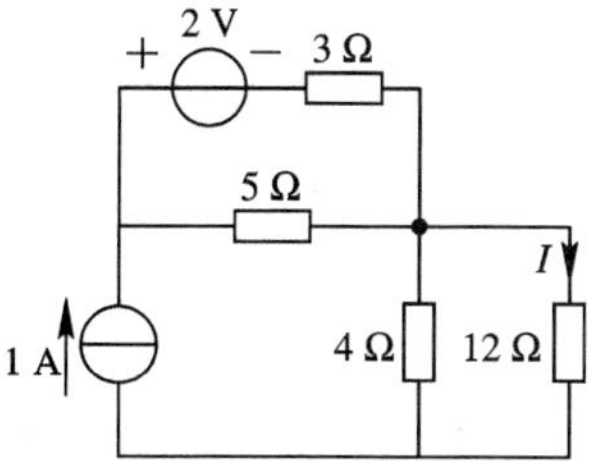

题 3.18 图

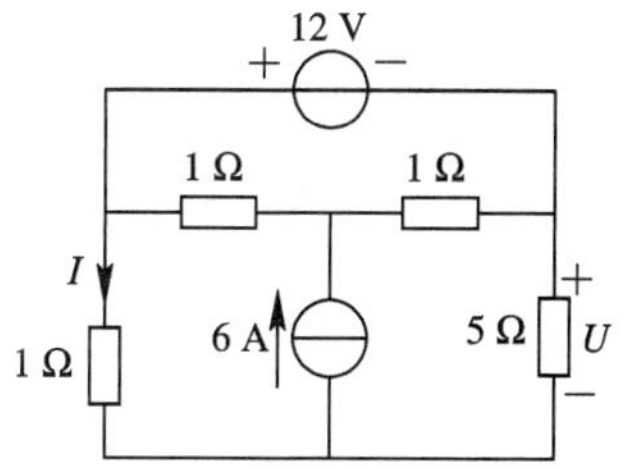

题 3.19 图

3.20　试用叠加定理求图示电路中 10 V 电压源产生的功率。

3.21　试用叠加定理求图示电路中的电流 I 和电压 U。

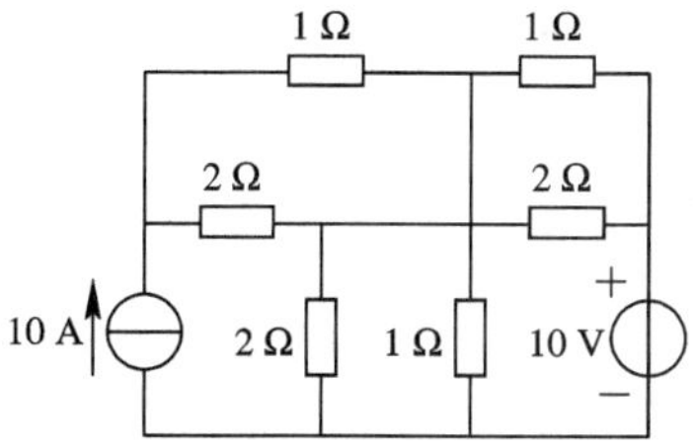

题 3.20 图

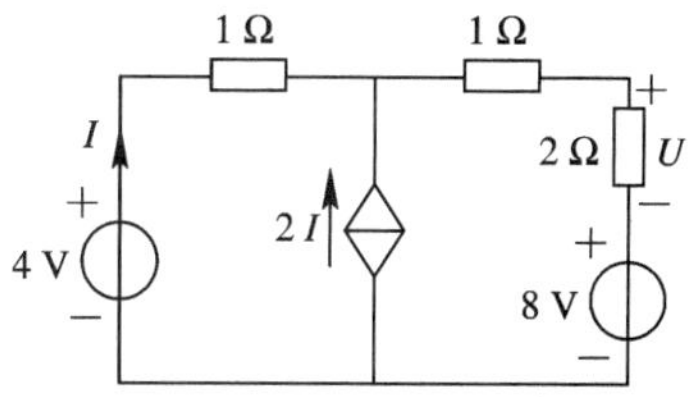

题 3.21 图

3.22　试用叠加定理求图示电路中的电流 I。

3.23　试用戴维南定理求图示电路中的电流 I。

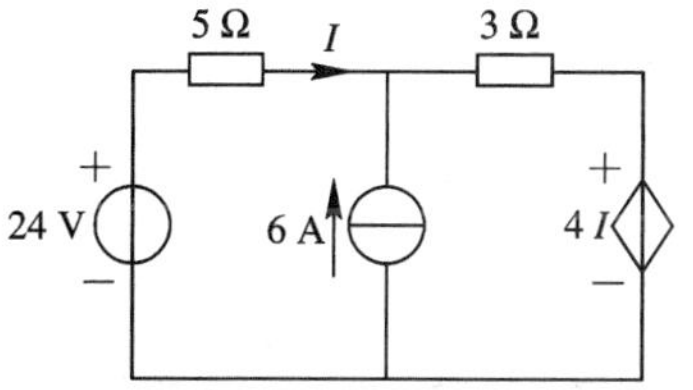

题 3.22 图

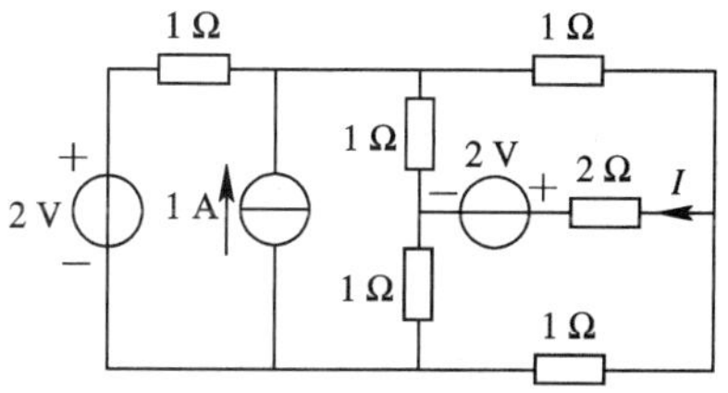

题 3.23 图

3.24　试用戴维南定理求图示电路中的电流 I。

3.25　试用戴维南定理求图示电路中的电流 I。

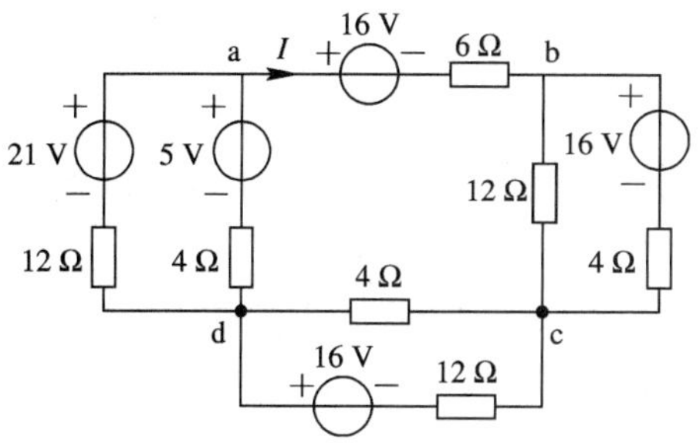

题 3.24 图

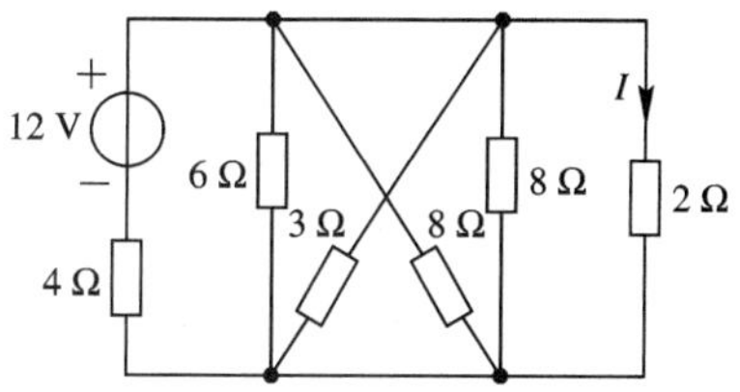

题 3.25 图

3.26 试用戴维南定理求图示电路中的电压 U，用网孔法或节点法验证计算结果。

3.27 试用戴维南定理求图示电路中的电流 I，分别用外电压法和短路电流法求 R_0。

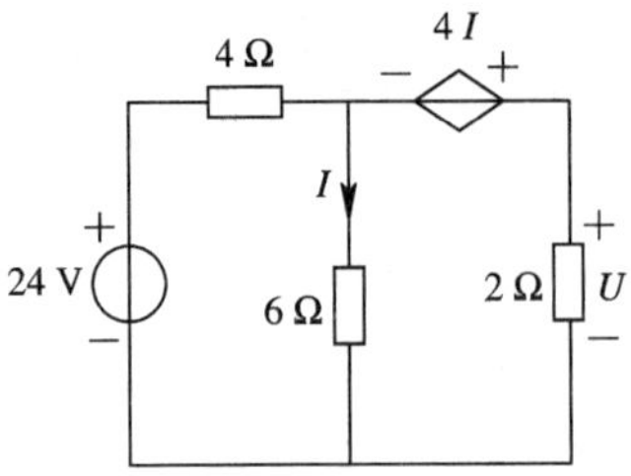

题 3.26 图

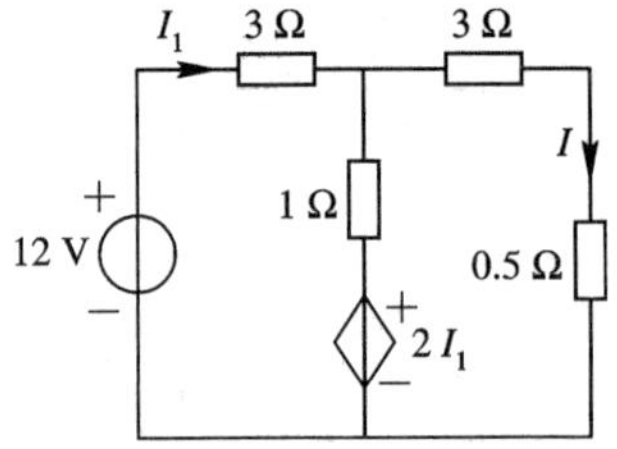

题 3.27 图

3.28 试用戴维南定理求图示电路中的电流 I，并用网孔法或节点法验证计算结果。

3.29 图示为不知其内部结构的有源线性二端网路 N，Ⅰ为内阻为无穷大的理想电压表，Ⅱ为内阻为零的理想电流表。已知当开关 S 置“1”位置时，电压表读数为 8 V；开关 S 置“2”位置时，电流表读数为 2 A。求当开关 S 置“3”位置时，4 Ω 电阻上消耗的功率。

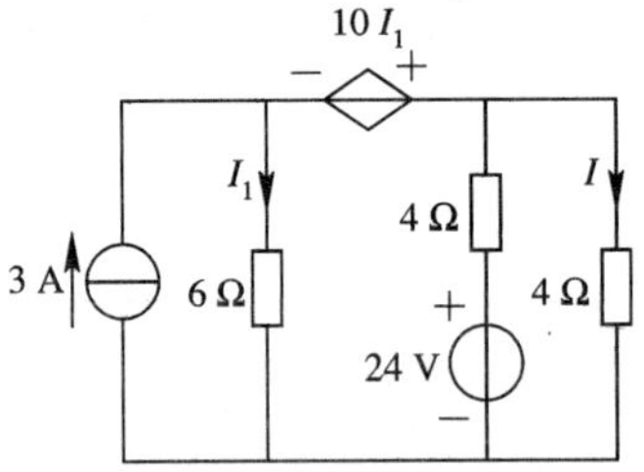

题 3.28 图

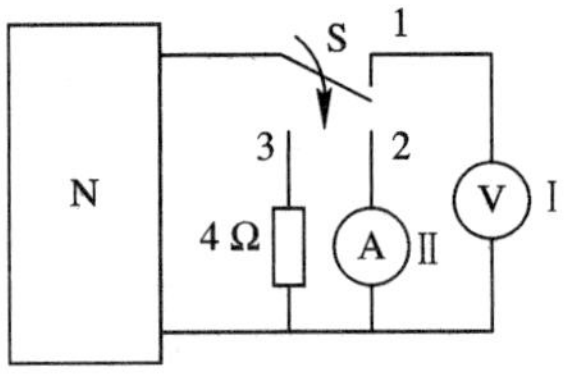

题 3.29 图

3.30 在图示电路中，

(1) R 为何值时，它吸收的功率最大？并求最大功率值。

(2) 欲使 R 中电流为零，则在 a、b 支路旁应并接什么元件？其参数多大？并画出电路图。(提示：并入应能够抵消掉(1)中所求的电压源在 R 中所产生的电流的电压源模型。)

3.31 求图示电路中 R 为何值时，其上获得最大功率？并求出此最大功率值。

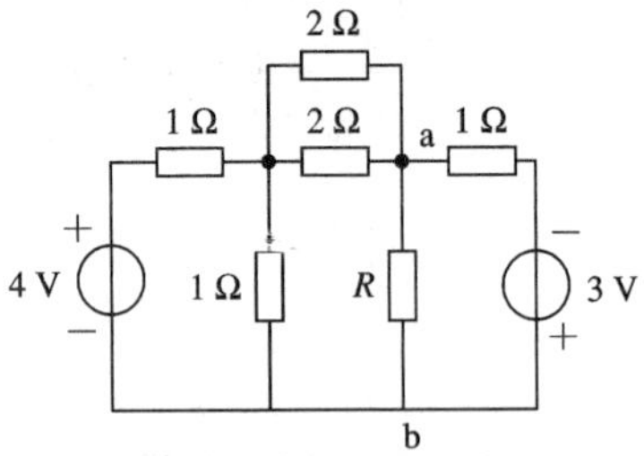

题 3.30 图

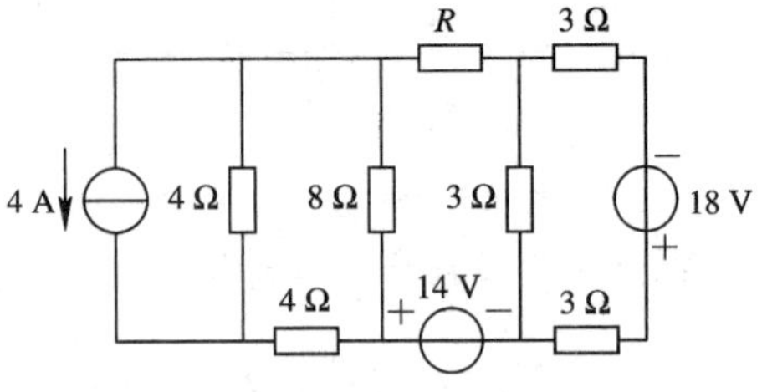

题 3.31 图

3.32 放大器可以看成一个有源二端网路，如图所示，用电压表及可调整电阻来测试放大器对负载的等效电压源参数。

(1) 开关 S 打开时，电压表读数为 6 V；S 闭合且 $R=2$ kΩ 时，电压表读数为 1 V，求放大器等效电压源参数。(提示：可画出放大器的等效戴维南电路，$U_{oc}=6$ V，依分压关系求出 R_0。)

(2) 问 R 为何值时，其上获得最大功率？并求出此最大功率值。

3.33　求图示电路中 R 为何值时，其吸收的功率最大？并求出此最大功率值。

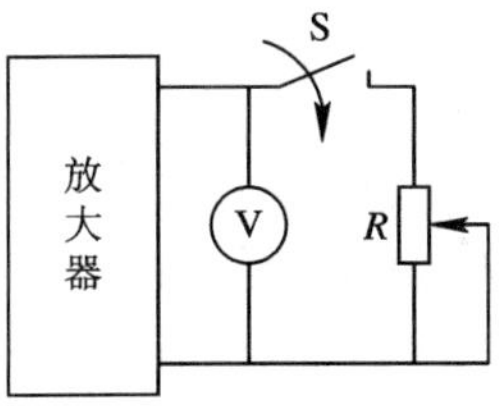

题 3.32 图

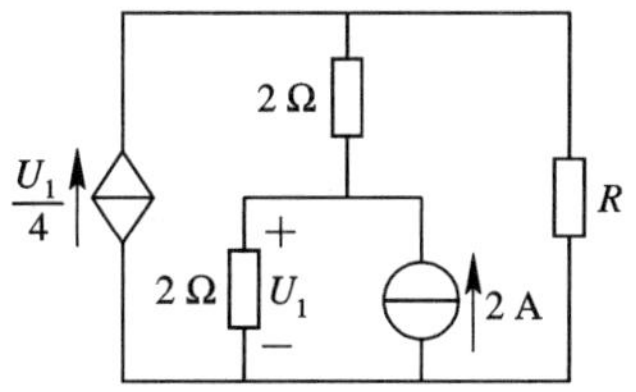

题 3.33 图

自 测 题 3

3－1　求图示电路中的电压 U 及 4 V 电压源发出的功率。(20 分)

3－2　求图示电路中的电压 U_1 和 U_2。(20 分)

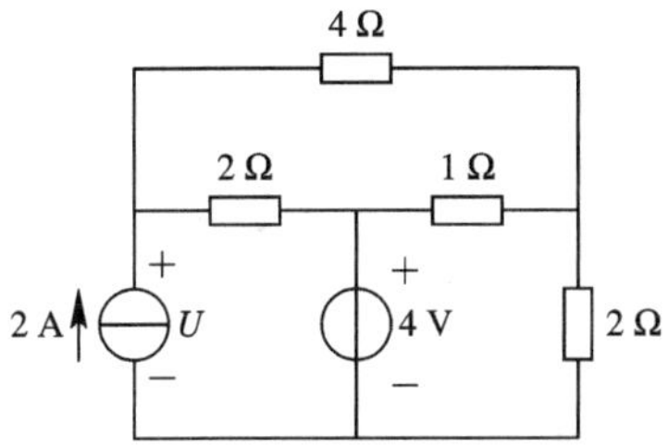

自测题 3－1 图

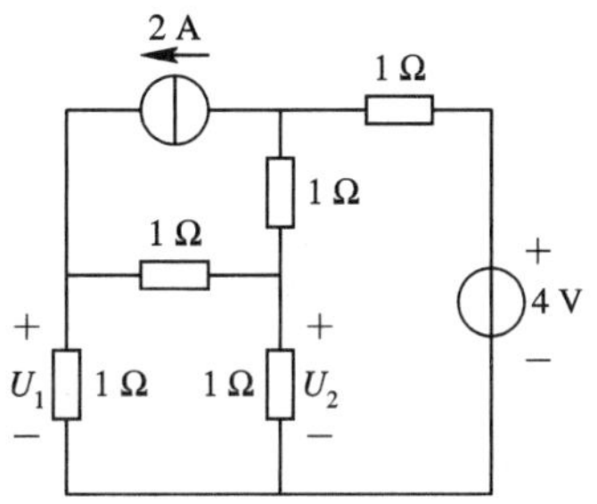

自测题 3－2 图

3－3　求图示电路中的电流 I 和电压 U。(20 分)

3－4　求图示电路中的电压 U 和电流 I。(20 分)

3－5　图示电路中的 R 为何值时能获得最大功率？并求此最大功率。(20 分)

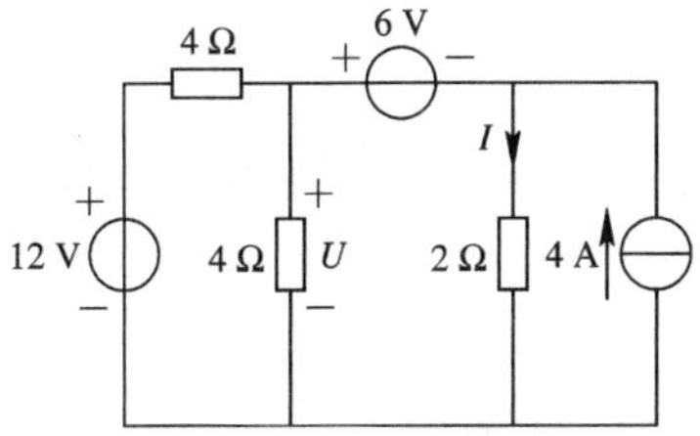

自测题 3－3 图

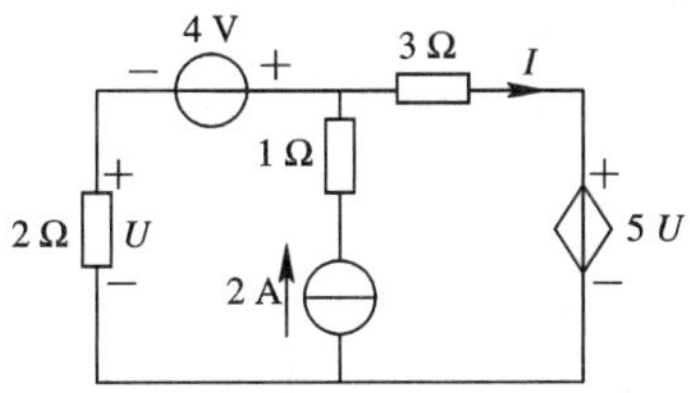

自测题 3－4 图

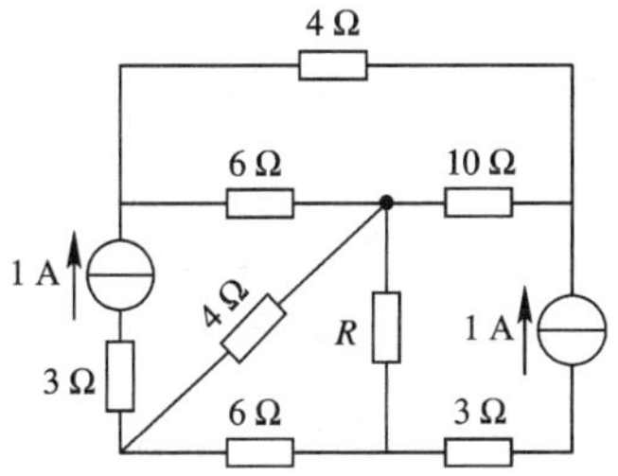

自测题 3－5 图

第 4 章　正弦交流电路

除了前几章讨论的直流电压和电流外，实用中还有大小和方向随时间周期性变化的电压和电流，统称为交流电。其中，按正弦规律变化的交流电称为正弦交流电，也简称为正弦量(表示符号为“～”，英文缩写为“AC”或“ac”)。通常提到的交流电是指电网供给的正弦交流电。激励和响应为同频率正弦量的电路称为正弦交流电路，简称正弦电路。正弦交流电因其经济实惠而广泛应用于国计民生的方方面面。

本章主要介绍正弦交流电的基本概念，讨论正弦电路的一般分析、计算方法。

4.1　正弦量的基本概念

4.1.1　正弦量的三要素

正弦量可用解析函数式(简称解析式)和波形图表示。以正弦电流为例，其解析式为

$$i(t) = I_m \sin(\omega t + \theta) \qquad (4-1)$$

相应的波形图如图 4.1 所示(设 $\theta>0$)。其中 I_m、ω、θ 分别称为正弦量的振幅值、角频率、初相。

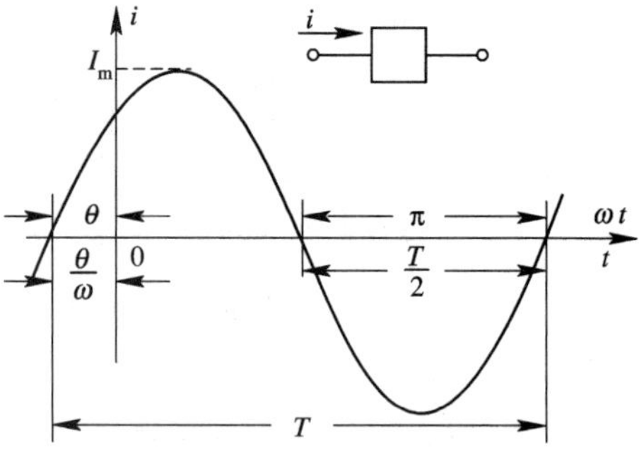

图 4.1　正弦量的波形图

1. 瞬时值和振幅值

交流量任一时刻的值称瞬时值。瞬时值中的最大值(指绝对值)称为正弦量的振幅值(或称峰值)。用大写字母加下标“m”来表示。I_m、U_m 分别表示正弦电流、电压的振幅值。振幅值表示正弦量瞬时值变化的范围或幅度。

2. 周期和频率

正弦量变化一周所需的时间称为周期。通常用“T”表示，单位为秒(s)。实用单位有毫秒(ms)、微秒(μs)、纳秒(ns)。

正弦量每秒钟变化的周数称为频率，用 f 表示，单位为赫兹(Hz)，实用单位有千赫(kHz)、兆赫(MHz)。周期和频率互成倒数，即 $f=1/T$，二者都表示正弦量变化的快慢程度。周期越短，频率越高，变化越快。直流量可看成 $f=0(T=\infty)$的正弦量。

我国将 50 Hz(T=0.02 s)作为电力工业的标准频率(美、日等国采用 60 Hz)，习惯上称为工频。常用电器的说明书上都对电源频率有要求，使用时应注意与其相匹配。

3. 相位、角频率和初相

式中 $\omega t+\theta$ 称为相位角，简称相位或相角。正弦量在不同瞬间有着不同相位，因而有

着不同状态（包括瞬时值和变化趋势），相位反映了正弦量每一瞬间的状态或变化的进程。

相位角变化的速度

$$\frac{d(\omega t+\theta)}{dt}=\omega$$

称为角频率，相位变化 2π，经历一个周期 T，那么

$$\omega=\frac{2\pi}{T}=2\pi f \tag{4-2}$$

根据 ω、f、T 的关系，正弦量的解析式可以写成

$$i(t)=I_m\sin(2\pi ft+\theta)=I_m\sin\left(\frac{2\pi}{T}t+\theta\right)$$

作波形图时，横坐标用角度 ωt 或时间 t 表示，图 4.1 列出两种横坐标以作比较。

称 θ（$t=0$ 时的相位）为初相，它反映了正弦量在计时起点处的状态，称初始状态。此时的瞬时值 $i(0)=I_m\sin\theta$，称为初始值。由正弦三角函数的性质可知，同一初始值，对应两个不同的初相值，该二值为互补关系。如 $U_m=537$ V 的正弦电压，初始值为 $u(0)=268.5$ V，$\sin\theta=1/2$，则 $\theta=\pi/6$ 或 $5\pi/6$。

角频率 ω 的单位为 rad/s（或 1/s），相位角和初相的单位应为 rad，为方便起见，初相也可以用度“°”，应注意计算时单位的统一。

在波形图上，初相与计时起点（即坐标原点）的选择有关，随着计时起点的改变，初相可为 0、为正、为负，如图 4.2 所示。当 $\theta=0$ 时，正弦波的零点（即正弦波瞬时值由负变正时的过零点）就是计时起点，如图 4.2(*a*)所示；当 $\theta>0$ 时，正弦波零点在计时起点之左，如图 4.2(*b*)所示；当 $\theta<0$ 时，正弦波零点在计时起点之右，如图 4.2(*c*)所示。

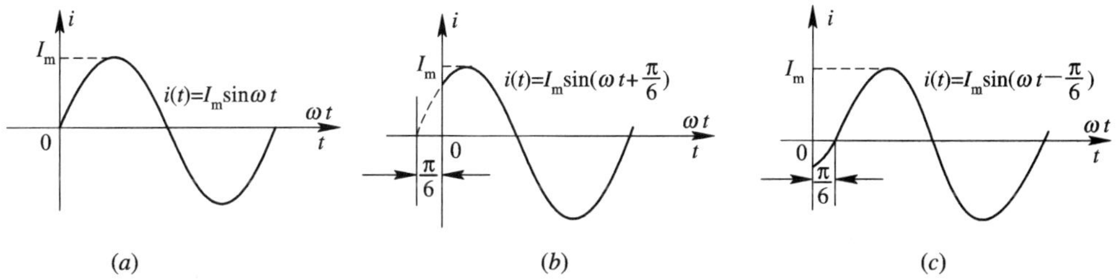

图 4.2　计时起点的选择

由波形图确定初相值时，对于图 4.3 所示的连续波形，规定离坐标原点近的 A 点（而非 B 点）作为零点，因此 θ 为 $-120°$ 而不是 $240°$。规定：初相的绝对值不超过 180°。

解析式中初相绝对值若大于 180°，要按规定来换算。其方法为：原值为正时减 360°，为负时加 360°。如初相原值为 240°、$-240°$，换算后为 $-120°$、120°。

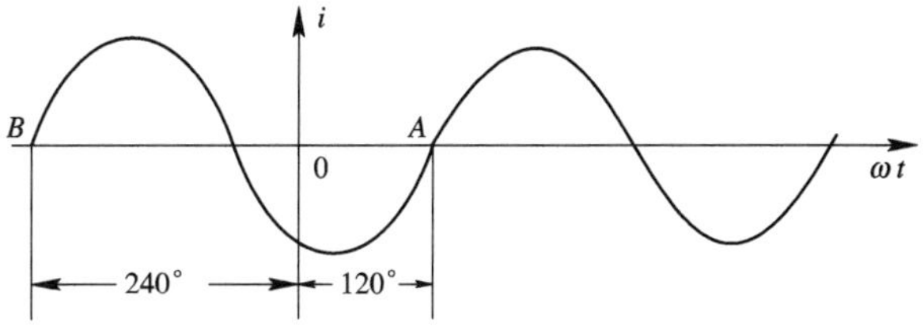

图 4.3　初相的规定

正弦量的初相值与参考方向的选择有关，当参考方向改变后，解析式为

$$-I_m \sin(\omega t+\theta)=I_m \sin(\omega t+\theta\pm\pi)$$

取“$+\pi$”还是取“$-\pi$”是由 $\theta\pm\pi$ 的绝对值不超过 π 来决定的。

综上所述，当振幅、频率、初相确定后，就可用函数解析式或波形图表示一个确定的正弦量，因此，称振幅、频率和初相为正弦量的三要素。

例 4.1 图 4.4 给出正弦电压 u_{ab} 和正弦电流 i_{ab} 的波形。

(1) 写出 u_{ab} 和 i_{ab} 的解析式并求出它们在 $t=100$ ms 时的值。

(2) 写出 i_{ba} 的解析式并求出 $t=100$ ms 时的值。

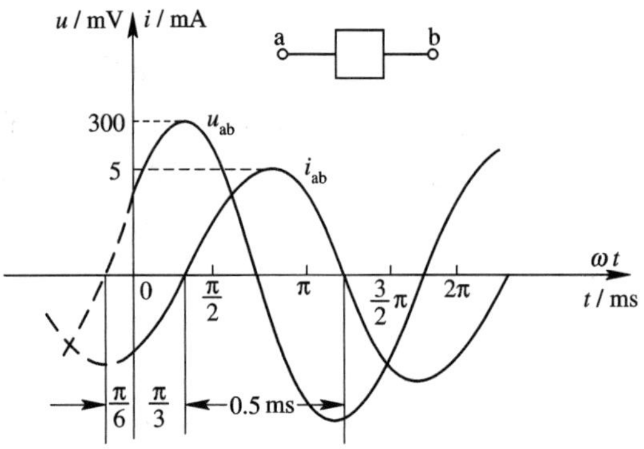

图 4.4　例 4.1 图

解　由波形可知 $U_{ab}=300$ mV，$I_{ab}=5$ mA，周期均为 $T=2\times0.5$ ms$=1$ ms，频率均为 $f=1/T=1$ kHz，$\omega=2000\pi$ rad/s，$\theta_u=\pi/6$，$\theta_i=-\pi/3$，解析式分别为

$$u_{ab}(t)=300\sin\left(2000\pi t+\frac{\pi}{6}\right)\text{ mV}$$

$$i_{ab}(t)=5\sin\left(2000\pi t-\frac{\pi}{3}\right)\text{ mA}$$

(1) $t=100$ ms 时，u_{ab}、i_{ab} 分别为

$$u_{ab}(0.1)=300\sin\left(2000\pi\times0.1+\frac{\pi}{6}\right)=300\sin\frac{\pi}{6}=150\text{ mV}$$

$$i_{ab}(0.1)=5\sin\left(2000\pi\times0.1-\frac{\pi}{3}\right)=5\sin\left(-\frac{\pi}{3}\right)=-4.33\text{ mA}$$

(2)

$$i_{ba}(t)=-i_{ab}=5\sin\left(2000\pi t-\frac{\pi}{3}+\pi\right)=5\sin\left(2000\pi t+\frac{2\pi}{3}\right)\text{ mA}$$

$$i_{ba}(0.1)=5\sin\left(\frac{2\pi}{3}\right)=4.33\text{ mA}$$

4.1.2　相位差

为比较同频率正弦量变化进程的先后顺序，引入相位差。如两个同频率的正弦量

$$u_1(t)=U_{1m}\sin(\omega t+\theta_1)$$
$$u_2(t)=U_{2m}\sin(\omega t+\theta_2)$$

之间相位之差称为相位差，用 φ 或 φ 带双下标表示

$$\varphi_{12}=(\omega t+\theta_1)-(\omega t+\theta_2)=\theta_1-\theta_2$$

对于

$$u(t)=U_m \sin(\omega t+\theta_u)$$
$$i(t)=I_m \sin(\omega t+\theta_i)$$

电压 u 与电流 i 的相位差

$$\varphi(\text{或 } \varphi_{ui})= \theta_u-\theta_i$$

可见，两个同频率正弦量的相位差，为其初相之差。相位差仅用于同频率正弦量。

两个正弦量初相相同时称之为同相，二者变化步调正好一致，如图 4.5(*a*)所示的 u 和 i。

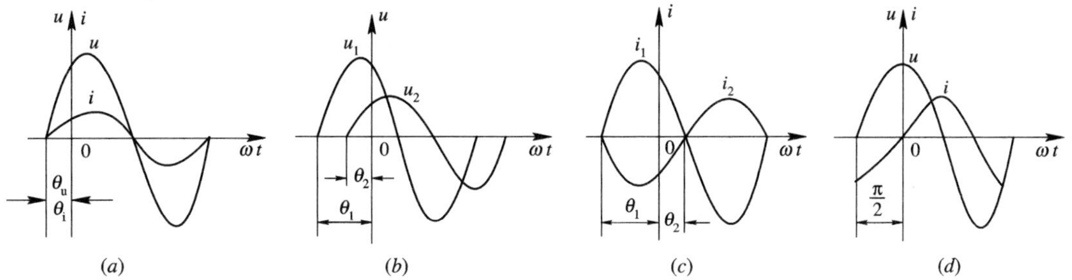

图 4.5　相位差的几种情况

如果两个正弦量到达某一确定状态的先后次序不同，则称先到达者为超前，后到达者为滞后。如图 4.5(*b*)所示的 u_1 和 u_2，$\theta_1>\theta_2$，u_1 超前 u_2，或者说 u_2 滞后 u_1。

两个正弦量的相位差为 $\pi(180°)$，称之为反相，二者变化步调正好相反，如图 4.5(*c*)所示的 i_1 和 i_2。

两个正弦量的相位差为 $\pi/2(90°)$，称之为正交，如图 4.5(*d*)所示的 u 和 i。

规定相位差的绝对值 $|\varphi|\leqslant\pi$，否则，将使超前或滞后发生颠倒。

为了比较同一电路中同频率的各正弦量之间的相位关系，可选其中一个为参考正弦量，取其初相为零，这样其他正弦量的初相便由它们与参考正弦量之间的相位差来确定。一个电路中只能有一个参考正弦量，可任意选，不会影响彼此间的相位关系。

用时间表示相位差，称为时差(Δt)。$\Delta t=t_2-t_1=\dfrac{\varphi}{\omega}=\dfrac{\varphi}{2\pi}T$，当 φ 分别为 π、$2\pi/3$、$\pi/2$、$\pi/3$、$\pi/4$、$\pi/6$ 时，对应的时差分别为 $T/2$、$T/3$、$T/4$、$T/6$、$T/8$、$T/12$。

例 4.2　求两个正弦电流 $i_1(t)=-14.1 \sin(\omega t-120°)$ A，$i_2(t)=7.05 \cos(\omega t-60°)$ A 的相位差 φ_{12}。

解　把 i_1 和 i_2 写成标准的解析式，求出二者的初相，再求出相位差。

$$i_1(t) = 14.1 \sin(\omega t - 120° + 180°) = 14.1 \sin(\omega t + 60°) \text{ A}$$
$$i_2(t) = 7.05 \sin(\omega t - 60° + 90°) = 7.05 \sin(\omega t + 30°) \text{ A}$$

则

$$\theta_1=60°,\quad \theta_2=30°$$
$$\varphi_{12}=\theta_1-\theta_2=60°-30°=30°$$

例 4.3　三个正弦电压 $u_A(t)=311 \sin 314t$ V，$u_B(t)=311 \sin(314t-2\pi/3)$ V，$u_C(t)=311 \sin(314t+2\pi/3)$ V，若以 u_B 为参考正弦量，写出三个正弦电压的解析式。

解　由已知得

$$\theta_A=0,\ \theta_B=-\frac{2\pi}{3},\ \theta_C=\frac{2\pi}{3}$$

$$\varphi_{AB}=0-\left(-\frac{2\pi}{3}\right)=\frac{2\pi}{3}$$

$$\varphi_{CB}=\frac{2\pi}{3}-\left(-\frac{2\pi}{3}\right)=\frac{4\pi}{3}-2\pi=-\frac{2\pi}{3}$$

故知 U_A 超前 U_B $2\pi/3$，U_C 滞后 U_B $2\pi/3$。

以 u_B 为参考正弦量，它们的解析式为

$$u_B(t)=311\sin 314t\ \mathrm{V}$$

$$u_A(t)=311\sin\left(314t+\frac{2\pi}{3}\right)\ \mathrm{V}$$

$$u_C(t)=311\sin\left(314t-\frac{2\pi}{3}\right)\ \mathrm{V}$$

4.1.3 正弦量的有效值

为了确切反映正弦量在转换能量方面的效果，方便电路的计算和测量，采用交流电的有效值来度量。其定义为：与正弦量对同一电阻元件在相同时间内产生相等能量的直流电的电压、电流分别称为正弦量的有效值，分别用 U、I 表示。以电流为例，若某直流电流 I 和一交流电流 i 分别通过同一电阻 R，在一周期 T 内产生的能量相等，即

$$I^2RT=\int_0^T i^2(t)R\,\mathrm{d}t$$

所以，交流电流的有效值为

$$I=\sqrt{\frac{1}{T}\int_0^T i^2(t)\,\mathrm{d}t} \tag{4-3}$$

同理，交流电压的有效值为

$$U=\sqrt{\frac{1}{T}\int_0^T u^2(t)\,\mathrm{d}t} \tag{4-4}$$

有效值为其瞬时值的平方在一个周期内的平均值的算术平方根，故又称其为方均根值。式(4-3)、(4-4)适用于所有周期量有效值的计算。

对于正弦交流电流

$$i(t)=I_m\sin(\omega t+\theta)$$

代入式(4-3)，它的有效值为

$$I=\sqrt{\frac{1}{T}\int_0^T I_m^2\sin^2(\omega t+\theta)\,\mathrm{d}t}=\sqrt{\frac{I_m^2}{T}\int_0^T \frac{1}{2}[1-\cos 2(\omega t+\theta)]\mathrm{d}t}=\frac{I_m}{\sqrt{2}} \tag{4-5a}$$

同理

$$U=\frac{U_m}{\sqrt{2}} \tag{4-5b}$$

可见，正弦量的有效值仅由其最大值确定，而与其周期、初相无关。

有效值可代替振幅值出现在正弦量解析式中(用$\sqrt{2}U$ 替代 U_m 或用$\sqrt{2}I$ 替代 I_m)。

说明：交流电气设备铭牌上所标的及交流测量仪表所指示的电压、电流值均指有效值。

例 4.4 一正弦电流的初相为 60°，当 $t=T/4$ 时其值为 5 A，试求该电流的有效值。

解 该正弦电流的解析式为

$$i(t) = I_m \sin(\omega t + 60°) \text{ A}$$

由已知得

$$5 = I_m \sin\left(\frac{\omega T}{4} + 60°\right) \text{ A}$$

或

$$5 = I_m \sin\left(\frac{\pi}{2} + \frac{\pi}{3}\right) = I_m \sin\left(\frac{5\pi}{6}\right) \text{ A}$$

则

$$I_m = \frac{5}{\sin(5\pi/6)} = \frac{5}{1/2} = 10 \text{ A}$$

对应的有效值

$$I = \frac{I_m}{\sqrt{2}} = \frac{10}{\sqrt{2}} = 7.07 \text{ A}$$

练习与思考

4.1－1　一正弦电压的振幅值为 311 V，$t=0$ 时的值为 -155.5 V，试求其解析式。

4.1－2　已知 $i(t)=1.5\sin(1000\pi t-60°)$ A，$u(t)=120\sin(1000\pi t+240°)$ V，求 i 比 u 超前或滞后多少相角和时间？

4.1－3　(1) $i_1(t)=10\sin(100\pi t+30°)$ A，$i_2(t)=10\cos(100\pi t-15°)$ A，i_1 和 i_2 的相位差 $\varphi_{12}=30°-(-15°)=45°$，对吗？

(2) $i_1(t)=10\sin(100\pi t+30°)$ A，$i_2(t)=-10\sin(100\pi t+60°)$ A，i_1 和 i_2 的相位差为 $-30°$，对吗？

4.1－4　三个同频率正弦电流 i_1、i_2、i_3 的最大值分别为 1 A、2 A、3 A。若 i_1 比 i_2 超前 30°，较 i_3 滞后 150°，试以 i_3 为参考正弦量，写出三个电流的解析式。

4.1－5　整流二极管反向击穿电压为 50 V，接于 220 V 市电上，需几只串联才行？

4.2　正弦量的相量表示法

4.2.1　正弦量的相量表示

一个复数可以表示为

$$A = r\angle\theta$$

其中 r 称为“模”，也叫复数的绝对值。θ 称为“辐角”，其取值不超过 $\pm180°$。而在一个正弦量的解析式

$$i = \sqrt{2}I\sin(\omega t + \theta_i)$$

中，最大值(或有效值)和初相刚好与复数的“模”和“辐角”这两个量相对应，由此而来使人联想到能否用复数来表示正弦量？答案是肯定的。在正弦交流电路的计算中，由于所有激励和响应都是同频率的正弦量，因此就可以不必考虑角频率这个要素，而只须表示出正弦量的最大值(或有效值)和初相两个要素就行了。这样正弦量就可以写成复数形式

$$\dot{I} = I\angle\theta_i \quad (\text{或}\ \dot{I}_m = I_m\angle\theta_i) \tag{4-6}$$

像这样能表示一个正弦量的最大值(或有效值)和初相的复数称为正弦量的相量，其中，$\dot{I}$ 称为有效值相量，$\dot{I}_m$ 称为最大值相量。如果知道了一个正弦量的解析式，就可以写出它的相量；同样，知道了一个正弦量的相量，也可以写出它的解析式。

同理，正弦电压的相量为

$$\dot{U} = U\angle\theta_u \quad (\text{或}\ \dot{U}_m = U_m\angle\theta_u) \tag{4-7}$$

相量是一个复数，它表示一个正弦量，因此在其符号字母上加一点，以与一般复数相区别。应当强调指出：相量只能表征(或代表)正弦量而并不等于正弦量，二者之间只能用符号“↔”表示相互对应的关系。

$$i \leftrightarrow \dot{I}$$

$$u \leftrightarrow \dot{U}$$

在复平面上用一个矢量可以表示正弦量的相量，如图 4.6 所示。分析正弦电路时，应将同频率多个正弦量对应的相量画在同一个复平面上，这就是正弦量的相量图。

画相量图时，通常不画实轴和虚轴：可选择某一相量为参考相量先画出，再根据彼此之间的相位差画出其他相量，参考相量可根据需要任意选择。

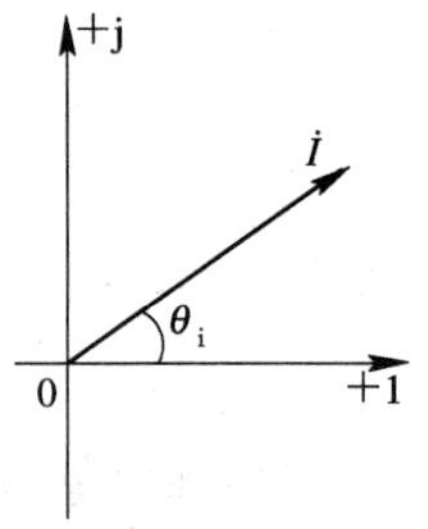

图 4.6　正弦量的相量图

例 4.5　已知正弦电压 $u_1(t)=141\ \sin(\omega t+\pi/3)$ V，$u_2(t)=70.5\ \sin(\omega t-\pi/6)$ V，写出 u_1 和 u_2 的相量，并画出相量图。

解

$$u_1 \leftrightarrow \dot{U}_1 = \frac{141}{\sqrt{2}}\angle\frac{\pi}{3} = 100\angle\frac{\pi}{3}\ \text{V}$$

$$u_2 \leftrightarrow \dot{U}_2 = \frac{70.5}{\sqrt{2}}\angle\frac{-\pi}{6} = 50\angle-\frac{\pi}{6}\ \text{V}$$

相量图如图 4.7 所示。

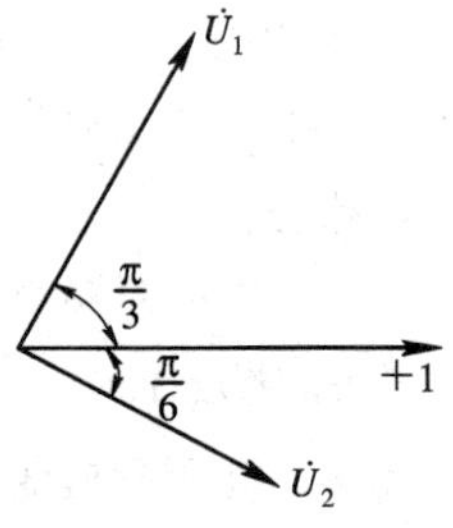

图 4.7　例 4.5 图

例 4.6　已知两个频率均为 50 Hz 的正弦电压，它们的相量分别为 $\dot{U}_1=380\angle\pi/6$ V，$\dot{U}_2=220\angle-\pi/3$ V，试求这两个电压的解析式。

解

$$\omega=2\pi f=2\pi\times 50=314\ \text{rad/s}$$

$$\dot{U}_1 \leftrightarrow u_1=\sqrt{2}U_1\ \sin(\omega t+\theta_1)=380\sqrt{2}\ \sin\left(314t+\frac{\pi}{6}\right)\ \text{V}$$

$$\dot{U}_2 \leftrightarrow u_2=\sqrt{2}U_2\ \sin(\omega t+\theta_2)=220\sqrt{2}\ \sin\left(314t-\frac{\pi}{3}\right)\ \text{V}$$

4.2.2　两个同频率正弦量之和

设有两个同频率正弦量

$$u_1(t) = U_{1m}\sin(\omega t + \theta_1) = \sqrt{2}U_1\sin(\omega t + \theta_1)$$

$$u_2(t) = U_{2m}\sin(\omega t + \theta_2) = \sqrt{2}U_2\sin(\omega t + \theta_2)$$

利用三角函数，可以得出它们之和为同频率的正弦量，即

$$u(t) = u_1(t) + u_2(t) = \sqrt{2}U\sin(\omega t + \theta)$$

其中

$$U = \sqrt{(U_1\cos\theta_1 + U_2\cos\theta_2)^2 + (U_1\sin\theta_1 + U_2\sin\theta_2)^2}$$

$$\theta = \arctan\frac{U_1\sin\theta_1 + U_2\sin\theta_2}{U_1\cos\theta_1 + U_2\cos\theta_2}$$

可以看出，要求出同频率正弦量之和，关键是求出它的有效值和初相。

可以证明，若 $u=u_1+u_2$，则有

$$\dot{U} = \dot{U}_1 + \dot{U}_2$$

因此，同频率正弦量相加的问题可以化成对应的相量相加的问题。其步骤为：

（1）由相加的正弦量的解析式写出相应的相量，并表示为极坐标形式。

（2）按复数运算法则进行相量相加，求出和的相量。

（3）由和的相量的模和辐角值写出和的正弦量。

还可以作相量图，按照矢量的运算法则求相量和。用这种方法，形象、直观、方便。矢量求和除了按平行四边形法则之外，还可按矢量的三角形法则计算相量的和差，使过程简化，如图 4.8 所示。图 4.9 表示多个相量加减的多边形法则。

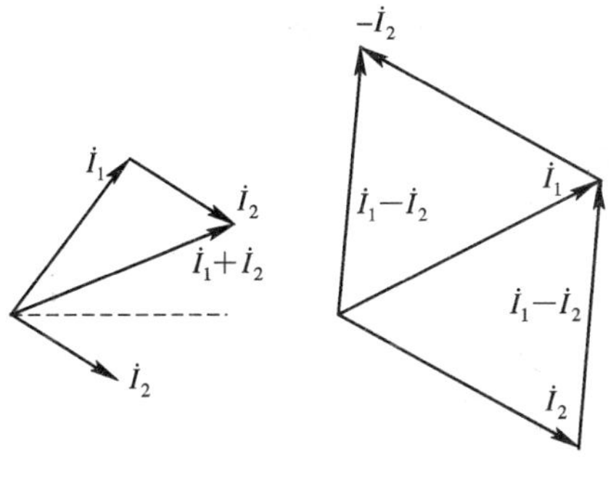

(a)　　(b)

图 4.8　两个相量加减的三角形法则

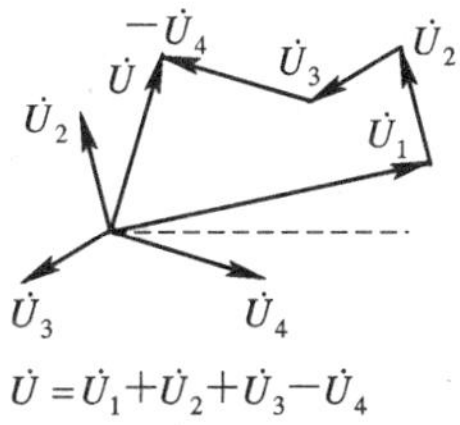

图 4.9　相量加减的多边形法则

例 4.7　$u_A(t)=220\sqrt{2}\sin\omega t$ V，$u_B(t)=220\sqrt{2}\sin(\omega t-120°)$ V，求 u_A+u_B 和 u_A-u_B。

解　（1）相量直接求和。

$$u_A \leftrightarrow \dot{U}_A = 220\angle 0° = 220 + j0 \text{ V}$$

$$\begin{aligned} u_B \leftrightarrow \dot{U}_B &= 220\angle -120° \\ &= 220\cos(-120°) + j220\sin(-120°) \\ &= -110 - j110\sqrt{3} \text{ V} \end{aligned}$$

$$u_A + u_B \leftrightarrow \dot{U}_A + \dot{U}_B = 110 - j110\sqrt{3} = 220\angle -60° \text{ V}$$

$$u_A - u_B \leftrightarrow \dot{U}_A - \dot{U}_B = 330 + j110\sqrt{3} = 380\angle 30^\circ \text{ V}$$

则

$$u_A + u_B = 220\sqrt{2}\sin(\omega t - 60^\circ) \text{ V}$$

$$u_A - u_B = 380\sqrt{2}\sin(\omega t + 30^\circ) \text{ V}$$

(2) 作相量图求解。见图 4.10，根据等边三角形和顶角为 120°的等腰三角形的性质可以得出上述同样的结果，读者自行分析。

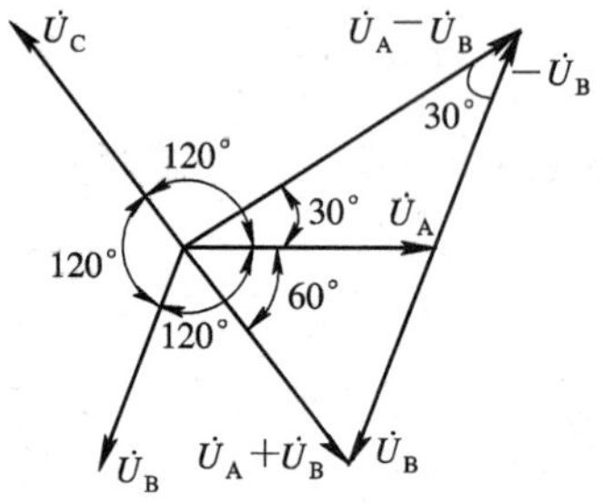

图 4.10　例 4.7 图

练习与思考

4.2-1　下列电压、电流中，哪些能用相量表示？哪些能按相量进行运算？

$$u_1(t) = U_{1m}\sin(\omega t + \theta_1) \text{ V}$$

$$u_2(t) = \sqrt{2}U_2\cos(\omega t - \theta_2) \text{ V}$$

$$u_3(t) = U_{3m}\sin(3\omega t + \theta_3) \text{ V}$$

$$u_4(t) = U_{4m}\sin(\omega t + \theta_4) \text{ V}$$

$$i_5(t) = I_{5m}\sin(3\omega t - \theta_5) \text{ A}$$

$$i_6(t) = e^{-\delta t}\sin(\omega t + \theta_6) \text{ A}$$

4.2-2　写出下列各正弦量对应的相量

$$u_1(t) = -220\sqrt{2}\sin\omega t \text{ V}$$

$$i_1(t) = 7.07\sin(\omega t + 30^\circ) \text{ A}$$

$$u_2(t) = 110\sqrt{2}\sin(\omega t - 240^\circ) \text{ V}$$

$$i_2(t) = 5.36\sin(\omega t - 5\pi/6) \text{ A}$$

4.2-3　已知 $i_1(t) = 17.3\sin 2000t$ mA，$i_2(t) = 10\cos 2000t$ mA，求 $i = i_1 + i_2$，并作相量图。

4.2-4　两个同频率正弦电压 $u_1(t)$、$u_2(t)$ 的有效值各为 40 V、30 V。

(1) 什么情况下它们之和的有效值分别为 70 V 和 10 V？

(2) 什么情况下它们之和的有效值为 50 V？

(3) 什么情况下它们之和的有效值最大？是多少？

(4) 什么情况下它们之和的有效值最小？是多少？

4.3 电容元件和电感元件

4.3.1 电容元件

1. 电容元件

电容元件是各种实际电容器的理想化模型，其符号如图 4.11(a)所示。

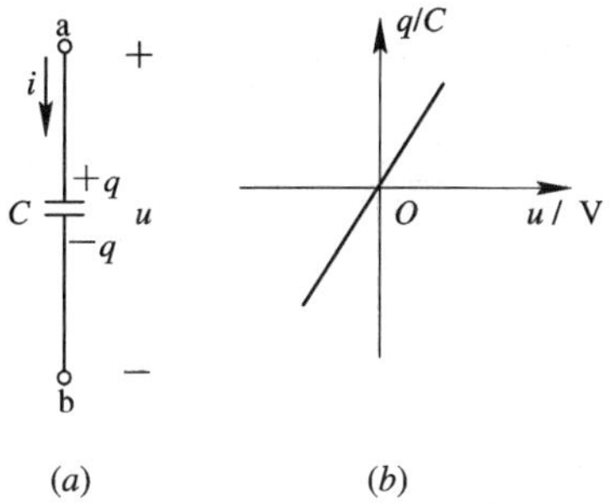

图 4.11 理想电容的符号和特性

给电容器两极板间加上电压，沿电压方向将有等量的正、负电荷分别聚集在两极板上，于是两极板间建立了电场，电源能量转换为电场能储存在电容器中。去掉电压后，电荷继续聚集在极板上，电场依然存在。电荷量与端电压之比叫做电容元件的电容，理想电容器只存储电能而不消耗电能，其电容为一常数，电荷量 q 与端电压 u 总成线性关系，即

$$q = Cu \tag{4-8}$$

电容 C 是体现电容元件存储电荷量大小的参数。在 SI 中其单位为法(F)，常用单位有微法(μF)和皮法(pF)。式(4－8)表示电容元件电荷量与端电压之间的约束关系，称为线性电容的库伏特性，为过坐标原点的一条直线。如图 4.11(b)所示。

一般电容器不特别声明，都当作理想电容。

2. 电容元件的伏安特性

对于图 4.11(a)，当 u、i 取关联参考方向时，结合式(4－8)，有

$$i = \frac{\mathrm{d}q}{\mathrm{d}t} = \frac{\mathrm{d}(Cu)}{\mathrm{d}t} = C\,\frac{\mathrm{d}u}{\mathrm{d}t} \tag{4-9}$$

当 $u>0$，且 $\mathrm{d}u/\mathrm{d}t>0$ 时，电容极板上的电荷增加，这是电容的充电过程，此时 $i>0$，电流实际方向与图 4.11(a)中的参考方向相同。当 $\mathrm{d}u/\mathrm{d}t<0$ 时，电容极板上的电荷减少，这是电容的放电过程，此时 $i<0$，电流实际方向与图 4.11(a)中的参考方向相反。

式(4－9)为电容 u、i 为关联参考方向下的伏安特性，当 u、i 为非关联参考方向时，有

$$i = -C\,\frac{\mathrm{d}u}{\mathrm{d}t}$$

电容的伏安特性说明：任意时刻，线性电容的电流与该时刻电压变化率成正比(与该时刻电压大小无关)。电荷量变化，端电压变化，才能形成电流，故称电容为动态元件；其所在电路称动态电路。直流电路中，电容电压不变，则电流为零，相当于开路。因此电容有

隔断直流的作用。

电容电压的变化受到电流的约束。电容电流为有限值，因而电容电压不能跃变。

对式(4－9)积分可求出某一时刻的电容电压。任选初始时刻 t_0 后，t 时刻的电压为

$$u(t)=\frac{1}{C}\int_{-\infty}^{t}i(\zeta)\,\mathrm{d}\zeta=\frac{1}{C}\int_{-\infty}^{t_0}i(\zeta)\,\mathrm{d}\zeta+\frac{1}{C}\int_{t_0}^{t}i(\zeta)\,\mathrm{d}\zeta$$

$$=u(t_0)+\frac{1}{C}\int_{t_0}^{t}i(\zeta)\,\mathrm{d}\zeta$$

若取 $t_0=0$，则

$$u(t)=u(0)+\frac{1}{C}\int_{0}^{t}i(\zeta)\,\mathrm{d}\zeta \tag{4-10}$$

由此说明，某一瞬时的电压能反映以前电流的情况，即电容电压有“记忆”电流的作用。

3. 电容元件的电场能

关联参考方向下，电容吸收的功率

$$p=iu=Cu\frac{\mathrm{d}u}{\mathrm{d}t}$$

电容从 $u(0)=0$（电场能为零）增大到 $u(t)$所吸收的能量，即 t 时刻电容的电场能量。

$$W_C(t)=\int_0^t p\,\mathrm{d}t=\int_0^{u(t)}Cu\,\mathrm{d}u=\frac{1}{2}Cu^2(t) \tag{4-11}$$

当电容电压由 u 减小到零时，释放的电场能量也按上式计算。

动态电路中，当电容的 u、i 方向一致，即电容充电时，$p>0$，$|u|$增大，电容从外电路吸收能量。当 u、i 方向相反，即电容放电时，$p<0$，$|u|$减小，电容向外电路释放能量。可见在动态电路中，电容和外电路进行着电场能和其他能的相互转换，本身不消耗能量。

例 4.8 (1) 2 μF 电容两端的电压由 $t=1$ μs 时的 6 V 线性增长至 $t=5$ μs 时的 50 V，试求在该时间范围内的电流值及增加的电场能。

(2) 原来不带电荷的 100 μF 的电容器，今予以充电，充电电流为 1 mA，持续时间为 2 s，求电容器充电后的电压。假定电压、电流为关联方向。

解 (1) 由式(4－9)得

$$i=C\frac{\mathrm{d}u}{\mathrm{d}t}=2\times10^{-6}\times\frac{50-6}{(5-1)\times10^{-6}}=22\text{ A}$$

增加的电场能量

$$\Delta W_C=\frac{1}{2}Cu_2^2-\frac{1}{2}Cu_1^2=\frac{1}{2}\times2\times10^{-6}\times(2500-36)=2.464\times10^{-3}\text{ J}$$

(2) 由式(4－10)和已知条件 $u(0)=0$，求出 2 s 末的电压

$$u(2)=u(0)+\frac{1}{C}\int_0^2 i(t)\,\mathrm{d}t=\frac{1}{100\times10^{-6}}\times2\times10^{-3}=20\text{ V}$$

4. 电容的串、并联

(1) 电容的并联。如图 4.12 所示，各电容两端电压相同。等效电容的电荷量

$$q=q_1+q_2+q_3$$

对于线性电容元件有

$$q=Cu,\qquad q_1=C_1u,$$

$$q_2 = C_2 u, \quad q_3 = C_3 u$$

代入电荷量关系式得

$$Cu = (C_1 + C_2 + C_3)u$$

则

$$C = C_1 + C_2 + C_3 \tag{4-12}$$

并联的等效电容等于各电容之和。并联使总电容值增大。当电容器的耐压值符合要求，但容量不够时，可将几个电容并联。

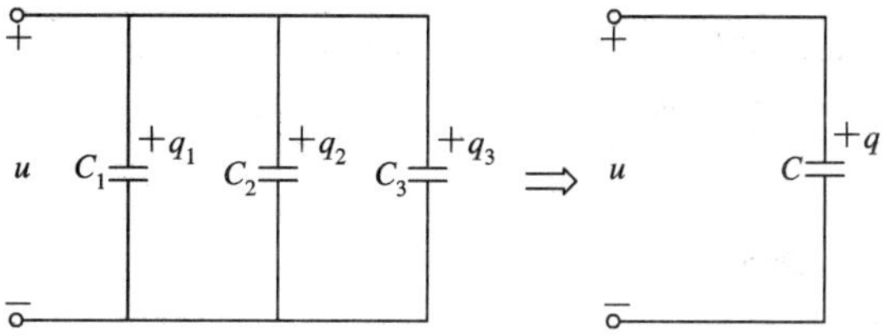

图 4.12　电容的并联

(2) 电容的串联。如图 4.13 所示，串联的每个电容上的电荷量相同，为 q。

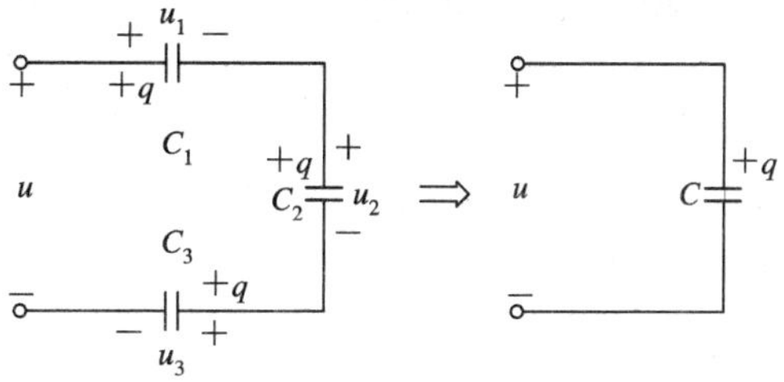

图 4.13　电容的串联

由 KVL 得

$$u = u_1 + u_2 + u_3$$

对于线性电容元件有

$$u = \frac{q}{C}, \quad u_1 = \frac{q}{C_1}, \quad u_2 = \frac{q}{C_2}, \quad u_3 = \frac{q}{C_3}$$

代入电压关系式得

$$\frac{q}{C} = \left(\frac{1}{C_1} + \frac{1}{C_2} + \frac{1}{C_3}\right)q$$

则

$$\frac{1}{C} = \frac{1}{C_1} + \frac{1}{C_2} + \frac{1}{C_3} \tag{4-13}$$

串联等效电容的倒数等于各电容倒数之和。电容串联使总电容减小。各电容的电压为

$$u_1 = \frac{C}{C_1}u, \quad u_2 = \frac{C}{C_2}u, \quad u_3 = \frac{C}{C_3}u$$

分压值与各电容成反比，小电容分得高电压。而两个电容串联时，有

$$C = \frac{C_1 C_2}{C_1 + C_2} \tag{4-14}$$

两个电容的分压值为

$$u_1 = \frac{C}{C_1}u = \frac{C_2}{C_1 + C_2}u, \quad u_2 = \frac{C}{C_2}u = \frac{C_1}{C_1 + C_2}u \tag{4-15}$$

串联电容的等效电容值小于每个电容的电容值。当电容器的电容量足够大而耐压值不够时，可将电容器串联使用，但对小电容分得的电压值大这一点应特别注意。

正弦电路中，确定电容器耐压值时，依据的是电压最大值，而不是有效值。

例 4.9 电容都为 0.3 μF，耐压值同为 250 V 的三个电容器 C_1、C_2、C_3 的连接如图 4.14 所示。试求等效电容，问端口电压值不能超过多少？若端口加一正弦电压，有效值应小于多少？

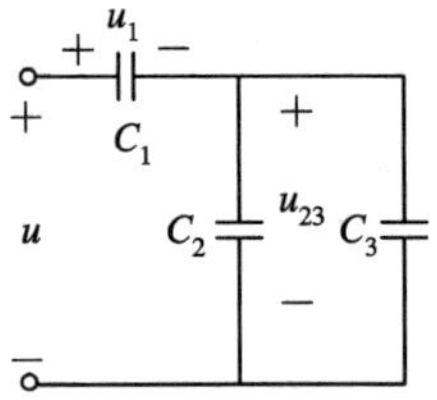

图 4.14 例 4.9 图

解 C_2、C_3 并联等效电容

$$C_{23} = C_2 + C_3 = 0.6\ \mu\text{F}$$

总的等效电容

$$C = \frac{C_1 C_{23}}{C_1 + C_{23}} = \frac{0.3 \times 0.6}{0.3 + 0.6} = 0.2\ \mu\text{F}$$

$C_1 < C_{23}$，则 $u_1 > u_{23}$，应保证 u_1 不超过其耐压值 250 V。当 $u_1 = 250$ V 时，

$$u_{23} = \frac{C_1}{C_{23}}u_1 = \frac{0.3}{0.6} \times 250 = 125\ \text{V}$$

所以端口电压不能超过 $u = u_1 + u_{23} = 250 + 125 = 375$ V。

端口加正弦电压，其瞬时值不能超过 375 V，即 $U_m < 375$ V，有效值 $U < 265$ V($375 \times 0.707 = 265$ V)。

4.3.2 电感元件

1. 电感元件

电感元件是实际电感线圈的理想化模型。其符号如图 4.15(*b*)所示。

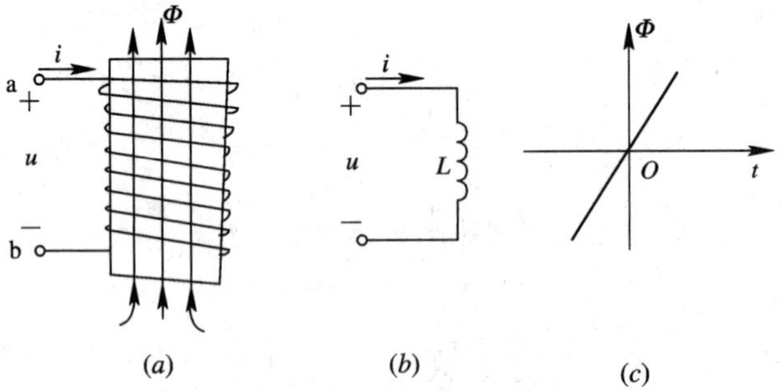

图 4.15 电感元件的符号和特性

把金属良导体(线)绕在一骨架上就构成一个实际的电感线圈(称空心线圈)，内置铁磁材料的称铁心线圈。当电流通过线圈时，线圈内部及周围就有磁场(因线圈的密绕，磁场主要集中在其内部)，将产生磁通 Φ，它与 N 匝线圈相交链，磁链 $\Psi = N\Phi$。通常选定 Φ 和 Ψ

与产生它的电流 i 的参考方向符合右手螺旋定则，如图 4.15(a)所示。在 SI 中，Φ 和 Ψ 的单位都是韦(Wb)，另外还有麦克斯韦(Mx)，1 Mx=10^{-8} Wb。

电阻不计的空心线圈只储存磁能而不消耗能量，可以用理想电感元件的模型表示。

磁链与产生它的电流的比值叫做电感元件的电感或自感。理想电感元件的电感为一常数，磁链 Ψ 与产生它的电流 i 总成线性关系，即

$$\Psi = Li \tag{4-16}$$

电感 L 是体现电流激励的磁场强弱的参数。在 SI 中其单位为亨(H)，实用中还有毫亨(mH)和微亨(μH)。式(4-16)表示电感元件的磁链与产生它的电流之间的约束关系，称为线性电感的韦安特性，为过坐标原点的一条直线，如图 4.15(c)所示。

2. 电感元件的伏安特性

根据电磁感应定律，感应电压等于磁链的变化率。按图 4.15(a)中的电压、电流关系，电压的参考方向与磁通方向符合右手螺旋定则时，依楞次定律判定可得

$$u = \frac{\mathrm{d}\Psi}{\mathrm{d}t}$$

当电感元件中的电流和电压取关联参考方向时，结合式(4-16)有

$$u = \frac{\mathrm{d}\Psi}{\mathrm{d}t} = \frac{\mathrm{d}Li}{\mathrm{d}t} = L\frac{\mathrm{d}i}{\mathrm{d}t} \tag{4-17}$$

式(4-17)为电感 u、i 取关联参考方向时的伏安特性，当 u、i 为非关联参考方向时，有

$$u = -L\frac{\mathrm{d}i}{\mathrm{d}t}$$

电感伏安特性说明：任意时刻，线性电感的端电压与该时刻电流变化率成正比(与该时刻电流大小无关)。因电流变化才有电压，故称其为动态元件；其所在电路称动态电路。直流电路中，电感电流不变，其端电压为零，相当于短路，故电感对直流为短路。

电感电流的变化受到电感电压的约束，电感电压为有限值，因而电感电流不能跃变。

对式(4-17)积分可求出某一时刻电感的电流。任选初始时刻 t_0 后，t 时刻的电流为

$$\begin{aligned} i(t) &= \frac{1}{L}\int_{-\infty}^{t} u(\zeta)\,\mathrm{d}\zeta = \frac{1}{L}\int_{-\infty}^{t_0} u(\zeta)\,\mathrm{d}\zeta + \frac{1}{L}\int_{t_0}^{t} u(\zeta)\,\mathrm{d}\zeta \\ &= i(t_0) + \frac{1}{L}\int_{t_0}^{t} u(\zeta)\,\mathrm{d}\zeta \end{aligned} \tag{4-18}$$

若取 $t=0$，则

$$i(t) = i(0) + \frac{1}{L}\int_{0}^{t} u(\zeta)\,\mathrm{d}\zeta \tag{4-19}$$

由此说明某一瞬间的电流能反映以前电压的情况，即电感电流有“记忆”电压作用。

3. 电感元件的磁场能

关联参考方向下，电感吸收的功率

$$p = ui = Li\frac{\mathrm{d}i}{\mathrm{d}t}$$

电感电流从 $i(0)=0$ 增大到 $i(t)$时，总共吸收的能量，即 t 时刻电感的磁场能量

$$W_{\mathrm{L}}(t) = \int_0^t p\,\mathrm{d}t = \int_0^{i(t)} Li\,\mathrm{d}i = \frac{1}{2}Li^2(t) \tag{4-20}$$

当电感的电流从某一值减小到零时，释放的磁场能量也可按上式计算。

在动态电路中，当电感元件的 u、i 方向一致时，$p>0$，$|i|$增大，电感从外电路吸收能量。当电感元件的 u、i 方向相反时，$p<0$，$|i|$减小，电感向外电路释放能量。可见在动态电路中，电感元件和外电路进行着磁场能与其他能相互转换，本身不消耗能量。

例 4.10 电感元件的电感 $L=100$ mH，u 和 i 的参考方向一致，i 的波形如图 4.16(a)所示，试求各段时间元件两端的电压 u_L，并作出 u_L 的波形，计算电感吸收的最大能量。

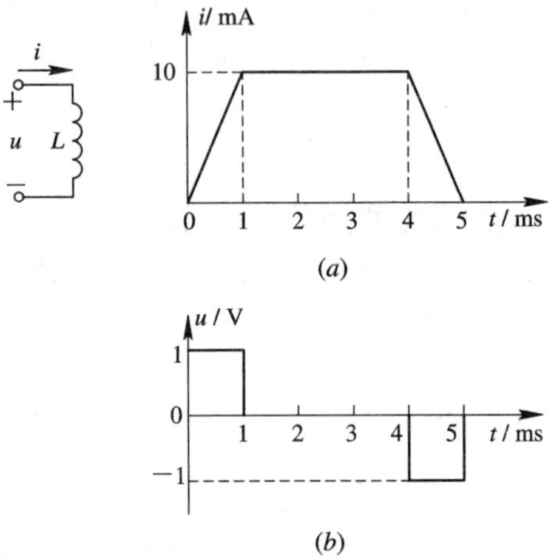

图 4.16 例 4.10 图

解 u_L 与 i 所给的参考方向一致，各段感应电压为

(1) 0～1 ms 间，

$$u_L=L\frac{di}{dt}=L\frac{\Delta i}{\Delta t}=100\times10^{-3}\times\frac{10\times10^{-3}-0}{1\times10^{-3}}=1\ \text{V}$$

(2) 1～4 ms 间，电流不变化，得

$$u_L=0$$

(3) 4～5 ms 间，

$$u_L=L\frac{di}{dt}=L\frac{\Delta i}{\Delta t}=100\times10^{-3}\times\frac{0-10\times10^{-3}}{1\times10^{-3}}=-1\ \text{V}$$

u_L 的波形如图 4.16(b)所示。吸收的最大能量为

$$W_{L\max}=\frac{1}{2}Li_m^2=\frac{1}{2}\times100\times10^{-3}\times(10\times10^{-3})^2=5\times10^{-6}\ \text{J}$$

练习与思考

4.3-1 恒定电流 4 A 从 $t=0$ 时开始对电容充电，$C=2\ \mu$F。则 10 s 后的储能是多少？100 s 后又是多少？设电容初始电压为零。

4.3-2 200 μF/400 V 和 100 μF/200 V 的两电容串联使用。外接直流电压 500 V，能否安全工作？

4.3-3 若电流通过 2 H 的电感能产生 20 V 的恒定电压，问该电流由 1 A 增长至 5 A 所需时间应是多少？求出此段时间内增加的磁场能量。

4.3-4 图 4.17 所示电路中，已知：$R=3\ \Omega$，$L=1/2$ H，$C=1/4$ F，$u_{cd}(t)=(6e^{-2t}-4e^{-4t})$ V。试求 $u_{ad}(t)$。

4.3-5 有的电阻器用电阻丝绕制而成，为了使它没有电感，常用双绕法，如图 4.18 所示，说明其理由。

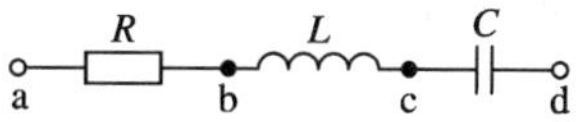

图 4.17 题 4.3-4 图

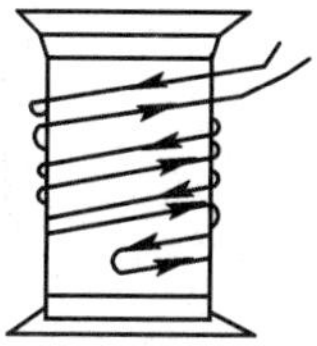

图 4.18 题 4.3-5 图

4.3-6 分析两个电感线圈串、并联的等效电感。

4.4 三种元件伏安特性的相量形式

4.4.1 电阻元件

1. 伏安特性

在图 4.19(*a*)中，设电流为

$$i(t)=\sqrt{2}I\sin(\omega t+\theta_i)$$

按照关联参考方向下电阻的伏安特性，有

$$u(t)=Ri=\sqrt{2}RI\sin(\omega t+\theta_i)=\sqrt{2}U\sin(\omega t+\theta_u)$$

上式表明：电阻两端电压 u 和电流 i 为同频率同相位的正弦量，其关系如下：

$$\left.\begin{aligned}U&=RI\\ \theta_i&=\theta_u\end{aligned}\right\}\qquad(4-21)$$

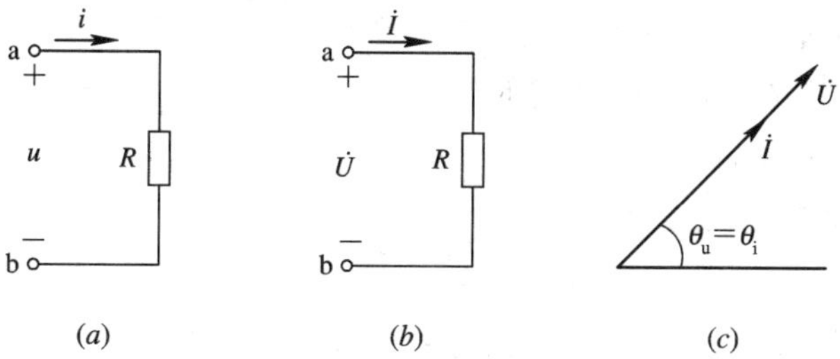

图 4.19 电阻元件的相量模型及相量图

$\theta_i=0$ 时的 u 和 i 的波形如图 4.20 所示。电阻上电压相量和电流相量的关系为

$$\frac{\dot{U}}{\dot{I}}=\frac{U\angle\theta_u}{I\angle\theta_i}=R$$

即

$$\dot{U} = R\dot{I} \tag{4-22}$$

式(4－22)为电阻伏安特性的相量形式。它不仅表明了电阻电压和电流之间有效值的关系，也表明了相位关系。电阻的相量模型及相量图如图 4.19(b)、(c)所示。

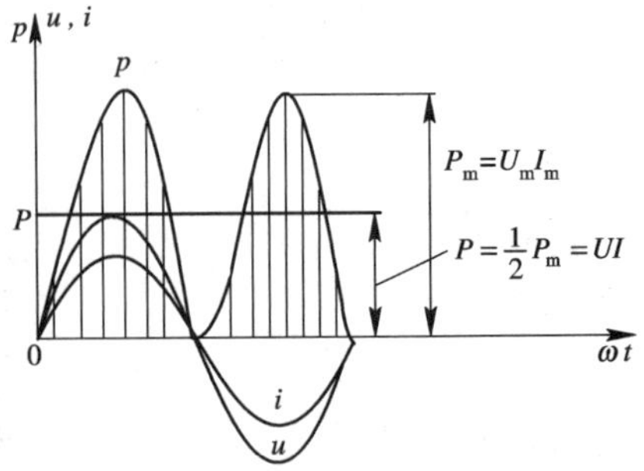

图 4.20　电阻元件 i、u、p 波形

2. 功率

关联参考方向下电阻元件吸收的瞬时功率 $p=ui$，为了计算方便，取 $\theta_i=0$，则

$$\begin{aligned} p &= \sqrt{2}U\ \sin\omega t \cdot \sqrt{2}I\ \sin\omega t = 2UI\ \sin^2\omega t \\ &= UI(1-\cos 2\omega t) > 0 \end{aligned}$$

其波形如图 4.20 所示。它随时间周期性变化，其值总是正的。这说明电阻始终消耗功率，是耗能元件。图中阴影面积的值相当于一个周期内电阻消耗的能量。

瞬时功率一般不便应用，因此工程中都用平均功率这一概念。平均功率定义为瞬时功率 p 在一个周期 T 内的平均值，用大写字母 P 表示。即

$$\begin{aligned} P &= \frac{1}{T}\int_0^T p\ \mathrm{d}t = \frac{1}{T}\int_0^T ui\ \mathrm{d}t = \frac{1}{T}\int_0^T UI(1-\cos 2\omega t)\ \mathrm{d}t \\ &= UI = I^2R = \frac{U^2}{R} \end{aligned} \tag{4-23}$$

与直流电路中的情况相类似，这里 P 是平均功率，U 和 I 是有效值。由于平均功率反映了实际耗能的情况，所以又称为有功功率，其单位是瓦(W)或千瓦(kW)，一般电气设备所标的额定功率以及功率表测量的都指有功功率，习惯上简称功率。

例 4.11　一电阻 $R=100\ \Omega$，通过的电流 $i(t)=1.41\ \sin(\omega t-30°)$ A。试求

(1) R 两端电压 U 和 u。

(2) R 消耗的功率 P。

解　(1) 电流

$$I=\frac{I_m}{\sqrt{2}}=\frac{1.41}{\sqrt{2}}=1\ \text{A}$$

电压

$$U=RI=100\times 1=100\ \text{V}$$

$$\begin{aligned} u(t) &= Ri = 100\times 1.41\ \sin(\omega t-30°) \\ &= 141\ \sin(\omega t-30°)\ \text{V} \end{aligned}$$

或利用相量关系求解

$$\dot{I} = \frac{1.41}{\sqrt{2}} \angle -30^\circ = 1 \angle -30^\circ \text{ A}$$

$$\dot{U} = R\dot{I} = 100 \times \angle -30^\circ = 100 \angle -30^\circ \text{ V}$$

对应的正弦量

$$u(t) = 100\sqrt{2} \sin(\omega t - 30^\circ) = 141 \sin(\omega t - 30^\circ) \text{ V}$$

有效值

$$U=100 \text{ V}$$

(2) R 消耗的功率

$$P = UI = 1 \times 100 = 100 \text{ W}$$

或

$$P=I^2R=1\times100=100 \text{ W}$$

4.4.2 电感元件

1. 伏安特性

在图 4.21(a)中，设通过电感元件的电流为 $i(t)=\sqrt{2}I \sin(\omega t+\theta_i)$，按照关联参考方向下电感的伏安特性，有

$$\begin{aligned} u(t) &= L\frac{\mathrm{d}i}{\mathrm{d}t} = \sqrt{2}\omega LI \cos(\omega t + \theta_i) \\ &= \sqrt{2}\omega LI \sin\left(\omega t + \theta_i + \frac{\pi}{2}\right) \\ &= \sqrt{2}U \sin(\omega t + \theta_u) \end{aligned}$$

上式表明电感两端电压 u 和电流 i 是同频率的正弦量，电压超前电流 90°。$\theta_i=0$ 时，i 和 u 的波形如图 4.22 所示。电压和电流的有效值关系为 $U=X_L I(U_m=X_L I_m)$。即

$$\left.\begin{aligned} U &= X_L I \\ \theta_u &= \theta_i + 90^\circ \end{aligned}\right\} \tag{4-24}$$

而

$$X_L = \omega L = 2\pi fL = \frac{U}{I} = \frac{U_m}{I_m} \tag{4-25}$$

称为感抗，单位为 Ω。由式(4-25)可见，X_L 表示电感对正弦电流的阻碍作用。X_L 与电源频率及电感成正比。对于直流 $\omega=0$，$X_L=0$，电感元件相当于短路。

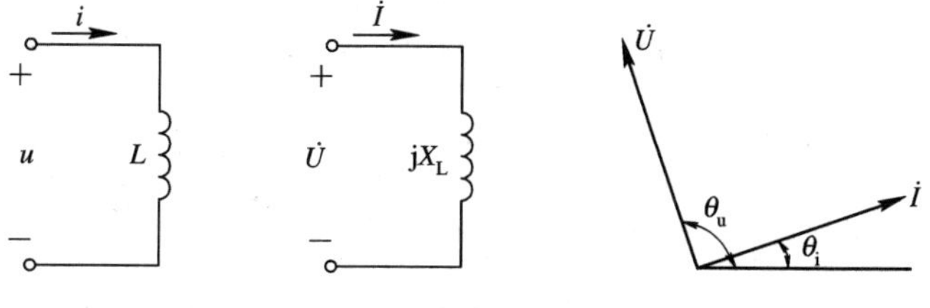

(a) (b) (c)

图 4.21 电感元件的相量模型及相量图

感抗的倒数

$$B_L = \frac{1}{X_L} = \frac{1}{\omega L} \tag{4-26}$$

称为感纳，单位为西门子(S)。

电感电流相量和电压相量的关系为

$$\frac{\dot{U}}{\dot{I}} = \frac{U\angle\theta_u}{I\angle\theta_i} = jX_L$$

即

$$\dot{U} = jX_L\dot{I}\ (或\ \dot{I} = -jB_L\dot{U}) \tag{4-27}$$

式(4-27)为电感在关联方向下伏安特性的相量形式，它既表明电感电压和电流有效值的关系，也表明了相位关系。电感的相量模型及相量图如图4.21(*b*)、(*c*)所示。

2. 功率

在关联参考方向下，当 $\theta_i=0$ 时，电感吸收的瞬时功率为

$$\begin{aligned} p = ui &= \sqrt{2}U\ \sin\left(\omega t + \frac{\pi}{2}\right)\cdot\sqrt{2}I\ \sin\omega t \\ &= 2UI\ \cos\omega t\cdot\sin\omega t = UI\ \sin 2\omega t \\ &= I^2X_L\sin 2\omega t \end{aligned}$$

由上式可见 p 是以两倍于电流的频率按正弦规律变化，如图4.22所示。最大值为 UI 或 I^2X_L。

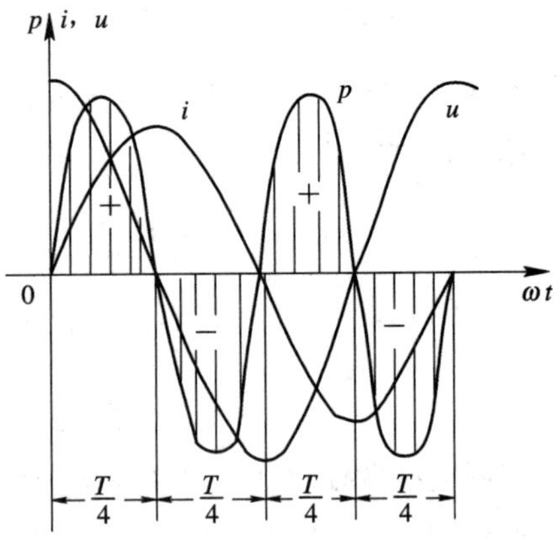

图 4.22　电感元件的 i，u，p 波形

电感储存磁场能量

$$\begin{aligned} W_L &= \frac{1}{2}Li^2 = \frac{1}{2}LI_m^2\ \sin^2\omega t \\ &= \frac{1}{2}LI^2(1-\cos 2\omega t) \end{aligned}$$

磁场能量在最大值 $\frac{1}{2}LI_m^2(LI^2)$ 和零之间周期性地变化，总是大于零。

由图4.22可见，电感在某一1/4周期从外部吸收多少能量，在另一1/4周期就释放多少能量。这里交换的是磁场能量，本身不消耗能量，平均功率为零。P 也可由下式计算：

$$P = \frac{1}{T}\int_0^T p\ dt = \frac{1}{T}\int_0^T ui\ dt = \frac{1}{T}\int_0^T UI\ \sin 2\omega t\ dt = 0$$

为了衡量电感与外部交换能量的规模，引入无功功率，

$$Q_L = UI = I^2X_L = \frac{U^2}{X_L} \tag{4-28}$$

电感元件交换能量的规模(最大值)应为

$$W_{Lm} = \frac{1}{2}LI_m^2 = LI^2 = \frac{I^2\omega L}{\omega} = \frac{I^2X_L}{\omega} = \frac{Q_L}{\omega}$$

可见，Q_L 的大小反映了电感元件交换磁场能量的规模(或吞吐量的大小)。

无功功率并非实际做功的功率。为与有功功率相区别，其单位为伏安(V·A)。

例 4.12　流过0.1 H电感的电流为 $i(t)=15\sqrt{2}\ \sin(200t+10°)$ A，试求关联参考方向

下电感两端的电压 u、无功功率及磁场能量的最大值。

解 用相量关系求解

$$\dot{I} = 15\angle 10^\circ \text{ A}$$

$$\dot{U} = \text{j}X_L \dot{I} = \text{j}200 \times 0.1 \times 15\angle 10^\circ = 300\angle 100^\circ \text{ V}$$

对应的正弦电压

$$u(t) = 300\sqrt{2}\sin(200t + 100^\circ) \text{ V}$$

无功功率

$$Q_L = UI = 300 \times 15 = 4500 \text{ V}\cdot\text{A}$$

磁场能量的最大值

$$W_{L\max} = \frac{1}{2}LI_m^2 = \frac{1}{2} \times 0.1 \times (\sqrt{2})^2 \times 15^2 = 22.5 \text{ J}$$

或

$$W_{Lm} = \frac{Q_L}{\omega} = \frac{4500}{200} = 22.5 \text{ J}$$

4.4.3 电容元件

1. 伏安特性

在图 4.23(a)中，设加在电容两端的电压为

$$u(t) = \sqrt{2}U\sin(\omega t + \theta_u)$$

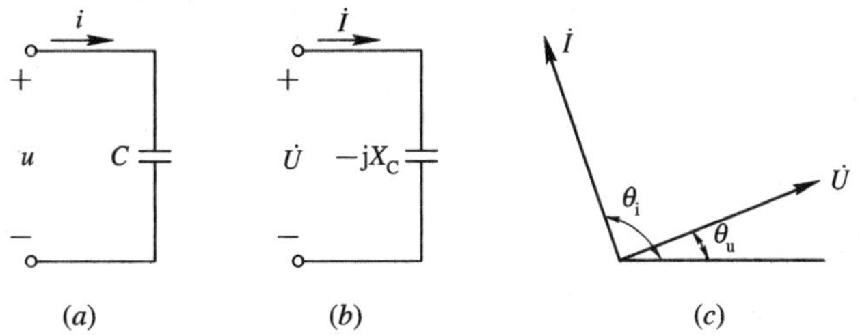

图 4.23 电容元件的相量模型及相量图

按照电容关联参考方向下的伏安特性，有

$$i(t) = C\frac{\text{d}u}{\text{d}t} = \sqrt{2}\omega CU\cos(\omega t + \theta_u)$$

$$= \sqrt{2}\omega CU\sin\left(\omega t + \theta_u + \frac{\pi}{2}\right) = \sqrt{2}I\sin(\omega t + \theta_i)$$

上式表明电容电流和端电压是同频率的正弦量，电流超前电压 90°。$\theta_u = 0$ 时，u 和 i 的波形如图 4.24 所示。电流和电压的关系为

$$I = \omega CU = \frac{U}{1/(\omega C)} = \frac{U}{X_C}$$

或

$$\left.\begin{aligned} U &= X_C I \\ \theta_i &= \theta_u + 90^\circ \end{aligned}\right\} \tag{4-29}$$

而

$$X_C = \frac{1}{\omega C} = \frac{1}{2\pi f C} = \frac{U}{I} = \frac{U_m}{I_m} \tag{4-30}$$

称为容抗，单位为 Ω。由式(4 - 30)可见，X_C 表示电容对正弦电流的阻碍作用。X_C 与电源的频率及电容成反比。对于直流 $\omega=0$，$X_C=\infty$，电容元件相当于开路。

容抗的倒数

$$B_C = \frac{1}{X_C} = \omega C \tag{4-31}$$

称为容纳，单位是西门子(S)，电容电流相量和电压相量的关系为

$$\frac{\dot{U}}{\dot{I}} = \frac{U\angle\theta_u}{I\angle\theta_i} = -jX_C$$

即

$$\dot{U} = -jX_C\dot{I}\ (\text{或}\ \dot{I} = jB_C\dot{U}) \tag{4-32}$$

式(4 - 32)为电容在关联方向下伏安特性的相量形式。它既表明了电容电压和电流有效值的关系，也表明了相位关系。电容的相量模型及相量图如图 4.23(*b*)、(*c*)所示。

2. 功率

在关联参考方向下，当 $\theta_u=0$ 时，电容吸收的瞬时功率为

$$\begin{aligned}p(t) &= ui = \sqrt{2}U\sin\omega t \cdot \sqrt{2}I\sin\left(\omega t + \frac{\pi}{2}\right)\\ &= 2UI\sin\omega t \cdot \cos\omega t = UI\sin 2\omega t\\ &= I^2 X_C \sin 2\omega t\end{aligned}$$

由上式可见，p 是以两倍于电压的频率按正弦规律变化，如图 4.24 所示。最大值为 UI 或 I^2X_C。

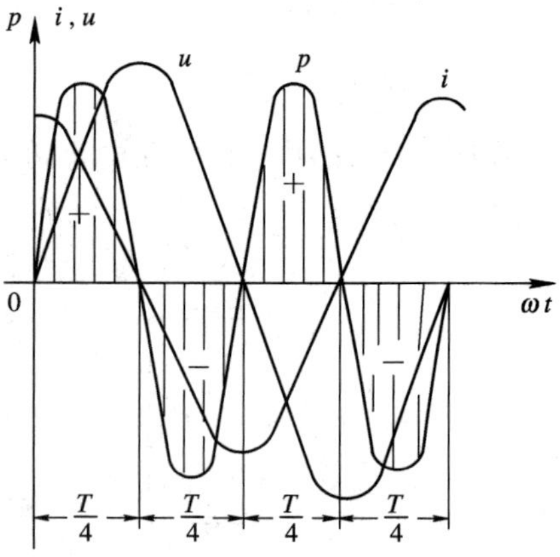

图 4.24 电容元件的 u、i、p 波形

电容储存电场能量

$$\begin{aligned}W_C &= \frac{1}{2}Cu^2 = \frac{1}{2}CU_m^2\sin^2\omega t\\ &= \frac{1}{2}CU^2(1-\cos 2\omega t)\end{aligned}$$

电场能量在最大值$\frac{1}{2}CU_m^2(CU^2)$和 0 之间周期性地变化，总是大于零。

由图 4.24 可见，电容在某一 1/4 周期从外部吸收多少能量，在另一 1/4 周期就释放多少能量。这里交换的是电场能量，本身不消耗能量，平均功率为零。P 也可由下式计算：

$$P = \frac{1}{T}\int_0^T p\,dt = \frac{1}{T}\int_0^T ui\,dt = \frac{1}{T}\int_0^T UI\sin 2\omega t\,dt = 0$$

为衡量电容与外部交换能量的规模引入无功功率 Q_C，

$$Q_C = UI = I^2X_C = \frac{U^2}{X_C} \tag{4-33}$$

电容的无功功率的单位与电感的无功功率的单位相同。

电容元件交换能量的规模为

$$W_{Cm}=\frac{1}{2}CU_m^2=CU^2=\frac{U^2\omega C}{\omega}=\frac{\frac{U^2}{X_C}}{\omega}=\frac{Q_C}{\omega}$$

由此可见，Q_C 的大小反映了电容元件交换电场能量的规模(或吞吐量的大小)。

例 4.13 流过 0.5 F 电容的电流 $i(t)=\sqrt{2}\sin(100t-30°)$ A，试求关联参考方向下，电容的电压 u、无功功率和电场能量的最大值。

解 用相量关系求解

$$\dot{I}=1\angle -30°\ \text{A}$$

$$\dot{U}=-\text{j}X_C\dot{I}=-\text{j}\frac{1}{\omega C}\dot{I}=-\text{j}\frac{1}{100\times 0.5}\times\angle -30°=2\times 10^{-2}\angle -120°\ \text{V}$$

故

$$u(t)=0.02\sqrt{2}\sin(100t-120°)\ \text{V}$$

无功功率

$$Q_C=UI=0.02\times 1=0.02\ \text{V}\cdot\text{A}$$

电场能量最大值

$$W_{Cm}=\frac{1}{2}CU_m^2=\frac{1}{2}\times 0.5(\sqrt{2})^2\times(0.02)^2=0.0002\ \text{J}$$

或

$$W_{Cm}=\frac{Q_C}{\omega}=\frac{0.02}{100}=0.0002\ \text{J}$$

练习与思考

4.4-1 已知一电感线圈通过 50 Hz 正弦电流时感抗为 50 Ω；频率为 10 kHz 时，其感抗为多少？

4.4-2 已知一电容器电流为 50 Hz 正弦电流时，电压为 100 mV。电流有效值不变，频率变为 1000 Hz 时，电压有效值变为多少？

4.5 基尔霍夫定律的相量形式

4.5.1 基尔霍夫节点电流定律的相量形式

根据基尔霍夫节点电流定律，在正弦电路中，对任一节点而言，与它相连接的各支路电流任一时刻的瞬时值的代数和为零，即

$$\sum i(t)=0$$

根据正弦量的和差与它们相量和差的对应关系，可以推出：正弦电路中任一节点，与它相连接的各支路电流的相量代数和为零，即

$$\sum \dot{I} = 0 \tag{4-34}$$

式(4－34)就是基尔霍夫节点电流定律的相量形式，简称 KCL 的相量形式。

4.5.2 回路电压定律的相量形式

根据基尔霍夫回路电压定律，在正弦电路中，对任一闭合回路而言，各段电压任一时刻瞬时值的代数和为零，即

$$\sum u(t) = 0$$

同理可以推出正弦电路中，任一闭合回路，各段电压的相量代数和为零，即

$$\sum \dot{U} = 0 \tag{4-35}$$

式(4－35)就是基尔霍夫回路电压定律的相量形式，简称 KVL 的相量形式。

例 4.14 正弦电路中，与某一个节点相连的三个支路电流为 i_1、i_2、i_3。已知 i_1、i_2 流入，i_3 流出，$i_1(t)=10\sqrt{2}\cos(\omega t+60°)$ A，$i_2(t)=5\sqrt{2}\sin\omega t$ A，求 i_3。

解 先写出 i_1 和 i_2 的相量(注意，i_1 的初相应为 $60°+90°=150°$)

$$\dot{I}_1 = 10\angle 150° \text{ A} = (-8.66+\text{j}5) \text{ A}$$

$$\dot{I}_2 = 5\angle 0° \text{ A}$$

i_3 的相量为 $\dot{I}_3$，由 KCL 得

$$\dot{I}_1 + \dot{I}_2 - \dot{I}_3 = 0$$

则

$$\dot{I}_3 = \dot{I}_1 + \dot{I}_2 = -8.66+\text{j}5+5 = -3.66+\text{j}5 = 6.2\angle 126.2° \text{ A}$$

$$i_3(t) = 6.2\sqrt{2}\sin(\omega t+126.2°) \text{ A}$$

练习与思考

4.5－1 图 4.25 所示电路，元件 1 和 2 为 R、L、C 中哪一种时，下列关系成立：
(1) $I_1+I_2=I$，(2) $I_1-I_2=I$，(3) $I_1^2+I_2^2=I^2$

4.5－2 图 4.26 所示电路，元件 1 和 2 为 R、L、C 中哪一种时，下列关系成立：
(1) $U_1+U_2=U$，(2) $U_1-U_2=U$，(3) $U_1^2+U_2^2=U^2$

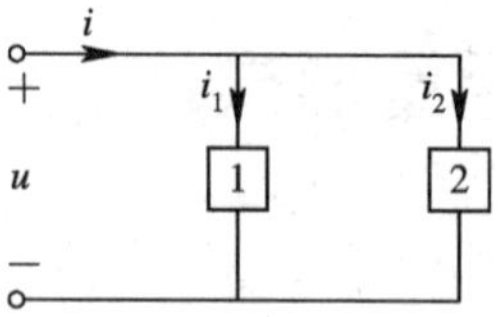

图 4.25 题 4.5－1 图

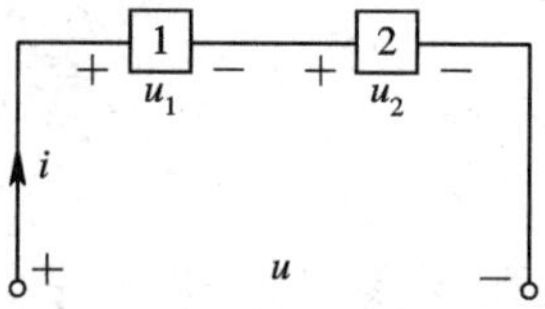

图 4.26 题 4.5－2 图

4.6 *RLC* 串联电路

图 4.27(*a*)为 *RLC* 串联正弦电路，其相量模型如图 4.27(*b*)所示。

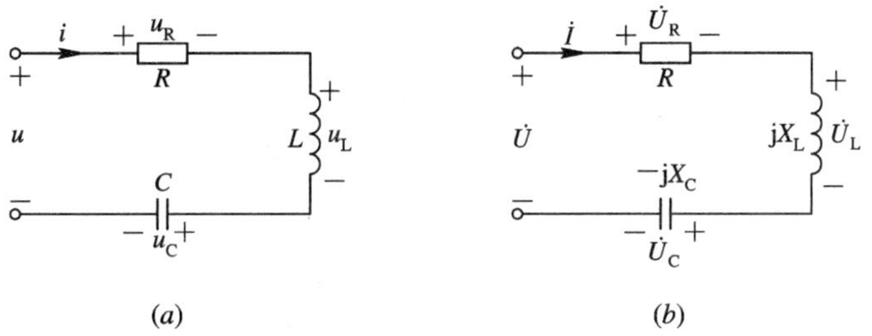

图 4.27　*RLC* 串联电路及相量模型

4.6.1　电压与电流的关系

以电流相量为参考相量作相量图，如图 4.28(*a*)所示，图中设 $U_L > U_C$。

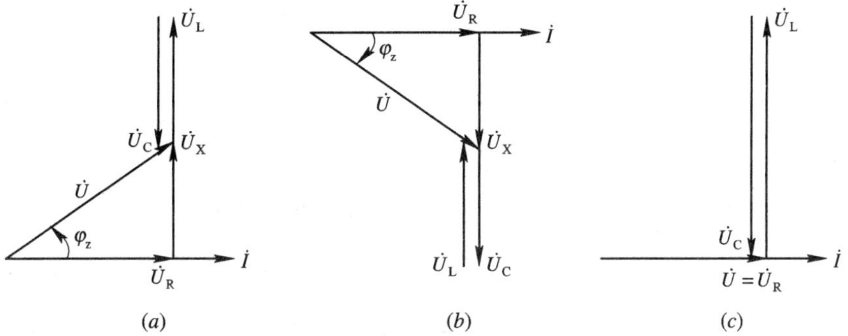

图 4.28　*RLC* 串联电路的相量图

显然，$\dot{U}_R$、$\dot{U}_X$、$\dot{U}$ 组成一个直角三角形，称为电压三角形，由电压三角形可得

$$U = \sqrt{U_R^2 + (U_L - U_C)^2} = \sqrt{U_R^2 + U_X^2}$$

可见，正弦电路端口电压的有效值并不等于各串联元件电压有效值之和。U 也可写成

$$\dot{U} = \dot{U}_R + \dot{U}_X = [R + j(X_L - X_C)]\dot{I} = Z\dot{I} \tag{4-36}$$

式(4-36)为 *RLC* 串联电路伏安特性的相量形式，其中 Z 为复阻抗，Z 是复数但不是相量(不代表正弦量)，因此其上部不加“·”。

$$Z = R + j(X_L - X_C) = R + jX = |Z|\angle\varphi_z$$

其中 $X = X_L - X_C$ 称为电抗，$|Z|$ 和 φ_z 分别称为复阻抗的模和阻抗角，其关系为

$$\left.\begin{aligned} |Z| &= \sqrt{R^2 + X^2} \\ \varphi_z &= \arctan\frac{X}{R} \end{aligned}\right\} \tag{4-37}$$

$$\left.\begin{aligned} R &= |Z|\cos\varphi_z \\ X &= |Z|\sin\varphi_z \end{aligned}\right\} \tag{4-38}$$

显然 $|Z|$、R、X 也组成一个直角三角形，称为阻抗三角形，与电压三角形相似。设端口电压电流的相量分别为

$$\dot{U} = U\angle\theta_u,\quad \dot{I} = I\angle\theta_i$$

则

$$Z=\frac{\dot{U}}{\dot{I}}=\frac{U\angle\theta_u}{I\angle\theta_i}=\frac{U}{I}\angle\theta_u-\theta_i=|Z|\angle\varphi_z$$

由上式可得

$$\left.\begin{aligned}|Z|&=\frac{U}{I}\\ \varphi_z&=\theta_u-\theta_i\end{aligned}\right\}\qquad(4-39)$$

可见，复阻抗的模等于端口电压和电流有效值之比，阻抗角等于电压与电流的相位差。

4.6.2 电路的三种性质

根据 RLC 串联电路的电抗

$$X=X_L-X_C=\omega L-\frac{1}{\omega C}$$

随着 ω、L、C 的变化，RLC 串联电路有以下三种不同性质：

(1) 当 $\omega L>\frac{1}{\omega C}$时，$X>0$，$\varphi_z>0$，$U_L>U_C$。$\dot{U}_X$ 超前电流 90°，端口电压超前电流。这时，电路呈感性，可以等效成电阻与电感串联的电路，相量图如图 4.28(a)所示。此时，$W_{Lm}>W_{Cm}$，电路除电阻的耗能外，与外部进行着磁场能量的交换。

(2) 当 $\omega L<\frac{1}{\omega C}$时，$X<0$，$\varphi_z<0$，$U_L<U_C$，$\dot{U}_x$ 滞后电流 90°，端口电压滞后电流。这时电路呈容性，可等效成电阻与电容串联的电路。相量图如图 4.28(b)所示。此时，$W_{Lm}<W_{Cm}$，电路除电阻耗能外，与外部进行电场能量的交换。

(3) 当 $\omega L=\frac{1}{\omega C}$时，$X=0$，$\varphi_z=0$，$U_L=U_C$，$Z=R$。端口电压与电流同相，电路呈阻性，$W_{Lm}=W_{Cm}$。这种状态称为串联谐振，将在 4.11 节中介绍。相量图如图 4.28(c)所示。

当 L、C 固定不变，ω 由小变大时，电路由容性经阻性变为感性。

任何无源二端网络和无源二端元件都可以引入它的复阻抗，端口伏安特性的相量形式都可以用式(4－36)表示。RL 串联电路、RC 串联电路、LC 串联电路、电阻元件、电感元件、电容元件都可以看成 RLC 串联电路的特例。

R、L、C 的复阻抗 Z 分别为 R、jX_L、$-jX_C$，φ_z 分别为 0、90°、－90°。

RL 串联

$$\varphi_z=\arctan\frac{X_L}{R},\ Z=R+jX_L=\sqrt{R^2+X_L^2}\angle\arctan\frac{X_L}{R}$$

RC 串联

$$\varphi_z=\arctan\frac{-X_C}{R},\ Z=R-jX_C=\sqrt{R^2+X_C^2}\angle\arctan\frac{-X_C}{R}$$

由 RLC 串联可推广到阻抗串联的一般情况，其等效阻抗等于各串联阻抗之和。

例 4.15 图 4.29(a)所示为 RC 串联移相电路，u 为输入正弦电压，以 u_C 为输出电压。已知，$C=0.01\ \mu F$，u 的频率为 6000 Hz，有效值为 1 V。欲使输出电压比输入电压滞后 60°，则应选配多大的电阻 R。在此情况下，输出电压多大？

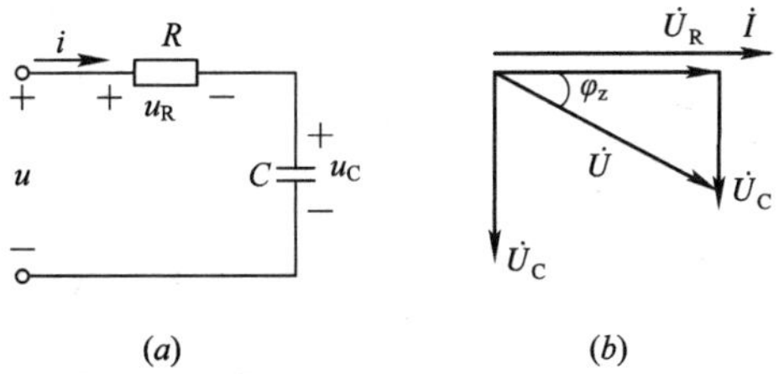

图 4.29 例 4.15 图

解 作出相量图，如图 4.29(*b*)所示。容性电路的阻抗角为负值，根据已知，有

$$\varphi_z = -30^\circ$$

即

$$\varphi_z = \arctan\frac{-X_C}{R} = \arctan\frac{-1}{R\omega C} = -30^\circ$$

可得

$$R = \frac{X_C}{\tan 30^\circ} = \frac{1}{\omega C\ \tan 30^\circ}$$

$$= \frac{1}{2\pi \times 6000 \times 0.01 \times 10^{-6} \times \frac{1}{\sqrt{3}}} = 4600\ \Omega = 4.6\ \text{k}\Omega$$

在此情况下，输出电压

$$U_C = U\ \sin 30^\circ = 1 \times 0.5 = 0.5\ \text{V}$$

练习与思考

4.6-1 图 4.30 所示的电路中，电压表 V_1、V_2 的读数都是 50 V，试分别求图(*a*)、(*b*)电路中电压表 V 的读数。

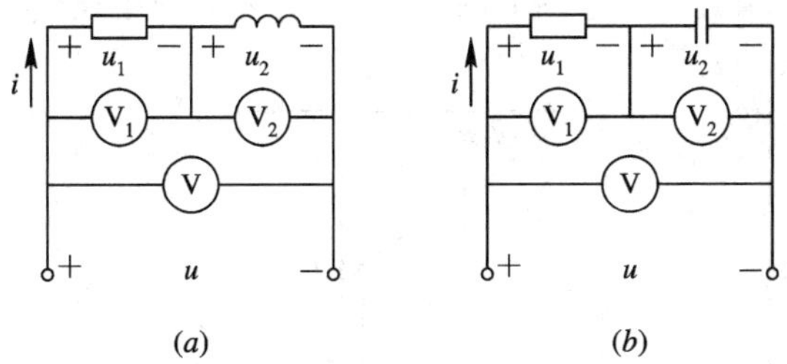

图 4.30 题 4.6-1 图

4.6-2 图 4.31 所示电路中，(1) V_1、V_2、V_3 的读数均为 50 V，试求电压表 V 的读数。(2) V 的读数为 5 V，V_1 的读数为 3 V，V_2 的读数为 8 V，试求 V_3 的读数。

4.6-3 图 4.32 所示电路中，电压表 V_1 的读数为 12 V，V_3 的读数为 40 V，V 的读数为20 V，分别求出 V_4、V_2 的读数。

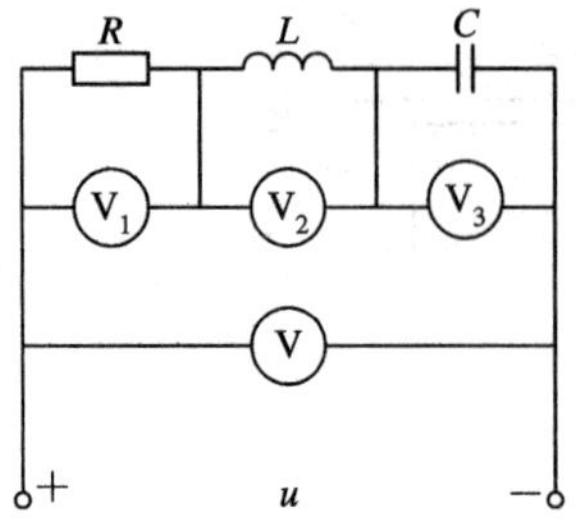

图 4.31　题 4.6－2 图

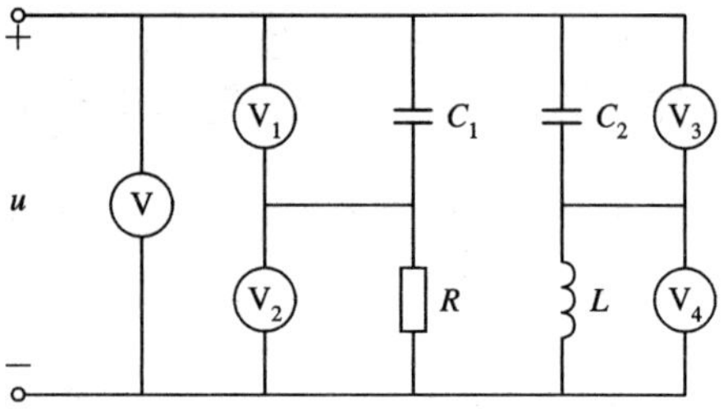

图 4.32　题 4.6－3 图

4.6－4　一电磁铁加上 220 V 工频电压时，线圈电流在 22 A 以上才能吸紧衔铁，已知线圈感抗为 8 Ω，求线圈电阻应小于多少？(电磁铁当作电感和电阻的串联)。

4.6－5　$Z=5\underline{/36.9^\circ}\ \Omega$ 的阻抗串联一电容后，端口电压、电流的有效值不变，求容抗 X_C。

4.7　*RLC* 并联电路

图 4.33(*a*)为 *RLC* 并联正弦电路，其相量模型如图 4.33(*b*)所示。

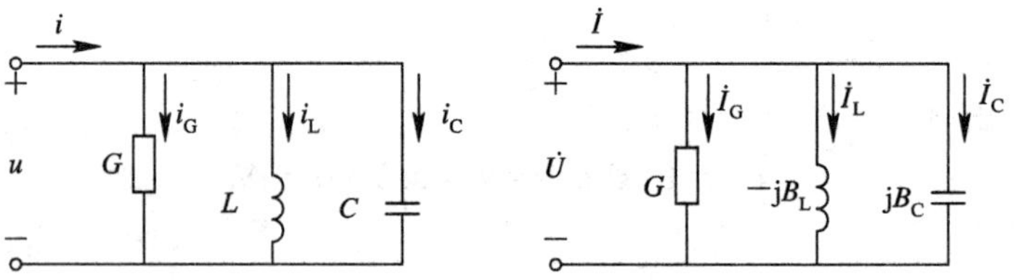

(*a*)　　(*b*)

图 4.33　*RLC* 并联电路及相量模型

4.7.1　电压与电流的关系

以电压相量为参考相量作相量图如图 4.34(*a*)所示，图中设 $I_C>I_L$。

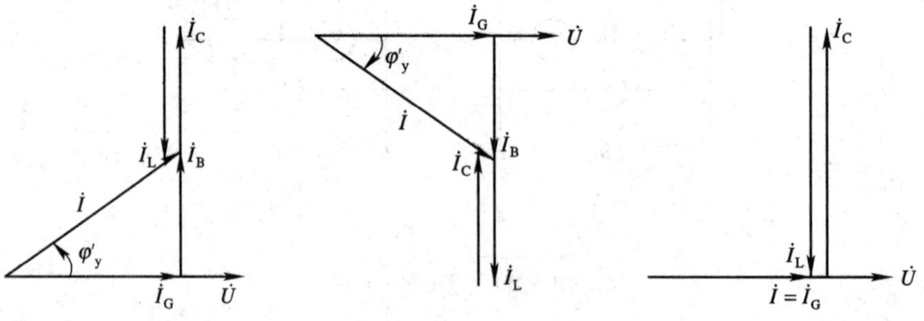

(*a*)　　(*b*)　　(*c*)

图 4.34　*RLC* 并联电路的相量图

显然，$\dot{I}_G$、$\dot{I}_B$、$\dot{I}$ 也组成一个直角三角形，称为电流三角形。由电流三角形可得

$$I=\sqrt{I_G^2+I_B^2}=\sqrt{I_G^2+(I_C-I_L)^2}$$

可见，正弦电路端口电流的有效值并不等于并联各元件电流有效值之和。I 也可写成

$$\dot{I}=\dot{I}_G+\dot{I}_B=[G+\mathrm{j}(B_C-B_L)]\dot{U}=(G+\mathrm{j}B)\dot{U}=\dot{U}Y \tag{4-40}$$

上式中的 Y 称为等效复导纳，与复阻抗一样，Y 不代表正弦量，是复数但不是相量。式(4-40)就是 RLC 并联电路伏安特性的相量形式。

$$Y=G+\mathrm{j}(B_C-B_L)=G+\mathrm{j}B=|Y|\angle\varphi_y$$

其中 $B=B_C-B_L$ 称为电纳，$|Y|$ 和 φ_y 分别称为导纳的模和导纳角。其关系为

$$\left.\begin{aligned}|Y|&=\sqrt{G^2+B^2}\\ \varphi_y&=\arctan\frac{B}{G}\end{aligned}\right\} \tag{4-41}$$

$$\left.\begin{aligned}G&=|Y|\cos\varphi_y\\ B&=|Y|\sin\varphi_y\end{aligned}\right\} \tag{4-42}$$

设端口电流、电压相量分别为

$$\dot{I}=I\angle\theta_i,\quad \dot{U}=U\angle\theta_u$$

则

$$Y=\frac{\dot{I}}{\dot{U}}=\frac{I\angle\theta_i}{U\angle\theta_u}=\frac{I}{U}\angle\theta_i-\theta_u=|Y|\angle\varphi_y$$

由上式可得

$$\left.\begin{aligned}|Y|&=\frac{I}{U}\\ \varphi_y&=\theta_i-\theta_u\end{aligned}\right\} \tag{4-43}$$

可见，导纳的模等于端口电流和电压有效值之比，导纳角等于电流与电压的相位差。

4.7.2 电路的三种性质

根据 RLC 并联电路的电纳

$$B=B_C-B_L=\omega C-\frac{1}{\omega L}$$

随着 ω、L、C 的变化，RLC 并联电路有以下三种不同性质：

(1) 当 $\omega C>\frac{1}{\omega L}$时，$B>0$，$\varphi_y>0$，$I_C>I_L$，$\dot{I}_B$ 超前电压 90°，端口电流超前电压。这时，电路呈容性，可等效成电阻与电容并联的电路。相量图如图 4.34(*a*)所示。此时，$W_{Cm}>W_{Lm}$，电路除电阻的耗能外，与外部进行着电场能量的交换。

(2) 当 $\omega C<\frac{1}{\omega L}$时，$B<0$，$\varphi_y<0$，$I_C<I_L$，$\dot{I}_B$ 滞后电压 90°，端口电流滞后电压。这时电路呈感性，可等效成电阻与电感并联的电路，相量图如图 4.34(*b*)所示。此时，$W_{Cm}<W_{Lm}$，电路除电阻耗能外，与外部进行磁场能量的交换。

(3) 当 $\omega C=\frac{1}{\omega L}$时，$B=0$，$\varphi_y=0$，$I_C=I_L$。$I_B=0$，$Y=G$，$I=I_G$，端口电流与电压同相，电路呈阻性，$W_{Cm}=W_{Lm}$，如图 4.34(*c*)所示。这种状态称为并联谐振，将在 4.12 节中

介绍。

当 L、C 固定，ω 由小变大时，RLC 并联电路由感性经阻性变为容性。

任何无源二端网络和元件，都可引入其导纳。其端口伏安特性均可用式(4－40)表示。R、L、C 元件，RL 并联、RC 并联、LC 并联电路均可视为 RLC 并联电路的特例。

R、L、C 三种元件的复导纳分别为 G、$-\mathrm{j}B_{\mathrm{L}}$、$\mathrm{j}B_{\mathrm{C}}$，$\varphi_{\mathrm{y}}$ 分别为 0、$-90°$、$90°$。

RL 并联电路，$\varphi_{\mathrm{y}}=\arctan\dfrac{-B_{\mathrm{L}}}{G}$，$Y=G-\mathrm{j}B_{\mathrm{L}}=\sqrt{G^2+B_{\mathrm{L}}^2}\angle\arctan\dfrac{-B_{\mathrm{L}}}{G}$。

RC 并联电路，$\varphi_{\mathrm{y}}=\arctan\dfrac{B_{\mathrm{C}}}{G}$，$Y=G+\mathrm{j}B_{\mathrm{C}}=\sqrt{G^2+B_{\mathrm{C}}^2}\angle\arctan\dfrac{B_{\mathrm{C}}}{G}$。

由 RLC 并联各导纳的关系，可以推广到导纳并联的一般情况，等效导纳等于并联导纳之和。

4.7.3 复阻抗和复导纳的等效互换

由前面分析可知，同一无源二端网络，复阻抗与复导纳互为倒数，二者分别联系着串、并联电路端口电压和电流，由等效概念知，当端口电压、电流相同时，复阻抗与复导纳相互等效，则串、并联电路亦相互等效，其等效互换关系为 $ZY=1$，此式可写成

$$|Z|\angle\varphi_{\mathrm{z}}\,|Y|\angle\varphi_{\mathrm{y}}=1$$

即 $|Z||Y|=1$，$\angle\varphi_{\mathrm{z}}+\varphi_{\mathrm{y}}=1$，则 $\varphi_{\mathrm{z}}+\varphi_{\mathrm{y}}=0$，因此 $\varphi_{\mathrm{z}}=-\varphi_{\mathrm{y}}$。

根据上式可以推导出两种等效电路参数间的关系。对于串联电路，有

$$Z=R+\mathrm{j}X$$

则

$$\begin{aligned}Y&=\frac{1}{Z}=\frac{1}{R+\mathrm{j}X}=\frac{R-\mathrm{j}X}{(R+\mathrm{j}X)(R-\mathrm{j}X)}\\&=\frac{R}{R^2+X^2}-\mathrm{j}\frac{X}{R^2+X^2}=G+\mathrm{j}B\end{aligned}$$

其中 $G=\dfrac{R}{R^2+X^2}$，$B=-\dfrac{X}{R^2+X^2}$ 是把 R 和 X 串联变换为并联时电导和电纳的计算公式。

对于并联电路，有

$$Y=G+\mathrm{j}B$$

则

$$Z=\frac{1}{Y}=\frac{1}{G+\mathrm{j}B}=\frac{G}{G^2+B^2}-\mathrm{j}\frac{B}{G^2+B^2}=R+\mathrm{j}X$$

其中 $R=\dfrac{G}{R^2+B^2}$，$X=-\dfrac{B}{G^2+B^2}$ 是把 G 和 B 并联变换为串联时电阻和电抗的计算公式。

从以上可以看出

$$G\neq\frac{1}{R},\quad R\neq\frac{1}{G},\quad B\neq\frac{1}{X},\quad X\neq\frac{1}{B}$$

注意：只有在同频率条件下才能进行复阻抗与复导纳的等效互换，互换后电路的性质不变。

例 4.16 RL 串联电路图 4.35(a)所示。已知 $R=50\ \Omega$，$L=0.06\ \mathrm{mH}$，$\omega=10^6\ \mathrm{rad/s}$，

将其等效为图(c)所示的 R'、L'并联电路，求 R'和 L'的大小。

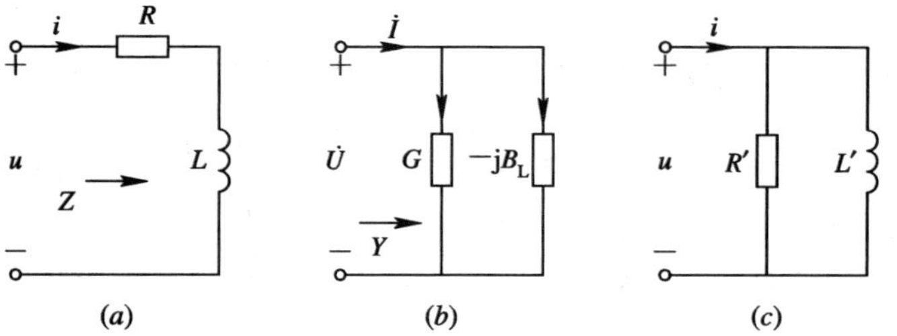

图 4.35 例 4.16 图

解 原电路的等效并联电路如图 4.35(b)所示，依原电路，有

$$X_L = \omega L = 10^6 \times 0.06 \times 10^{-3} = 60\ \Omega$$

$$Z = R + jX_L = 50 + j60 = 78.1\angle 50.2^\circ\ \Omega$$

故有

$$Y = \frac{1}{Z} = \frac{1}{78.1\angle 50.2^\circ}$$

$$= 0.0128\angle -50.2^\circ$$

$$= (0.0082 - j0.0098)\ S$$

对于图 4.35(c)所示电路，有 G=0.0082 S，B_L=0.0098 S，等效时应有 $Y=Y'$的关系，故

$$Y' = \frac{1}{R'} - j\frac{1}{\omega L'},\quad G = \frac{1}{R'} = 0.0082\ S,\quad B_L = \frac{1}{\omega L'} = 0.0098\ S$$

则

$$R' = \frac{1}{G} = 122\ \Omega,\quad L' = \frac{1}{\omega B_L} = 0.102\ mH$$

练习与思考

4.7－1 图 4.36 中，电流表 A_1、A_2 的读数都是 10 A，求电流表 A 的读数。

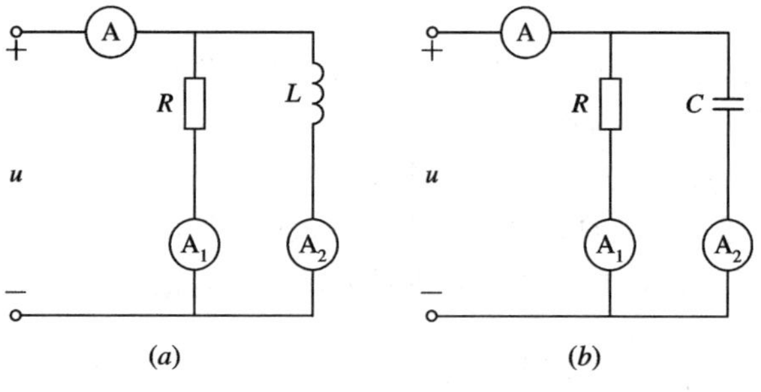

图 4.36 题 4.7－1 图

4.7-2　图 4.37 中，已知电流表 A_1、A_2、A_3 的读数均为 10 A，求电流表 A 的读数。

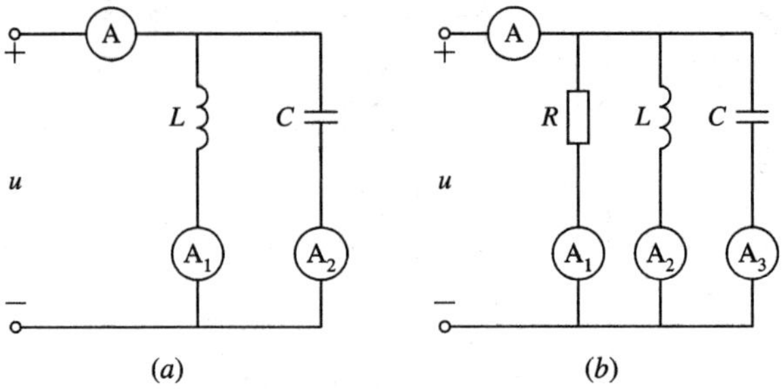

图 4.37　题 4.7-2 图

4.7-3　图 4.38 中，已知 $R=5\ \Omega$，$X_L=4\ \Omega$，当 S 打开或闭合时电流表的读数不变，求 X_C。

4.7-4　图 4.39 中，已知 $X_L=10\ \Omega$，S 打开和闭合时电流表的读数都是 5 A，求 X_C。

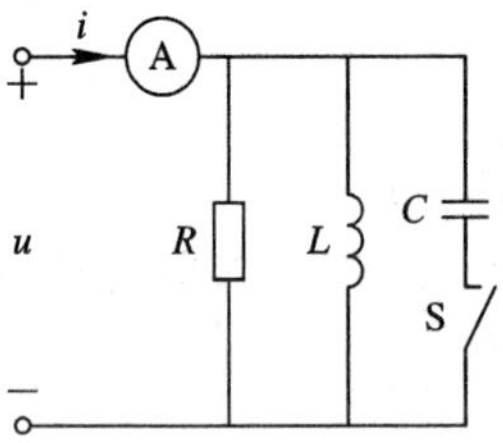

图 4.38　题 4.7-3 图

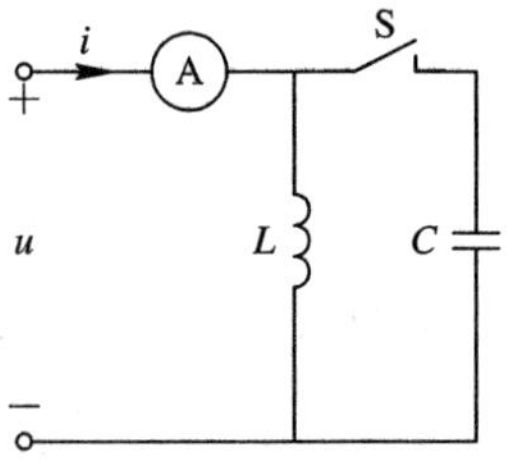

图 4.39　题 4.7-4 图

4.7-5　角频率为 ω、有效值为 U_1 的正弦电压接入 RC 串联电路。证明

$$\frac{U_1-U_R}{U_1}=1-\frac{1}{\sqrt{1+(1/\omega CR)^2}}$$

4.8　用相量法分析正弦交流电路

综前所述，用相量模型表示正弦电路后，就可用分析计算直流电路的方法来分析计算正弦电路。称此为相量法，其一般步骤为：

(1) 作相量模型：电压(电流)均为相量形式，元件均为复阻抗(复导纳)形式。

(2) 用分析计算直流电路的方法来分析计算，其结果即为正弦量的相量值。

(3) 根据题目要求，写出正弦量的解析式或计算出其他量。

4.8.1　复阻抗混联电路的分析计算

例 4.17　电路如图 4.40(a)所示，$u_S(t)=40\sqrt{2}\sin 3000t$ V，求 i、i_C、i_L。

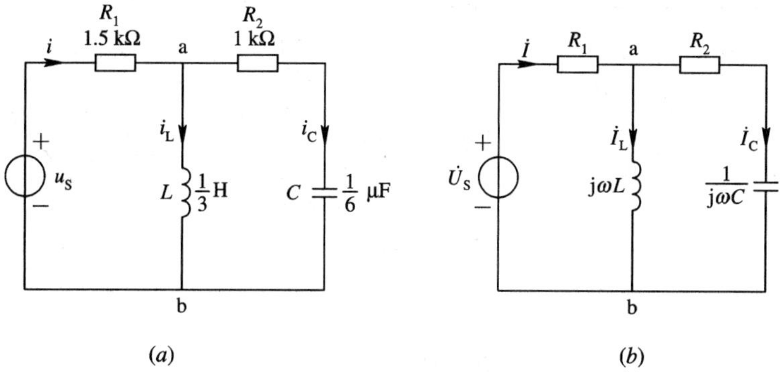

图 4.40　例 4.17 图

解　写出已知正弦电压的相量

$$\dot{U}_S = 40\angle 0^\circ \text{ V}$$

作相量模型，如图 4.40(b)所示。其中，电感元件和电容元件的复阻抗分别为

$$\text{j}\omega L = \text{j}3000 \times \frac{1}{3} = \text{j}1 \text{ k}\Omega$$

$$\frac{1}{\text{j}\omega C} = -\text{j}\frac{1}{3000 \times \frac{1}{6} \times 10^{-6}} = -\text{j}2 \text{ k}\Omega$$

$$Z = 1.5 + Z_{ab} = 1.5 + \frac{\text{j}1(1-\text{j}2)}{\text{j}1+1-\text{j}2}$$

$$= 1.5 + \frac{2+\text{j}1}{1-\text{j}1} = 1.5 + \frac{(2+\text{j}1)(1+\text{j}1)}{(1-\text{j}1)(1+\text{j}1)}$$

$$= 1.5 + \frac{1+\text{j}3}{2} = 2 + \text{j}1.5 = 2.5\angle 37^\circ \text{ k}\Omega$$

$$\dot{I} = \frac{\dot{U}_S}{Z} = \frac{40\angle 0^\circ}{2.5\angle 37^\circ} = 16\angle -37^\circ \text{ mA}$$

$$\dot{I}_C = \frac{\text{j}1}{1+\text{j}1-\text{j}2}\dot{I} = \frac{\text{j}1}{1-\text{j}1}\dot{I} = \frac{(\text{j}1)(1+\text{j}1)}{2}\dot{I} = \frac{-1+\text{j}1}{2}\dot{I}$$

$$= 0.707\angle 135^\circ \dot{I} = 0.707\angle 135^\circ \times 16\angle -37^\circ = 11.3\angle 98^\circ \text{ mA}$$

$$\dot{I}_L = \frac{1-\text{j}2}{1+\text{j}1-\text{j}2}\dot{I} = \frac{1-\text{j}2}{1-\text{j}1}\dot{I} = \frac{3-\text{j}1}{2}\dot{I}$$

$$= 1.58\angle -18.4^\circ \times 16\angle -37^\circ = 25.3\angle -55.4^\circ \text{ mA}$$

由各相量写出对应的正弦量

$$i(t) = 16\sqrt{2}\sin(3000t - 37^\circ) \text{ mA}$$

$$i_C(t) = 11.3\sqrt{2}\sin(3000t + 98^\circ) \text{ mA}$$

$$i_L(t) = 25.3\sqrt{2}\sin(3000t - 55.4^\circ) \text{ mA}$$

例 4.18　图 4.41(a)所示的电路中，端口电压 $u_{cd}(t) = 100\sqrt{2}\sin\omega t$ V，$R_1 = X_L$，$R_2 = X_C$，求 u_{ab}。

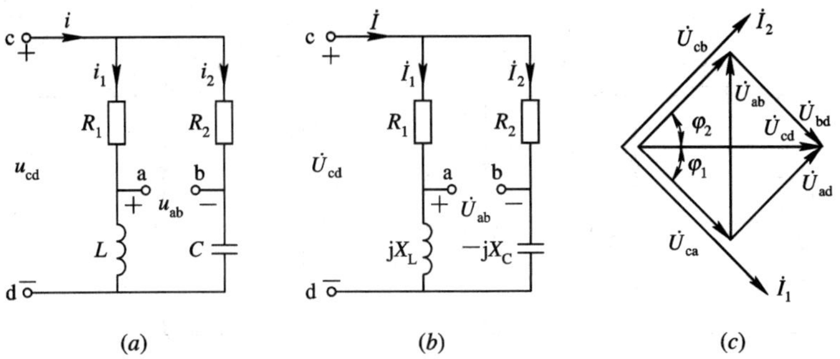

图 4.41　例 4.18 图

解　端口正弦电压的相量

$$\dot{U}_{cd}=100\angle 0^\circ\ \text{V}$$

作相量模型，如图 4.41(*b*)所示。R_1 和 R_2 所在支路的复阻抗分别为

$$Z_1=R_1+jX_L=R_1+jR_1=\sqrt{2}R_1\angle 45^\circ\ \Omega$$

$$Z_2=R_2-jX_C=\sqrt{2}R_2\angle -45^\circ\ \Omega$$

$$\dot{U}_{ca}=\frac{R_1}{Z_1}\dot{U}_{cd}=\frac{R_1}{\sqrt{2}R_1\angle 45^\circ}100\angle 0^\circ=\frac{100}{\sqrt{2}}\angle -45^\circ\ \text{V}$$

则

$$\dot{U}_{cb}=\frac{R_2}{Z_2}\dot{U}_{cd}=\frac{R_2}{\sqrt{2}R_2\angle -45^\circ}100\angle 0^\circ=\frac{100}{\sqrt{2}}\angle 45^\circ\ \text{V}$$

由 KVL 得

$$\dot{U}_{ab}=\dot{U}_{ac}+\dot{U}_{cb}=\dot{U}_{cb}-\dot{U}_{ca}=\frac{100}{\sqrt{2}}(\angle 45^\circ-\angle -45^\circ)$$

$$=\frac{100}{\sqrt{2}}(\cos 45^\circ+j\sin 45^\circ-\cos 45^\circ+j\sin 45^\circ)$$

$$=j\frac{100}{\sqrt{2}}\times 2\sin 45^\circ=j\,100\ \text{V}=100\angle 90^\circ\ \text{V}$$

由相量 $\dot{U}_{ab}$写出相应的正弦量

$$u_{ab}(t)=100\sqrt{2}\sin(\omega t+90^\circ)\ \text{V}$$

以 $\dot{U}_{cd}$为参考相量作相量图如图 4.41(*c*)所示，亦可求相量 $\dot{U}_{ab}$，请读者自行分析。

例 4.19　图 4.42(*a*)所示为电子电路中常用的 *RC* 选频网络，端口正弦电压 u 的频率可以调节变化。求输出电压 u_2 与端口电压 u 同相时 u 的角频率 ω_0 及 U_2。

解　*RC* 串联部分和并联部分的复阻抗分别用 Z_1 和 Z_2 表示，且

$$Z_1=R+\frac{1}{j\omega C}=\frac{1+j\omega RC}{j\omega C},\quad Z_2=\frac{R\times\frac{1}{j\omega C}}{R+\frac{1}{j\omega C}}=\frac{R}{1+j\omega RC}$$

原电路的相量模型为 Z_1、Z_2 的串联，如图 4.42(*b*)，由分压关系得

$$\dot{U}_2=\frac{Z_2}{Z_1+Z_2}\dot{U}=\frac{1}{1+Z_1/Z_2}\dot{U}$$

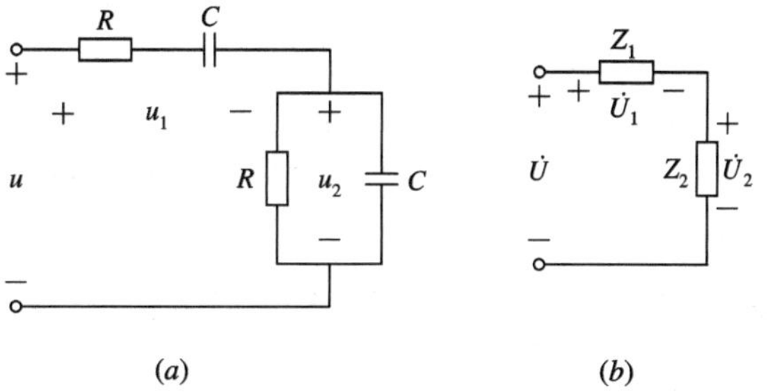

图 4.42　例 4.19 图

由题意知，$\dot{U}_2$ 与 $\dot{U}$ 同相时，$\dfrac{Z_1}{Z_2}$为纯虚数，取其虚部，有 $\mathrm{Im}\left[\dfrac{Z_1}{Z_2}\right]=0$，而

$$\frac{Z_1}{Z_2}=\frac{(1+\mathrm{j}\omega RC)(1+\mathrm{j}\omega RC)}{\mathrm{j}\omega RC}=-\mathrm{j}\,\frac{1-\omega^2R^2C^2+\mathrm{j}2\omega RC}{\omega RC}=\frac{2\omega RC+\mathrm{j}(\omega^2R^2C^2-1)}{\omega RC}$$

那么

$$\omega_0^2R^2C^2-1=0$$

则

$$\omega_0=\frac{1}{RC}$$

$$\frac{Z_1}{Z_2}=\frac{2\omega_0RC}{\omega_0RC}=2\Rightarrow\frac{\dot{U}_2}{\dot{U}}=\frac{1}{1+Z_1/Z_2}=\frac{1}{3}$$

即

$$\dot{U}_2=\frac{1}{3}\dot{U}$$

则 u_2 和 u 同相，$U_2=\dfrac{1}{3}U$ 且为最大值。

4.8.2　用网孔法和节点法分析正弦电路

例 4.20　图 4.43 所示电路，已知 $\dot{U}_{S1}=100\angle 0^\circ$ V，$\dot{U}_{S2}=100\angle 90^\circ$ V，$R=5\ \Omega$，$X_C=2\ \Omega$，$X_L=5\ \Omega$，求各支路电流。

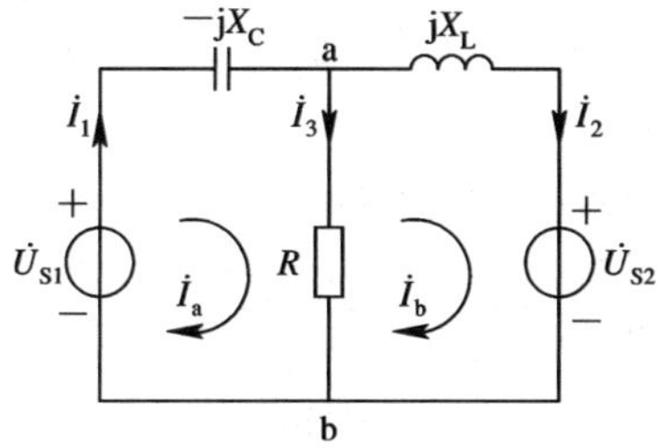

图 4.43　例 4.20 图

解　依图中支路电流 $\dot{I}_1$、$\dot{I}_2$、$\dot{I}_3$ 和网孔电流 $\dot{I}_a$、$\dot{I}_b$ 的参考方向，网孔方程为

$$(5-\mathrm{j}2)\dot{I}_a\qquad-5\dot{I}_b=100$$

$$-5\dot{I}_a+(5+\mathrm{j}5)\dot{I}_b=-\mathrm{j}100$$

那么

$$\dot{I}_a=\frac{\begin{vmatrix}100 & -5\\ -j100 & 5+j5\end{vmatrix}}{\begin{vmatrix}5-j2 & -5\\ -5 & 5+j5\end{vmatrix}}=\frac{100(5+j5)-j500}{(5-j2)(5+j5)-25}=\frac{500+j500-j500}{25+10+j15-25}$$

$$=\frac{500}{10+j15}=\frac{100}{2+j3}=15.38-j23.1=27.8\angle-56.3^\circ\ \text{A}$$

$$\dot{I}_b=\frac{\begin{vmatrix}5-j2 & 100\\ -5 & -j100\end{vmatrix}}{\begin{vmatrix}5-j2 & -5\\ -5 & 5+j5\end{vmatrix}}=\frac{60-j100}{2+j3}=\frac{116\angle-59^\circ}{3.61\angle56.3^\circ}=32.3\angle-115.3^\circ\ \text{A}$$

$$\dot{I}_1=\dot{I}_a=27.8\angle-56.3^\circ\ \text{A}$$

$$\dot{I}_2=\dot{I}_b=32.3\angle-115.3^\circ\ \text{A}$$

$$\dot{I}_3=\dot{I}_a-\dot{I}_b=29.2+j6.1=29.8\angle11.8^\circ\ \text{A}$$

例 4.21 图 4.44(*a*)为 *RC* 滞后移相电路，输入电压的有效值 U_i 为已知，角频率 ω 可以调节。求输出电压 u_o 比 u_i 滞后 90°时的 ω_o 及 U_o。

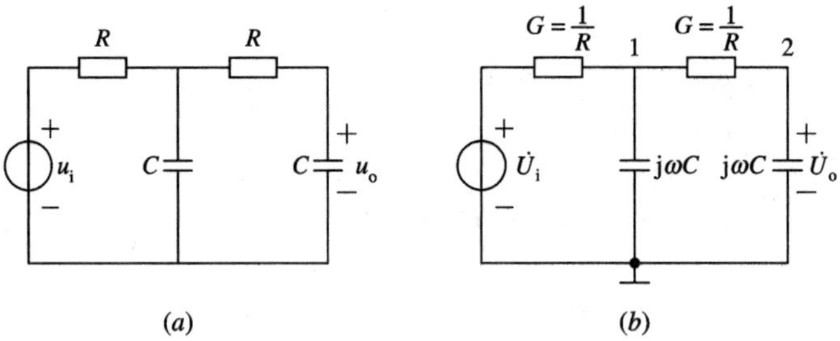

图 4.44　例 4.21 图

解　作相量模型如图 4.21(*b*)，用节点法求，把右边 *R* 和 *C* 的连接点当作一个节点 2，计算出该点的电压 $\dot{U}_2$ 即 $\dot{U}_o$ 的相量，节点方程为

$$\left.\begin{aligned}(2G+j\omega C)\dot{U}_1-G\dot{U}_2&=G\dot{U}_i\\ -G\dot{U}_1+(G+j\omega C)\dot{U}_2&=0\end{aligned}\right\}$$

则

$$\dot{U}_o=\dot{U}_2=\frac{\begin{vmatrix}2G+j\omega C & G\dot{U}_i\\ -G & 0\end{vmatrix}}{\begin{vmatrix}2G+j\omega C & -G\\ -G & G+j\omega C\end{vmatrix}}=\frac{G^2\dot{U}_i}{G^2-\omega^2C^2+j3G\omega C}$$

由依题意知，$\dot{U}_0$ 为纯虚数，取其实部，有

$$\text{Re}[G^2-\omega^2C^2+j3G\omega C]=0$$

即

$$G^2-\omega^2C^2=0$$

$$\omega^2C^2=G^2$$

或

$$\omega^2=\frac{G^2}{C^2}=\frac{1}{R^2C^2}$$

则

$$\omega_o=\frac{1}{RC}$$

而

$$\dot{U}_o=-\mathrm{j}\,\frac{G^2\dot{U}_i}{3G\omega C}=-\mathrm{j}\,\frac{1}{3}\dot{U}_i$$

由此可知，当 $\omega_o=\dfrac{1}{RC}$时，$\dot{U}_o$ 比 $\dot{U}_i$ 滞后 90°时，$U_o=\dfrac{1}{3}U_i$，且为最大。

例 4.22 如图 4.45 所示电路，已知 $\dot{I}_S=10\angle 0^\circ$ A，$G=1$ S，$\omega C=1$ S，$\dfrac{1}{\omega L}=0.5$ S，求 $\dot{I}$。

解 用节点法列节点方程

$$(1+\mathrm{j}1)\dot{U}_1-\mathrm{j}1\dot{U}_2=10\angle 0^\circ$$

$$-\mathrm{j}1\dot{U}_1+(\mathrm{j}1-\mathrm{j}0.5)\dot{U}_2=-3\dot{U}_1$$

整理，得

$$(1+\mathrm{j}1)\dot{U}_1-\mathrm{j}1\dot{U}_2=10\angle 0^\circ$$

$$(3-\mathrm{j}1)\dot{U}_1+\mathrm{j}0.5\dot{U}_2=0$$

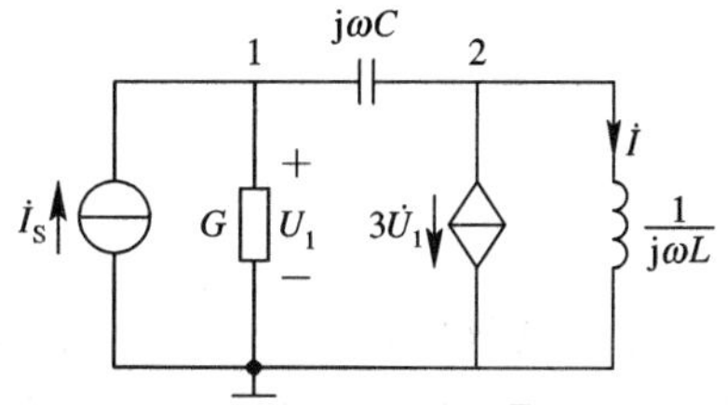

图 4.45 例 4.22 图

从而得

$$\dot{U}_2=\frac{\begin{vmatrix}1+\mathrm{j}1 & 10\\ 3-\mathrm{j}1 & 0\end{vmatrix}}{\begin{vmatrix}1+\mathrm{j}1 & -\mathrm{j}1\\ 3-\mathrm{j}1 & \mathrm{j}0.5\end{vmatrix}}=\frac{10(-3+\mathrm{j}1)}{0.5+\mathrm{j}3.5}=8.94\angle 79.7^\circ\ \mathrm{V}$$

则

$$\dot{I}=\frac{\dot{U}_2}{\mathrm{j}\omega L}=0.5\angle -90^\circ\times 8.94\angle 79.7^\circ=4.47\angle -10.3^\circ\ \mathrm{A}$$

4.8.3 用戴维南定理分析正弦电路

例 4.23 用戴维南定理求例 4.20 中 R 支路的电流 $\dot{I}_3$。

解 将图 4.43 电路改画为图4.46(a)所示，R 以左为有源二端网络。

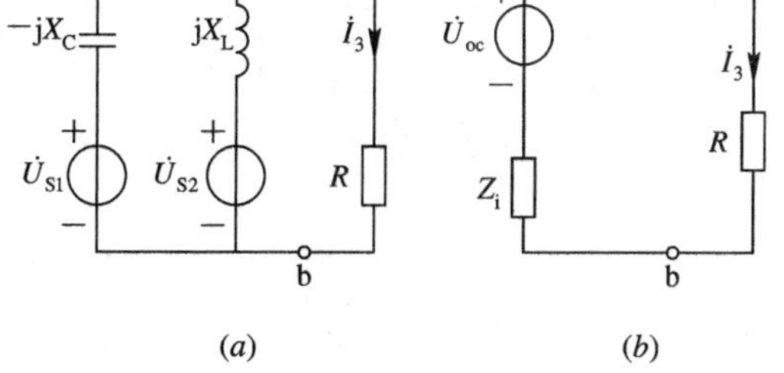

图 4.46 例 4.23 图

先求开路电压

$$\dot{U}_{oc}=\frac{\dot{U}_{S1}Y_1+\dot{U}_{S2}Y_2}{Y_1+Y_2}=\frac{100\times\frac{j}{2}+j100\times\left(-\frac{j}{5}\right)}{\frac{j}{2}-\frac{j}{5}}$$

$$=\frac{20+j50}{j0.3}=\frac{53.9\angle 68.2^\circ}{0.3\angle 90^\circ}=179.7\angle -21.8^\circ\ \text{V}$$

再求等效内复阻抗

$$Z_i=j5\ /\!/\ (-j2)=\frac{j5(-j2)}{j5-j2}=\frac{10}{j3}=-j3.33\ \Omega$$

戴维南电路与待求支路连接后如图 4.46(*b*)所示，则

$$\dot{I}_3=\frac{\dot{U}_{oc}}{Z_i+R}=\frac{179.7\angle -21.8^\circ}{5-j3.33}$$

$$=\frac{179.7\angle -21.8^\circ}{6\angle -33.6^\circ}=29.9\angle 11.8^\circ\ \text{A}$$

4.8.4 相量图法

用作相量图来分析正弦电路的方法叫相量图法。此法形象直观，由图形的几何关系可计算出结果，避免繁琐计算。作相量图时，先确定参考相量。并联电路常以电压为参考相量，串联电路常以电流为参考相量。

例 4.24 图 4.47(*a*)所示电路的相量模型中，$I_L=I=10$ A，$U_1=U_2=200$ V，求 X_C。

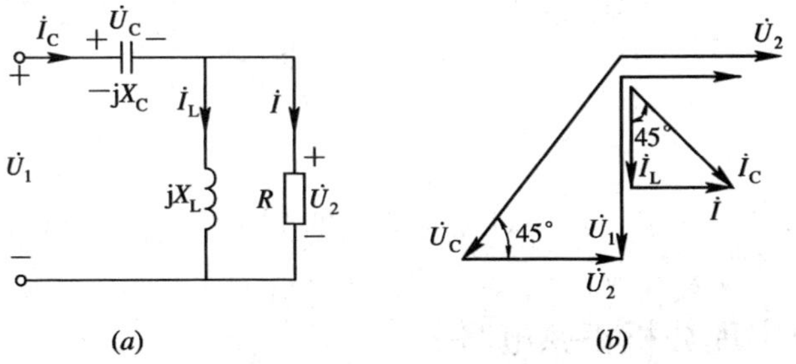

图 4.47 例 4.24 图

解 作相量图如图 4.47(*b*)所示：以 $\dot{U}_2$ 为参考相量，由电阻、电感元件的性质及题给条件 $I_L=I$ 作出 $\dot{I}_L$ 和 $\dot{I}$。依 KCL 有 $\dot{I}_C=\dot{I}_L+\dot{I}$，作出 $\dot{I}_C$。由电容元件的性质，作出 $\dot{U}_C$。依 KVL 有 $\dot{U}_1=\dot{U}_C+\dot{U}_2$ 及题给条件 $\dot{U}_1=\dot{U}_2$ 作出电压 $\dot{U}_1$(特别注意 $\dot{U}_1$ 的位置)。由相量图可知

$$I_C=\sqrt{I^2+I_L^2}=10\sqrt{2}\ \text{A}$$

$$U_C=\sqrt{2}U_1=200\sqrt{2}\ \text{V}$$

而

$$X_C=\frac{U_C}{I_C}=\frac{200\sqrt{2}}{10\sqrt{2}}=20\ \Omega$$

例 4.25 图 4.48(*a*)所示的并联复阻抗电路中，$U=20$ V，$Z_1=3+j4\ \Omega$。S 闭合前后 I 的有效值不变，S 闭合后的 $\dot{I}$ 与 $\dot{U}$ 同相。求 Z_2。

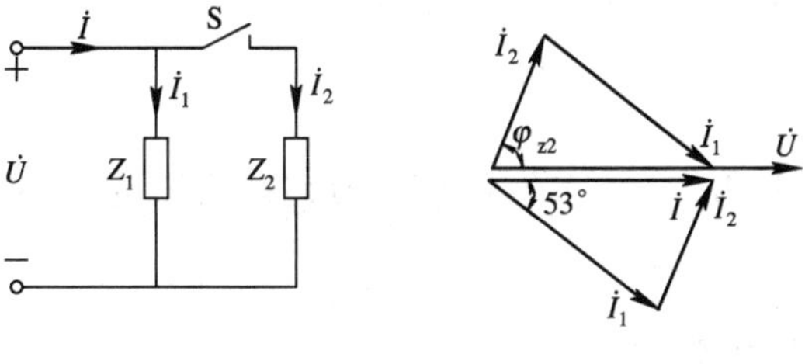

图 4.48　例 4.25 图

解　根据题给条件，以 $\dot{U}$ 为参考相量，由 $Z_1=3+\mathrm{j}4\ \Omega$ 可知负载 Z_1 为感性，$\dot{I}_1$ 滞后 $\dot{U}$，$\varphi_{z1}=\arctan\dfrac{4}{3}=53°$。由此确定出 $\dot{I}_1$ 位置。S 闭合前后，$|\dot{I}|=|\dot{I}_1|$，$\dot{I}$ 和 $\dot{U}$ 同相，且 $\dot{I}=\dot{I}_1+\dot{I}_2$，所以 $\dot{I}_1$、$\dot{I}_2$ 及 $\dot{I}$ 组成一个等腰三角形，两个底角为$(180°-53°)/2=63.5°$。则复阻抗 Z_2 的阻抗角 $\varphi_{z2}=-63.5°$。可画相量图如图 4.48(b)所示。

$$I=I_1=\frac{U}{|Z_1|}=\frac{20}{\sqrt{3^2+4^2}}=4\ \mathrm{A}$$

由相量图可知

$$I_2=2I_1\cos 63.5°=8\times 0.446=3.57\ \mathrm{A}$$

则

$$|Z_2|=\frac{U}{I_2}=\frac{20}{3.57}=5.6\ \Omega$$

而

$$Z_2=|Z_2|\angle\varphi_{z2}=5.6\angle -63.5°=2.5-\mathrm{j}5\ \Omega$$

练习与思考

4.8-1　图 4.49 表示电子电路中常用的脉冲分压器。试证明，$R_1C_1=R_2C_2$ 时，分压比$\dfrac{U_2}{U_1}=\dfrac{R_2}{R_1+R_2}$，与输入电压的频率无关。

4.8-2　用相量图法求出例 4.19 中的 ω_0。

4.8-3　图 4.50 所示电路中，已知 $\dot{I}_{S1}=1\angle 0°\ \mathrm{A}$，$\dot{I}_{S2}=\mathrm{j}2\ \mathrm{A}$，$Z_1=\mathrm{j}2\ \Omega$，$Z_2=-\mathrm{j}1\ \Omega$，$Z=1\ \Omega$，试求 $\dot{I}$。

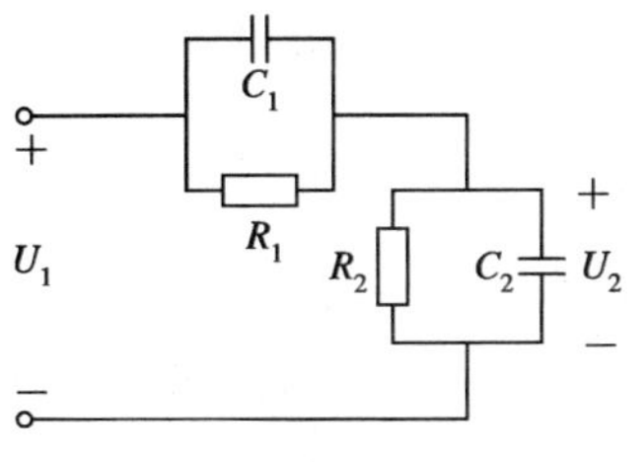

图 4.49　题 4.8-1 图

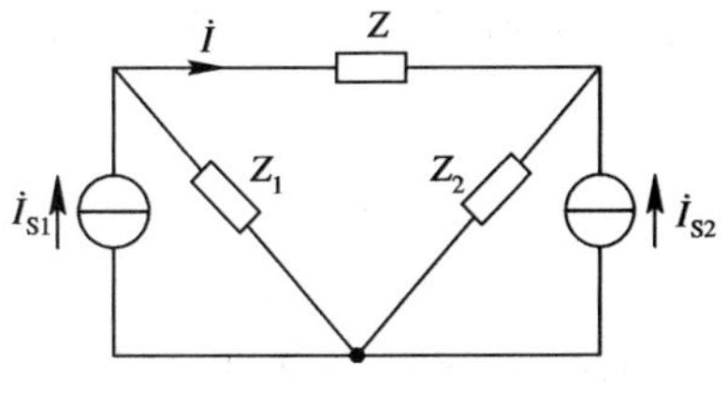

图 4.50　题 4.8-3 图

4.8-4　例 4.18 中，若 R_2 与 C 位置对调，求 u_{ab}。

4.9　正弦交流电路中的功率

4.9.1　有功分量和无功分量

1. 电压的有功分量和无功分量

对于图 4.51(*a*)所示的无源二端网络，定义出关联参考方向下的复阻抗为

$$Z = R + jX$$

则

$$\dot{U} = Z\dot{I} = (R + jX)\dot{I} = R\dot{I} + jX\dot{I} = \dot{U}_a + \dot{U}_r$$

对电流而言，电压相量可分解成 $\dot{U}_a$ 和 $\dot{U}_r$，相量图如图 4.51(*b*)所示，相量模型如图 4.51(*c*)所示。与 $\dot{I}$ 同相的 $\dot{U}_a$ 为有功分量，其模 $U_a = U\cos\varphi_z$，为二端网络等效电阻 R 上的电压，$U_a I = UI\cos\varphi_z$ 就是网络的有功功率。与 $\dot{I}$ 相差 90°的 $\dot{U}_r$ 为无功分量，其模 $U_r = U\sin\varphi_z$ 为网络等效电抗 X 上的电压，$U_r I = UI\sin\varphi_z$ 就是网络的无功功率。

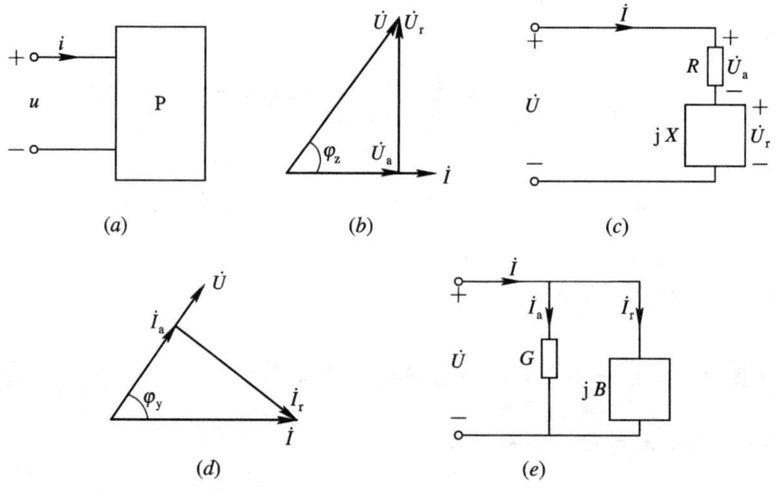

图 4.51　电压电流相量的分解

2. 电流的有功分量和无功分量

图 4.51(*a*)所示的无源网络，还可定义出关联参考方向下的导纳为

$$Y = G + jB$$

则

$$\dot{I} = Y\dot{U} = (G + jB)\dot{U} = G\dot{U} + jB\dot{U} = \dot{I}_a + \dot{I}_r$$

对电压而言，电流相量可分解成 $\dot{I}_a$ 和 $\dot{I}_r$，相量图如图 4.51(*d*)所示，相量模型如图 4.51(*e*)所示。与 $\dot{U}$ 同相的 $\dot{I}_a$ 为有功分量，为流经二端网络等效电阻 R 的电流，其模 $I_a = I\cos\varphi_y$，$UI_a = UI\cos\varphi_y$ 就是网络的有功功率。与 $\dot{U}$ 相差 90°的 $\dot{I}_r$ 为无功分量，是流经

网络等效电纳 B 的电流，其模 $I_r = I\sin\varphi_z$，$UI_r = UI\sin\varphi_y$ 就是网络的无功功率。

4.9.2 有功功率、无功功率、视在功率

由 4.9.1 节的分析可知，二端网络端口电压、电流有效值分别为 U、I，关联参考方向下相位差为 φ 时，吸收的有功功率，即平均功率为

$$P = UI\cos\varphi \tag{4-44}$$

吸收的无功功率，即交换能量的最大速率

$$Q = UI\sin\varphi \tag{4-45}$$

φ 有正有负，故 Q 是可正可负的代数量，在电压、电流关联参考方向下，按式(4-45)计算，感性无源二端网络的无功功率为正值，容性无源二端网络的无功功率为负值。

因电压、电流之间存在相位差，正弦电路的平均功率小于 UI，称 UI 为视在功率，即

$$S = UI = \sqrt{P^2 + Q^2} \tag{4-46}$$

S 表示在电压 U 和电流 I 作用下，电源可能提供的最大功率。为了与平均功率相区别，其单位用伏·安(V·A)，常用的单位还有千伏·安(kV·A)。

一般发电机、变压器、电器都是按照额定的电压、电流设计和使用的，用视在功率表示设备的容量比较方便。通常所说的变压器、发电机的容量就是指视在功率。

式(4-46)中的 P、Q、S 可组成一个直角三角形，它与电压三角形相似，称其为功率三角形，如图 4.52 所示。

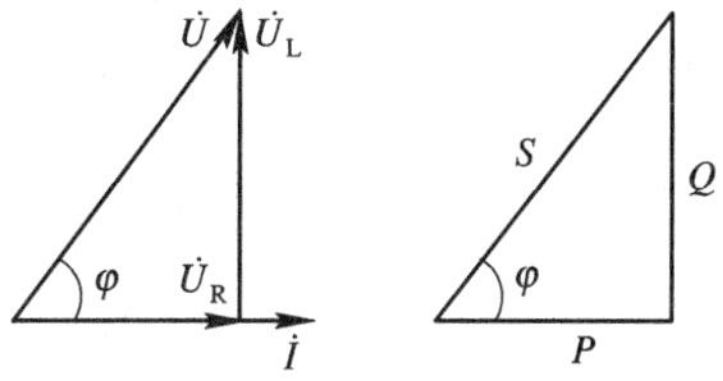

图 4.52 功率三角形

4.9.3 功率因数的提高

1. 功率因数的定义

式(4-44)中决定有功功率大小的参数 $\cos\varphi$ 称功率因数，用 λ 表示，其定义为

$$\lambda = \cos\varphi = \frac{P}{S} \tag{4-47}$$

式中，λ 体现了有功功率在视在功率中占有的比例。功率因数的大小取决于电压与电流的相位差，故把 φ 角也称为功率因数角。

电力电路中，大部分接有动力用的电动机为感性负载，其 λ 较低，一般在 0.7～0.85 左右。负载的 $\lambda<1$，它的无功功率就不等于零，这就意味着电源输出的能量中总有一部分在负载和电源之间交换。λ 越低，电源供出的功率中交换部分所占的比例越大。

2. 功率因数的意义

功率因数是电力系统很重要的经济指标。

(1) 它关系到电源设备能否充分利用。例如一台额定容量为 10 000 kV·A 的变压器，若在额定电压、额定电流下运行，当负载的 $\lambda=1$ 时，它传输的有功功率为 10 000 kW，得到了充分的利用。负载的 λ 为 0.8 或 0.6 时，传输的有功功率分别是 8000 kW 和 6000 kW，变压器没有得到充分的利用。

（2）它关系到输电线路中电压和功率损耗的大小。在电源输出电压和负载的有功功率一定时，输电线的电流

$$I=\frac{P}{U\lambda}=\frac{P}{U\cos\varphi}$$

由此可见，负载的 λ 越小，输电线的电流越大，输电线的能量损耗就越大。

因此，为提高电源设备的利用率，减小线路压降及功率损耗，应尽量提高功率因数。

现代电网中采用高压直流输电，就是为了减少交流电由于无功功率交换能量在电网上产生的能量损耗。

3. 提高功率因数的方法

提高感性负载功率因数的常用方法之一是在其两端并联电容器，这样，电容与负载之间将进行一部分能量交换，减少了电源和负载间的能量交换，从而提高了功率因数。

感性负载提高功率因数的原理可用图 4.53 来说明。在图 4.53(*a*)中，未并电容前，线路中的电流 $\dot{I}$ 等于感性负载的电流 $\dot{I}_1$，功率因数角为 φ_1（φ_1 也是感性负载的阻抗角）。并联电容后，负载的电流 $\dot{I}_1$，端电压 $\dot{U}$，阻抗角 φ_1 均未变，但线路中的电流 $\dot{I}$ 变了。此时 $\dot{I}=\dot{I}_1+\dot{I}_C$，结合图 4.53(*b*)的相量图可见，其结果使得 $I<I_1$，φ_1 减小到 φ_2，因此使整个电路的功率因数从 $\cos\varphi_1$ 提高到 $\cos\varphi_2$。

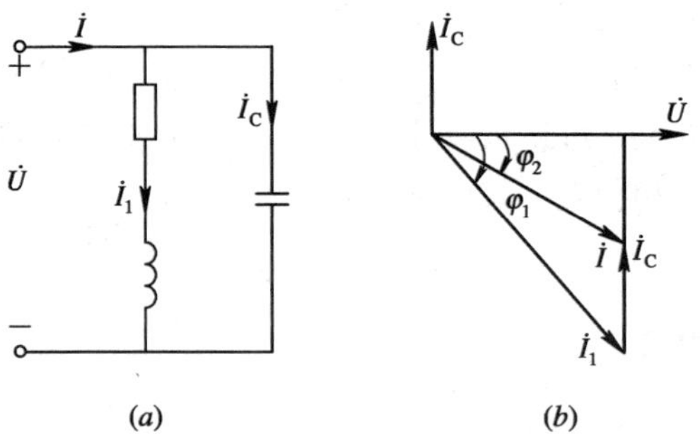

图 4.53　提高功率因数的原理

由图 4.53(*b*)可知

$$I_C=U\omega C=I_1\sin\varphi_1-I\sin\varphi_2$$
$$P=I_1U\cos\varphi_1=IU\cos\varphi_2$$

或

$$I_1=\frac{P}{U\cos\varphi_1},\quad I=\frac{P}{U\cos\varphi_2}$$

则

$$I_C=U\omega C=\frac{P}{U\cos\varphi_1}\sin\varphi_1-\frac{P}{U\cos\varphi_2}\sin\varphi_2$$
$$=\frac{P}{U}(\tan\varphi_1-\tan\varphi_2)$$

而并联电容器的电容值为

$$C=\frac{P}{\omega U^2}(\tan\varphi_1-\tan\varphi_2)$$

例如，$U=220$ V 的工频电为电源的 40 W 日光灯，功率因数由 $\cos\varphi_1=0.5$ 提高到 $\cos\varphi_2=0.9$，所并联电容器的电容值为

$$C=\frac{40}{100\times3.14\times220^2}(\tan(\arccos0.5)-\tan(\arccos0.9))$$
$$=\frac{40}{100\times3.14\times220^2}(1.732-0.4843)=3.282\ \mu\text{F}$$

练习与思考

4.9-1　图 4.54 中，R_1 已知，三个电压表读数分别为 U_1、U_2、U_3，证明负载的功率为

$$P=\frac{U_1^2-U_2^2-U_3^2}{2R_1}$$

4.9-2　图 4.55 中，R_1 已知，三个电流表的读数为 I_1、I_2、I_3。试证明负载的功率为

$$P=\frac{R_1(I_1^2-I_2^2-I_3^2)}{2}$$

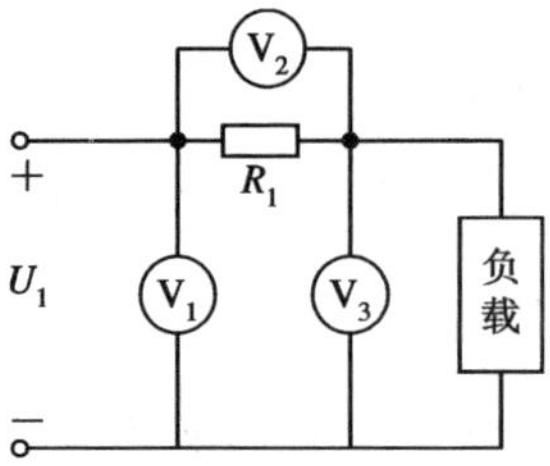

图 4.54　题 4.9-1 图

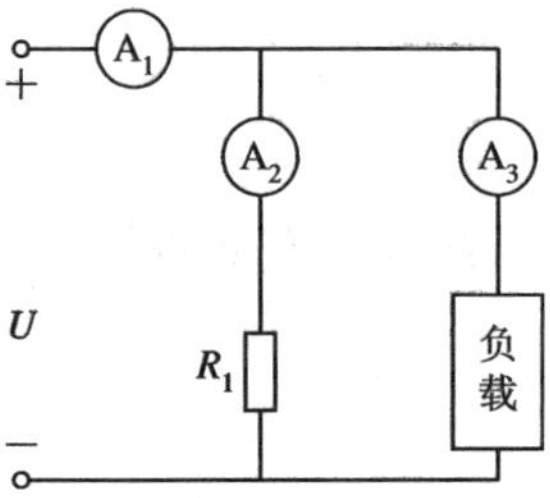

图 4.55　题 4.9-2 图

4.9-3　已知某无源网络的等效阻抗 $Z=10\angle60^\circ\ \Omega$，外加电压 $\dot{U}=220\angle15^\circ$ V，求网络的 P、Q、S、$\cos\varphi$。

4.10　正弦交流电路中的最大功率

在电子和通信技术中，一般要求负载能获得最大功率，现以如图 4.56 所示的电路相量模型为例，分析在 U_S、Z_S 给定的条件下，负载 Z_L 获得最大功率的条件。其中

$$Z_L=R_L+jX_L$$

由图可知，电路中电流相量为

$$\dot{I}=\frac{\dot{U}_S}{Z_S+Z_L}=\frac{\dot{U}_S}{(R_S+R_L)+j(X_S+X_L)}$$

电流的有效值为

$$I=\frac{U_S}{\sqrt{(R_S+R_L)^2+(X_S+X_L)^2}}$$

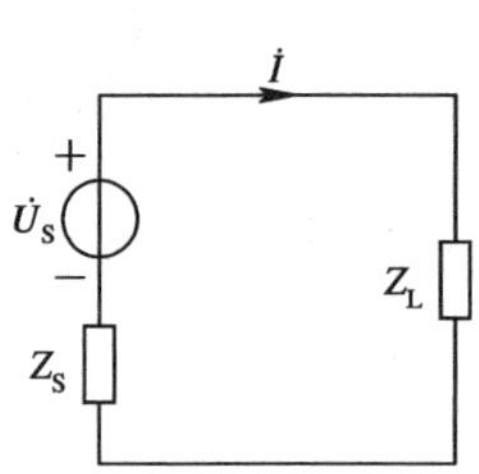

图 4.56　有内阻抗的交流电源

负载吸收的功率

$$P_L = I^2 R_L = \frac{U_S^2 R_L}{(R_S + R_L)^2 + (X_S + X_L)^2} \tag{4-48}$$

负载获得最大功率的条件与其调节参数的方式有关，下面分两种情况进行讨论。

1. 负载的电阻和电抗均可调节

从式(4－48)可见，若 R_L 保持不变，只改变 X_L，当 $X_S + X_L = 0$ 时，即 $X_L = -X_S$，P_L 可以获得最大值，这时

$$P_L = \frac{U_S^2 R_L}{(R_S + R_L)^2}$$

再改变 R_L，使 P_L 获得最大值的条件是

$$\frac{dP_L}{dR_L} = 0$$

即

$$\frac{dP_L}{dR_L} = U_S^2 \frac{(R_S + R_L)^2 - 2R_L(R_S + R_L)}{(R_S + R_L)^4} = 0$$

故

$$(R_S + R_L)^2 - 2R_L(R_S + R_L) = 0$$

得 $R_L = R_S$，因此，负载获得最大功率的条件为

$$\left.\begin{aligned} X_L &= -X_S \\ R_L &= R_S \end{aligned}\right\} \Rightarrow Z_L = \overset{*}{Z}_S \tag{4-49}$$

上式表明：当负载阻抗等于电源内阻抗的共轭复数时，负载获得最大功率。负载阻抗与电源内阻抗为共轭复数的关系称为共轭匹配。此时最大功率为

$$P_{max} = \frac{U_S^2}{4R_S} \tag{4-50}$$

2. 负载为纯电阻

此时，$Z_L = R_L$，R_L 可变化。这时式(4－48)中的 $X_L = 0$，即

$$P_L = \frac{U_S^2}{(R_S + R_L)^2 + X_S^2} R_L \tag{4-51}$$

P_L 为最大值的条件是$\frac{dP_L}{dR_L}=0$，即

$$\frac{dP_L}{dR_L} = U_S^2 \frac{[(R_S + R_L)^2 + X_S^2] - 2(R_S + R_L)R_L}{[(R_S + R_L)^2 + X_S^2]^2} = 0$$

由此可得

$$(R_S + R_L)^2 + X_S^2 = 2(R_S + R_L)R_L$$

或

$$R_L^2 = R_S^2 + X_S^2$$

即

$$R_L = \sqrt{R_S^2 + X_S^2} = |Z_S| \tag{4-52}$$

式中 $|Z_S|$ 为内阻抗的模。上式表明，当负载为纯电阻时，获得最大功率的条件是负载电阻

与电源的内阻抗的模相等，称此为模匹配。很显然，与共轭匹配相比较，这时负载获得的功率要小一些，即

$$P_{R\max}=\frac{U_S^2}{2\mid Z_S\mid(1+R_S/\mid Z_S\mid)}=\frac{U_S^2}{2\mid Z_S\mid(1+\cos\varphi_S)} \qquad (4-53)$$

例 4.26 图 4.57 所示正弦电路，R 和 L 为损耗电阻和电感(即为电源内阻参数)。已知 $u_S(t)=10\sqrt{2}\cdot\sin10^5t$ V，$R=5\ \Omega$，$L=50\ \mu\text{H}$。$R_L=5\ \Omega$，试求：

(1) R_L 获得的功率。

(2) 当 R_L 为何值时，能获得最大功率？最大功率等于多少？

(3) 若在 R_L 两端并联一电容 C，R_L 和 C 为何值时，R_L 能获得最大功率？并求此最大功率。

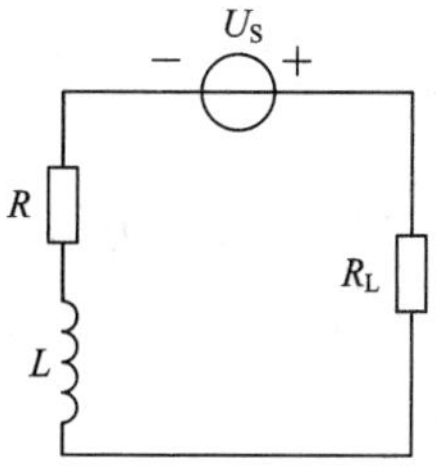

图 4.57 例 4.26 图

解 (1) 电源内阻抗为

$$Z_S=R+jX_S=5+j10^5\times50\times10^{-6}$$
$$=5+j5\ \Omega=5\sqrt{2}\underline{/45^\circ}\ \Omega$$

设电压源的相量为

$$\dot{U}_S=10\underline{/0^\circ}\ \text{V}$$

电路中的电流为

$$\dot{I}=\frac{\dot{U}_S}{Z_S+R_L}=\frac{10\underline{/0^\circ}}{5+j5+5}=\frac{10}{10+j5}$$
$$=\frac{10\underline{/0^\circ}}{11.18\underline{/26.6^\circ}}=0.89\underline{/-26.6^\circ}\ \text{A}$$

负载获得的功率为

$$P_L=I^2R_L=0.89^2\times5=4\ \text{W}$$

(2) 当 $R_L=|Z_S|=\sqrt{R^2+X_L^2}$ 时，模匹配，能获得最大功率，即

$$R_L=\sqrt{5^2+5^2}=7.07\ \Omega$$

电路中的电流为

$$\dot{I}=\frac{\dot{U}_S}{Z_S+R_L}=\frac{10\underline{/0^\circ}}{5+j5+7.07}=\frac{10\underline{/0^\circ}}{12.07+j5}$$
$$=\frac{10\underline{/0^\circ}}{13.06\underline{/22.5^\circ}}=0.766\underline{/-22.5^\circ}\ \text{A}$$

R_L 获得的最大功率为

$$P_{R\max}=I^2R_L=0.766^2\times7.07=4.15\ \text{W}$$

或

$$P_{R\max}=\frac{U_S^2}{2\mid Z_S\mid(1+\cos\varphi_S)}=\frac{10^2}{2\times5\sqrt{2}(1+\cos45^\circ)}=4.15\ \text{W}$$

(3) 并联电容后，负载的复导纳为

$$Y_L = \frac{1}{R_L} + j\omega C$$

则其复阻抗为

$$Z_L = \frac{1}{Y_L} = \frac{1}{\frac{1}{R_L} + j\omega C} = \frac{R_L}{1 + j\omega CR_L} = \frac{R_L}{1 + (\omega CR_L)^2} - j\frac{\omega CR_L^2}{1 + (\omega CR_L)^2}$$

根据共轭匹配，有 $Z_L = \overset{*}{Z}_S = 5 - j5$，得

$$\frac{R_L}{1 + (\omega CR_L)^2} = 5$$

$$\frac{\omega CR_L^2}{1 + (\omega CR_L)^2} = 5$$

联立求解，得

$$R_L = 10\ \Omega, \quad C = 1\ \mu F$$

电路中的电流为

$$\dot{I} = \frac{\dot{U}_S}{Z_L + Z_S} = \frac{10\angle 0^\circ}{5 - j5 + 5 + j5} = 1\ A$$

$$P_{max} = \frac{\dot{U}_S^2}{4R_S} = \frac{10^2}{4 \times 5} = 5\ W \quad (或\ P_{max} = I^2 R_L = 5\ W)$$

练习与思考

4.10-1　图 4.58 所示电路中，Z_L 的实部、虚部均能变动，若使 Z_L 获得最大功率时，Z_L 应为何值？最大功率是多少？（提示：将 Z_L 左边部分用戴维南定理等效为电压源与阻抗的串联。）

4.10-2　电路相量模型如图 4.59 所示，已知 $\dot{U}_S = 10\angle 0^\circ$ V，求 R_L 为何值时能获得最大功率？最大功率为多少？

4.10-3　电路相量模型如图 4.60 所示，已知 $\dot{U}_S = 20\angle 0^\circ$ V，Z_L 为何值时能获得最大功率？最大功率 P_{max} 为多少？若 Z_L 为电阻，求 Z_L 获得的最大功率。

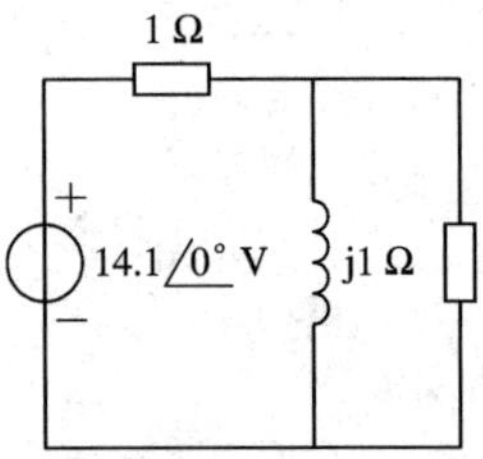

图 4.58　题 4.10-1 图

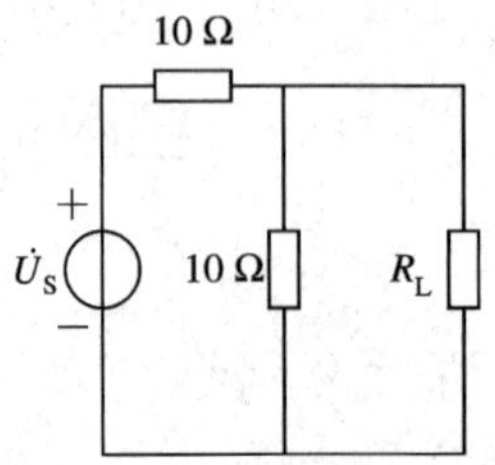

图 4.59　题 4.10-2 图

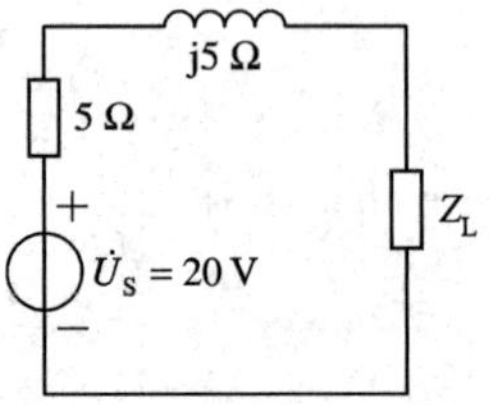

图 4.60　题 4.10-3 图

4.11 串联谐振

串联谐振的电路模型如图 4.61 所示。

4.11.1 串联谐振的条件

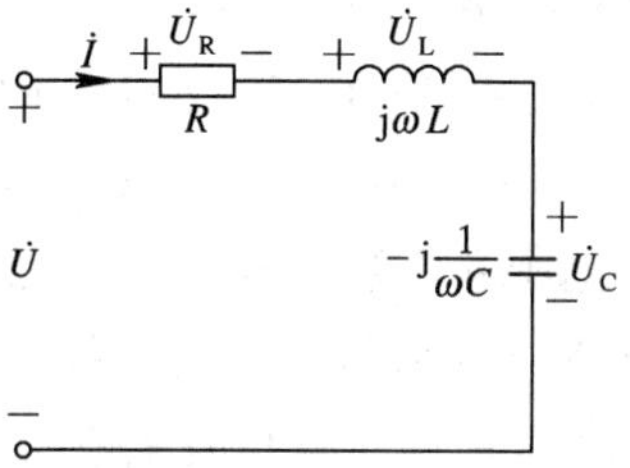

图 4.61 *RLC* 串联电路

图 4.61 所示电路中的阻抗为

$$Z=R+j\left(\omega L-\frac{1}{\omega C}\right)$$

由谐振的一般条件可得出串联谐振条件是

$$\omega L=\frac{1}{\omega C} \quad 即 \quad \omega=\frac{1}{\sqrt{LC}}$$

当电路 L、C 一定时，有

$$\omega=\omega_0=\frac{1}{\sqrt{LC}}$$

或

$$f=f_0=\frac{1}{2\pi\sqrt{LC}} \tag{4-54}$$

由于 ω_0 和 f_0 完全由电路参数 L、C 决定，所以 ω_0 和 f_0 称为固有角频率和固有频率。ω_0 和 f_0 随 L、C 变化而变化。因此，电路谐振的条件可以认为是：激励的频率与电路的固有频率相等。调谐过程就是使二者由不相等达到相等的过程。

当激励的频率 f 一定时，改变 L、C 使电路的固有频率 $f_0=f$ 而达到谐振。收音机选台就是这样，波段开关用来调节 L 值，调台旋钮用来改变可变电容器 C 的值。

4.11.2 串联谐振的特点

1. 电路的阻抗最小

由于谐振时，$X=0$，所以网络的复阻抗为一实数，即

$$Z_0=|Z_0|=\sqrt{R^2+(X_L-X_C)^2}=R$$

且最小。当 U 和 R 一定时，谐振时的端口电流 $I_0=U/R$ 为最大，称为谐振电流。

2. 电感电压和电容电压远大于端口电压

串联谐振时，网络的感抗和容抗相等，为

$$\omega_0 L=\frac{1}{\omega_0 C}=\frac{1}{\sqrt{LC}}L=\sqrt{\frac{L}{C}}=\rho$$

ρ 只与网络的 L、C 有关，叫做特性阻抗，单位为(Ω)。

串联谐振时电感电压和电容电压的有效值相等，为

$$U_{L0}=U_{C0}=\rho I_0=\frac{\rho}{R}U$$

$\dot{U}_{L0}$与$\dot{U}_{C0}$反相而相互“抵消”，所以网络的端口电压就等于电阻电压，即

$$\dot{U}=\dot{U}_R=R\dot{I}_0,\quad U=RI_0$$

$$\frac{\rho}{R}=\frac{\omega_0 L}{R}=\frac{1}{R\omega_0 C}=\frac{1}{R}\sqrt{\frac{L}{C}}=Q$$

Q为网络的品质因数(不要与无功功率Q相混淆)，只和网络参数R、L、C有关。电子工程中Q值一般在10～500之间。由于$Q\gg1$时，$U_{L0}=U_{C0}=QU\gg U$。故串联谐振又叫电压谐振。从衡量电感、电容获得电压大小的角度考虑，Q正好体现了网络品质的好坏。

在电子和广播技术中，利用谐振将所接收的微弱信号变为很强信号，如收音机通过调谐使其固有频率与某一电台频率相同而产生谐振，从而使该台的信号在电路中响应最强。在电力工程中则应避免发生或接近谐振，以免损坏电气设备。

例 4.27 串联谐振电路中，$U=25$ mV，$R=50\ \Omega$，$L=4$ mH，$C=160$ pF。

(1) 求电路的f_0、I_0、ρ、Q和U_{C0}。

(2) 当端口电压不变，频率变化10%时，求电路中的电流和电压。

解 (1) 谐振频率

$$f_0=\frac{1}{2\pi\sqrt{LC}}=\frac{1}{2\pi\sqrt{4\times10^{-3}\times160\times10^{-12}}}\approx200\text{ kHz}$$

端口电流

$$I_0=\frac{U}{R}=\frac{25}{50}=0.5\text{ mA}$$

特性阻抗

$$\rho=\omega_0 L=\frac{1}{\omega_0 C}=\sqrt{\frac{L}{C}}=\sqrt{\frac{4\times10^{-3}}{160\times10^{-12}}}=5000\ \Omega$$

品质因数

$$Q=\frac{\rho}{R}=\frac{5000}{50}=100$$

$$U_{L0}=U_{C0}=QU=100\times25=2500\text{ mV}=2.5\text{ V}$$

(2) 当端口电压频率增大10%时，

$$f=f_0(1+0.1)=220\text{ kHz}$$

感抗

$$X_L=2\pi fL=2\pi\times10^3\times220\times4\times10^{-3}=5526.4\ \Omega$$

容抗

$$X_C=\frac{1}{2\pi f_C}=\frac{1}{2\pi\times220\times10^3\times160\times10^{-12}}=4523.7\ \Omega$$

阻抗的模

$$|Z|=\sqrt{R^2+(X_L-X_C)^2}\approx\sqrt{50^2+(5500-4500)^2}\approx1000\ \Omega$$

电流

$$I=\frac{U}{|Z|}=\frac{25}{1000}=0.025\text{ mA}$$

电容电压

$$U_C = X_C I = 4523.7 \times 0.025 = 113\ \text{mV}$$

可见，激励电压频率偏离谐振频率少许，端口电流、电容电压会迅速衰减。

4.11.3 串联谐振的谐振曲线

1. 频率特性曲线

正弦电路中电压、电流随正弦激励频率变化的关系称为频率特性(或频率响应)。用复数表示的量，其模与频率的关系称为幅频特性，幅角与频率的关系称为相频特性；将幅频特性和相频特性用曲线表示，称为幅频特性曲线和相频特性曲线。如 RLC 电路，其阻抗

$$Z = R + \mathrm{j}\left(\omega L - \frac{1}{\omega C}\right) = R + \mathrm{j}X = \sqrt{R^2 + \left(\omega L - \frac{1}{\omega C}\right)^2} \angle \arctan\frac{X}{R}$$

它的幅频特性和相频特性分别为

$$|Z(\omega)| = \sqrt{R^2 + \left(\omega L - \frac{1}{\omega C}\right)^2}$$

$$\varphi(\omega) = \arctan\frac{\omega L - \dfrac{1}{\omega C}}{R}$$

相应的幅频特性曲线和相频特性曲线如图 4.62 所示。

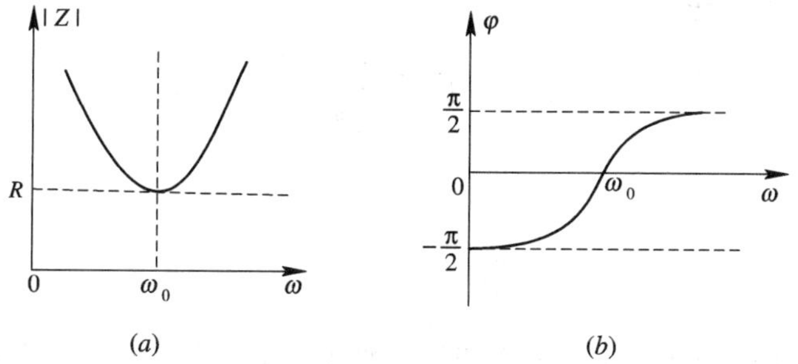

图 4.62 串联谐振的频率特性曲线

2. 电流谐振曲线

电流的频率特性曲线又称电流谐振曲线，如图4.63 所示。

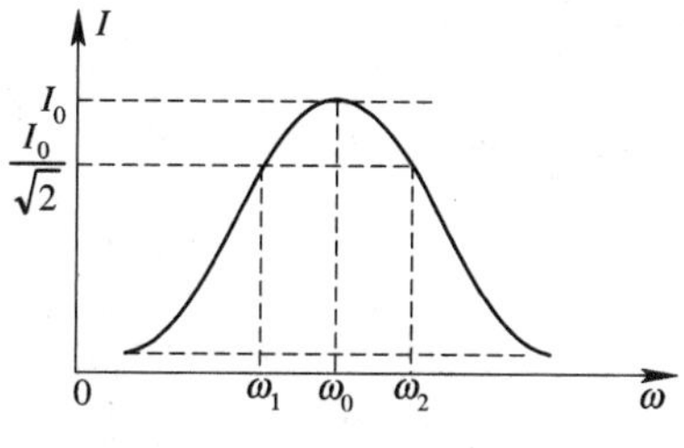

图 4.63 电流的谐振曲线

图 4.63 中，ω_0 与电流的最大值相对应，称为中心角频率。由图可见，当 ω 稍偏离 ω_0 时，I 值急剧下降。当 I 值下降到 $0.707I_0$ 时，对应的角频率分别为 ω_1 和 ω_2，其中 ω_1 为

电路的下限截止角频率，ω_2 为上限截止角频率。两截止角频率之差定义为电路的通频带，即

$$B_W = \omega_2 - \omega_1$$

$$I = \frac{U_S}{\sqrt{R^2 + \left(\omega L - \frac{1}{\omega C}\right)^2}} = \frac{U_S}{R\sqrt{1 + \frac{1}{R^2}\left(\omega L - \frac{1}{\omega C}\right)^2}} = \frac{I_0}{\sqrt{1 + \frac{1}{R^2}\left(\omega L - \frac{1}{\omega C}\right)^2}} \tag{4-55}$$

当

$$\frac{I}{I_0} = \frac{1}{\sqrt{1 + \frac{1}{R^2}\left(\omega L - \frac{1}{\omega C}\right)^2}} = \frac{1}{\sqrt{2}}$$

时，可得

$$\omega L - \frac{1}{\omega C} = \pm R \quad 或 \quad \omega^2 \mp \frac{R}{L}\omega - \frac{1}{LC} = 0$$

由上式解出

$$\omega = \pm\frac{R}{2L} \pm \sqrt{\left(\frac{R}{2L}\right)^2 + \frac{1}{LC}}$$

由于 ω 必须为正值，因此

$$B_W = \omega_2 - \omega_1 = \frac{R}{L} = \frac{\omega_0}{\frac{L}{R}\omega_0} = \frac{\omega_0}{\frac{\sqrt{L/C}}{R}} = \frac{\omega_0}{Q} \tag{4-56}$$

品质因数为

$$Q = \frac{\omega_0}{B_W} = \frac{\omega_0}{\omega_2 - \omega_1} = \frac{\omega_0 L}{R} \tag{4-57}$$

Q 还能量度电路的选择性，Q 越大幅频特性曲线越尖锐，选择性越好，但通频带不能过窄，所以 Q 值并不是越大越好，要二者兼顾，适当选取。

3. 通用谐振曲线

将式(4-55)可写成

$$I = \frac{U_S}{R\sqrt{1 + \left[\frac{\omega_0 L}{R}\left(\frac{\omega}{\omega_0} - \frac{\omega_0}{\omega}\right)\right]^2}} = \frac{I_0}{\sqrt{1 + Q^2\left(\frac{\omega}{\omega_0} - \frac{\omega_0}{\omega}\right)^2}}$$

或

$$\frac{I}{I_0} = \frac{1}{\sqrt{1 + Q^2\left(\frac{\omega}{\omega_0} - \frac{\omega_0}{\omega}\right)^2}} \tag{4-58}$$

以 ω/ω_0 为自变量，I/I_0 为因变量，Q 为参变量作的谐振曲线叫通用谐振曲线，见图 4.64。

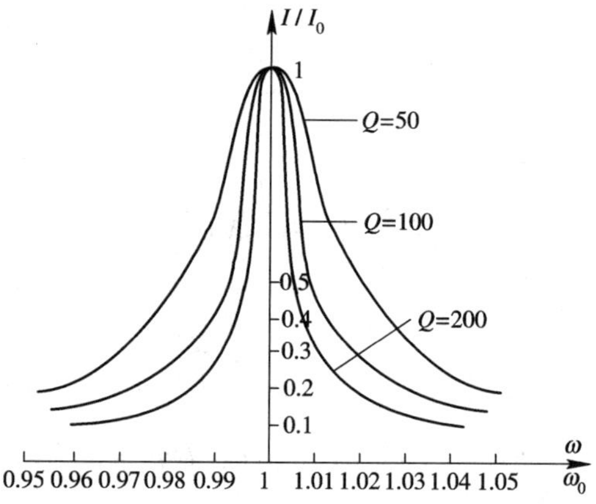

图 4.64　通用谐振曲线

由图可见，较大的 Q 值对应较尖锐的谐振曲线，因此 Q 越大，选择性越好。

练习与思考

4.11－1　RLC 串联电路，当激励为正弦电流时，若发生谐振会出现什么情况？

4.11－2　一线圈与电容器串联发生谐振时，线圈电压为 150 V，电容器电压为120 V，求电源电压。

4.12　并联谐振

并联谐振电路形式较多，其谐振条件和特点也不相同，现讨论最常见的电感线圈与电容并联的谐振电路，其相量模型如图 4.65(a)所示，线圈的品质因数 $Q_L=\omega_0 L/R$。

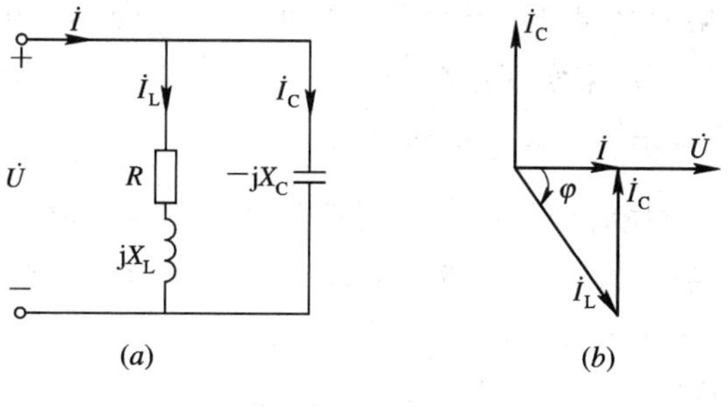

图 4.65　并联谐振电路

4.12.1　并联谐振的条件

由图 4.65(a)可知，电路的导纳为

$$Y=\frac{1}{R+j\omega L}+j\omega C=\frac{R}{R^2+(\omega L)^2}+j\left[\omega C-\frac{\omega L}{R^2+(\omega L)^2}\right]$$

则谐振条件为

$$\omega C=\frac{\omega L}{R^2+(\omega L)^2}$$

即

$$C=\frac{L}{R^2+(\omega VL)^2} \tag{4-59}$$

从式(4－59)求得谐振角频率为

$$\omega_0=\sqrt{\frac{1}{LC}-\frac{R^2}{L^2}} \tag{4-60}$$

如果$\frac{R^2}{L^2}<\frac{1}{LC}$，即 $R<\sqrt{\frac{L}{C}}$，ω_0 为实根。所以只有在 $R<\sqrt{\frac{L}{C}}$的情况下，网络才可通过调节激励的频率达到谐振。对于高 Q_L 值的线圈，$R\ll\sqrt{\frac{L}{C}}$，$\omega_0=\frac{1}{\sqrt{LC}}$与串联谐振相同。

4.12.2 并联谐振的特点

1. 网络的阻抗最大或接近最大

并联谐振时，网络的导纳为实数，即

$$Y_0=\frac{R}{R^2+(\omega_0 L)^2} \tag{4-61}$$

由于在电子工程实际中总能满足 $Q\gg1$(即 R 非常小)，ω_0 很高，且 ω 在 ω_0 附近变化，故有 $\omega L\gg R$，所以 Y_0 的实际数值可认为很小，而且 Q 的值越大，Y_0 越小。因此，并联谐振时，网络的阻抗最大或接近最大。

由式(4－59)、(4－61)得

$$Y_0=\frac{RC}{L}\rightarrow Z_0=\frac{L}{RC}=\frac{\rho^2}{R}=Q^2R \tag{4-62}$$

Z_0 为谐振时网络的阻抗。上式表明，线圈的电阻越小，或者品质因数越大，并联谐振呈现的电阻值越大。如果网络端口由有效值一定的电流源激励，调节其频率达到谐振时，端口电压最大。这一特性常用来实现选频。

2. 支路的电流可能远远大于端口电流

由图 4.65(*b*)可见，谐振时线圈电流的无功分量与电容电流相抵消，端口电流就等于线圈的有功分量。对于高品质因数的线圈，$\omega_0 L\gg R$，线圈电流的有功分量远远小于其无功分量，线圈电流 I_L 近似等于电容电流 I_C，即 $I_L\approx I_C$。

由式(4－62)可计算出端口电压为 U 时，端口谐振电流

$$I_0=Y_0U=\frac{R}{R^2+(\omega_0 L)^2}U=\frac{RC}{L}U \tag{4-63}$$

而两支路的电流

$$I_L\approx I_C=I_0\tan\varphi=\left(\frac{\omega_0 L}{R}\right)I_0=Q_L I_0 \tag{4-64}$$

可见，Q_L 越大，谐振时两支路电流比端口电流越大。所以，并联谐振又叫电流谐振。

例 4.28 $R=10\ \Omega$、$L=100\ \mu\text{H}$ 的线圈和 $C=100\ \text{pF}$ 的电容器并联组成谐振电路。信号源为正弦电流源 i_S，有效值为 $1\ \mu\text{A}$。求谐振时的角频率及阻抗、端口电压、线圈电流、电容器电流，谐振时回路吸收的功率。

解 谐振角频率

$$\omega_0=\sqrt{\frac{1}{LC}-\frac{R^2}{L^2}}\approx\sqrt{\frac{1}{100\times10^{-6}\times100\times10^{-12}}-\frac{10^2}{(100\times10^{-6})^2}}$$

$$=\sqrt{10^{14}-10^{10}}\approx\sqrt{10^{14}}=10^7\ \text{rad/s}$$

谐振时的阻抗

$$Z_0=\frac{L}{RC}=\frac{100\times10^{-6}}{10\times100\times10^{-12}}=10^5\ \Omega$$

谐振时端口电压

$$U=Z_0I_S=10^5\times10^{-6}=0.1\ \text{V}$$

线圈的品质因数

$$Q_L=\frac{\omega_0L}{R}=\frac{10^7\times100\times10^{-6}}{10}=100$$

谐振时，线圈和电容器的电流

$$I_L\approx I_C=Q_LI_S=100\times10^{-6}=100\ \mu\text{A}$$

谐振时回路吸收的功率

$$P=I_L^2R=(10^{-4})^2\times10=10^{-7}\ \text{W}=0.1\ \mu\text{W}$$

或

$$P=I_S^2\,|Z_0|=(10^{-6})^2\times10^5=10^{-7}\ \text{W}=0.1\ \mu\text{W}$$

练习与思考

4.12-1 计算如图 4.66 所示电路的谐振角频率 ω_0。

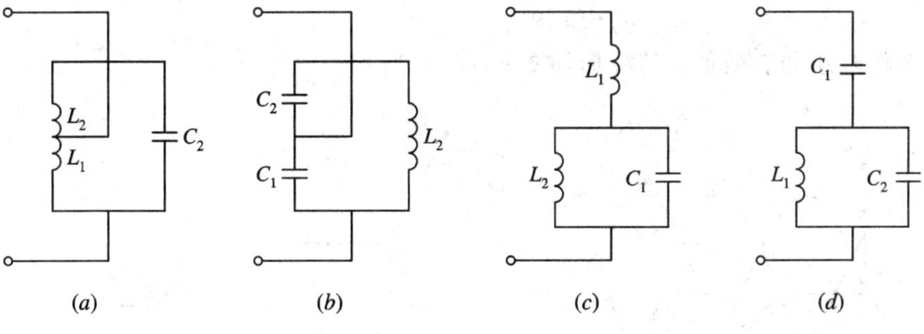

图 4.66 题 4.12-1 图

4.12-2 在图 4.67 中，$u_S(t)=U_m\sin4000t$ V，$C=1\ \mu\text{F}$，$L_1=1$ H，求满足谐振条件的 L_2 值。

4.12-3 若谐振时图 4.68 中电流表 A_1、A_2 的读数分别为 12 A、15 A，求 A 表读数。

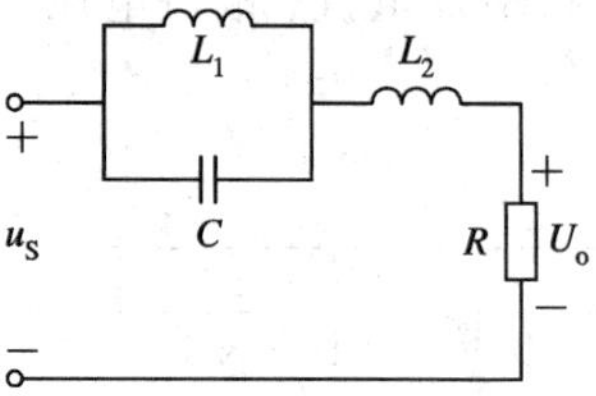

图 4.67　题 4.12－2 图

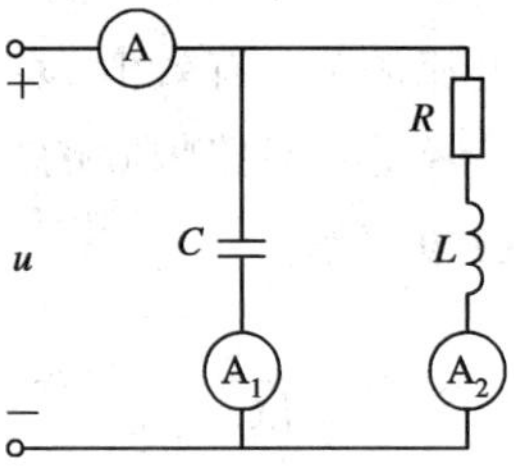

图 4.68　题 4.12－3 图

4.13　三相正弦电路

三个振幅值相等、频率相同、相位互差 120°的正弦电源，按一定方式连接所构成的电源称为三相电源。由三相电源供电的电路称三相正弦电路。电力系统就是三相电路的典型实例。日常生活中用的单相电源也是取三相电源中的一相。

4.13.1　对称三相正弦电压

三相正弦电压源是三相电路中最基本的组成部分，电力系统中，就是三相交流发电机的三相绕组，如图 4.69 所示。三个绕组完全相同，A、B、C 分别为它的首端，X、Y、Z 分别为它的末端，空间上相差 120°的相位角。每个绕组为一相，相当于一个正弦电压源，其电压称为相电压。三相电压的频率相同、有效值相同，相位依次相差 120°。这样的三相正弦电压称为对称三相正弦电压。其解析式为

$$\left.\begin{aligned} u_A(t) &= \sqrt{2}U_p \sin\omega t \\ u_B(t) &= \sqrt{2}U_p \sin(\omega t - 120°) \\ u_C(t) &= \sqrt{2}U_p \sin(\omega t + 120°) \end{aligned}\right\} \qquad (4-65)$$

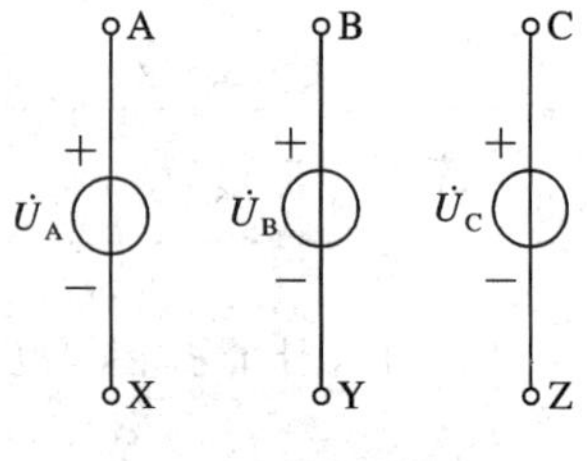

图 4.69　三相正弦电压源

式中 U_p 为相电压的有效值。其波形如图 4.70(*a*)所示。

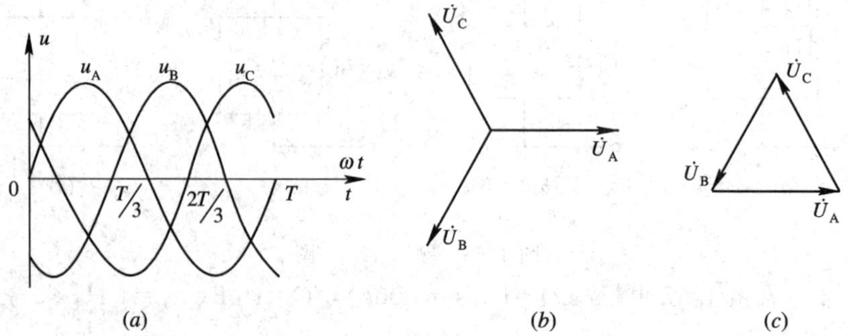

图 4.70　对称三相电压的波形及相量图

对应的相量为

$$\left.\begin{aligned}\dot{U}_A &= U_p \angle 0^\circ \\ \dot{U}_B &= U_p \angle -120^\circ = \alpha^2 \dot{U}_A \\ \dot{U}_C &= U_p \angle 120^\circ = \alpha \dot{U}_A\end{aligned}\right\} \tag{4-66}$$

相量图如图 4.70(*b*)所示。式中 α 表示 120°的旋转因子。

$$\alpha = \angle 120^\circ = -\frac{1}{2} + \mathrm{j}\frac{\sqrt{3}}{2}$$

在波形图上，同一时刻三相电压的瞬时值代数和为零，

$$u_A + u_B + u_C = 0 \tag{4-67}$$

由式(4-67)还可得出相量的关系

$$\dot{U}_A + \dot{U}_B + \dot{U}_C = (1 + \alpha^2 + \alpha)U_p = 0 \tag{4-68}$$

对称三相电压的相量图可画成图 4.70(*c*)所示的等边三角形。不经特别说明，三相电源电压都当作是对称的。其他对称三相正弦量的表示及特点与对称三相电压相类似。

对称三相电压达到相同状态(如最大值)的先后次序称为相序。对称三相正弦电压的相序为 ABC，称为正序或顺序。正序与发电机电枢反时针旋转相对应。若发电机电枢顺时针旋转，则相序变为 ACB，称为负序或逆序。通常，相序均指正序。

电源的相序对所接负载有很大影响。相序的改变将导致所接三相电动机旋转方向的改变，两发电机并联供电，相序必须相同，否则将使两发电机遭到重大损害。

4.13.2 三相电源的连接

1. 三相电源的 Y 形连接

图 4.71(*a*)为三相电源的 Y 形连接。三个电压源的末端 X、Y、Z 连接成为公共点 N，称 N 为中点，由中点引出的线称为中线(地线或零线)。由始端 A、B、C 引出的三根线，称端线或相线(俗称火线)。端线与中线之间的电压 u_A、u_B 和 u_C 为相电压。端线之间的电压 u_{AB}、u_{BC}、u_{CA} 称为线电压。

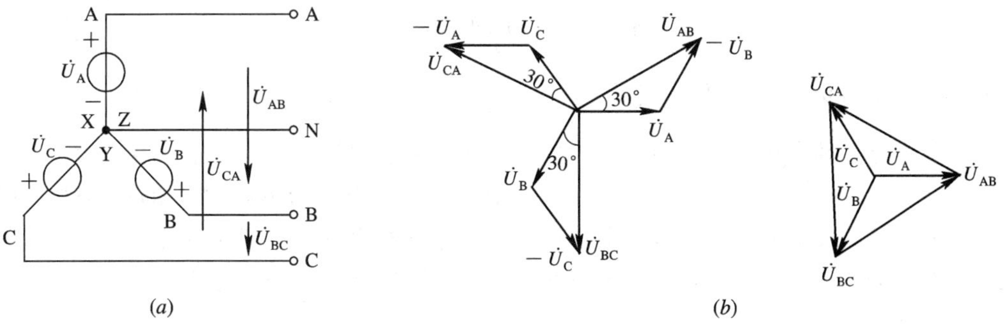

图 4.71 三相电源的 Y 形连接

由图 4.71(*a*)可知线电压与相电压的相量关系为

$$\left.\begin{aligned}\dot{U}_{AB}&=\dot{U}_A-\dot{U}_B\\\dot{U}_{BC}&=\dot{U}_B-\dot{U}_C\\\dot{U}_{CA}&=\dot{U}_C-\dot{U}_A\end{aligned}\right\}\tag{4-69}$$

把式(4－66)所表示的相电压代入式(4－69)得

$$\dot{U}_{AB}=U_p\angle 0^\circ-U_p\angle -120^\circ=\left(\frac{3}{2}+j\frac{\sqrt{3}}{2}\right)U_p=\sqrt{3}U_p\angle 30^\circ$$

同理可得

$$\dot{U}_{BC}=\sqrt{3}U_p\angle -90^\circ,\quad \dot{U}_{CA}=\sqrt{3}U_p\angle 150^\circ$$

相量图如图4.71(b)所示。由此可知，若相电压是对称的，则线电压也是对称的，而且线电压的有效值是相电压的$\sqrt{3}$倍，其相位超前相应的相电压30°。

三相电源的Y形连接供电，有三相四线制和三相三线制，前者有中线，可提供线、相两种电压，用于动力和照明混合电路；后者无中线，只能提供线电压，用于动力电路。

2. 三相电源的△形连接

将三个电压源的首、末端依次相连，再从三个连接点引出三根端线A、B、C，这样就构成△形连接，如图4.72(a)所示。由图可知，三相电压源接成△形时，线电压等于相电压。相量图如图4.72(b)所示。除了三相变压器的三相绕组可接成△形外，一般发电机三相绕组不作△形连接。三相绕组需要接成△形时，要特别小心，绕组不能接反。三相电源△形连接进行供电时，只能是三相三线制，只能提供相电压。

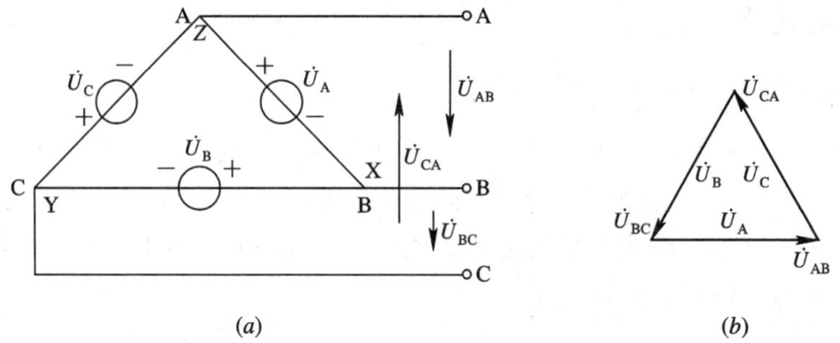

图4.72 三相电源的△形连接

4.13.3 三相负载的连接

三相电路的负载由三部分组成，其中每部分称为一相负载。若三相负载参数相同，即$Z_A=Z_B=Z_C=Z$，则为对称三相负载，如三相电动机。否则，为不对称三相负载，如照明电路。对称三相负载是不可分割的一个整体，不对称三相负载的各部分是独立的单相负载。无论三相负载对称与否，从电路的原理来看，也有Y形和△形两种连接。

1. 负载的Y形连接

对于不对称的三相负载，供电系统为三相四线制，每相负载接在一相端线和中线之间。相当于把每相负载的末端接在一个公共点N′上，与中线相连接，而首端分别与三个端线相连接，构成了图4.73(a)所示的Y形连接的负载。由于对称三相负载中线上无电流，故可以不接中线。因此，对称三相负载为三相三线制。

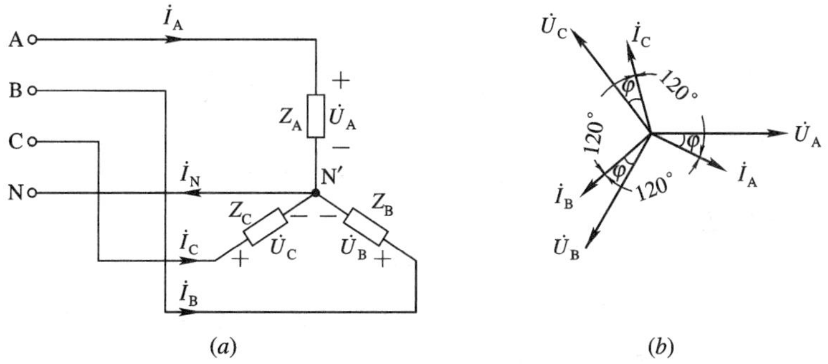

图 4.73　三相负载的 Y 形连接

只要供电系统的电压是对称的，无论是三相四线制的三相不对称负载还是三相三线制的对称三相负载，负载的三相电压都是对称的，且 $U_P = \dfrac{U_l}{\sqrt{3}}$。

每相负载的电流称为相电流，有效值用 I_P 表示，三相电流分别为

$$\dot I_A = \frac{\dot U_A}{Z_A},\quad \dot I_B = \frac{\dot U_B}{Z_B},\quad \dot I_C = \frac{\dot U_C}{Z_C}$$

各端线电流称为线电流，有效值用 I_l 表示。由图 4.73(*a*)可知，线电流即为相应的相电流。对称三相负载，线电流对称，中线电流

$$\dot I_N = \dot I_A + \dot I_V + \dot I_C = 0$$

其相量图如图 4.73(*b*)所示。因此 Y 形连接的对称三相负载供电时可省去中线。

不对称三相负载，线电流不对称，则中线电流

$$\dot I_N = \dot I_A + \dot I_B + \dot I_C \neq 0 \qquad (4-70)$$

不对称三相负载的相电压对称，是因为中线的作用。否则，相电压就不对称。所以，中线要特别加以保护，要牢靠且不能接开关和熔断器。

2. 三相负载的△形连接

三相负载采用△形连接时，各相首尾端依次相连，三个连接点分别接电源端线。要求供电系统为三相三线制，如图 4.74 所示。△形连接时，每相负载的相电压等于相应的线电压，用线电压 $\dot U_{AB}$、$\dot U_{BC}$、$\dot U_{CA}$ 表示相电压。三相负载无论对称与否，相电压一般总是对称的。

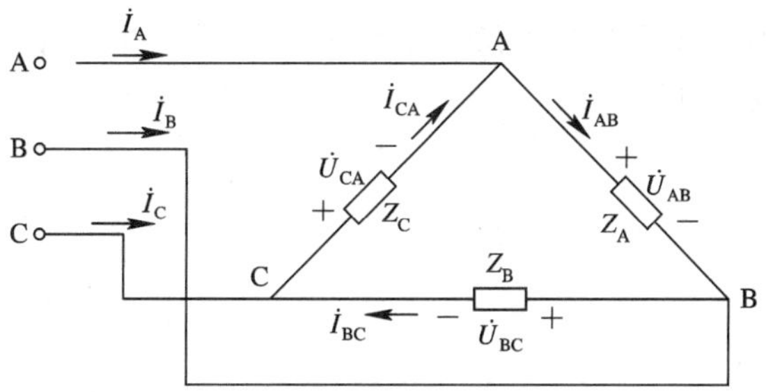

图 4.74　三相负载的△形连接

每相负载的电流，即相电流，用 i_{ab}、i_{bc}、i_{ca} 表示，它们的相量为

$$\dot{I}_{AB}=\frac{\dot{U}_{AB}}{Z_A}=\dot{U}_{AB}Y_A,\quad \dot{I}_{BC}=\frac{\dot{U}_{BC}}{Z_B}=\dot{U}_{BC}Y_B,\quad \dot{I}_{CA}=\frac{\dot{U}_{CA}}{Z_C}=\dot{U}_{CA}Y_C$$

各线电流的相量为

$$\dot{I}_A=\dot{I}_{AB}-\dot{I}_{CA},\quad \dot{I}_B=\dot{I}_{BC}-\dot{I}_{AB},\quad \dot{I}_C=\dot{I}_{CA}-\dot{I}_{BC}$$

根据 KCL，有

$$\dot{I}_A+\dot{I}_B+\dot{I}_C=0$$

对于对称三相负载

$$Z_A=Z_B=Z_C=Z$$

负载的相电流

$$\dot{I}_{AB}=\frac{\dot{U}_{AB}}{Z}=\dot{U}_{AB}Y$$

$$\dot{I}_{BC}=\frac{\dot{U}_{BC}}{Z}=\dot{U}_{BC}Y=\dot{I}_{AB}\angle{-120^\circ}$$

$$\dot{I}_{CA}=\frac{\dot{U}_{CA}}{Z}=\dot{U}_{CA}Y=\dot{I}_{AB}\angle{120^\circ}$$

它们是对称的，其线电流也是对称的，其相量图如图 4.75 所示。由图可见，三相负载对称时，线电流是相电流的$\sqrt{3}$倍，而比对应的相电流滞后 30°。即

$$I_l=\sqrt{3}I_p$$

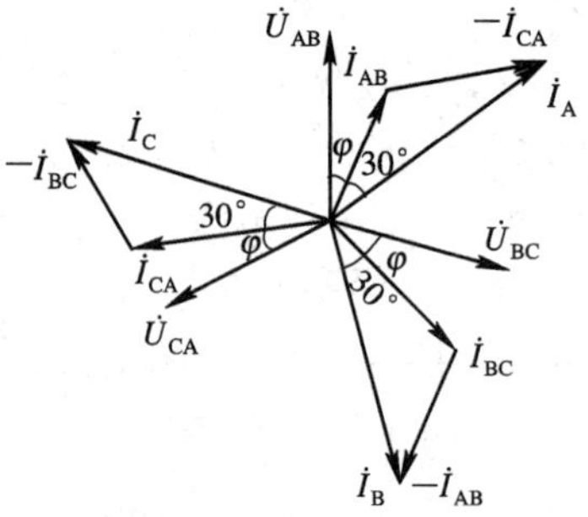

图 4.75 △形连接时电流的相量图

例 4.29 Y 形连接的三相负载接到线电压为 380 V 的三相四线制供电线路上。试求：

(1) 每相负载的阻抗 $Z_A=Z_B=Z_C=(17.32+j10)\ \Omega$ 时的各相电流和中线电流。

(2) $Z_A=Z_B=(17.32+j10)\ \Omega$ 不变，Z_C 改为 $Z_C'=20\ \Omega$ 时的各相电流和中线电流。

解 (1) 每相负载的电压

$$U_p=\frac{U_l}{\sqrt{3}}=\frac{380}{\sqrt{3}}=220\ \text{V}$$

设 $\dot{U}_A=220\angle{0^\circ}$ V，则

$$\dot{U}_B=220\angle{-120^\circ}\ \text{V},\quad \dot{U}_C=220\angle{120^\circ}\ \text{V}$$

各相电流

$$\dot{I}_A=\frac{\dot{U}_A}{Z_A}=\frac{220\angle 0^\circ}{17.32+j10}=\frac{220\angle 0^\circ}{20\angle 30^\circ}=11\angle -30^\circ \text{ A}$$

$$\dot{I}_B=\frac{\dot{U}_B}{Z_B}=\frac{220\angle -120^\circ}{20\angle 30^\circ}=11\angle -150^\circ \text{ A}$$

$$\dot{I}_C=\frac{\dot{U}_C}{Z_C}=\frac{220\angle 120^\circ}{20\angle 30^\circ}=11\angle 90^\circ \text{ A}$$

中线电流

$$\dot{I}_N=\dot{I}_A+\dot{I}_B+\dot{I}_C=11(\angle -30^\circ+\angle -150^\circ+\angle 90^\circ)=0 \text{ A}$$

相量图如图 4.76(*a*)所示。

(2) 三相负载不对称，但由于有中线，各相电压仍对称，保持不变，$\dot{I}_A$、$\dot{I}_B$ 不变，C 相电流及中线电流变为

$$\dot{I}_C'=\frac{\dot{U}_C}{Z_C'}=\frac{220\angle 120^\circ}{20}=11\angle 120^\circ \text{ A}$$

$$\dot{I}_N'=\dot{I}_A+\dot{I}_B+\dot{I}_C=11\angle -30^\circ+11\angle -150^\circ+11\angle 120^\circ$$
$$=5.694\angle -165^\circ \text{ A}$$

相量图如图 4.76(*b*)所示。

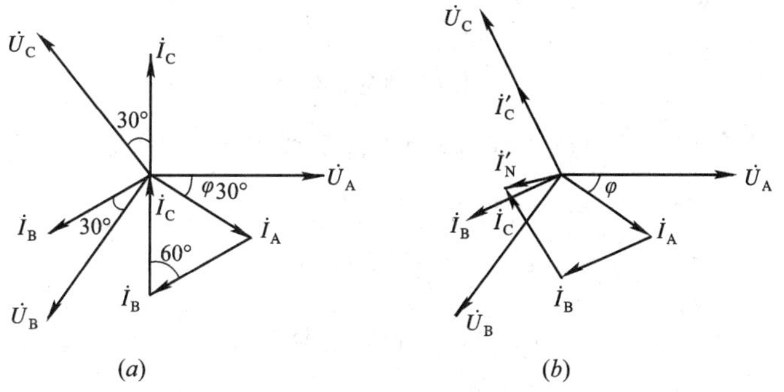

图 4.76　例 4.29 图

例 4.30　将上例中的负载改为△形连接，接到同样的电源线上，三相三线制。试求：

(1) 负载对称时各相电流和线电流；

(2) C 相负载断开后的各相电流和各线电流。

解　(1) 以 $\dot{U}_A=220\angle 0^\circ$ V 为参考相量，则各线电压即各负载的相电压为

$$\dot{U}_{AB}=\sqrt{3}\dot{U}_A\angle 30^\circ=\sqrt{3}\ 220\angle 30^\circ=380\angle 30^\circ \text{ V}$$
$$\dot{U}_{BC}=\sqrt{3}\dot{U}_B\angle 30^\circ=380\angle -90^\circ \text{ V}$$
$$\dot{U}_{CA}=\sqrt{3}\dot{U}_C\angle 30^\circ=380\angle 150^\circ \text{ V}$$

各相电流为

$$\dot{I}_{AB}=\frac{\dot{U}_{AB}}{Z_A}=\frac{380\angle 30^\circ}{20\angle 30^\circ}=19 \text{ A}$$

$$\dot{I}_{BC}=\frac{\dot{U}_{BC}}{Z_B}=a^2\dot{I}_{AB}=19\angle -120^\circ \text{ A}$$

$$\dot{I}_{CA} = \frac{\dot{U}_{CA}}{Z_C} = a\dot{I}_{AB} = 19\angle 120^\circ \text{ A}$$

根据负载对称时线电流与相电流的关系，各线电流为

$$\dot{I}_A = \sqrt{3}\dot{I}_{AB}\angle -30^\circ = \sqrt{3} \times 19\angle -30^\circ = 33\angle -30^\circ \text{ A}$$

$$\dot{I}_B = \sqrt{3}\dot{I}_{BC}\angle -30^\circ = a^2\dot{I}_A = 33\angle -150^\circ \text{ A}$$

$$\dot{I}_C = \sqrt{3}\dot{I}_{CA}\angle -30^\circ = a\dot{I}_A = 33\angle 90^\circ \text{ A}$$

相量图如图 4.77(*a*)所示。

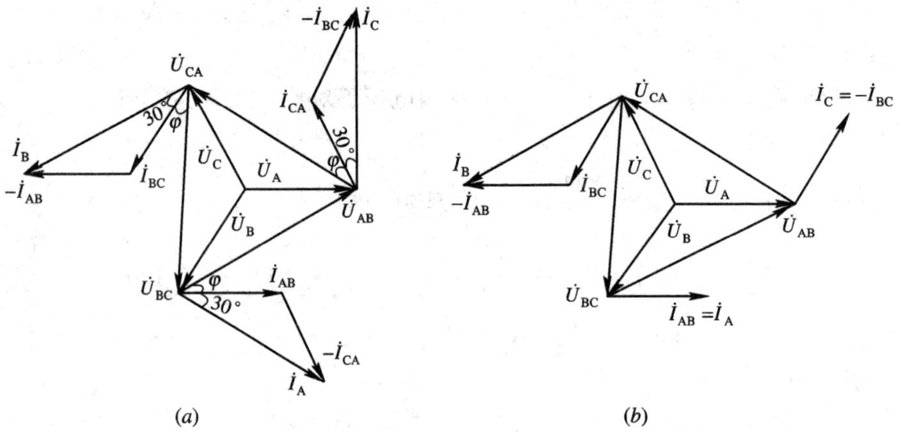

图 4.77　例 4.30 图

(2) C 相断开，各相负载电压不变(因为未计端线阻抗)，所以 $\dot{I}_{AB}$、$\dot{I}_{BC}$不变，从而 $\dot{I}_B$不变。因为 $\dot{I}'_{CA}=0$，所以另两个线电流变为

$$\dot{I}'_A = \dot{I}_{AB} - \dot{I}'_{CA} = \dot{I}_{AB} = 19 \text{ A}$$

$$\dot{I}'_C = \dot{I}'_{CA} - \dot{I}_{BC} = -\dot{I}_{BC} = -19\angle -120^\circ = 19\angle 60^\circ \text{ A}$$

相量图如图 4.77(*b*)所示。

从这两个例子可以看出，线电压不变时，对称负载由 Y 形连接改为△形连接后负载的相电压和相电流增加到 Y 形连接时的$\sqrt{3}$倍，而线电流增加到 Y 形连接的$\sqrt{3}\times\sqrt{3}=3$ 倍。

4.13.4　三相电路的功率

三相电路中，三相负载的有功功率等于各相负载有功功率之和。即

$$P = P_A + P_B + P_C$$

每相负载的功率

$$P_p = U_p I_p \cos\varphi$$

当三相负载对称时，每相功率相同，则

$$P = 3P_{相} = 3U_p I_p \cos\varphi \qquad (4-71)$$

对于 Y 形连接，$U_p = \dfrac{U_l}{\sqrt{3}}$，$I_p = I_l$ 代入式(4-71)，得

$$P = 3I_l \frac{U_l}{\sqrt{3}} \cos\varphi = \sqrt{3} U_l I_l \cos\varphi \tag{4-72}$$

对于△形连接，$U_p = U_l$，$I_p = \frac{I_l}{\sqrt{3}}$代入式(4－71)也得出式(4－72)所表示的结果。

可见，对称三相负载无论何种接法，求总功率的公式都是相同的，注意上式中的 φ 是负载相电压和相电流之间的相位差，而不是线电压与线电流之间的相位差。

注意：按式(4－72)测量功率比按式(4－71)方便。测线压、线流容易。测对称三相负载 Y 形连接的相压、△形连接的相流不易。通常三相电路的功率是指三相总功率。

三相电路总的无功功率为各相无功功率之和

$$Q = Q_A + Q_B + Q_C \tag{4-73}$$

每相无功功率为

$$Q_p = U_p I_p \sin\varphi \tag{4-74}$$

对称三相负载

$$Q = 3U_p I_p \sin\varphi = \sqrt{3} U_l I_l \sin\varphi \tag{4-75}$$

三相电路的视在功率

$$S = \sqrt{P^2 + Q^2}$$

对称三相电路

$$S = \sqrt{P^2 + Q^2} = 3U_p I_p = \sqrt{3} U_l I_l \tag{4-76}$$

对称三相电路的功率特点：各瞬间的总瞬时功率等于总有功功率。故对称三相电路中的三相电机因总瞬时功率恒定不变，所以运转平稳，不像单相电机那样剧烈振动。

例 4.31　一台三相异步电动机，输出功率为 7.5 kW。接在线电压为 380 V 的线路中，功率因数为 0.86，效率为 86%。试求正常运行时的线电流。

解　三相异步电动机是对称三相负载，输出功率为

$$P_{出} = P_{入}\,\eta = \sqrt{3} U_l I_l \eta \cos\varphi$$

则

$$I_l = \frac{P}{\sqrt{3} U_l \eta \cos\varphi} = \frac{7500}{\sqrt{3} \times 380 \times 0.86 \times 0.86} = 15.4 \text{ A}$$

练习与思考

4.13－1　对称三相电源 Y 形连接时，若 B 相反接或短路，线电压怎样变化？

4.13－2　对称三相负载△形连接时，线电流为 17.32 A。若 B 相断开，即 $I_{BC}=0$，线电流怎样变化？

4.13－3　对称三相负载相电压的额定值为 220 V，电源为三相三线制。当线电压为 380 V 时，三相负载应怎样连接？当线电压为 220 V 时，三相负载又应如何连接？

4.13－4　对称三相负载，线电压不变，负载由 Y 形连接改为△形连接，线电流、功率怎样变化？

4.13－5　△形连接的三相电源，若有一相接反，会有什么结果？

小　　结

1. 正弦量的三要素及其表示

以正弦电流为例，在确定的参考方向下，其解析式为

$$i(t) = I_m \sin(\omega t + \theta_i) = \sqrt{2}I \sin(2\pi f t + \theta_i)$$

其中振幅值 I_m（有效值 I）、角频率 ω（或频率 f 及周期 T）、初相 θ 是决定正弦量的三要素。它们分别表示正弦量变化的范围，变化的快慢及其初始状态。

基于正弦量的三要素，可用解析式，也可用波形图或相量来表示一个正弦量。

有效值相量只体现了三要素中的两个，因此分析计算同频率正弦量时多用它。

2. 元件约束（伏安特性）和互联约束（KCL 和 KVL）的相量式

(1) 在关联参考方向下：

$$\dot{U}_R = R\dot{I}_R \quad 或 \quad \dot{I}_R = G\dot{U}_R$$

$$\dot{U}_L = jX_L\dot{I}_L \quad 或 \quad \dot{I}_L = -jB_L\dot{U}_L$$

$$\dot{U}_C = -jX_C\dot{I}_C \quad 或 \quad \dot{I}_C = jB_C\dot{U}_C$$

(2) KCL：$\sum \dot{I} = 0$，　KVL：$\sum \dot{U} = 0$

3. 复阻抗与复导纳

无源二端网络或元件，在电压电流关联参考方向下，二者关系的相量形式为

$$\dot{U} = Z\dot{I} \quad 或 \quad \dot{I} = Y\dot{U}$$

网络的复阻抗

$$Z = \frac{\dot{U}}{\dot{I}} = |Z|\underline{/\varphi_z}$$

复导纳

$$Y = \frac{\dot{I}}{\dot{U}} = |Y|\underline{/\varphi_y}$$

$$|Z| = \frac{U}{I}, \quad \varphi_z = \theta_u - \theta_i$$

$$|Y| = \frac{I}{U}, \quad \varphi_y = \theta_i - \theta_u$$

4. 相量法

将正弦电路的激励和响应用相量表示，每一个无源的二端网络（包含无源的二端元件）用阻抗或导纳表示，那么直流电路的分析计算方法可以类推到正弦交流电路。首先要把所给的正弦电路用相量模型表示。然后选用合适的方法分析计算。

5. 功率

$$P = U_a I = UI_a = UI\cos\varphi$$

$$Q = IU_r = UI_r = UI\sin\varphi$$

$$S=\sqrt{P^2+Q^2}=UI$$

功率因数 $\lambda=\dfrac{P}{S}=\cos\varphi$，感性负载并联电容器可提高功率因数。负载获得最大功率的条件是阻抗的共轭匹配和阻抗模匹配。

6. 谐振

电感线圈与电容器串联和并联组成的谐振电路，固有角频率 $\omega_0=\dfrac{1}{\sqrt{LC}}$。

串联谐振时，阻抗最小，$Z_0=R$；$U_{L0}=U_{C0}=QU$，当品质因数 $Q\gg1$ 时，$U_{L0}=U_{C0}\gg U$，也称为电压谐振。

并联谐振时，网络阻抗最大或接近最大，$Z_0=\dfrac{L}{RC}=Q^2R$；$Q_L\gg1$，$I_L\approx I_C=Q_LI_0\gg I_0$，也称为电流谐振。

7. 三相正弦电路

（1）对称三相电源电压：

$$\dot{U}_A=U_p\angle 0^\circ$$
$$\dot{U}_B=U_p\angle -120^\circ=a^2\dot{U}_A$$
$$\dot{U}_C=U_p\angle 120^\circ=a\dot{U}_A$$
$$\dot{U}_A+\dot{U}_B+\dot{U}_C=0$$

（2）对称三相电源的连接：

Y 形连接，三相四线制，有中线，提供两组电压，线电压和相电压。线电压比相应的相电压超前 30°，其值是相电压的$\sqrt{3}$倍；三相三线制，无中线，提供一组电压。

△形连接，只能是三相三线制，提供一组电压。线电压为电源的相电压。

（3）三相负载的连接：

Y 形连接，对称三相负载接成 Y 形，供电电路只需三相三线制；不对称三相负载接成 Y 形，供电电路必须为三相四线制。每相负载的相电压对称且为线电压的 $1/\sqrt{3}$。

中线电流 $\dot{I}_N=\dot{I}_A+\dot{I}_B+\dot{I}_C$，三相负载对称时 $\dot{I}_N=0$，中线可以省去。

△形连接，三相负载接成△形，供电电路只需三相三线制，每相负载的相电压等于电源的线电压。无论负载是否对称，只要线电压对称，每相负载相电压也对称。

对于对称三相负载，线电流为相电流的$\sqrt{3}$倍，线电流比相应的相电流滞后 30°。

（4）三相电路的功率：对于对称三相负载

$$P=3U_pI_p\cos\varphi=\sqrt{3}U_lI_l\cos\varphi$$
$$Q=3U_pI_p\sin\varphi=\sqrt{3}U_lI_l\sin\varphi$$
$$S=\sqrt{P^2+Q^2}=\sqrt{3}U_lI_l$$

习　题　4

4.1　已知正弦电流 i 的波形如题图所示，$\omega=1000$ rad/s。试写出解析式，并求从计时起点到第一个正的最大值的时间 t_1。

4.2 (1) 已知正弦电压的振幅为 311 V，频率为 100 Hz，初相为 $\pi/4$，试写出其解析式，并绘出波形图。

(2) 已知工频正弦电流的初相为 $\pi/6$，$t=T/6$ 时电流值为 10 A，写出其解析式，并绘出波形图。

4.3 如图所示为 u 和 i 的波形，其初相各为多少？相位差为多少？若将计时起点向右移 $\pi/3$，u 和 i 初相如何变化？相位差是否改变？u 和 i 哪一个超前？

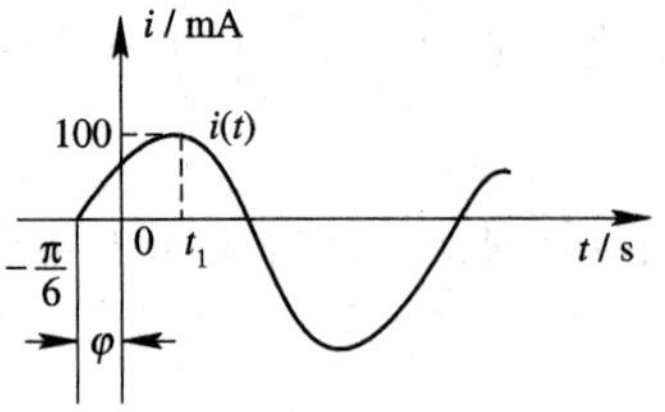

题 4.1 图

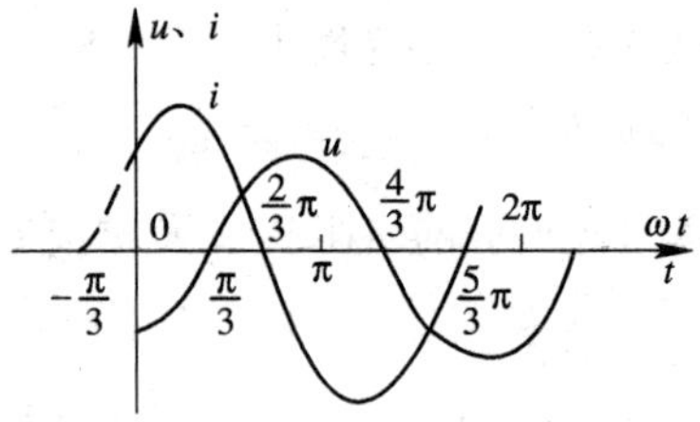

题 4.3 图

4.4 (1) 设电流 $i(t)=I_m\sin(\omega t+2\pi/3)$ A。$t=0$ 时，$i=0.433$ A，求其有效值。

(2) 一个正弦电流，已知 $I=20$ A，$f=60$ Hz，$t_1=1/720$ 秒时，$i(t_1)=10\sqrt{6}$ A，求其解析式。

4.5 已知 $u(t)=220\sqrt{2}\sin100\pi t$ V，$i(t)=5\sqrt{2}\sin(100\pi t-30°)$ A。将 i 分解为两个同频率正弦量，一个和 u 同相，另一个与 u 的相位差为 90°。写出两个分量的解析式。

4.6 三个正弦电压 $u_A(t)=100\sqrt{2}\sin100\pi t$ V，$u_B(t)=100\sqrt{2}\sin(100\pi t-120°)$ V，$u_C(t)=100\sqrt{2}\sin(100\pi t+120°)$ V。试求：

(1) u_B+u_C；(2) u_B-u_C；(3) $u_A+u_B+u_C$；(4) $-u_A+u_B-u_C$。

4.7 试作相量图求题 4.6 中的 (1) $\dot{U}_B+\dot{U}_C$；(2) $\dot{U}_B-\dot{U}_C$；(3) $\dot{U}_A+\dot{U}_B+\dot{U}_C$；(4) $-\dot{U}_A+\dot{U}_B-\dot{U}_C$。

4.8 求下列电流的有效值：

(1) $i_1(t)=10\sin\omega t+10\sqrt{2}\cos(\omega t+45°)$ A；

(2) $i_2(t)=8\sin2t+6\cos2t$ A。

4.9 5 μF 电容器端电压的波形如题图所示。

(1) 试绘出关联参考方向下电流的波形；

(2) 试确定 $t_1=2$ μs 和 $t_2=10$ μs 时电容储能。

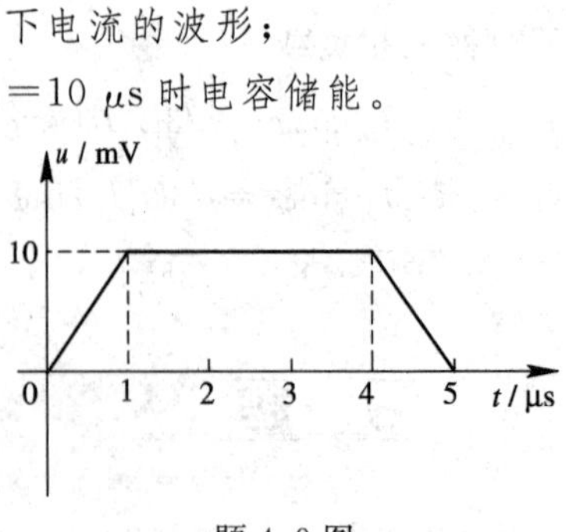

题 4.9 图

4.10 题图中，若 $U_{ab}=150$ V，求各电容上的电压。

4.11 线圈的 $L=10$ mH，电流波形如题图中所示。作出关联参考方向下电压 u_L 的波形。

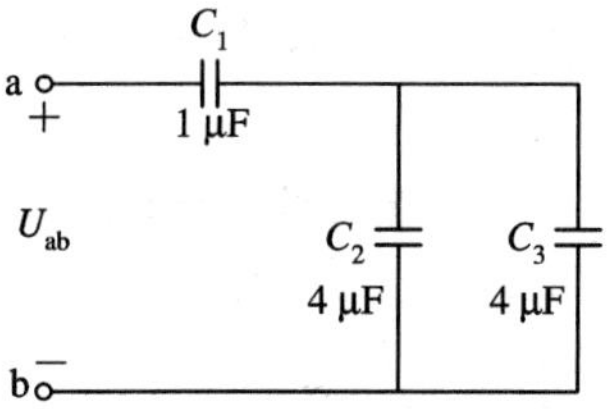

题 4.10 图

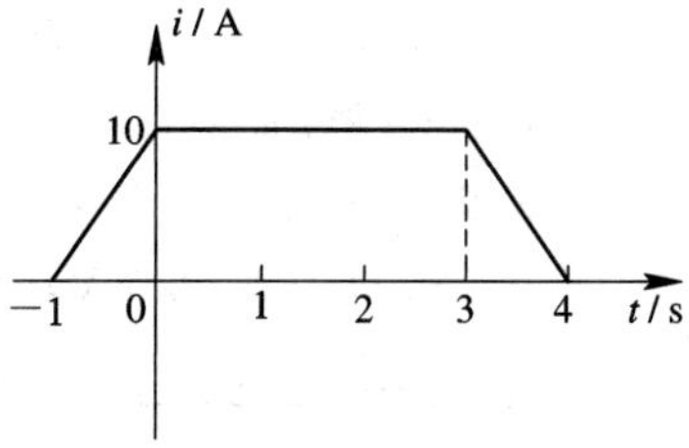

题 4.11 图

4.12 在题图中，电路已经稳定，试求：

(1) 电容器 C 两端的电压。

(2) 流过电感 L 的电流。

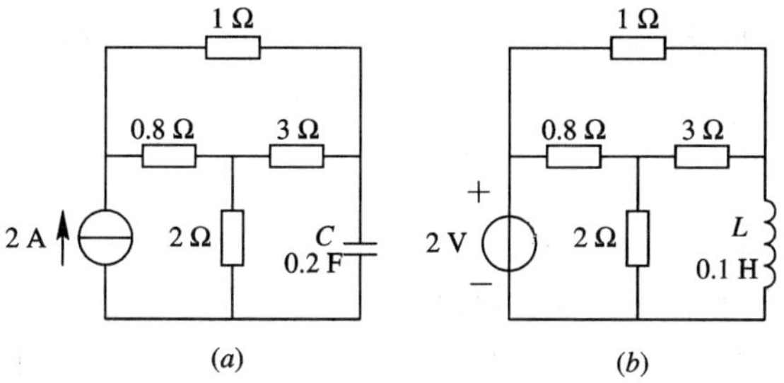

题 4.12 图

4.13 试证明题图中的 u_S 和 u_C 的关系式为

$$LC\frac{d^2u_C}{dt}+\frac{L}{R}\cdot\frac{du_C}{dt}+u_C=u_S$$

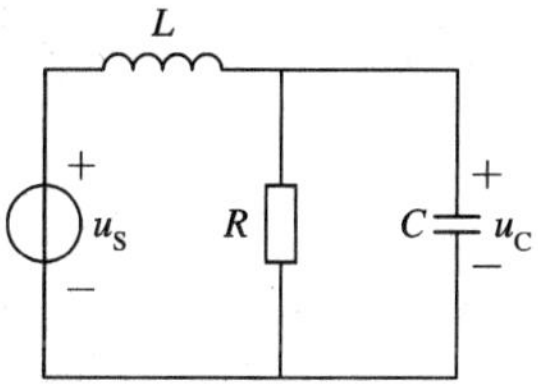

题 4.13 图

4.14 一“220 V，100 W”的灯泡，接入电压 $u(t)=220\sqrt{2}\sin(100\pi t+2\pi/3)$ V 的电路中。

(1) 写出电流的解析式。

(2) 求 20 小时消耗的电能。

(3) 电压降低 20 V，求其电流和功率。

4.15 把 $u(t)=220\sqrt{2}\sin(100\pi t+2\pi/3)$ V 的电压作用于电阻略去不计，$L=0.8$ H 的线圈。

(1) 试求线圈的电流、无功功率、磁场储能的最大值。

(2) 如果电压有效值不变，频率变为 150 Hz，无功功率为多少？并比较两种情况下电压与电流的相位差。

4.16 电阻不计，$C=10\ \mu$F 的电容的电压 $u(t)=6600\sqrt{2}\sin(100\pi t-2\pi/3)$ V。求：

(1) 电流、无功功率和电场储能的最大值。

(2) 在计时起点后经过 $T/3$ 时电压和电流的瞬时值。

4.17 一个电感元件的 $L=0.05$ H，两端与 50 Hz 的正弦电源相连接时，电流的有效值为 7 A。

(1) 如将一个电容元件连接到同样的电源上，电流仍为 7 A，试求电容值。

(2) 如果电源电压不变，频率为 400 Hz，则这两个元件的电流应变为多少？

4.18　日光灯等效电路如题图所示，已知灯管电阻 $R_1=280\ \Omega$，镇流器电阻 $R=20\ \Omega$，电感 $L=1.66$ H。电源为市电，电压 $U=220$ V，求电流 I 及电压 U_1、U_{RL}。

4.19　电风扇的电动机绕组中，串联一电感进行调速，等效电路如题图所示，已知 $R=190\ \Omega$，$X_L=260\ \Omega$，$U=220$ V，$f=50$ Hz，要 $U_{RL}=180$ V，求 L_X。

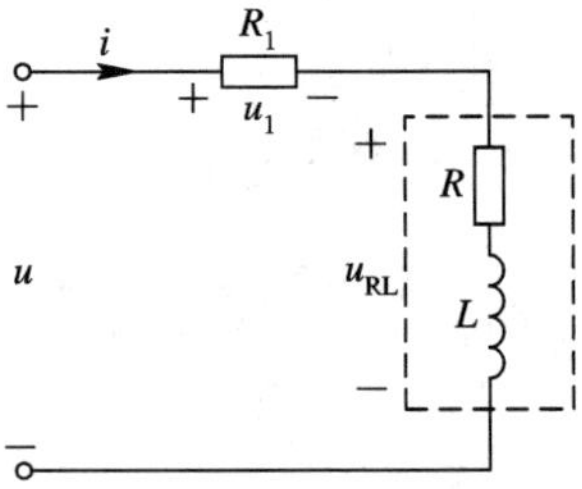

题 4.18 图

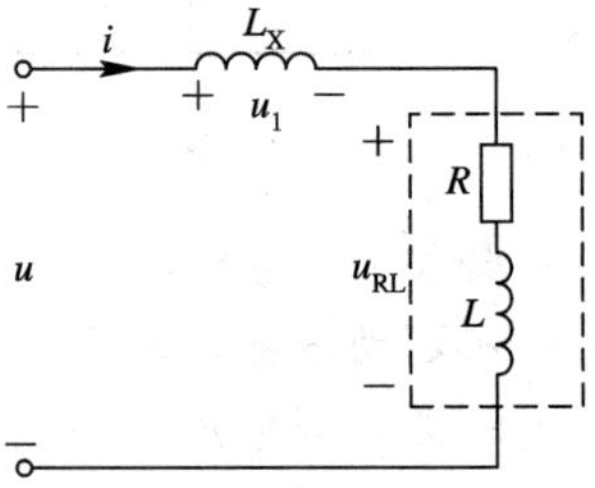

题 4.19 图

4.20　0.01 μF 电容与 5.1 kΩ 电阻串联接在 $u(t)=2\sqrt{2}\sin\omega t$ V、$f=1180$ Hz 的电源上。电阻的电压为 u_R。试求：(1) u_R。(2) u_R 比 u 超前或滞后的角度。(3) 画相量图。

4.21　用三表(电压表、电流表、功率表)法，可测出电感线圈的电阻和电感，电路图如题图所示。电源为工频电源。三表的读数分别为 15 V、1 A、10 W，试求 R 和 L 的值。

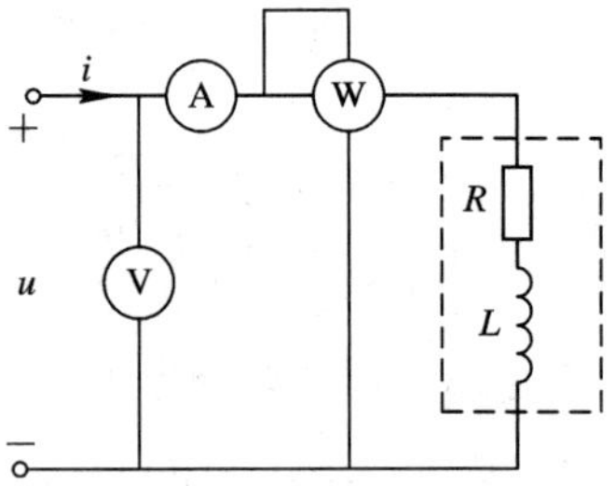

题 4.21 图

4.22　$R=10\ \Omega$，$L=0.211$ H，$C=65$ μF 相串联接上 220 V 工频正弦电源。已知 $t=0$ 时电源电压为 155.5 V，试求 $T/4$ 时 i、u_R、u_L、u_C 的值。

4.23　RLC 串联电路，已知 $u(t)=10\sqrt{2}\sin(314t+30^\circ)$ V，$R=10\ \Omega$，$X_L=15\ \Omega$，$X_C=5\ \Omega$，求复阻抗 Z，电流 $\dot{I}$，电压 $\dot{U}_R$、$\dot{U}_L$、$\dot{U}_C$，并画出相量图。

4.24　$\dot{U}=100\angle 30^\circ$ V，阻抗 $Z_1=40+j30\ \Omega$、$Z_2=20-j20\ \Omega$、$Z_3=60+j80\ \Omega$ 相串联。试求：

(1) 总的复阻抗。(2) 电路电流 $\dot{I}$。(3) $\dot{U}_1$、$\dot{U}_2$、$\dot{U}_3$，并作相量图。

4.25　(1) 试证明题图(a)中 $L=\dfrac{C}{G^2+(\omega C)^2}$ 时，端口电压、电流同相。

(2) 题图(b)中，已知 $i(t)=4\sin 10t$ A，$u_{ab}=200\sin(10t-53^\circ)$ V，求 R 和 C。

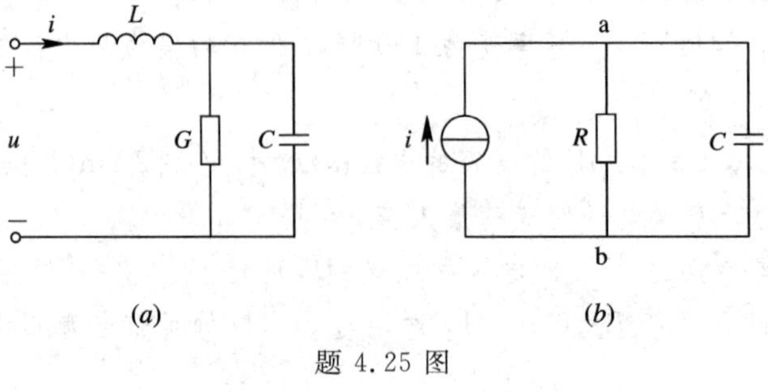

题 4.25 图

4.26 RC 并联电路中，已知 $R=10\ \text{k}\Omega$，$C=0.2\ \mu\text{F}$，$i_C(t)=10\sqrt{2}\sin(10^3t+60^\circ)$ mA，试求总电流 i，并画出相量图。

4.27 RLC 并联电路中，电压、电流为关联参考方向，已知 $R=25\ \Omega$，$L=50$ mH，$C=50\ \mu\text{F}$，端口电流 $\dot{I}=5\angle 0^\circ$ A，$\omega=1000$ rad/s，试求 $\dot{U}$、$\dot{I}_R$、$\dot{I}_L$ 和 $\dot{I}_C$。

4.28 求下列网络的导纳：

(1) $f=50$ Hz，$R=30\ \Omega$ 和 $L=0.2$ H 并联。

(2) $\omega=1000$ rad/s，$R=0.5\ \Omega$ 和 $C=100\ \mu\text{F}$ 并联。

(3) R 和 C 并联，$R=10\ \Omega$，$\varphi_y=30^\circ$。

(4) R 和 L 并联，$X_L=2\ \Omega$，$\varphi_y=-60^\circ$。

4.29 RL 串联电路中，已知 $R=3\ \Omega$，$L=0.4$ H，分别求：(1) $\omega=10$ rad/s；(2) $\omega=20$ rad/s 时，并联的等效电路中的 R'、L'。

4.30 题图所示电路，已知 $U=120$ V，$X_{L1}=X_{C2}=20\ \Omega$，$R_3=20\ \Omega$，$X_{L3}=10\ \Omega$，$X_{C3}=30\ \Omega$，试分别求：

(1) 开关 S 打开时，电路中各电压和各电流。

(2) 开关 S 闭合时，电路中各电压和各电流。

4.31 题图中，已知 $R_1=\sqrt{3}X_L$，$R_2=\sqrt{3}X_C$，$u_R(t)=100\sqrt{2}\sin\omega t$ V。求电压 u_{ab}。

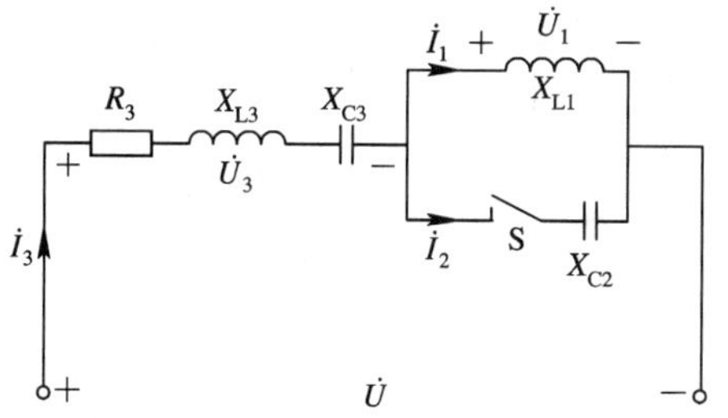

题 4.30 图

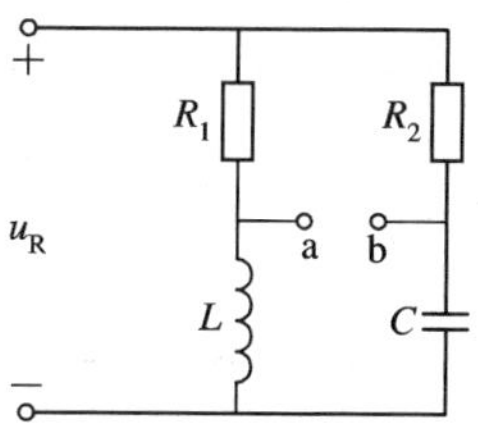

题 4.31 图

4.32 题图所示为移相电路，已知输入电压 $U_1=25$ V，$\omega=100$ rad/s，$I=2.5$ mA，欲使输出电压 u_o 比输入电压 u_i 相位超前 60°，求 R 和 C 的值。(提示：借助相量图分析。)

4.33 题图所示网络中，已知 $U=100$ V，$R_1=5\ \Omega$，$X_L=R_2$，X_C 的电流为 10 A，R_2 的电流为 $10\sqrt{2}$ A，求 X_C、R_2、X_L。(提示：以并联部分的端电压作为参考相量画出正确的相量图，可以确定总电流与该端电压同相。)

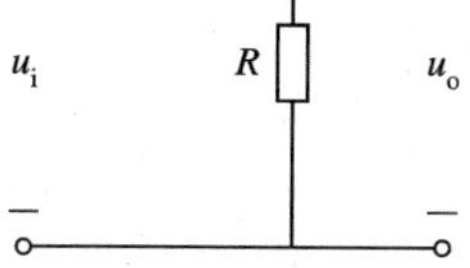

题 4.32 图

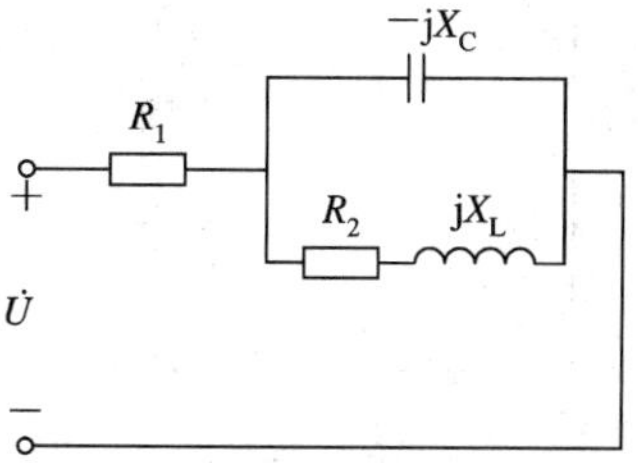

题 4.33 图

4.34 题图所示正弦交流电路中，已知 $I_R=I_L=1$ A，$U=10$ V，$\dot{U}$ 与 $\dot{I}$ 同相，试求 I、

R、X_L、X_C。

4.35　题图中，已知 $\dot{U}_{S1}=220\angle 0^\circ$ V，$\dot{U}_{S2}=220\angle -20^\circ$ V，$Z_1=\mathrm{j}20\ \Omega$，$Z_2=\mathrm{j}10\ \Omega$，$Z_3=40\ \Omega$。求 Z_3 支路的电流。

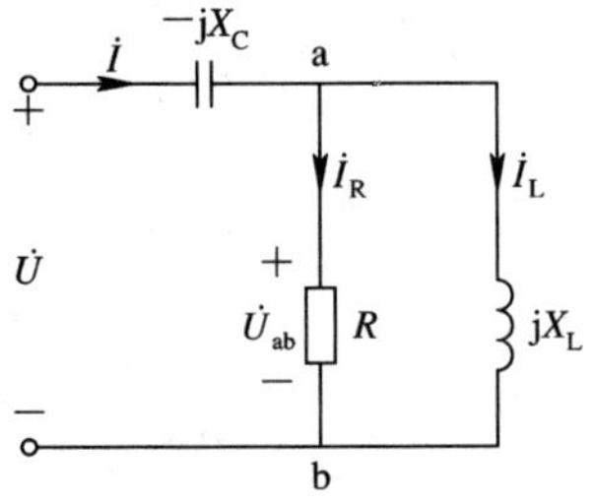

题 4.34 图

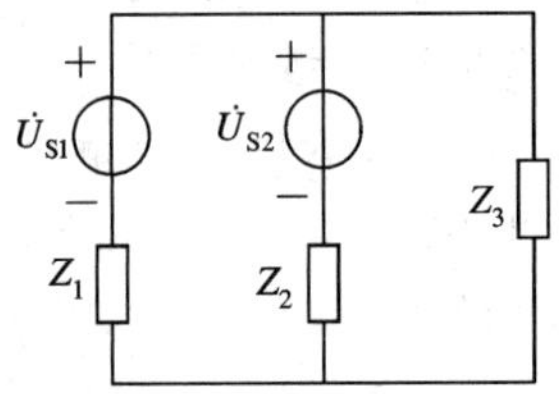

题 4.35 图

*4.36　题图中，U_S、R、C 已知，电压源的角频率可调节变化，试问角频率为何值时，右边电阻的电压比电压源超前 90°？并求出此电压。

*4.37　双 T 形网络如题图所示，试证明，当输入电压 u_i 的 $\omega=\dfrac{1}{RC}$ 时，输出电压的有效值 $U_o=0$。（提示：双 T 形为两个 Y 形，可等效成并联的两个△形，若能求得 $|Z_{12}|\to\infty$ 时，则 $U_o=0$。）

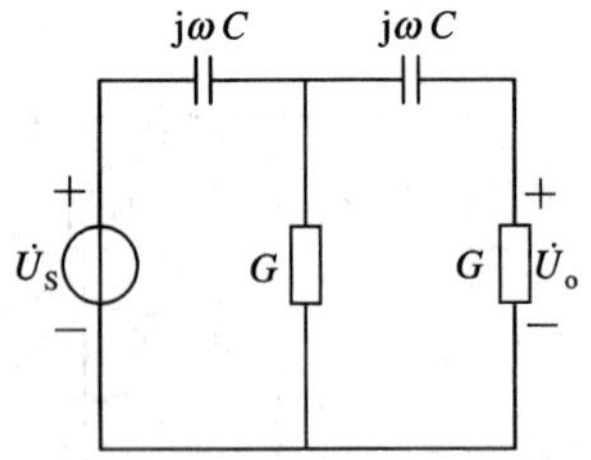

题 4.36 图

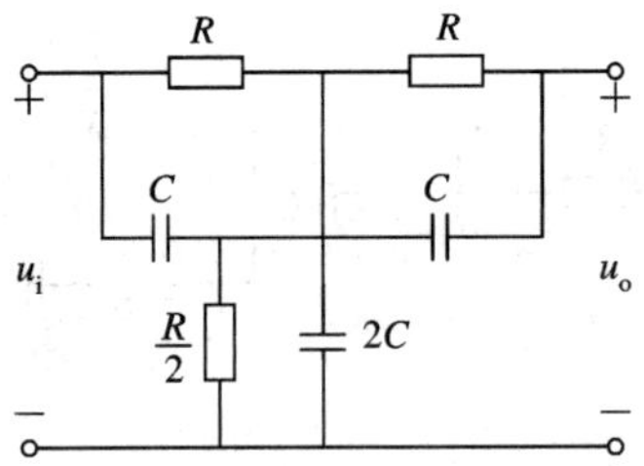

题 4.37 图

*4.38　有些继电器或功率表中，为使阻抗 $Z_2=R_2+\mathrm{j}X_{L2}$ 的线圈中的电流 $\dot{I}_2$ 比电压源 $\dot{U}_S$ 滞后 90°，而给 Z_2 并联一电阻 R_3，见题图。已知 $Z_1=R_1+\mathrm{j}X_{L1}=(200+\mathrm{j}1000)\ \Omega$，$Z_2=R_2+\mathrm{j}X_{L2}=(500+\mathrm{j}1500)\ \Omega$，试求 R_3。（提示：根据弥尔曼定理，求出 R_3 两端电压，利用 $\dot{I}_2$ 与 $\dot{U}_S$ 的关系求出 R_3。）

*4.39　试求题图所示二端网络的戴维南等效电路（用两种方法求 Z_i）。

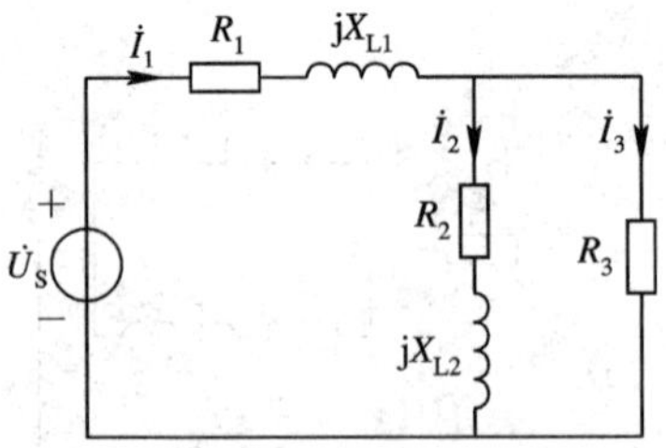

题 4.38 图

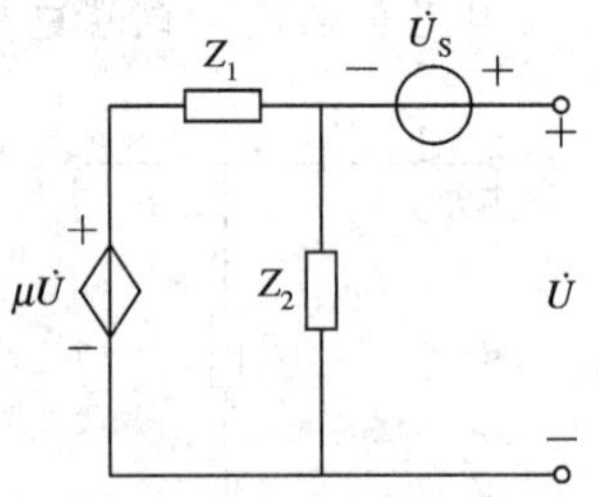

题 4.39 图

*4.40　试求题图中的 $\dot{I}$，(1) 用节点法，(2) 用戴维南定理。

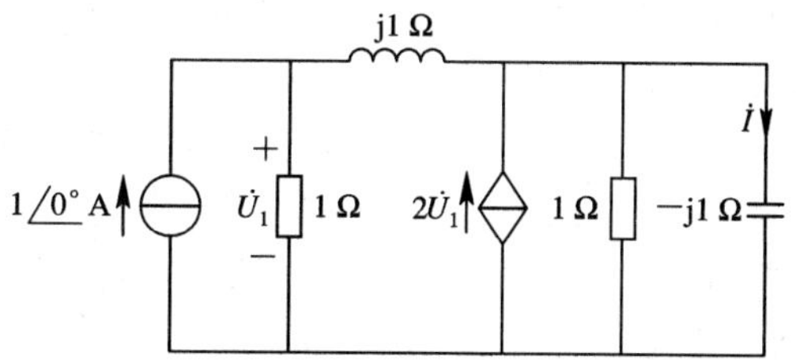

题 4.40 图

*4.41　某小水电站的发电机容量 $S=25$ kV·A，供给电动机和照明用电，已知电动机的功率 $P_1=10$ kV·A，功率因数为 0.8。求：

(1) 除供给电动机用电之外还可供给多少只 25 W 的电灯用电？

(2) 如将电动机的功率因数提高到 0.9，能供多少只 25 W 的电灯用电？(提示：画出电动机功率因数提高前后的功率三角形，进行分析。)

4.42　某教学楼有功率为 40 W、功率因数为 0.5 的日光灯 100 只，并联在 220 V 的工频电网上。求此时电路的总电流及功率因数。如果要把功率因数提高到 0.9，应并联多大电容？总电流变为多少？

4.43　两个感性负载并联在 220 V 的工频电网上，二者的额定电压均为 220 V，额定功率分别为 $P_1=13.2$ kW，$P_2=17.6$ kW，功率因数分别为 $\cos\varphi_1=0.6$ 和 $\cos\varphi_2=0.8$。求总电流及功率因数。

4.44　有一 $U=220$ V、$P=40$ W、$\lambda=0.443$ 的日光灯，为提高功率因数，给其并联一 $C=4.75$ μF 的电容器。求并联后电路的电流和功率因数($f=50$ Hz)。

4.45　题 4.35 中，若 Z_3 为纯电阻，何时能获得最大功率？最大功率是多少？

*4.46　题图中，$u_S(t)=0.1\sqrt{2}\sin 10^8 t$ V。

(1) 求 R_L 获得最大功率的条件(C_L 和 R_L 的值)及最大功率。

(2) 若去掉 C_L，R_L 为何值时，能获得最大功率？最大功率是多少？

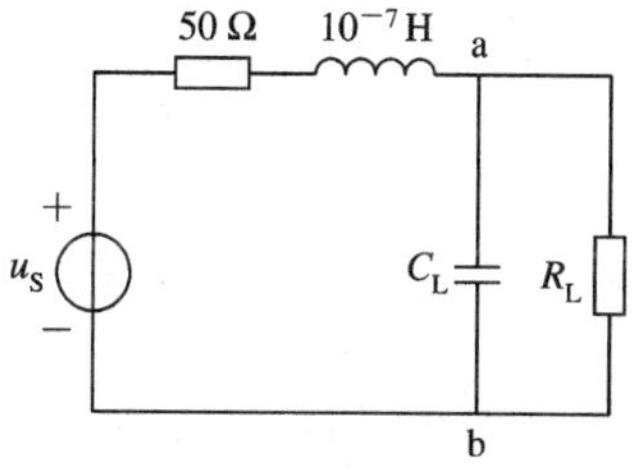

题 4.46 图

4.47　已知 RLC 串联电路中，$L=10$ mH，$C=100$ pF，$R=20$ Ω，信号源电压 $U_S=20$ mV。试求谐振角频率 ω_0，回路特性阻抗 ρ，回路电流 I_0，回路品质因数 Q 和频带宽度。

4.48　一 $R=12.5$ Ω、$L=25$ μH 的线圈与 100 pF 电容并联。求其谐振角频率和谐振阻抗。若端口电压为 100 mV，求谐振时端口电流和各支路电流。

4.49　题图中，$\dot U_S=20\angle 0^\circ$ V，$R_S=10$ kΩ，设并联回路谐振时，谐振阻抗 $Z_0=R_S$(阻抗模匹配)。$\omega_0=10^8$ rad/s，$Q=100$。求 (1) L、C 和 R。(2) 谐振电流 I_0。

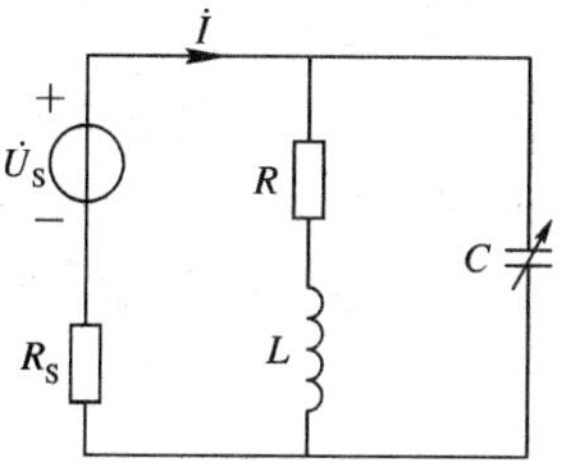

题 4.49 图

4.50　某三相四线制供电线路，线电压为 380 V，Y 形连接的三相负载的阻抗 $Z_A=Z_B=Z_C=(10\sqrt{2}+\mathrm{j}10\sqrt{2})$ Ω。试求：

(1) 各线电流和中线电流。

(2) 若 A 相负载断开，各火线上电流与中线电流又为多少？

(3) 试作上述两种情况下的相量图。

4.51 电源电压、各相负载与上题相同，只是把 Y 形连接改作△形连接。试求：

(1) 各线电流。

(2) 若 A 相负载断开，各线电流又为多少？

(3) 画出两种情况的相量图。

4.52 一台额定状况下运行的三相电动机，输出功率为 22 kW，接在 380 V 线电压下，其线电流为 42 A，功率因数 $\cos\varphi=0.87$。求其效率。

自测题 4

4-1 选择题(每题 3 分，共 12 分)

① 某正弦电流的相位为 $\pi/6$ 时，瞬时值为 5 A，则该电流的有效值为(　　)。

A. 5 A　　B. 7.07 A　　C. 10 A　　D. 14.14 A

② $u_1=220\sqrt{2}\sin(\omega t+120°)$ V，$u_2=220\sqrt{2}\sin(\omega t-90°)$ V，则(　　)。

A. $\varphi_{12}=210°$，u_1 比 u_2 超前 210°　　B. $\varphi_{12}=-150°$，u_1 比 u_2 滞后 $-150°$

C. $\varphi_{12}=-150°$，u_1 比 u_2 滞后 150°　　D. $\varphi_{12}=150°$，u_1 比 u_2 超前 150°

③ 题图中，电源电压不变，当频率升高时，各灯泡亮度变化的情况是(　　)。

A. 灯泡 A 变亮　　B. 灯泡 B 变亮　　C. 灯泡 C 变亮　　D. 都不变

④ 电路的相量模型及相量图如题图所示，Z_1、Z_2 及整个电路的性质为(　　)。

A. 感性、容性、感性　　B. 感性、容性、容性

C. 容性、感性、阻性　　D. 容性、感性、容性

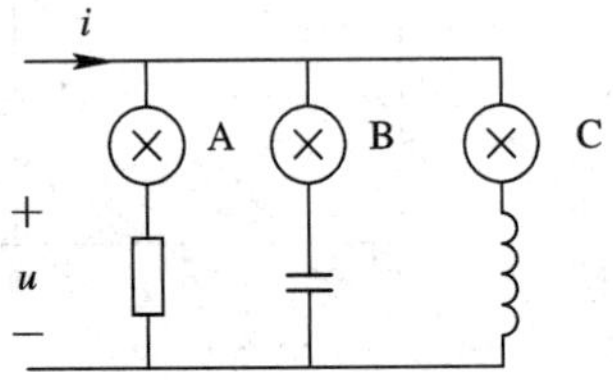

自测题 4-1③图

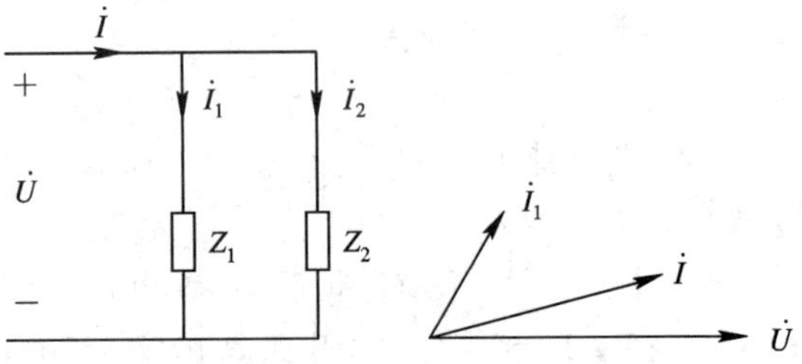

自测题 4-1④ 图

4-2 已知 $u_1=60\sqrt{2}\sin\omega t$ V，$u_2=80\sqrt{2}\sin(\omega t+\theta)$ V，用相量法分别计算 $\theta=0°$、90°、180°时的 u_1+u_2，并画相量图。(16 分)

4-3 已知某无源二端网络的等效阻抗 $Z=10\angle 60°\ \Omega$，外加电压 $\dot{U}=220\angle 15°$ V。求该网络的 P、Q、S、$\cos\varphi$。(16 分)

4-4 题图所示电路中，已知 $u_S(t)=U_m\sin 2000\,t$ V，$C_1=0.1\ \mu$F，$L=1$ H，求满足谐振条件的 C_2 值。(16 分)

4-5 题图所示电路中，已知 $u_S(t)=50\sqrt{2}\sin 10^3 t$ V，试求电流 $i_{ab}(t)$，并画相量图。(20 分)

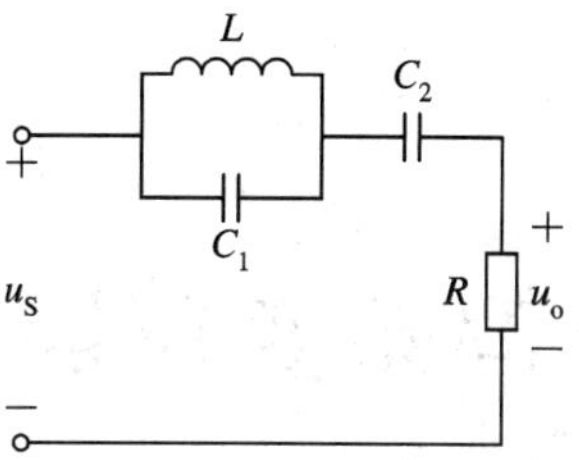

自测题 4-4 图

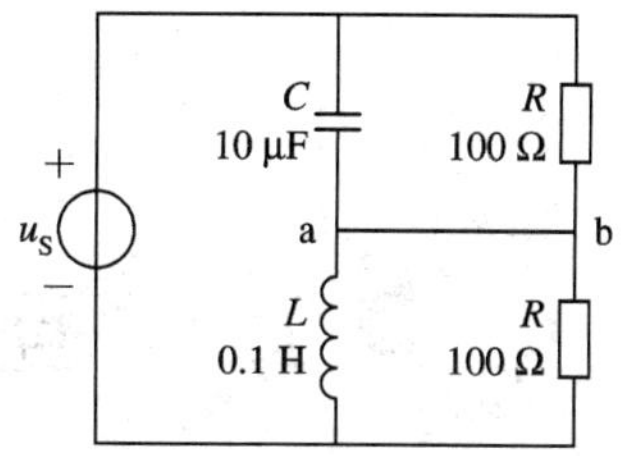

自测题 4-5 图

4-6　电路相量模型如题图所示，Z_L 可以调节，问 Z_L 为何值时，能获得最大功率？该最大功率是多少？(20 分)

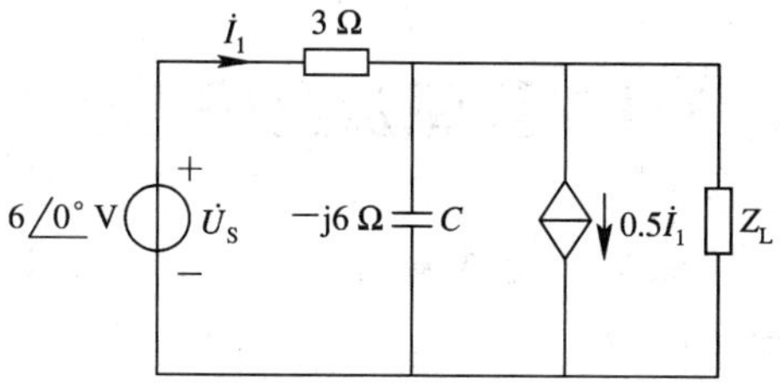

自测题 4-6 图

第 5 章　互感电路及理想变压器

耦合电感和理想变压器是构成实际变压器电路模型的必不可少的元件。本章将介绍它们的伏安关系和含此类元件的电路的分析方法。

5.1　互感及互感电压

交流电路中，如果在一个线圈附近放置另一个线圈，当其中一个线圈中的电流变化时，不仅在本线圈中产生感应电压，而且在另一线圈中也会产生感应电压，这种现象称为互感现象，由此而产生的感应电压称为互感电压。这样的两个线圈称为互感线圈。

图 5.1(*a*)为相邻放置的线圈 1 和 2，其匝数分别为 N_1 和 N_2。当线圈 1 通入交变电流 i_1 时，产生自感磁通 Φ_{11}，Φ_{11} 不但与线圈 1 相交链产生自感磁链 Ψ_{11}，且有部分磁通 Φ_{21} 穿过线圈 2 并与之交链产生磁链 Ψ_{21}。称 Φ_{21} 为互感磁通，称 Ψ_{21} 为互感磁链。i_1 变化时，Φ_{21} 和 Ψ_{21} 随之变化，根据电磁感应定律，线圈 2 将产生感应电压 u_{21}，称为互感电压。同理，图 5.1(*b*)中，当线圈 2 通入交变电流 i_2 时，不仅产生自感磁通 Φ_{22} 和自感磁链 Ψ_{22}，而且产生互感磁通 Φ_{12} 和互感磁链 Ψ_{12}。i_2 变化也产生互感电压 u_{12}。上述各量关系如下：

$$\left.\begin{aligned}\Psi_{11} = N_1\Phi_{11}, \quad \Psi_{22} = N_2\Phi_{22} \\ \Psi_{12} = N_1\Phi_{12}, \quad \Psi_{21} = N_2\Phi_{21}\end{aligned}\right\} \tag{5-1}$$

称两线圈的磁通相互交链为磁耦合。互感线圈的相互影响正是由磁耦合联系起来的。

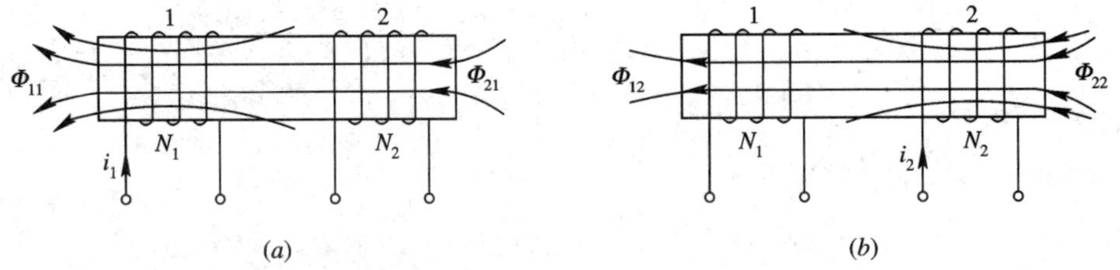

图 5.1　两个线圈的互感

仿照自感系数定义，我们定义互感系数为

$$\left.\begin{aligned}M_{12} = \frac{\Psi_{12}}{i_2} \\ M_{21} = \frac{\Psi_{21}}{i_1}\end{aligned}\right\} \tag{5-2}$$

式中，M_{12} 是线圈 2 对线圈 1 的互感，它表明穿越线圈 1 的互感磁链与激发该互感磁链的线圈 2 中电流之比。M_{21}是线圈 1 对线圈 2 的互感，它表明穿越线圈 2 的互感磁链与激发该互感磁链的线圈 1 中电流之比。可以证明

$$M_{12}=M_{21}=M \tag{5-3}$$

互感反映了一个线圈电流在另一线圈中产生磁链的能力。其单位也为亨(H)。

线圈间的互感 M 是线圈的固有参数，它取决于两个线圈的匝数、几何尺寸、相对位置和磁介质。当磁介质为非铁磁性介质时，M 是常数，本章讨论的互感 M 均为常数。

一般情况下，两个耦合线圈的电流所产生的磁通，只有部分磁通相互交链，彼此不交链的那部分磁通称为漏磁通。两耦合线圈相互交链的磁通越大，说明两个线圈耦合得越紧密。为了表征两个线圈耦合的紧密程度，通常用耦合系数 k 来表示，并定义

$$k=\sqrt{\frac{\Psi_{21}}{\Psi_{11}}\cdot\frac{\Psi_{12}}{\Psi_{22}}}=\sqrt{\frac{\Psi_{21}/i_1}{\Psi_{11}/i_1}\cdot\frac{\Psi_{12}/i_2}{\Psi_{22}/i_2}}=\sqrt{\frac{M_{21}M_{12}}{L_1L_2}}=\frac{M}{\sqrt{L_1L_2}} \tag{5-4}$$

式中，L_1、L_2 分别是线圈 1 和 2 的自感。由于漏磁通的存在，耦合系数 k 总小于 1。k 值的大小取决于两个线圈的相对位置及磁介质的性质。如果两个线圈紧密地缠绕在一起，如图 5.2(*a*)所示，则 k 接近于 1，即两线圈全耦合；若两线圈相距较远，或线圈的轴线相互垂直放置，如图 5.2(*b*)所示，则 k 就很小，甚至接近于零，即两线圈无耦合。由此可见，改变或调整两线圈的相对位置可以改变耦合系数的大小。

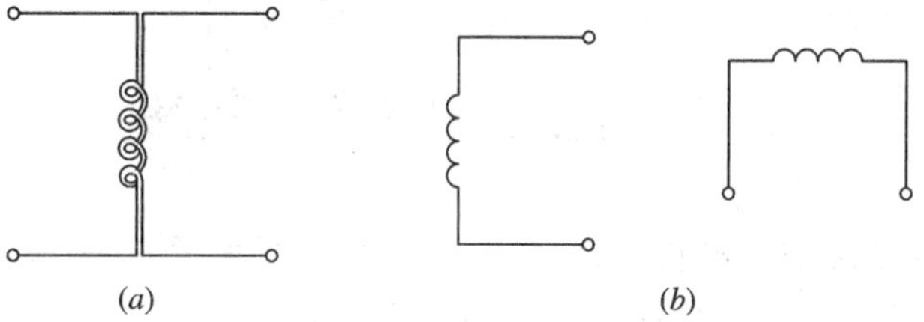

图 5.2　耦合系数 k 与线圈相对位置的关系

引入耦合系数 k 后，互感系数 M 为 $0\leqslant M\leqslant k\sqrt{L_1L_2}$，全耦合时，$M=\sqrt{L_1L_2}$，为最大值。

当 L_1、L_2 一定时，改变线圈相互位置就可改变 k 的大小，同时也改变了 M 的大小。

如果选择互感电压的参考方向与互感磁通的方向符合右手螺旋法则，依电磁感应定律，结合式(5-2)，有

$$\left.\begin{aligned}u_{21}&=\frac{\mathrm{d}\Psi_{21}}{\mathrm{d}t}=M\frac{\mathrm{d}i_1}{\mathrm{d}t}\\u_{12}&=\frac{\mathrm{d}\Psi_{12}}{\mathrm{d}t}=M\frac{\mathrm{d}i_2}{\mathrm{d}t}\end{aligned}\right\} \tag{5-5}$$

可见，互感电压与产生它的相邻线圈电流变化率成正比。

当线圈中的电流为正弦交流时，如

$$i_1=I_{1m}\sin\omega t,\qquad i_2=I_{2m}\sin\omega t$$

则

$$u_{21}=M\frac{\mathrm{d}i_1}{\mathrm{d}t}=\omega MI_{1m}\cos\omega t=\omega MI_{1m}\sin\left(\omega t+\frac{\pi}{2}\right)$$

同理

$$u_{12}=\omega MI_{2m}\sin\left(\omega t+\frac{\pi}{2}\right)$$

互感电压可用相量表示为

$$\left.\begin{aligned}\dot{U}_{21}&=\mathrm{j}\omega M\dot{I}_1=\mathrm{j}X_M\dot{I}_1\\ \dot{U}_{12}&=\mathrm{j}\omega M\dot{I}_2=\mathrm{j}X_M\dot{I}_2\end{aligned}\right\}\qquad(5-6)$$

式中，$X_M=\omega M$ 称为互感抗，单位为欧姆(Ω)。

练习与思考

5.1-1 什么是互感现象？互感系数 M 与线圈的哪些因素有关？

5.1-2 一个线圈两端的电压是否仅由流过其中的电流决定？

5.1-3 当图 5.1(*a*)、(*b*)所示两线圈中流过的是直流电流时，两线圈间有互感作用吗？为什么？

5.1-4 两耦合线圈的 $L_1=0.1$ H，$L_2=0.4$ H，$M=0.1$ H，求其耦合系数 k。

5.2 互感线圈的同名端

讨论自感时，只要选择自感电压 u_L 与电流 i_L 为关联参考方向，则有 $u_L=L\,\mathrm{d}i_L/\mathrm{d}t$，当 i_L 增加时($\mathrm{d}i_L/\mathrm{d}t>0$)，$u_L$ 实际极性与 i_L 实际方向一致；当 i_L 减小时($\mathrm{d}i_L/\mathrm{d}t<0$)，$u_L$ 实际极性与 i_L 实际方向相反。自感电压的极值与线圈的实际绕向无关。

对两互感线圈而言，互感电压大小与互磁链变化率成正比。因互磁链是由另一线圈的电流所产生，故互感电压的极性与两耦合线圈的绕向有关。观察图 5.3(*a*)、(*b*)所示的两组耦合线圈，其不同在于线圈 2 的绕向。当电流 i_1 都从线圈 1 的 A 端流入并增大时，则互磁链 Ψ_{21} 也都在图示方向下增强，依楞次定律可判定图 5.3(*a*)线圈 2 中的互感电压 u_{21} 的极性是由 C 端指向 D 端；而图 5.3(*b*)线圈 2 中的互感电压 u_{21} 的极性是由 D 端指向 C 端。可见，互感电压极性与线圈绕向有关。实际线圈多为密封，难见具体绕向，且在电路中也不便画出线圈的绕向。为确定互感电压的极性，通常采用标记同名端的方法。

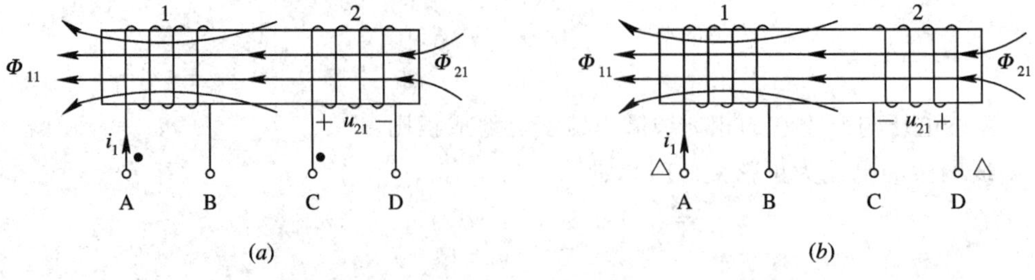

图 5.3 互感电压的方向与线圈绕向的关系

5.2.1 同名端的标记原则及测定

互感线圈的同名端规定：如果两个互感线圈的电流 i_1 和 i_2 所产生的磁通是相互增强的，那么，两电流同时流入(或流出)的端钮就是同名端；如果磁通相互削弱，则两电流同时流入(或流出)的端钮就是异名端。同名端用标记“·”、“*”或“△”标出，另一端无须再标。用上述标记原则可判断图 5.3 中两组耦合线圈的同名端。在图 5.3(*a*)中，设有电流分别自 A 端和 C 端流入，它们所产生的磁通是相互增强的，所以 A 和 C 是同名端，用符号“·”标出。同理，图 5.3(*b*)中 A、D 是同名端，图中用符号“△”标记。

图 5.4 标出了几种不同相对位置和绕向的互感线圈的同名端。比较图 5.3(*a*)和图 5.4(*a*)可以看出，两线圈绕向相同，相对位置不同，故同名端不同。图 5.3(*a*)、(*b*)同名端不同是因为绕向不同。因此同名端只取决于两线圈的绕向和相对位置。

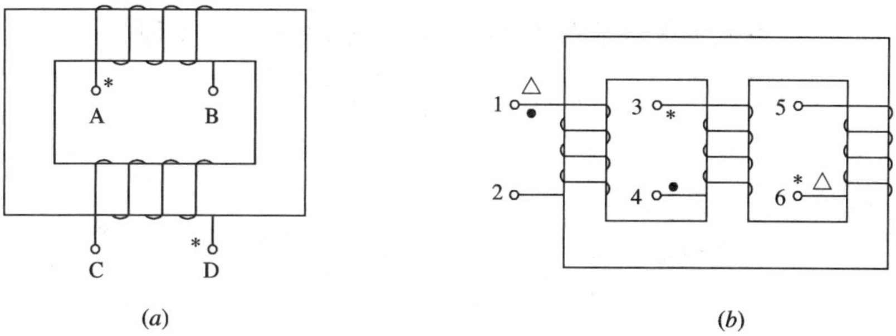

图 5.4 几种互感线圈的同名端

同名端总是成对出现的，如果有两个以上的线圈彼此间都存在磁耦合时，同名端应一对一对地加以标记，每一对须用不同的符号标出，如图 5.4(*b*)所示。

对难以知道绕向的两线圈，可用实验的方法测定同名端。在图 5.5 所示的测量电路中，当开关 S 闭合瞬间，电流 i 在图示方向下增大，即 $\mathrm{d}i/\mathrm{d}t>0$，若此刻电压表指针正偏，说明 C 端电位高于 D 端，则 A 和 C 为同名端。若电压表指针反偏，则 A 和 D 是同名端。

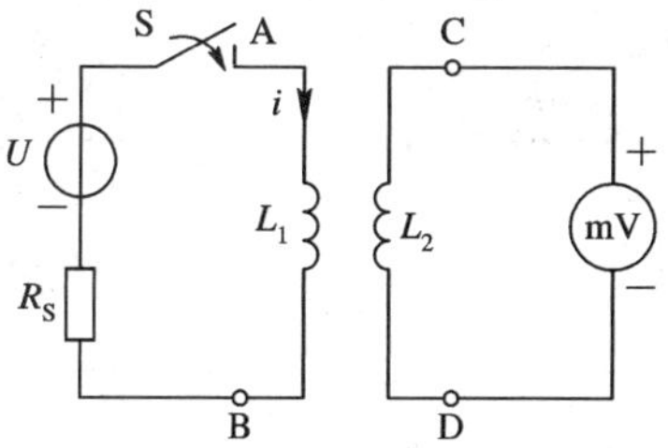

图 5.5 测定同名端的实验电路

5.2.2 同名端的应用

同名端具有感应电压极性相同的重要特性，即同一瞬间，同名端感应电压(无论是自感电压还是互感电压)的极性同为“+”或同为“−”。故又称其为同极性端。由此可知，互感电压的极性与产生它的变化电流的参考方向对同名端是一致的。在图 5.6(*a*)中，电流 i_2 从 C 端流入，则互感电压 u_{12} 的“+”极性在与 C 为同名端的 A 端。同理，在图 5.6(*b*)中，

电流 i_2 从 C 端流入，互感电压 u_{12} 的"＋"极性在与 C 为同名端的 B 端。

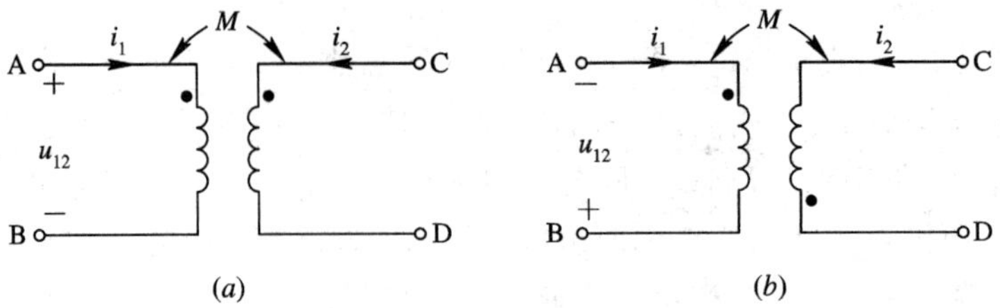

图 5.6　图 5.3 的互感线圈的电路符号

同名端的确定对分析电路非常重要，只有同名端已知，才能确定互感电压的参考方向，然后根据 KVL 列出正确的电压方程。实用中，对有磁耦合线圈的电气设备，线圈的同名端必须确定后才能进行正确的连接。否则，电路不能正常工作或可能发生重大事故。

在互感电路中，线圈端电压是自感电压与互感电压的代数和，即

$$\left.\begin{aligned} u_1 &= \pm L_1 \frac{\mathrm{d}i_1}{\mathrm{d}t} \pm M \frac{\mathrm{d}i_2}{\mathrm{d}t} \\ u_2 &= \pm L_2 \frac{\mathrm{d}i_2}{\mathrm{d}t} \pm M \frac{\mathrm{d}i_1}{\mathrm{d}t} \end{aligned}\right\} \tag{5-7}$$

若电流为正弦交流，可用相量表示为

$$\left.\begin{aligned} \dot{U}_1 &= \pm \mathrm{j}\omega L_1 \dot{I}_1 \pm \mathrm{j}\omega M \dot{I}_2 \\ \dot{U}_2 &= \pm \mathrm{j}\omega L_2 \dot{I}_2 \pm \mathrm{j}\omega M \dot{I}_1 \end{aligned}\right\} \tag{5-8}$$

上两式中各项的正、负号确定方法归纳如下：自感电压 $L_1\frac{\mathrm{d}i_1}{\mathrm{d}t}$、$L_2\frac{\mathrm{d}i_2}{\mathrm{d}t}$ 视本端口电压与电流的参考方向是否关联，若关联，取正号，否则取负号。互感电压 $M\frac{\mathrm{d}i_1}{\mathrm{d}t}$、$M\frac{\mathrm{d}i_2}{\mathrm{d}t}$ 视同名端位置和端口电压的参考极性，若变化电流是从同名端流入，则其互感电压在另一线圈的同名端为"＋"极性，当这个极性与其端口电压的参考极性一致时，取正号，否则取负号。

例 5.1　写出图 5.7(*a*)、(*b*)所示互感线圈端电压 u_1 和 u_2 的表达式。

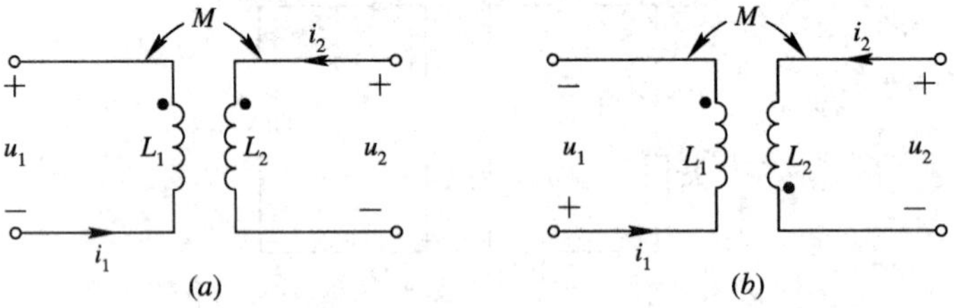

图 5.7　例 5.1 电路图

解　对于图(*a*)，有

$$u_1 = -L_1 \frac{\mathrm{d}i_1}{\mathrm{d}t} + M \frac{\mathrm{d}i_2}{\mathrm{d}t}$$

$$u_2 = L_2 \frac{\mathrm{d}i_2}{\mathrm{d}t} - M \frac{\mathrm{d}i_1}{\mathrm{d}t}$$

由于 u_1 与 i_1 的参考方向是非关联，所以 $L_1\frac{\mathrm{d}i_1}{\mathrm{d}t}$前取负号，$M\frac{\mathrm{d}i_2}{\mathrm{d}t}$在线圈 1 的同名端为“+”，此极性与 u_1 的参考极性一致，故取正号。u_2 与 i_2 的参考方向关联，故 $L_2\frac{\mathrm{d}i_2}{\mathrm{d}t}$前取正号，$M\frac{\mathrm{d}i_1}{\mathrm{d}t}$在线圈 2 的同名端为“－”，此极性与 u_2 的参考极性相反，故取负号。

对于图(b)，同样可得

$$u_1 = L_1\frac{\mathrm{d}i_1}{\mathrm{d}t} + M\frac{\mathrm{d}i_2}{\mathrm{d}t}$$

$$u_2 = L_2\frac{\mathrm{d}i_2}{\mathrm{d}t} + M\frac{\mathrm{d}i_1}{\mathrm{d}t}$$

例 5.2 在图 5.8(a)所示电路中，已知两线圈的互感 M=1 H，电流源 $i_1(t)$的波形如图 5.8(b)所示，试求开路电压 u_{CD}的波形。

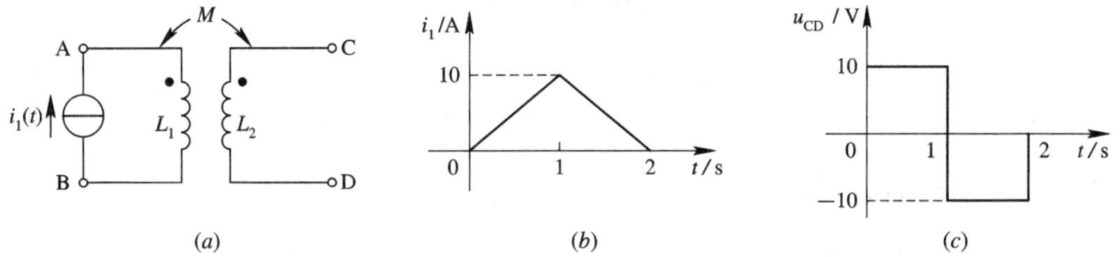

图 5.8 例 5.2 图

解 由于 L_2 线圈开路，其电流为零，因而 L_2 上自感电压为零，L_2 上仅有电流 i_1 产生的互感电压。根据 i_1 的参考方向和同名端位置，则有

$$u_{\mathrm{CD}} = M\frac{\mathrm{d}i_1}{\mathrm{d}t}$$

由图 5.8(b)可知：$0\leqslant t\leqslant 1$ s 时，$i_1=10t$ A，则

$$u_{\mathrm{CD}} = M\frac{\mathrm{d}(10t)}{\mathrm{d}t} = 10\ \mathrm{V}$$

$1\leqslant t\leqslant 2$ s 时，$i_1=(-10t+20)$ A，则

$$u_{\mathrm{CD}} = M\frac{\mathrm{d}(-10t+20)}{\mathrm{d}t} = -10\ \mathrm{V}$$

$t\geqslant 2$ s 时，$i_1=0$，则

$$u_{\mathrm{CD}} = 0$$

开路电压 u_{CD}的波形如图 5.8(c)所示。

练习与思考

5.2-1 自感磁链、互感磁链的方向由什么确定？若仅仅改变产生互感磁链的电流方向，耦合线圈的同名端会改变吗？

5.2-2 具有磁耦合的线圈为什么要定义同名端？

5.2-3　电路如图 5.9 所示，开关 S 闭合状态已很久。试确定 S 打开瞬间，2 与 2′间电压的真实极性。

5.2-4　在图 5.10 所示的互感电路中，写出线圈端电压 $\dot{U}_{AB}$和 $\dot{U}_{CD}$的表达式。

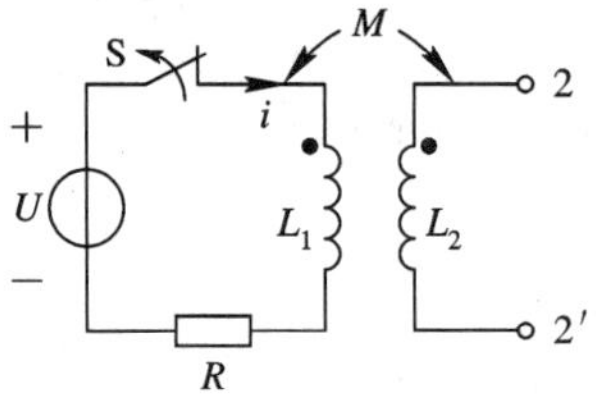

图 5.9　题 5.2-3 图

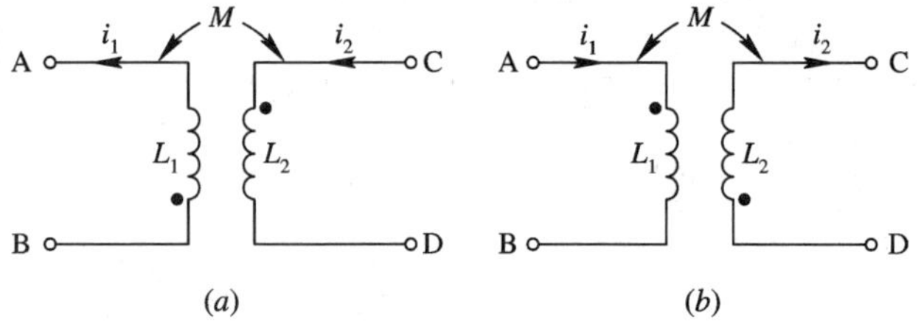

图 5.10　题 5.2-4 图

5.3　互感线圈的连接及等效电路

含有互感的电路仍满足基尔霍夫定律；在正弦激励作用下，相量法仍适用。与一般正弦电路不同的是，在有互感的支路中必须考虑由于磁耦合而产生的互感电压。

5.3.1　互感线圈的串联

两个具有互感的线圈串联时有两种接法——顺向串联和反向串联。

1. 互感线圈的顺向串联

图 5.11(a)所示电路为互感线圈的顺向串联，即异名端相连。在图示电压、电流参考方向下，根据 KVL 可得线圈两端的总电压为

$$\dot{U}=\dot{U}_1+\dot{U}_2=\mathrm{j}\omega L_1\dot{I}+\mathrm{j}\omega M\dot{I}+\mathrm{j}\omega L_2\dot{I}+\mathrm{j}\omega M\dot{I}$$
$$=\mathrm{j}\omega(L_1+L_2+2M)\dot{I}=\mathrm{j}\omega L_s\dot{I}$$

式中

$$L_s=L_1+L_2+2M \tag{5-9}$$

称为顺向串联的等效电感。故图 5.11(a)所示电路可以用一个等效电感 L_s 来替代。

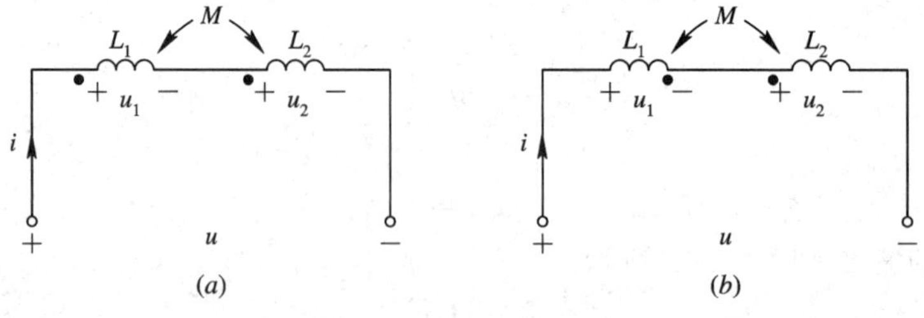

图 5.11　互感线圈的串联

(a) 顺向串联；(b) 反向串联

2. 互感线圈的反向串联

图 5.11(b)所示电路为互感线圈的反向串联，即同名端相连。串联电路的总电压为

$$\dot{U}=\dot{U}_1+\dot{U}_2=\mathrm{j}\omega L_1\dot{I}-\mathrm{j}\omega M\dot{I}+\mathrm{j}\omega L_2\dot{I}-\mathrm{j}\omega M\dot{I}=\mathrm{j}\omega(L_1+L_2-2M)\dot{I}=\mathrm{j}\omega L_f\dot{I}$$

其中L_f称为反向串联的等效电感。即

$$L_f = L_1 + L_2 - 2M \tag{5-10}$$

比较式(5 - 9)和式(5 - 10)，可以看出 $L_s > L_f$，$\omega L_s > \omega L_f$，当外加相同正弦电压时，顺向串联时的电流小于反向串联时的电流。

根据 L_s 和 L_f 可以求出两线圈的互感 M 为

$$M = \frac{L_s - L_f}{4} \tag{5-11}$$

例 5.3 将两个线圈串联接到 50 Hz、60 V 的正弦电源上，顺向串联时的电流为 2 A，功率为 96 W，反向串联时的电流为 2.4 A，求互感 M。

解 顺向串联时，可用等效电阻 $R=R_1+R_2$ 和等效电感 $L_s=L_1+L_2+2M$ 相串联的电路模型来表示。根据已知条件，得

$$R = \frac{P}{I_s^2} = \frac{96}{2^2} = 24\ \Omega$$

$$\omega L_s = \sqrt{\left(\frac{U}{I_s}\right)^2 - R^2} = \sqrt{\left(\frac{60}{2}\right)^2 - 24^2} = 18\ \Omega$$

$$L_s = \frac{18}{2\pi \times 50} = 0.057\ \text{H}$$

反向串联时，线圈电阻不变，由已知条件可求出反向串联时的等效电感

$$\omega L_f = \sqrt{\left(\frac{U}{I_f}\right)^2 - R^2} = \sqrt{\left(\frac{60}{2.4}\right)^2 - 24^2} = 7\ \Omega$$

$$L_f = \frac{7}{2\pi \times 50} = 0.022\ \text{H}$$

所以得

$$M = \frac{L_s - L_f}{4} = \frac{0.057 - 0.022}{4} = 8.75\ \text{mH}$$

5.3.2 互感线圈的并联

互感线圈的并联有同侧并联和异侧并联两种，如图 5.12(*a*)、(*b*)所示。

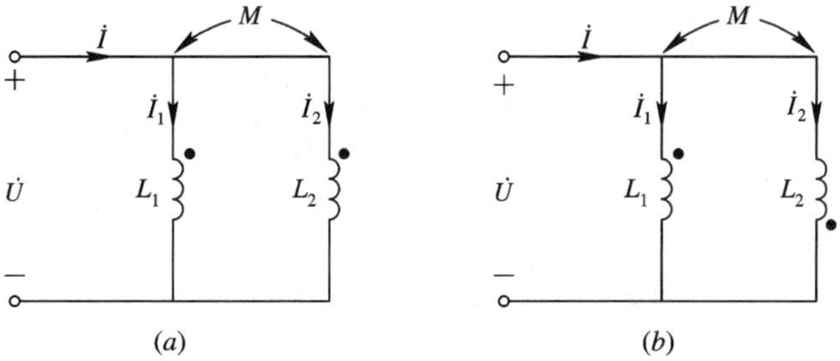

图 5.12 互感线圈的并联

(*a*) 同侧并联；(*b*) 异侧并联

当两线圈同侧并联时，在图 5.12(*a*)所示的电压、电流参考方向下，依 KVL 有

$$\dot{U} = j\omega L_1 \dot{I}_1 + j\omega M \dot{I}_2$$

$$\dot{U} = j\omega L_2 \dot{I}_2 + j\omega M \dot{I}_1$$

$$\dot{I} = \dot{I}_1 + \dot{I}_2$$

由电流方程可得 $\dot{I}_2=\dot{I}-\dot{I}_1$，$\dot{I}_1=\dot{I}-\dot{I}_2$，将其分别代入电压方程中，则有

$$\left.\begin{aligned}\dot{U} = \mathrm{j}\omega L_1\dot{I}_1 + \mathrm{j}\omega M(\dot{I}-\dot{I}_1) = \mathrm{j}\omega(L_1 - M)\dot{I}_1 + \mathrm{j}\omega M\dot{I} \\ \dot{U} = \mathrm{j}\omega L_2\dot{I}_2 + \mathrm{j}\omega M(\dot{I}-\dot{I}_2) = \mathrm{j}\omega(L_2 - M)\dot{I}_2 + \mathrm{j}\omega M\dot{I}\end{aligned}\right\} \tag{5-12}$$

根据上述电压、电流关系，按照等效概念，图 5.12(*a*)所示互感电路就可用图 5.13(*a*)所示无互感电路来等效，这种处理互感电路的方法称为互感消去法。图 5.13(*a*)称为图 5.12(*a*)的去耦等效电路。由图 5.13(*a*)可直接求出互感线圈同侧并联时的等效电感为

$$L = \frac{L_1L_2 - M^2}{L_1 + L_2 - 2M} \tag{5-13}$$

同理可以推出互感线圈异侧并联的等效电感为

$$L = \frac{L_1L_2 - M^2}{L_1 + L_2 + 2M}$$

其异侧并联的去耦等效电路如图 5.13(*b*)所示。

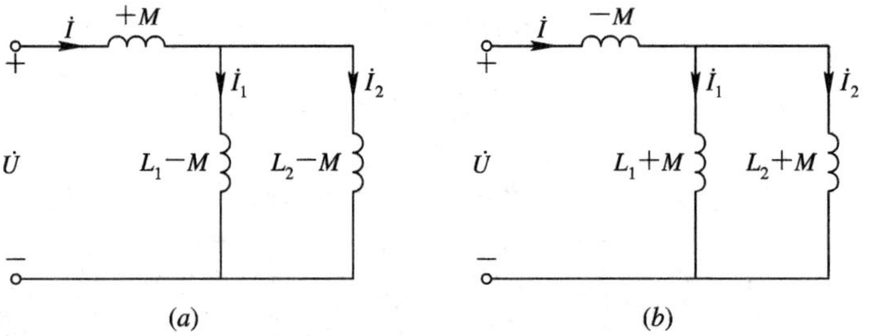

图 5.13　并联互感线圈的去耦等效电路

互感消去法不仅适用于互感并联情况，同样适用于两互感线圈仅一端相连接情况，具有互感的两线圈仅一端相连分为同名端相连和异名端相连两种，如图 5.14(*a*)、(*b*)所示。

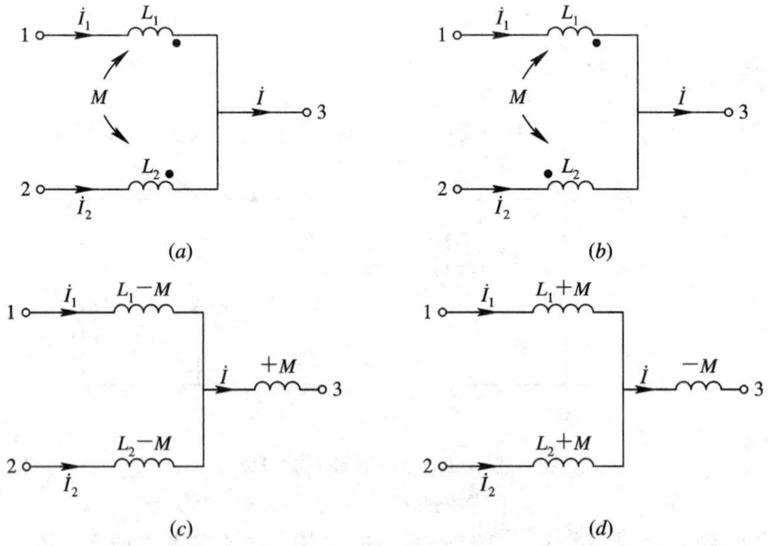

图 5.14　一端相连的互感线圈及去耦等效电路

对于图 5.14(*a*)，在图示参考方向下，可列出其端钮间的电压方程为

$$\left.\begin{aligned}\dot{U}_{13} &= \mathrm{j}\omega L_1\dot{I}_1 + \mathrm{j}\omega M\dot{I}_2\\ \dot{U}_{23} &= \mathrm{j}\omega L_2\dot{I}_2 + \mathrm{j}\omega M\dot{I}_1\end{aligned}\right\}\tag{5-14}$$

利用电流 $\dot{I}=\dot{I}_1+\dot{I}_2$ 的关系式可将式(5 - 14)变换为

$$\left.\begin{aligned}\dot{U}_{13} &= \mathrm{j}\omega(L_1-M)\dot{I}_1 + \mathrm{j}\omega M\dot{I}\\ \dot{U}_{23} &= \mathrm{j}\omega(L_2-M)\dot{I}_2 + \mathrm{j}\omega M\dot{I}\end{aligned}\right\}\tag{5-15}$$

由式(5 - 15)可得如图 5.14(*c*)所示的去耦等效电路。

同理，两互感线圈异名端相连可等效为如图 5.14(*d*)所示的去耦等效电路。

注意：尽管推导过程中使用了电流、电压，但得到的等效电路形式及元件参数与电流、电压无关。另外，所出现的负电感只有分析计算上的意义，并无实际物理意义。若在电路设计中需要负电感时，则可通过互感元件来实现。

例 5.4 在图 5.15 所示的互感电路中，ab 端加 10 V 的正弦电压，已知电路的参数为 $R_1=R_2=3\ \Omega$，$\omega L_1=\omega L_2=4\ \Omega$，$\omega M=2\ \Omega$。求 cd 端的开路电压。

解 当 cd 端开路时，线圈 2 中无电流，因此，在线圈 1 中没有互感电压。以 ab 端电压为参考，电压

$$\dot{U}_{ab} = 10\underline{/0^\circ}\ \mathrm{V}$$

则

$$\dot{I}_1 = \frac{\dot{U}_{ab}}{R_1+\mathrm{j}\omega L_1} = \frac{10\underline{/0^\circ}}{3+\mathrm{j}4} = 2\underline{/-53.1^\circ}\ \mathrm{A}$$

由于线圈 2 中没有电流，因而 L_2 上无自感电压。但 L_1 中有电流，因此线圈 2 中有互感电压，根据电流对同名端的方向可知，cd 端的电压

$$\begin{aligned}\dot{U}_{cd} &= \mathrm{j}\omega M\dot{I}_1 + \dot{U}_{ab} = \mathrm{j}2\times 2\underline{/-53.1^\circ} + 10\\ &= 4\underline{/36.9^\circ} + 10 = 13.4\underline{/10.3^\circ}\ \mathrm{V}\end{aligned}$$

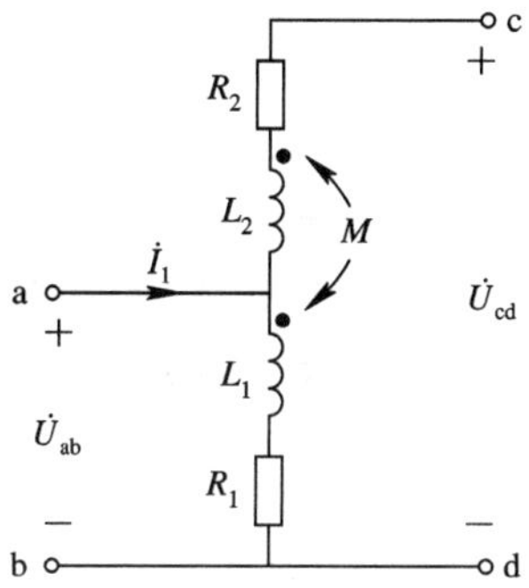

图 5.15 例 5.4 图

例 5.5 图 5.16(*a*)所示具有互感的正弦电路中，已知 $X_{L1}=10\ \Omega$，$X_{L2}=20\ \Omega$，$X_C=5\ \Omega$，耦合线圈互感抗 $X_M=10\ \Omega$，电源电压 $\dot{U}_S=20\underline{/0^\circ}\ \mathrm{V}$，$R_L=30\ \Omega$，求电流 $\dot{I}_2$。

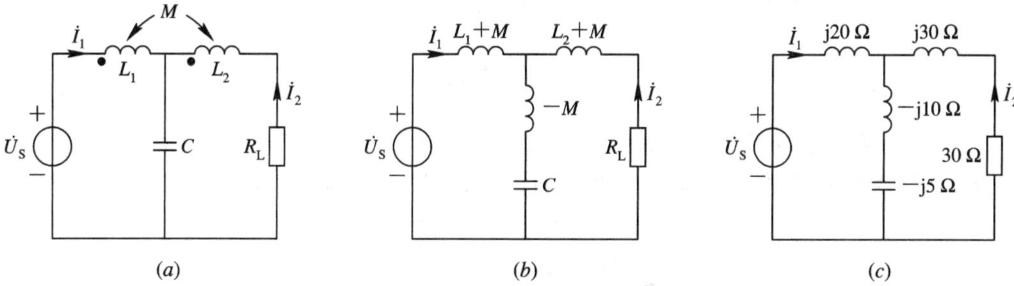

图 5.16 例 5.5 图

解 利用互感消去法，得去耦等效电路如图 5.16(*b*)所示，其相量模型如图 5.16(*c*)所示。利用复阻抗串、并联等效变换，求得电流

$$\dot{I}_1 = \frac{\dot{U}_S}{\mathrm{j}20+\dfrac{(-\mathrm{j}10-\mathrm{j}5)\times(30+\mathrm{j}30)}{(-\mathrm{j}10-\mathrm{j}5)+(30+\mathrm{j}30)}} = \frac{4+\mathrm{j}2}{1+\mathrm{j}}\ \mathrm{A}$$

应用复阻抗并联分流关系求得电流

$$\dot{I}_2 = -\frac{-\mathrm{j}10-\mathrm{j}5}{(-\mathrm{j}10-\mathrm{j}5)+(30+\mathrm{j}30)}\dot{I}_1 = \sqrt{2}\,\underline{/45^\circ}\ \mathrm{A}$$

练习与思考

5.3-1　两互感线圈作不同的串联如图 5.17 所示，已知等效电感 $L_{AD}=30$ mH，$L_{AC}=50$ mH。试标出线圈的同名端，并求出 M。

图 5.17　题 5.3-1 图

5.3-2　在图 5.18 所示电路中，若 $L_1=6$ H，$L_2=4$ H。已知 L_1、L_2 顺向串联时，电路的谐振频率是反向串联时谐振频率的 1/2，求互感 M。

5.3-3　图 5.19 所示电路中，已知 $L_1=4$ mH，$L_2=9$ mH，$M=3$ mH。

(1) 当开关 S 打开时，求 ab 端的等效电感 L_{ab}。

(2) 当开关 S 闭合时，求 ab 端的等效电感 L_{ab}。

5.3-4　在网络设计中，要求实现含有负电感的电路如图 5.20 所示。问此网络能否实现？如何实现？

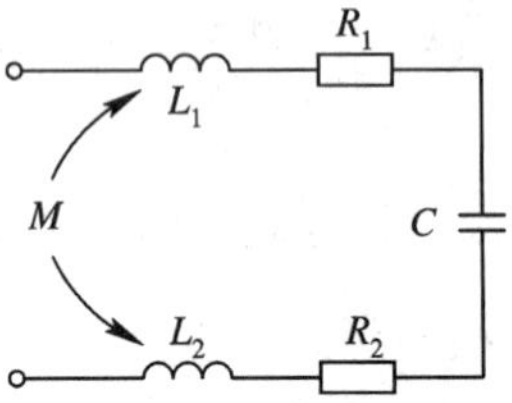

图 5.18　题 5.3-2 图

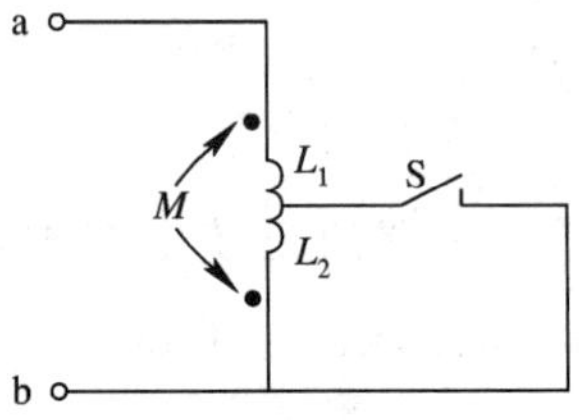

图 5.19　题 5.3-3 图

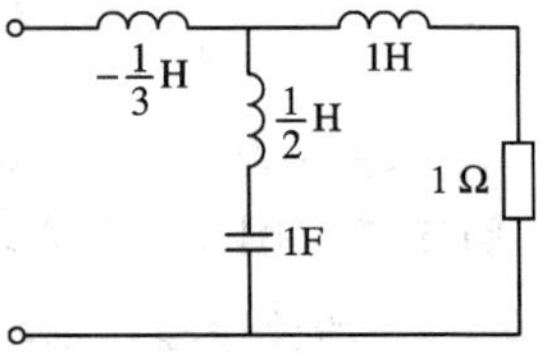

图 5.20　题 5.3-4 图

5.3-5　用互感线圈反向串联等效电感的方法计算分析第 4 章练习与思考 4.3-5 题。(提示：双绕线圈看作是 $k=1$ 的完全相同的两个线圈反向串联)。

*5.4　空心变压器

变压器是利用互感耦合实现能量传输(或信号传递)的电气设备。通常由一个初级线圈和一个或几个次级线圈构成。初级线圈(称原绕组)接电源，次级线圈(称副绕组)接负载。

线圈绕在铁磁材料制成的芯子上的变压器称为铁芯变压器，其电磁特性一般为非线性。空心变压器以空气(或非铁磁材料)作芯子的变压器，其电磁特性为线性，它广泛用于测量仪器和高频电路中。

图 5.21 为空心变压器的电路模型。其初级线圈和次级线圈分别用电感与电阻相串联的电路模型表示，初级线圈参数为 R_1、L_1，次级线圈参数为 R_2、L_2，两线圈的互感为 M。根据图示电压、电流的参考方向以及标注的同名端，可列出初、次级回路的 KVL 方程如下：

$$(R_1 + \mathrm{j}\omega L_1)\dot{I}_1 + \mathrm{j}\omega M\dot{I}_2 = \dot{U}_1$$

$$\mathrm{j}\omega M\dot{I}_1 + (R_2 + \mathrm{j}\omega L_2 + R_L + \mathrm{j}X_L)\dot{I}_2 = 0$$

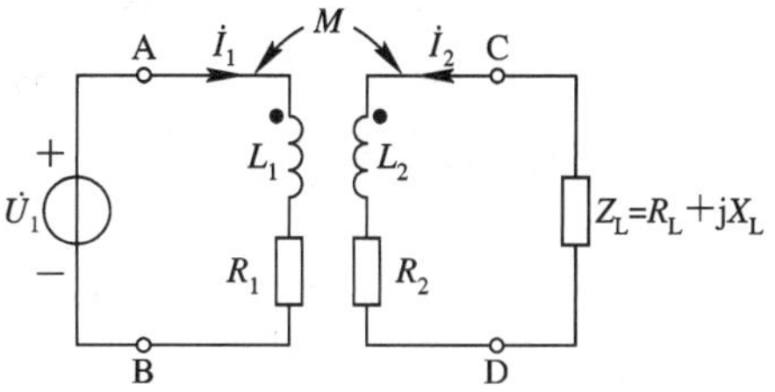

图 5.21　空心变压器电路

令 $Z_{11}=R_1+\mathrm{j}\omega L_1$，为初级回路自阻抗；$Z_{22}=R_2+\mathrm{j}\omega L_2+R_L+\mathrm{j}X_L=R_{22}+\mathrm{j}X_{22}$，为次级回路自阻抗，$Z_M=\mathrm{j}\omega M=\mathrm{j}X_M$，为初、次级回路间的互阻抗。则有

$$Z_{11}\dot{I}_1 + \mathrm{j}X_M\dot{I}_2 = \dot{U}_1 \qquad (5-16)$$

$$\mathrm{j}X_M\dot{I}_1 + Z_{22}\dot{I}_2 = 0 \qquad (5-17)$$

由式(5－17)可得

$$\dot{I}_2 = -\frac{\mathrm{j}\omega M\dot{I}_1}{Z_{22}} \qquad (5-18)$$

将式(5－18)代入式(5－16)中得

$$\dot{I}_1 = \frac{\dot{U}_1}{Z_{11} + \dfrac{(\omega M)^2}{Z_{22}}} = \frac{\dot{U}_1}{Z_{11} + Z_1'} \qquad (5-19)$$

由式(5－18)、式(5－19)可以看出，由于互感作用，使闭合的次级回路中产生了电流，这个电流由于互感的作用又反过来影响初级回路，这种次级回路对初级回路的影响可以看做是在初级回路中增加了一个阻抗 Z_1'，其值为

$$Z_1' = \frac{(\omega M)^2}{Z_{22}} = \frac{(\omega M)^2}{R_{22} + \mathrm{j}X_{22}} = R_1' + \mathrm{j}X_1' \qquad (5-20)$$

Z_1'称为次级回路在初级回路中的反射阻抗。整理式(5－20)可得

$$R_1' = \frac{(\omega M)^2}{R_{22}^2 + X_{22}^2}R_{22} \qquad (5-21)$$

$$X_1' = -\frac{(\omega M)^2}{R_{22}^2 + X_{22}^2}X_{22} \qquad (5-22)$$

式中，R_1'、X_1'分别为反射电阻和反射电抗。

由式(5－21)知，$R_1'>0$ 恒成立。可以证明，R_1'吸收的有功功率等于次级回路的有功功率。反射电阻的功率 $P_{R_1'}=I_1^2R_1'$，由式(5－18)可得次级电流的有效值为

$$I_2 = \frac{\omega M I_1}{\sqrt{R_{22}^2 + X_{22}^2}}$$

次级回路的功率为

$$P_2 = I_2^2(R_2 + R_L) = \frac{(\omega M)^2}{R_{22}^2 + X_{22}^2} \cdot R_{22} \cdot I_1^2 = I_1^2R_1' = P_{R_1'}$$

式(5－22)中 X_1'和 X_{22}符号相反，说明反射电抗与次级回路电抗性质相反，即次级回路电抗是容性，则反射电抗为感性；反之，次级回路电抗是感性，则反射电抗为容性。

利用反射阻抗概念，根据式(5－18)、(5－19) 可以得到空心变压器的初、次级等效电

路，如图 5.22 所示。注意图中 $jX_M\dot{I}_1$ 的极性要根据初级电流参考方向和同名端位置来确定。这样，对于空心变压器这种特定的含耦合电感电路，可以通过作初、次级等效电路的方法，使其正弦稳态分析得到简化。

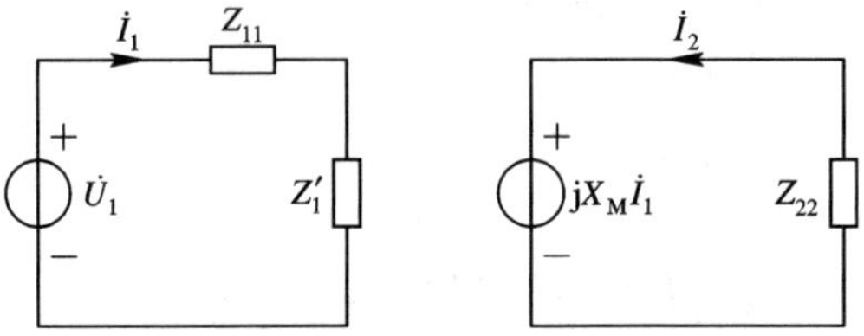

图 5.22 空心变压器初、次级等效电路

例 5.6 空心变压器电路如图 5.23(*a*)所示，已知 $L_1=0.6$ H，$R_1=10\ \Omega$，$L_2=0.4$ H，$R_2=10\ \Omega$，$M=0.4$ H，$R_L=30\ \Omega$，电压源电压 $u_1=100\sqrt{2}\sin 100t$ V。

(1) 用初、次级等效电路求电流 $\dot{I}_1$ 和 $\dot{I}_2$；

(2) 用戴维南定理求 $\dot{I}_2$。

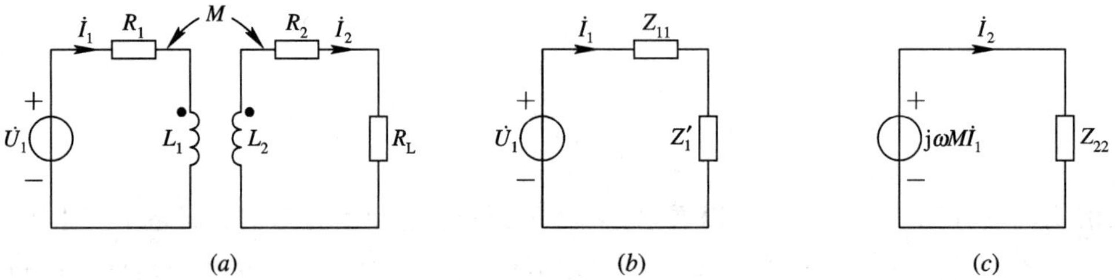

图 5.23 例 5.6 图

解 (1) 根据已知参数得初、次级回路的自阻抗为

$$Z_{11}=R_1+j\omega L_1=10+j100\times 0.6=10+j60\ \Omega$$

$$Z_{22}=(R_2+R_L)+j\omega L_2=(10+30)+j100\times 0.4=40+j40\ \Omega$$

反射阻抗 Z_1' 为

$$Z_1'=\frac{(\omega M)^2}{Z_{22}}=\frac{(100\times 0.4)^2}{40+j40}=20\sqrt{2}\angle -45^\circ=20-j20\ \Omega$$

作初级等效电路如图 5.23(*b*)所示。由图(*b*)得

$$\dot{I}_1=\frac{\dot{U}_1}{Z_{11}+Z_1'}=\frac{100\angle 0^\circ}{10+j60+20-j20}=\frac{100\angle 0^\circ}{50\angle 53.1^\circ}=2\angle -53.1^\circ\ \text{A}$$

作次级等效电路如图 5.23(*c*)所示。由图(*c*)求得

$$\dot{I}_2=\frac{j\omega M\dot{I}_1}{Z_{22}}=\frac{j100\times 0.4\times 2\angle -53.1^\circ}{40+j40}=\frac{80\angle 36.9^\circ}{40\sqrt{2}\angle 45^\circ}=1.414\angle -8.1^\circ\ \text{A}$$

(2) 用戴维南定理求解。先求 R_L 开路时的电压 $\dot{U}_{oc}$，如图 5.24(*a*)所示。因 $\dot{I}_2=0$，故

$$\dot{I}_{10}=\frac{\dot{U}_1}{Z_{11}}=\frac{\dot{U}_1}{R_1+j\omega L_1}=\frac{100\angle 0^\circ}{10+j60}\ \text{A}$$

CD 两点间开路电压就是次级线圈的互感电压，即

$$\dot{U}_{oc}=j\omega M\dot{I}_{10}=j100\times 0.4\times\frac{100\angle 0^\circ}{10+j60}=\frac{4000\angle 90^\circ}{10+j60}\ \text{V}$$

再在图 5.24(b)所示的电路中求 C、D 两点间的输入阻抗 Z_{i2}。利用反射阻抗概念，将原次级当作初级，原初级当作次级，参照式(5-20)得初级回路对次级回路的反射阻抗为

$$Z_2' = \frac{(\omega M)^2}{Z_{11}} = \frac{(100 \times 0.4)^2}{10 + j60} = \frac{1600}{10 + j60}\ \Omega$$

则

$$Z_{i2} = Z_{22}' + Z_2' = R_2 + j\omega L_2 + Z_2'$$

$$= 10 + j40 + \frac{1600}{10 + j60} = \frac{-700 + j1000}{10 + j60}\ \Omega$$

注意：Z_{22}'是不包括负载电阻 R_L 在内的次级回路自阻抗。

这样就得到图 5.24(c)所示的戴维南等效电路，接上 R_L 可求次级电流 $\dot{I}_2$ 为

$$\dot{I}_2 = \frac{\dot{U}_{oc}}{Z_{i2} + R_L} = \frac{\dfrac{4000\angle 90^\circ}{10 + j60}}{\dfrac{-700 + j1000}{10 + j60} + 30} = \frac{4000\angle 90^\circ}{-400 + j2800}$$

$$= \frac{4000\angle 90^\circ}{2828.4\angle 98.1^\circ} = 1.414\angle -8.1^\circ\ \text{A}$$

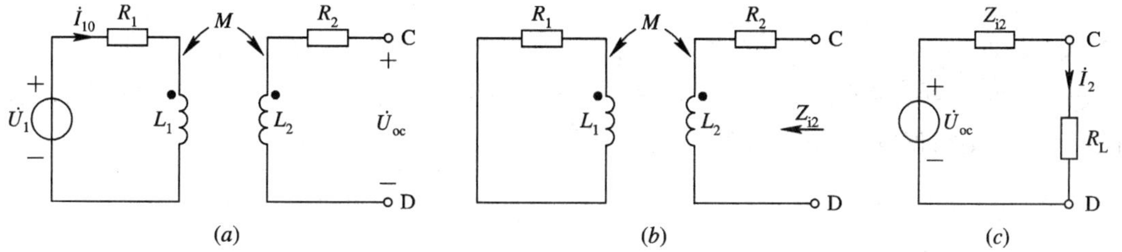

图 5.24　例 5.6 电路图

练习与思考

5.4-1　电路如图 5.25 所示，已知 L_1=0.1 H，L_2=0.4 H，M=0.12 H。求：

(1) 当 CD 端短路时 AB 两端的等效电感 L_{AB}；

(2) 当 AB 端短路时 CD 两端的等效电感 L_{CD}。

5.4-2　电路如图 5.26 所示，为使负载阻抗 Z_L 获得最大功率，求 Z_L。

5.4-3　在图 5.27 所示电路中，开关 S 闭合后，电流表的读数是增大还是减小？

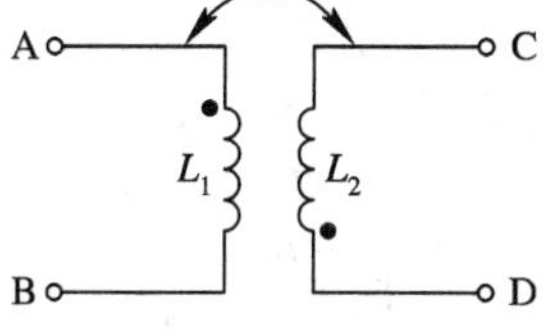

图 5.25　题 5.4-1 图

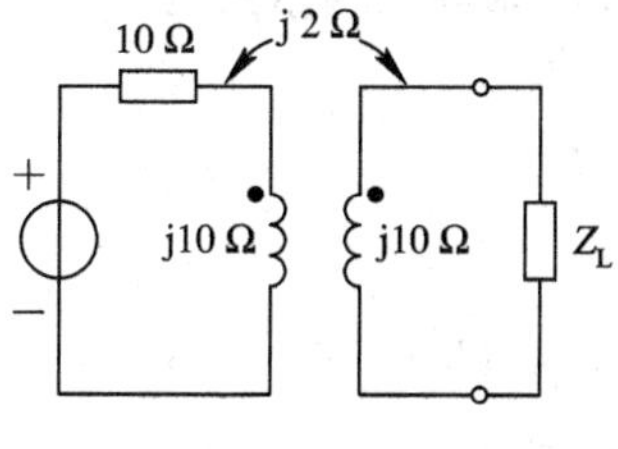

图 5.26　题 5.4-2 图

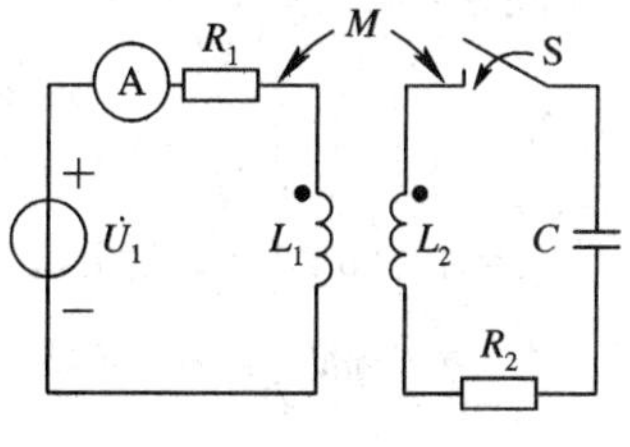

图 5.27　题 5.4-3 图

5.5 理想变压器

理想变压器是一种特殊的无损耗、全耦合变压器。它作为实际变压器的理想化模型，是对互感元件的一种理想化抽象，它满足以下三个条件：

(1) 耦合系数 $k=1$，即无漏磁通。

(2) 自感系数 L_1、L_2 无穷大且 L_1/L_2 等于常数。

(3) 无损耗，即不消耗能量，也不储存能量。

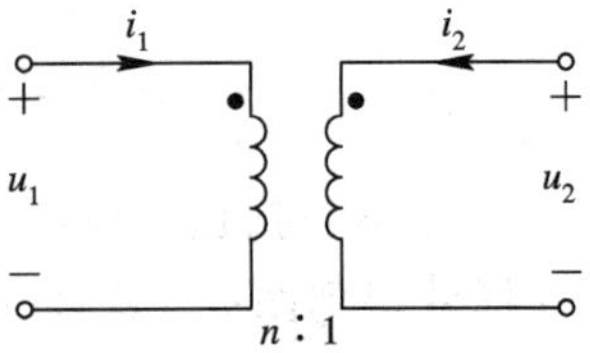

图 5.28 理想变压器

从结构上看，它的初级线圈与次级线圈的电阻可以忽略，分布电容也可以忽略，线圈是密绕在导磁率 μ 为无穷大的铁芯上。理想变压器的电路符号如图 5.28 所示。

以上三个条件在工程实际中永远不可能满足，但为使实际变压器的性能接近理想变压器，工程上常采用两种措施，一是尽量采用具有高导磁率的铁磁材料作铁芯，二是尽量紧密耦合，使耦合系数 k 接近于 1。

5.5.1 理想变压器的变压作用

图 5.29 所示为一铁芯变压器的示意图。N_1、N_2 分别为初、次级线圈 1 和 2 的匝数。由于铁芯的导磁率很高，一般可认为磁通全部集中在铁芯中，并与全部线匝交链。若铁芯磁通为 Φ，则根据电磁感应定律，有

$$u_1 = N_1 \frac{\mathrm{d}\Phi}{\mathrm{d}t}$$

$$u_2 = N_2 \frac{\mathrm{d}\Phi}{\mathrm{d}t}$$

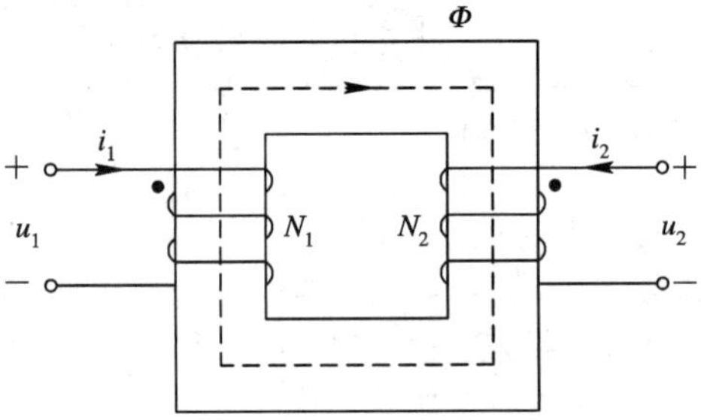

图 5.29 铁芯变压器

则理想变压器的变压关系式为

$$\frac{u_1}{u_2} = \frac{N_1}{N_2} = n \qquad (5-23)$$

n 称为变比，定义为初级线圈与次级线圈的匝数之比，是一个常数。

5.5.2 理想变压器的变流作用

考虑理想变压器是 L_1、L_2 无穷大，且 L_1/L_2 为常数，$k=1$ 的无损耗互感线圈，则由互感线圈模型(如图 5.30 所示)，可得端电压相量式为

$$\mathrm{j}\omega L_1 \dot{I}_1 + \mathrm{j}\omega M \dot{I}_2 = \dot{U}_1 \qquad (5-24)$$

$$\mathrm{j}\omega M \dot{I}_1 + \mathrm{j}\omega L_2 \dot{I}_2 = \dot{U}_2 \qquad (5-25)$$

因为 $k=1$，即 $M=\sqrt{L_1 L_2}$，则

$$\mathrm{j}\omega L_1 \dot{I}_1 + \mathrm{j}\omega \sqrt{L_1 L_2}\, \dot{I}_2 = \dot{U}_1 \qquad (5-26)$$

$$\mathrm{j}\omega \sqrt{L_1 L_2}\, \dot{I}_1 + \mathrm{j}\omega L_2 \dot{I}_2 = \dot{U}_2 \qquad (5-27)$$

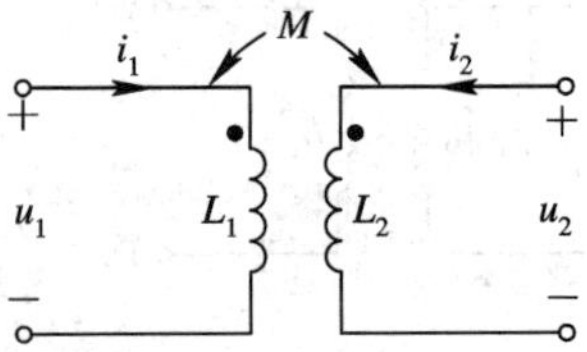

图 5.30 互感线圈模型

由式(5-27)得

$$\sqrt{\frac{L_2}{L_1}}(\mathrm{j}\omega L_1\dot{I}_1+\mathrm{j}\omega\sqrt{L_1L_2}\dot{I}_2)=\dot{U}_2$$

将式(5－26)与上式联立求得

$$\frac{\dot{U}_1}{\dot{U}_2}=\sqrt{\frac{L_1}{L_2}}=n \tag{5－28}$$

由式(5－26)可得

$$\dot{I}_1=\frac{\dot{U}_1}{\mathrm{j}\omega L_1}-\sqrt{\frac{L_2}{L_1}}\dot{I}_2$$

由于 $L_1\to\infty$，因而

$$\frac{\dot{I}_1}{\dot{I}_2}=-\sqrt{\frac{L_2}{L_1}}=-\frac{1}{n} \tag{5－29}$$

式(5－29)为理想变压器的变流关系式。

理想变压器可以看成是一种极限情况下的互感线圈，这一抽象，使元件性质发生了质的变化。耦合线圈既是动态元件，又是储能元件，而理想变压器不是动态元件，它既不储能，也不耗能，仅起到一个变换参数的作用。它吸收的瞬时功率恒等于零。即

$$p=u_1i_1+u_2i_2=nu_2\cdot\left(-\frac{1}{n}i_2\right)+u_2i_2=0$$

此外，表征互感线圈需用 L_1、L_2 和 M 三个参数，而表征理想变压器仅用一个参数 n。它们的电路符号十分相近，只能从参数的标注来判断是哪种元件。

在进行变压、变流关系计算时，要根据理想变压器符号中的同名端来确定变压、变流关系式中的正、负号。其原则是：

(1) 两端口电压的极性对同名端一致的，则关系式中冠正号，否则冠负号；

(2) 两端口电流的方向对同名端相反的，则关系式中冠正号，否则冠负号。

根据上述原则，图 5.31 所示理想变压器的初级与次级间的电压、电流的关系为

$$\dot{U}_1=-n\dot{U}_2$$

$$\dot{I}_1=\frac{1}{n}\dot{I}_2$$

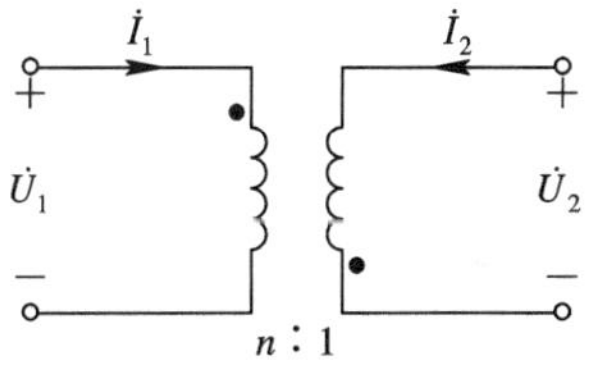

图 5.31　理想变压器

5.5.3　理想变压器的阻抗变换

如图 5.32(a)所示为理想变压器电路，若在次级接一负载 Z_L，那么负载电压 $\dot{U}_2=-Z_L\dot{I}_2$，这时从初级看进去的输入阻抗为

$$Z_i=\frac{\dot{U}_1}{\dot{I}_1}=\frac{n\dot{U}_2}{-\frac{1}{n}\dot{I}_2}=n^2\left(\frac{\dot{U}_2}{-\dot{I}_2}\right)=n^2Z_L \tag{5－30}$$

由式(5－30)知，图 5.32(a)所示含理想变压器电路的初级等效电路如图 5.32(b)所示。即理想变压器次级接负载 Z_L，对初级而言，相当于在初级接负载 n^2Z_L。n^2Z_L 称为折合阻抗。应特别注意理想变压器的折合阻抗与互感电路的反射阻抗之区别。互感电路的反射阻抗改变了阻抗的性质；而理想变压器的阻抗变换作用只改变阻抗的大小，不改变阻抗性质。

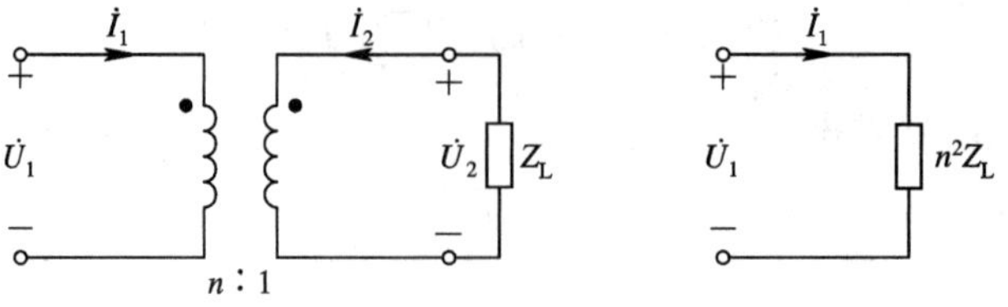

(a)　　　　　　　　　　(b)

图 5.32　理想变压器变换阻抗的作用

利用折合阻抗的概念可以简化某些含理想变压器的电路的分析。在电子技术中，也常利用这一原理进行阻抗变换来达到阻抗匹配的目的，以使负载获得最大的功率。

例 5.7　电路如图 5.33(*a*)所示。如果要使 100 Ω 电阻能获得最大功率，试确定理想变压器的变比 *n*。

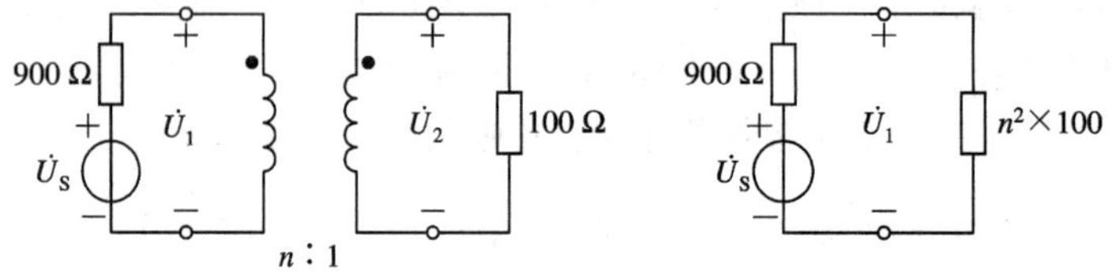

(a)　　　　　　　　　　(b)

图 5.33　例 5.7 图

解　已知负载 $R=100\ \Omega$，故次级对初级的折合阻抗

$$Z_L = n^2 \times 100\ \Omega$$

电路可等效为图 5.33(*b*)所示。由最大功率传输条件可知，当 $n^2\times100$ 等于电压源的串联电阻(或电源内阻)时，负载可获得最大功率。所以

$$n^2 \times 100 = 900$$

变比 *n* 为

$$n = 3$$

练习与思考

5.5－1　理想变压器的作用是什么？

5.5－2　理想变压器的初、次级间的电压、电流关系与什么参数有关？

5.5－3　折合阻抗的计算与理想变压器同名端的位置有关吗？

5.5－4　电路如图 5.34 所示。为使 10 Ω 电阻能获得最大功率，试确定理想变压器的变比 *n*。

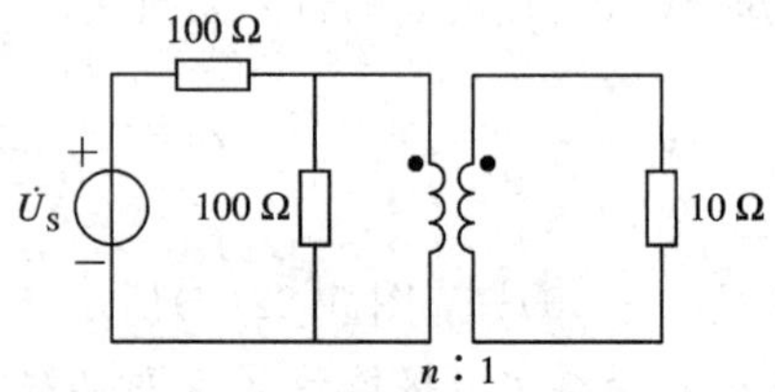

图 5.34　题 5.5－4 图

小　结

1. 互感及互感电压

由于一个线圈的电流变化而在邻近的另一个线圈中产生感应电压的现象称为互感现象。关联参考方向下，互感磁链与产生互感磁链的电流的比值，称为互感系数。即

$$M=\frac{\Psi_{21}}{i_1}=\frac{\Psi_{12}}{i_2}$$

为了表征互感线圈耦合的紧密程度，定义耦合系数

$$k=\frac{M}{\sqrt{L_1L_2}}\qquad(0\leqslant k\leqslant 1)$$

$k=1$ 时，称全耦合；$k=0$ 时，称无耦合。

2. 同名端及其应用

互感线圈中自感磁通和互感磁通相助，电流流入的端钮称为同名端。在互感电路中，线圈端电压是自感电压与互感电压的代数和，即

$$u_1=\pm L_1\frac{\mathrm{d}i_1}{\mathrm{d}t}\pm M\frac{\mathrm{d}i_2}{\mathrm{d}t},\quad u_2=\pm L_2\frac{\mathrm{d}i_2}{\mathrm{d}t}\pm M\frac{\mathrm{d}i_1}{\mathrm{d}t}$$

式中各项的正、负号与端钮的电压、电流参考方向及同名端的位置有关。

3. 等效互感的计算

互感线圈串联的等效电感

$$L=L_1+L_2\pm 2M$$

顺向串联时为“$+2M$”，反向串联时为“$-2M$”。互感

$$M=\frac{L_{\mathrm{s}}-L_{\mathrm{f}}}{4}$$

互感线圈并联的等效电感

$$L=\frac{L_1L_2-M^2}{L_1+L_2\mp 2M}$$

同侧并联时，$2M$ 项前取“$-$”，异侧并联时，$2M$ 项前取“$+$”。

用无互感的电路去等效代替有互感的电路称为互感消去法。

4. 空心变压器

空心变压器(即线性变压器)是利用磁耦合的一种器件。对于含空心变压器的电路，可利用反射阻抗的概念，通过作初、次级等效电路的方法进行分析。

5. 理想变压器

理想变压器是在耦合电感基础上，加进无损耗、全耦合、参数无穷大 3 个理想条件而抽象出的一类多端元件。它的初、次级电压、电流关系为

$$\begin{cases}u_1=\pm nu_2\\ i_1=\pm\dfrac{1}{n}i_2\end{cases}$$

式中各项的正、负号与端钮电压、电流的参考方向和同名端的位置有关。

理想变压器具有 3 个重要特性：变压、变流、变阻抗。

习　题　5

5.1　两耦合线圈，已知 $N_1=50$ 匝，$N_2=150$ 匝，$L_1=10$ mH，通过电流 $I_1=5$ A，求线圈 1 的磁通 Φ_1。若 Φ_1 全部穿过线圈 2，求两线圈的互感系数 M。

5.2　如图所示为测量两个线圈互感的原理电路，已知电流表的读数为 1 A，电压表的读数为 31.4 V，电源的频率 $f=500$ Hz，求两线圈的互感 M(设电压表的内阻为无限大，电流表的内阻为零)。

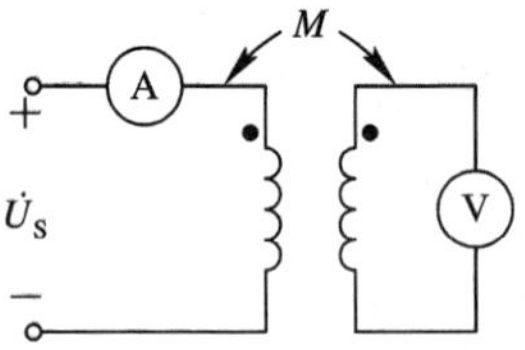

题 5.2 图

5.3　图(a)电路中电流 $i_1(t)$波形如图(b)所示，L_2 开路，试画出 u_{CD}的波形。

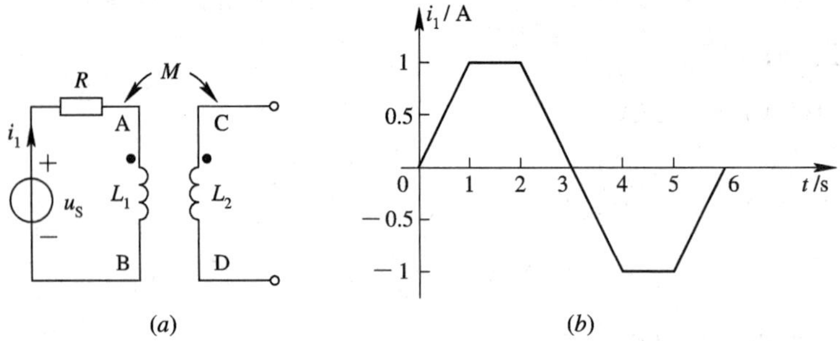

题 5.3 图

5.4　两个耦合线圈串联接至 220 V、50 Hz 的正弦电源上，得到如下数据：第一次串联，测出线路电流 $I=2.5$ A，电路有功功率为 62.5 W，调换其中一个线圈两端钮以后再串联，测出电路有功功率为 250 W。

(1) 试分析哪种情况是顺向串联？哪种情况是反向串联？

(2) 求互感 M。(提示：利用 $P=UI\cos\varphi_2$ 的关系式可求出 $\cos\varphi_2$，进而可求出$|Z|$、R、X_L 及 $L_{顺}$、$L_{反}$；应明确两种情况下 R 不会改变，最后利用 $4M=L_{顺}-L_{反}$，可求出 M)。

5.5　在如图所示电路中，已知 $R_1=3\ \Omega$，$R_2=4\ \Omega$，$\omega L_1=20\ \Omega$，$\omega L_2=30\ \Omega$，$\omega M=15\ \Omega$，输入电压 $U=220$ V，求电流 I 及输出电压 U_2。

5.6　如图所示电路，已知 $\omega L_1=6\ \Omega$，$\omega L_2=5\ \Omega$，$\omega M=3\ \Omega$，$\dfrac{1}{\omega C}=1\ \Omega$，$\dot{U}_S=12\underline{/0^\circ}$ V，求电流 $\dot{I}_c$ 和电压 $\dot{U}_{ab}$。

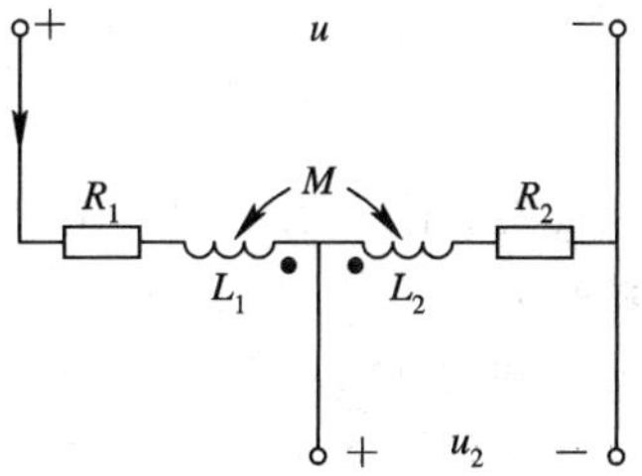

题 5.5 图

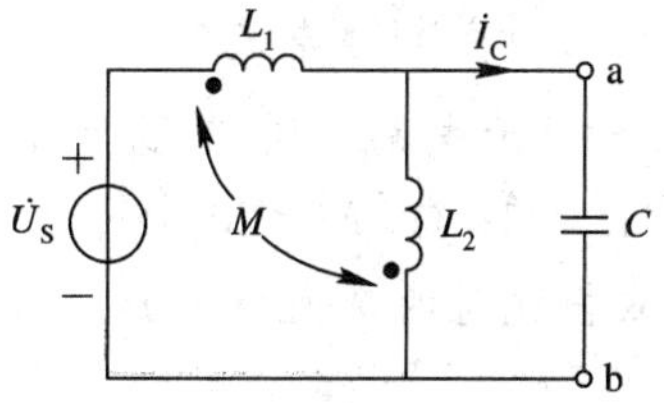

题 5.6 图

5.7 电路如图所示，已知：$R_1=3\ \Omega$，$R_2=5\ \Omega$，$\omega L_1=7.5\ \Omega$，$\omega L_2=12.5\ \Omega$，$\omega M=6\ \Omega$，电源有效值为 50 V。分别求 S 打开和闭合时的 $\dot{I}_1$ 和 $\dot{I}_2$。

5.8 求图示电路中 A、B 间的等效电感 L_{AB}。

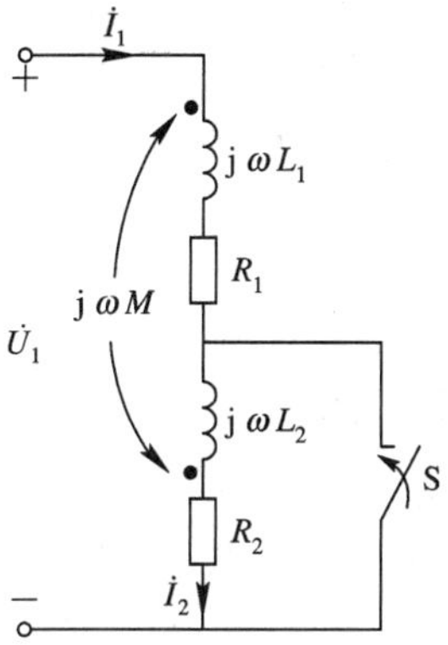

题 5.7 图

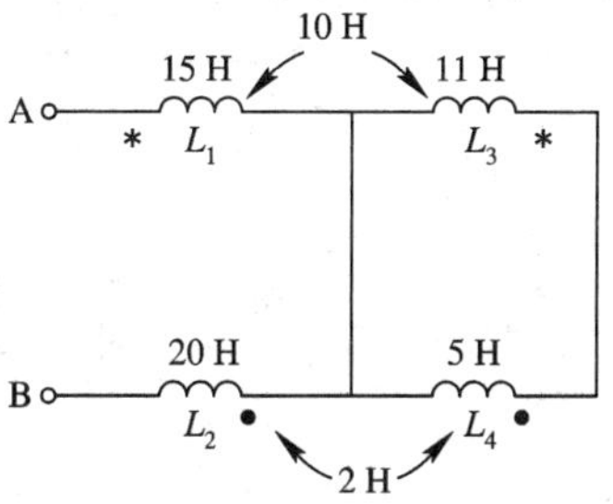

题 5.8 图

5.9 在图示互感电路中，已知 $R_1=7.5\ \Omega$，$\omega L_1=30\ \Omega$，$\dfrac{1}{\omega C_1}=22.5\ \Omega$，$R_2=60\ \Omega$，$\omega L_2=60\ \Omega$，$\omega M=30\ \Omega$，$\dot{U}_S=15\angle 0^\circ$ V。求电流 $\dot{I}_1$、$\dot{I}_2$ 及 R_2 上消耗的功率 P_2。

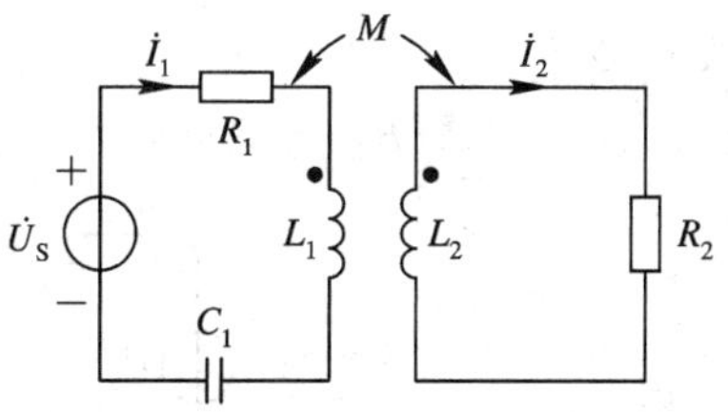

题 5.9 图

5.10 图示正弦电路，已知 $\omega L_1=8\ \text{k}\Omega$，$\omega L_2=2\ \text{k}\Omega$，$\omega M=4\ \text{k}\Omega$，电源电压 $\dot{U}_S=8\angle 0^\circ$ V，当负载电阻为 1 kΩ 时，图中电压表、电流表读数为多少？

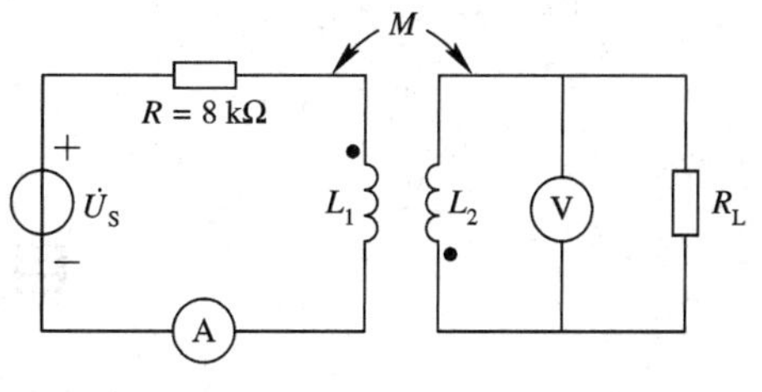

题 5.10 图

5.11 图示电路，已知 $\omega L_1=10\ \Omega$，$\omega L_2=2000\ \Omega$，$\omega=100$ rad/s，两线圈的耦合系数 $k=1$，$R_1=10\ \Omega$，$\dot{U}_1=10\angle 0^\circ$ V。求：

(1) a、b 端的戴维南等效电路。

(2) a、b 间的短路电流。

5.12　图示电路，已知 $\dot{U}_S=10\angle 0^\circ$ V，$\omega=10^6$ rad/s，$L_1=L_2=1$ mH，$C_1=C_2=1000$ pF，$R_1=10\ \Omega$，$M=20\ \mu$H。负载电阻 R_L 可任意改变，R_L 为何值时其上可获得最大功率？并求出此时的最大功率 P_{Lmax} 及电容 C_2 上的电压有效值 U_{C2}。

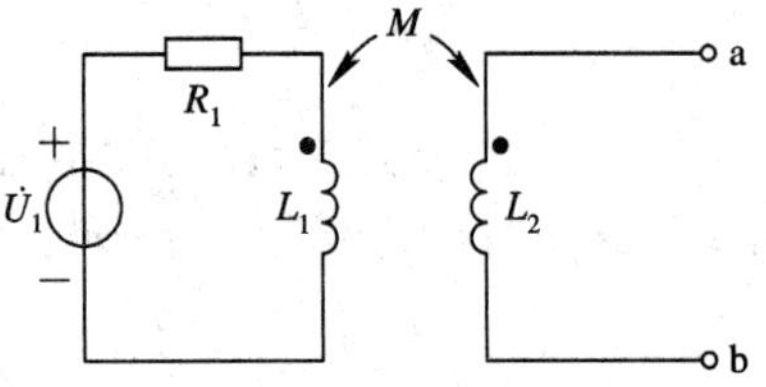

题 5.11 图

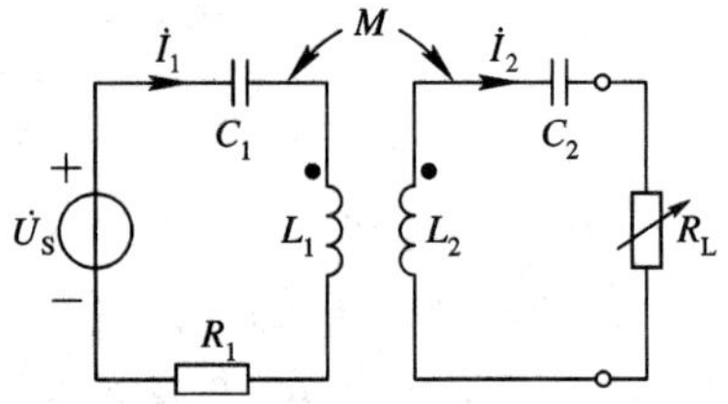

题 5.12 图

5.13　空心变压器的次级开路和短路时的等效电感分别为 L_{oc} 和 L_{sc}，如图所示。试证两线圈的耦合系数 $k=\sqrt{1-\dfrac{L_{sc}}{L_{oc}}}$。此式与同名端是否有关？

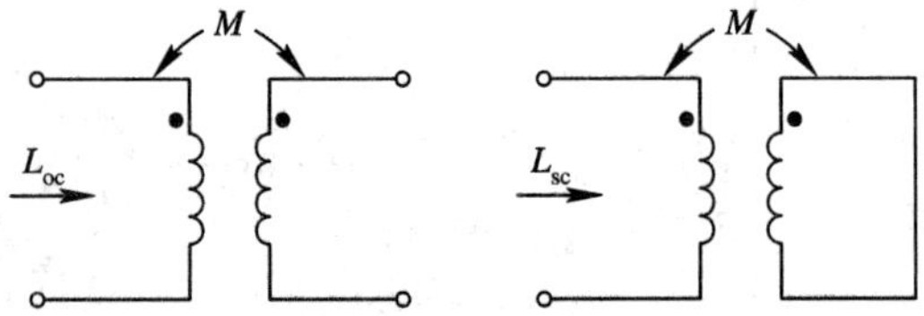

(a)　　　　(b)

题 5.13 图

5.14　如图所示电路，求电压 $\dot{U}_2$。

5.15　如图所示电路，已知 $\dot{U}_S=8\angle 0^\circ$ V，$\omega=1$ rad/s。

(1) 若变比 $n=2$，求电流 $\dot{I}_1$ 以及 R_L 上消耗的功率 P_L。

(2) 若变比 n 可调整，问 $n=$？时可使 R_L 上获得最大功率，并求出该最大功率 P_{Lmax}。

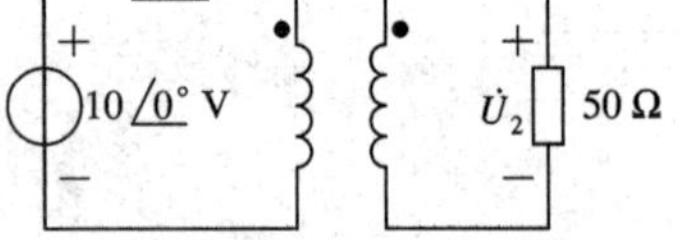

题 5.14 图

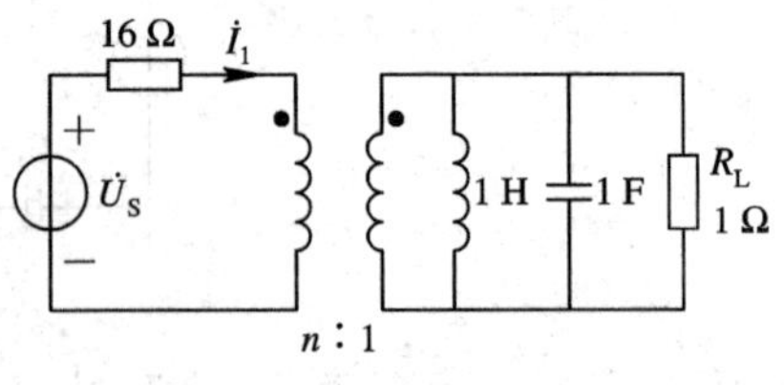

题 5.15 图

自测题 5

5-1　判断题。(对者打√，错者打×，每题 4 分，共 20 分)

① 已知 a、b 为两个绕组上的同名端，当 a 端有电流流入，b 端有电流流出时，则这两

电流所产生的磁场方向相反。(　　)

② 两耦合线圈互感电压的实际方向由线圈电流决定，而与耦合线圈的绕向无关。(　　)

③ 两互感耦合线圈串接的方法不同，则电路中的电流值的大小就不同。其中顺向串接比反向串接时的电路电流小。(　　)

④ 两个互感线圈，其耦合系数 $k=0.5$，其中 $L_1=0.1$ H，$M=0.5$ H，则 $L_2=0.5$ H。(　　)

⑤ 空心变压器中初级线圈与次级线圈的耦合越紧密，则反射阻抗就越大。(　　)

5-2　求题图所示互感电路中的等效电感 L_{ab}。

5-3　题图所示电路，已知 $u_S=12\sin t$ V，$M=2$ H，求电流 $\dot{I}$。

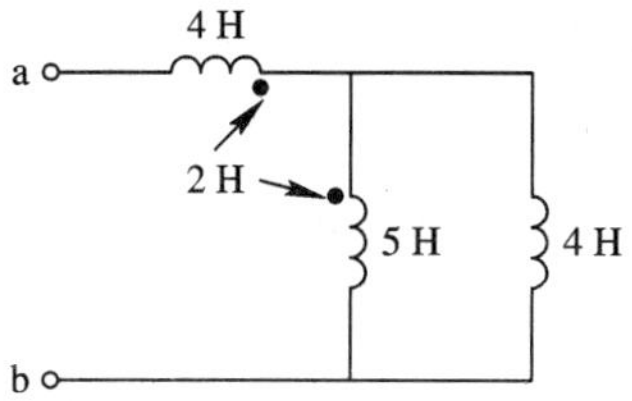

自测题 5-2 图

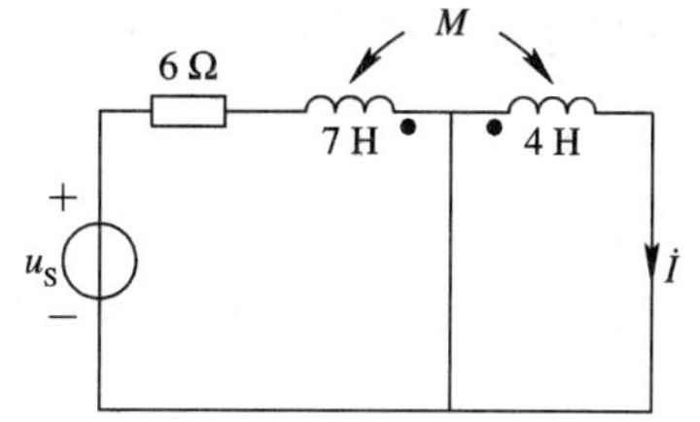

自测题 5-3 图

5-4　求题图所示电路中的电压 $\dot{U}_2$。

5-5　全耦合变压器电路如题图所示，求 a、b 端的戴维南等效电路。

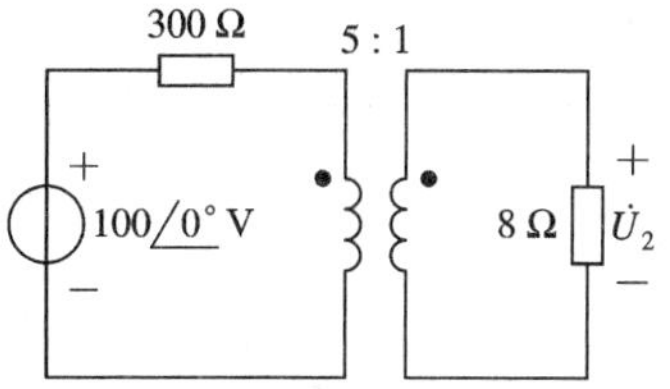

自测题 5-4 图

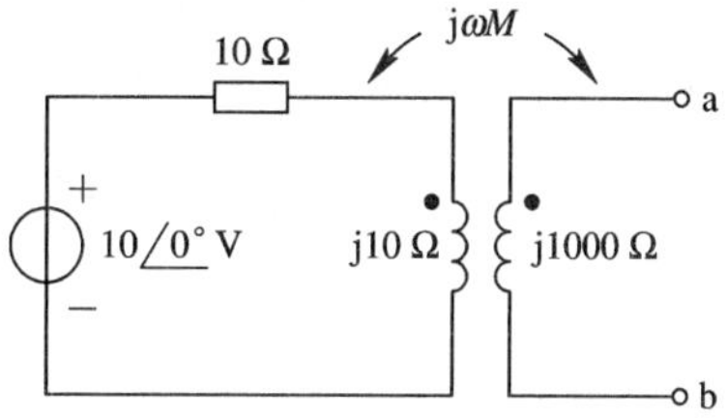

自测题 5-5 图

第 6 章　非正弦周期信号电路

本章主要介绍非正弦周期信号作用于线性电路的分析方法——谐波分析法。其思路是把直流电路及正弦交流电路的分析方法应用到非正弦的周期电路中。主要内容是非正弦周期信号的分解，非正弦周期信号的频谱，非正弦周期电路的计算等。

6.1　非正弦周期信号及分解

6.1.1　非正弦周期信号

工程实际中经常遇到非正弦周期信号，如电子示波器中的锯齿波，电子技术中广泛应用的尖脉冲、矩形波等。图 6.1 分别绘出了尖脉冲电流、矩形和锯齿波电压的波形，它们均为周期波，且变化规律均为非正弦，因此它们都是非正弦周期信号。非正弦信号分为周期和非周期两种，本章仅讨论非正弦周期信号作用于线性电路的分析与计算。

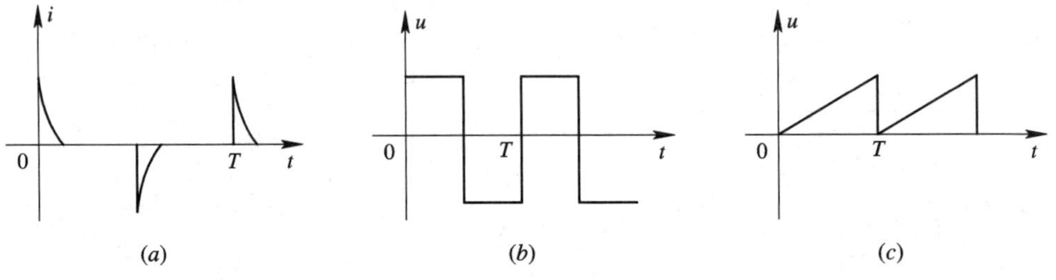

图 6.1　几种常见的非正弦波

(a) 尖脉冲电流；(b) 矩形波电压；(c) 锯齿波电压

6.1.2　非正弦周期信号的分解

首先讨论不同频率正弦波的合成。设正弦电压 u_1 的波形如图 6.2(a)所示，若在其上加一个频率是 u_1 的 3 倍、振幅是 u_1 的 1/3 的正弦波，则有

$$u_2 = U_{1m}\sin\omega t + \frac{1}{3}U_{1m}\sin 3\omega t$$

其波形如图 6.2(b)所示。若再加一个频率是 u_1 的 5 倍、振幅是 u_1 的 1/5 的正弦波，则有

$$u_3 = U_{1m}\sin\omega t + \frac{1}{3}U_{1m}\sin 3\omega t + \frac{1}{5}U_{1m}\sin 5\omega t$$

其波形如图 6.2(c)所示。若叠加的项数增至无穷，则波形就会与图 6.2(d)的矩形波一样。

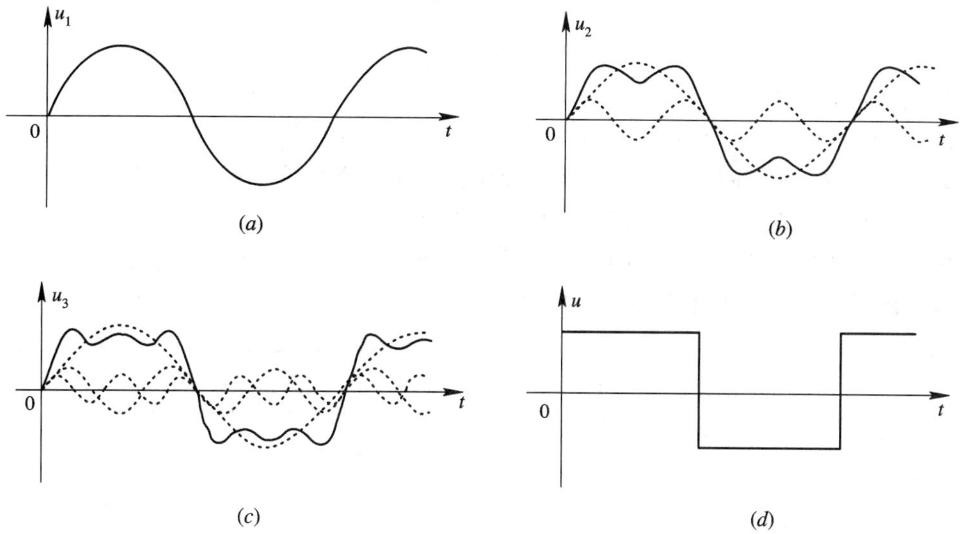

图 6.2　矩形波的合成

既然几个不同频率的正弦波可以合成一个非正弦周期波，同样一个非正弦周期波也可以分解成许多不同频率的正弦波之和。

由数学知识可知，如果一个函数是周期性的，且满足狄里赫利条件，那么它可以展开成一个收敛级数，即傅立叶级数。电工技术中所遇到的周期函数一般都能满足这个条件。设给定的周期函数 $f(t)$的周期为 T，角频率 $\omega=2\pi/T$，则 $f(t)$的傅立叶级数展开式为

$$\begin{aligned} f(t) &= A_0 + A_{1\mathrm{m}} \sin(\omega t + \theta_1) + A_{2\mathrm{m}} \sin(2\omega t + \theta_2) + \cdots + A_{k\mathrm{m}} \sin(k\omega t + \theta_k) + \cdots \\ &= A_0 + \sum_{k=1}^{\infty} A_{k\mathrm{m}} \sin(k\omega t + \theta_k) \end{aligned} \tag{6-1}$$

利用三角函数公式，还可以把式(6－1)写成另一种形式：

$$\begin{aligned} f(t) &= a_0 + (a_1 \cos\omega t + b_1 \sin\omega t) + (a_2 \cos 2\omega t + b_2 \sin 2\omega t) + \cdots \\ &\quad + (a_k \cos k\omega t + b_k \sin k\omega t) + \cdots \\ &= a_0 + \sum_{k=1}^{\infty} (a_k \cos k\omega t + b_k \sin k\omega t) \end{aligned} \tag{6-2}$$

式中，a_0，a_k，b_k 称为傅立叶系数，可由下列积分求得：

$$\left.\begin{aligned} a_0 &= \frac{1}{T}\int_0^T f(t)\,\mathrm{d}t = \frac{1}{2\pi}\int_0^{2\pi} f(t)\,\mathrm{d}(\omega t) \\ a_k &= \frac{2}{T}\int_0^T f(t)\cos k\omega t\ \mathrm{d}t = \frac{1}{\pi}\int_0^{2\pi} f(t)\cos k\omega t\ \mathrm{d}(\omega t) \\ b_k &= \frac{2}{T}\int_0^T f(t)\sin k\omega t\ \mathrm{d}t = \frac{1}{\pi}\int_0^{2\pi} f(t)\sin k\omega t\ \mathrm{d}(\omega t) \end{aligned}\right\} \tag{6-3}$$

式(6－1)和式(6－2)各系数之间存在如下关系：

$$\left.\begin{aligned} A_0 &= a_0 \\ A_{k\mathrm{m}} &= \sqrt{a_k^2 + b_k^2} \\ \theta_k &= \arctan\frac{a_k}{b_k} \end{aligned}\right\} \tag{6-4}$$

$$\left.\begin{aligned} a_k &= A_{km}\sin\theta_k \\ b_k &= A_{km}\cos\theta_k \end{aligned}\right\} \tag{6-5}$$

式(6－1)、式(6－2)为傅立叶级数的两种形式。称式(6－1)中的 A_0 为恒定分量(或直流分量)，称 $A_{1m}\sin(\omega t+\theta_1)$为一次谐波(基波)，其周期(或频率)与原函数相同。其余各项均称为高次谐波。由于高次谐波的频率是原函数的整数倍而分别称为二次、三次、… k 次谐波。把 k 为奇数的称为奇次谐波，把 k 为偶数的称为偶次谐波。

例 6.1 已知矩形周期电压的波形如图 6.3 所示。求 $u(t)$的傅立叶级数。

解 图示矩形周期电压在一个周期内的表示式为

$$u(t)=\begin{cases} U_m & \left(0\leqslant t\leqslant \dfrac{T}{2}\right) \\ -U_m & \left(\dfrac{T}{2}< t< T\right) \end{cases}$$

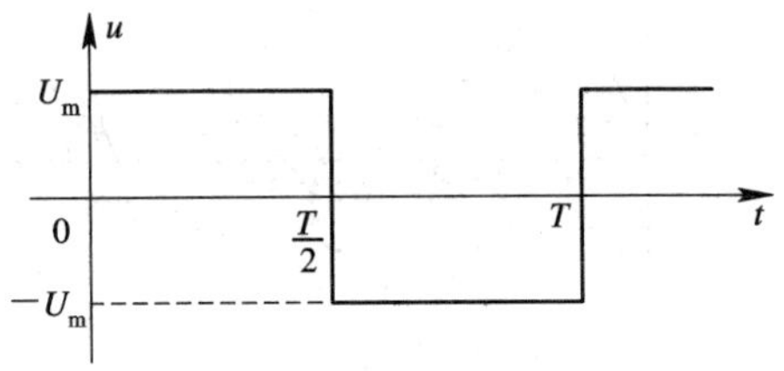

图 6.3 例 6.1 图

由式(6－3)可知：

$$\begin{aligned} a_0 &= \frac{1}{2\pi}\int_0^{2\pi} u(t)\,\mathrm{d}(\omega t) \\ &= \frac{1}{2\pi}\left[\int_0^{\pi} U_m\,\mathrm{d}(\omega t)+\int_{\pi}^{2\pi}(-U_m)\,\mathrm{d}(\omega t)\right]=0 \end{aligned}$$

$$\begin{aligned} a_k &= \frac{1}{\pi}\int_0^{2\pi} u(t)\cos k\omega t\,\mathrm{d}(\omega t) \\ &= \frac{1}{\pi}\int_0^{\pi} U_m\cos k\omega t\,\mathrm{d}(\omega t)+\frac{1}{\pi}\int_{\pi}^{2\pi} -U_m\cos k\omega t\,\mathrm{d}(\omega t) \\ &= \frac{U_m}{k\pi}[\sin k\omega t]_0^{\pi}-\frac{U_m}{k\pi}[\sin k\omega t]_{\pi}^{2\pi} \\ &= 0 \end{aligned}$$

$$\begin{aligned} b_k &= \frac{1}{\pi}\int_0^{2\pi} u(t)\sin k\omega t\,\mathrm{d}(\omega t) \\ &= \frac{1}{\pi}\left[\int_0^{\pi} U_m\sin k\omega t\,\mathrm{d}(\omega t)+\int_{\pi}^{2\pi} -U_m\sin k\omega t\,\mathrm{d}(\omega t)\right] \\ &= \frac{2U_m}{\pi}\int_0^{\pi}\sin k\omega t\,\mathrm{d}(\omega t)=\frac{2U_m}{k\pi}[-\cos k\omega t]_0^{\pi} \\ &= \frac{2U_m}{k\pi}(1-\cos k\pi) \end{aligned}$$

当 k 为奇数时， $\cos k\pi=-1$， $b_k=\dfrac{4U_m}{k\pi}$

当 k 为偶数时， $\cos k\pi=1$， $b_k=0$

由此可得

$$u(t)=\frac{4U_m}{\pi}\left(\sin\omega t+\frac{1}{3}\sin 3\omega t+\frac{1}{5}\sin 5\omega t+\cdots+\frac{1}{k}\sin k\omega t+\cdots\right)\quad (k\text{ 为奇数})$$

由上式可以看出，矩形电压的傅立叶级数不含直流分量、余弦分量和正弦分量的偶次谐波项，只含正弦分量的奇次谐波。

例 6.2 求图 6.4 所示周期信号的傅立叶级数展开式。

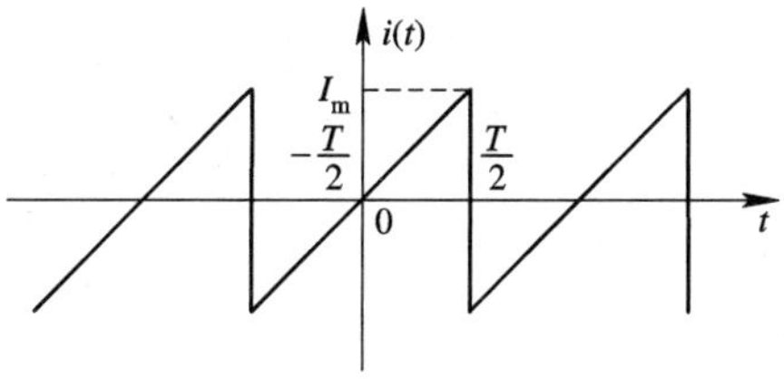

图 6.4 例 6.2 图

解 $i(t)$在一个周期内的表示式为

$$i(t)=\frac{2I_m}{T}t \qquad \left(-\frac{T}{2}\leqslant t\leqslant\frac{T}{2}\right)$$

$$a_0=\frac{1}{T}\int_0^T i(t)\ \mathrm{d}t=\frac{2I_m}{T^2}\int_{-\frac{T}{2}}^{\frac{T}{2}}t\ \mathrm{d}t=\frac{2I_m}{T^2}\ \left[\int_{-\frac{T}{2}}^{0}t\ \mathrm{d}t+\int_0^{\frac{T}{2}}t\ \mathrm{d}t\right]=0$$

$$a_k=\frac{2}{T}\int_0^T i(t)\ \cos k\omega t\ \mathrm{d}t=\frac{4I_m}{T^2}\int_{-\frac{T}{2}}^{\frac{T}{2}}t\ \cos k\omega t\ \mathrm{d}t$$

利用分步积分法及 $\omega=\frac{2\pi}{T}$，得

$$a_k=\frac{4I_m}{T^2}\left[\frac{t\ \sin k\omega t}{k\omega}\bigg|_{-\frac{T}{2}}^{\frac{T}{2}}-\int_{-\frac{T}{2}}^{\frac{T}{2}}\frac{\sin k\omega t}{k\omega}\ \mathrm{d}t\right]$$

$$=\frac{4I_m}{T^2}\left[0-\left(-\frac{\cos k\omega t}{(k\omega)^2}\right)\right]_{-\frac{T}{2}}^{\frac{T}{2}}=0$$

$$b_k=\frac{2}{T}\int_0^T i(t)\ \sin k\omega t\ \mathrm{d}t=\frac{4I_m}{T^2}\int_{-\frac{T}{2}}^{\frac{T}{2}}t\ \sin k\omega t\ \mathrm{d}t$$

$$=\frac{4I_m}{T^2}\ \left[\frac{\sin k\omega t}{(k\omega)^2}-\frac{t\ \cos k\omega t}{k\omega}\right]_{-\frac{T}{2}}^{\frac{T}{2}}$$

$$=\frac{2I_m}{\pi}\left(-\frac{\cos k\pi}{k}\right)\qquad (k=1,\ 2,\ 3,\ \cdots)$$

$i(t)$的傅立叶级数展开式为

$$i(t)=\sum_{k=1}^{\infty}b_k\ \sin k\omega t=\frac{2I_m}{\pi}\left(\sin\omega t-\frac{1}{2}\sin 2\omega t+\frac{1}{3}\ \sin 3\omega t-\cdots\right)$$

此式的傅立叶级数展开式不含直流分量和余弦分量，只含正弦分量。

由上两例可见，周期函数分解成傅立叶级数，其式中不一定包含式(6-2)的全部项。这是因为周期函数具有某种对称性，利用其对称性可简化系数 a_0、a_k、b_k。

(1) 若函数波形对称于坐标原点，即 $f(t)=-f(-t)$，称为奇函数，如表 6.1 中的梯形波、三角波和矩形波及图 6.4 所示波形，其傅立叶级数中仅含正弦项。

(2) 若函数波形对称于纵轴，即 $f(t)=f(-t)$，称为偶函数。如表 6.1 中的半波整流、全波整流和三角波及图 6.5 所示波形，其傅立叶级数中仅含余弦项。

(3) 若函数波形为镜像对称，即 $f(t)=-f(t+T/2)$，称为奇谐函数，即在任一周期内将第二个半波前移半周期，就会与第一个半波对称于横轴，如表 6-1 中的梯形波、三角波和矩形波及图 6.6 所示波形。其傅立叶级数中不含直流分量和偶次谐波。

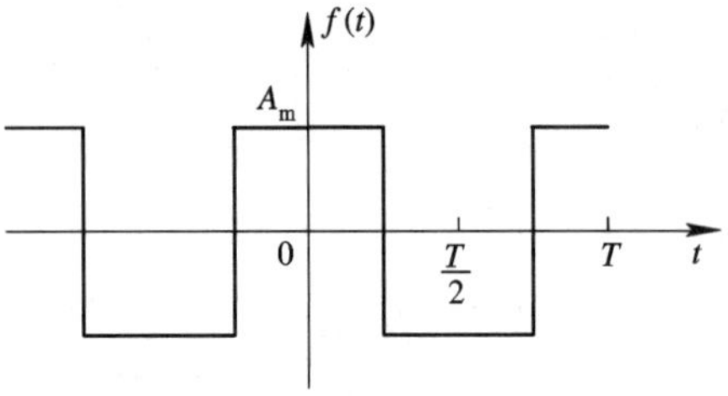

图 6.5　偶函数波形

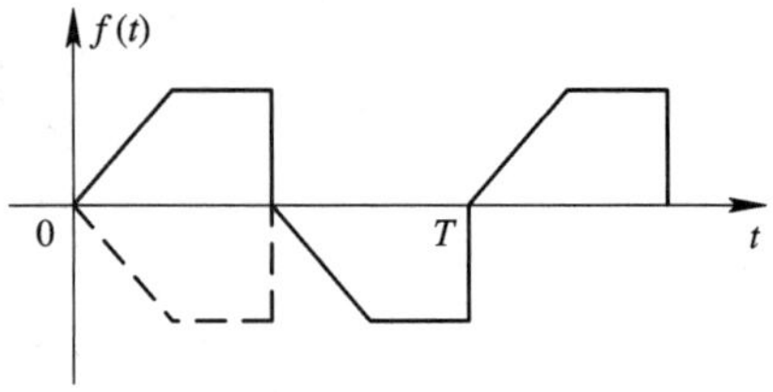

图 6.6　镜像对称波形

表 6-1　常见信号的傅立叶级数展开式

$f(t)$ 波 形	傅立叶级数(基波频率 $\omega=2\pi/T$)	有效值	平均值
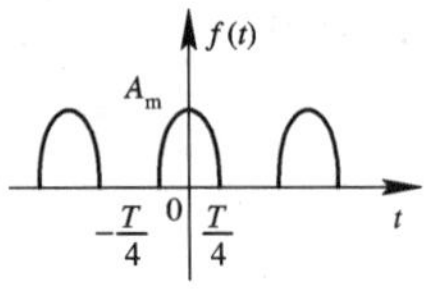	$f(t)=\frac{2}{\pi}A_m\left(\frac{1}{2}+\frac{\pi}{4}\cos\omega t+\frac{1}{3}\cos 2\omega t-\frac{1}{15}\cos 4\omega t+\cdots-\frac{\cos(k\pi)/2}{k^2-1}\cos k\omega t+\cdots\right)$ $(k=2, 4, 6, \cdots)$	$\frac{A_m}{2}$	$\frac{A_m}{\pi}$
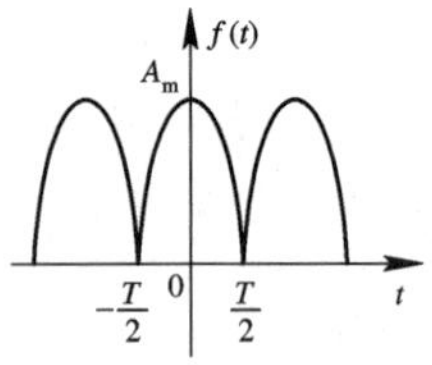	$f(t)=\frac{4}{\pi}A_m\left(\frac{1}{2}+\frac{1}{3}\cos 2\omega t-\frac{1}{15}\cos 4\omega t+\cdots-\frac{\cos(k\pi)/2}{k^2-1}\cos k\omega t+\cdots\right)$ $(k=2, 4, 6, \cdots)$	$\frac{A_m}{\sqrt{2}}$	$\frac{2A_m}{\pi}$
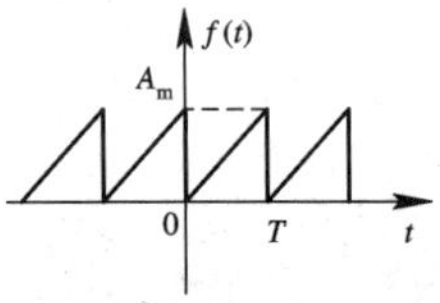	$f(t)=A_m\left[\frac{1}{2}-\frac{1}{\pi}\left(\sin\omega t+\frac{1}{2}\sin 2\omega t+\frac{1}{3}\sin 3\omega t+\cdots+\frac{1}{k}\sin k\omega t+\cdots\right)\right]$ $(k=1, 2, 3, \cdots)$	$\frac{A_m}{\sqrt{3}}$	$\frac{A_m}{2}$
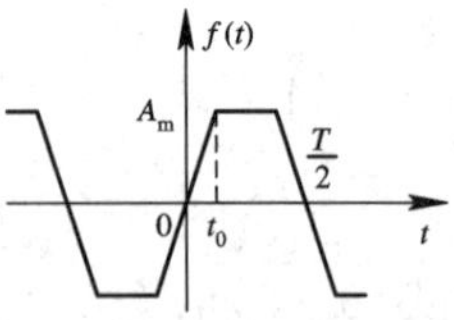	$f(t)=\frac{4A_m}{\omega t_0\pi}\left(\sin\omega t_0\sin\omega t+\frac{1}{9}\sin 3\omega t_0\sin 3\omega t+\frac{1}{25}\sin 5\omega t_0\sin 5\omega t+\cdots+\frac{1}{k^2}\sin k\omega t_0\sin k\omega t\right)$ $(k=1, 3, 5, 7, \cdots)$	$A_m\sqrt{1-\frac{4\omega_0}{3\pi}}$	$A_m\left(1-\frac{\omega_0}{\pi}\right)$
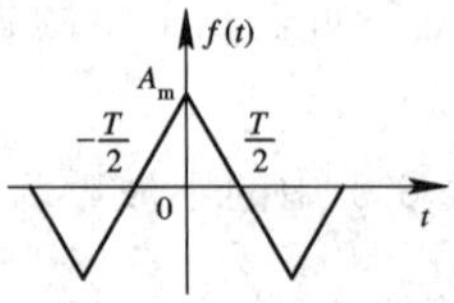	$f(t)=\frac{8A_m}{\pi^2}\left(\cos\omega t+\frac{1}{9}\cos 3\omega t+\frac{1}{25}\cos 5\omega t+\cdots+\frac{1}{k^2}\cos k\omega t+\cdots\right)$ $(k=1, 3, 5, 7, \cdots)$	$\frac{A_m}{\sqrt{3}}$	$\frac{A_m}{2}$

续表

$f(t)$ 波 形	傅立叶级数(基波频率 $\omega=2\pi/T$)	有效值	平均值
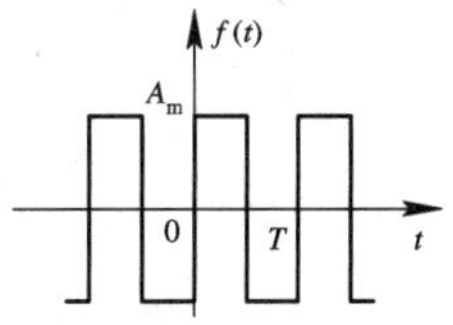	$f(t)=\frac{4A_m}{\pi}\left(\sin\omega t+\frac{1}{3}\sin3\omega t+\frac{1}{5}\sin5\omega t+\cdots+\frac{1}{k}\sin k\omega t+\cdots\right)$ $(k=1, 3, 5, \cdots)$	A_m	A_m
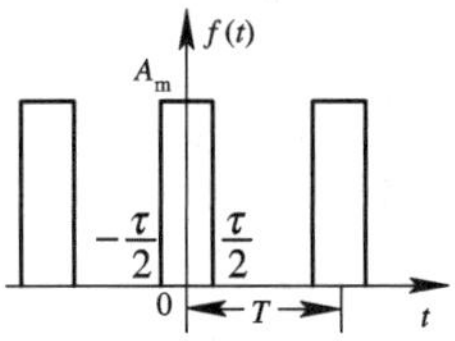	$f(t)=\frac{\tau A_m}{T}+\frac{2A_m}{\pi}\left(\sin\omega\frac{\tau}{2}\cos\omega t+\frac{\sin2\omega\frac{\tau}{2}}{2}\cos2\omega t+\cdots+\frac{\sin k\omega\frac{\tau}{2}}{k}\cos k\omega t+\cdots\right)$ $(k=1, 2, 3, \cdots)$	$\sqrt{\frac{\tau}{T}}A_m$	$\frac{\tau}{T}A_m$

函数对称于横轴，与计时起点的选择无关。函数对称于坐标原点或纵轴，除与函数本身有关外，还与计时起点的选择有关。因此，对某些奇谐函数，适当选择计时起点，可使它又是奇函数(或又是偶函数)，从而使分解结果简化。如表 6.1 中的梯形波、三角波和矩形波，它们本身均为奇谐函数，其傅立叶级数中不含直流分量和偶次谐波。若如表 6.1 中那样选择计时起点，则它们又都是奇函数，不含余弦项。

将周期函数分解成傅立叶级数是分析非正弦交流电路中很重要的一步。表 6.1 是常见的几种周期函数的波形及傅立叶级数展开式，可供实际工程中查阅。

傅立叶级数是一个无穷级数，理论上需要无穷多项才能准确地表示原函数。实际应用时，只能取有限项。实际取几项，视级数收敛的快慢及对精度的具体要求来确定。

练习与思考

6.1-1　试绘出 $u(t)=2\sin\omega t+\sin(2\omega t+90°)$ 的波形。

6.1-2　查表写出图 6.7 全波整流的傅立叶级数。

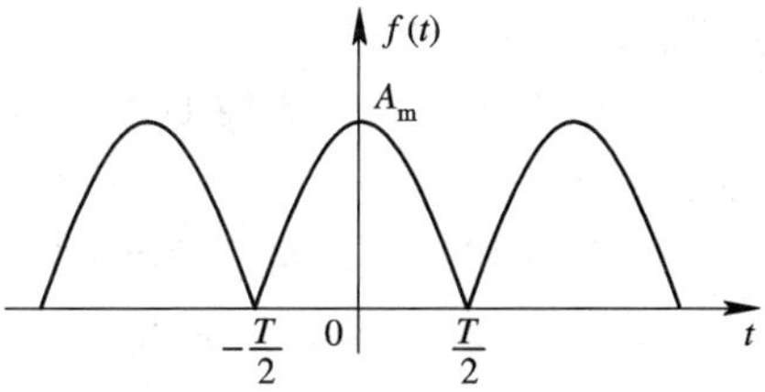

图 6.7　题 6.1-2 图

6.1-3　判断图 6.8 所示各波形哪些含有直流分量，哪些含有余弦项。

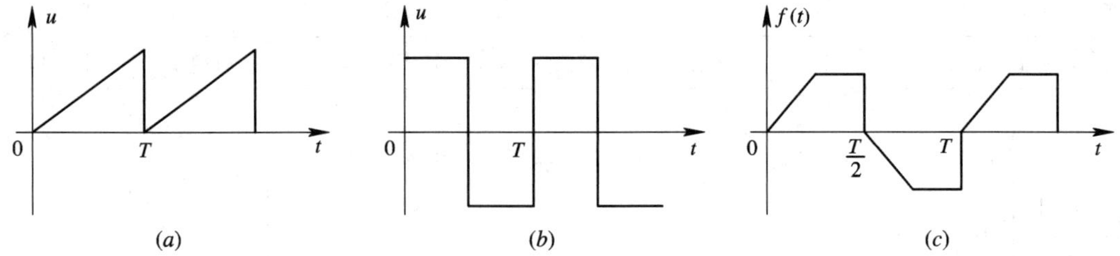

图 6.8　题 6.1－3 图

6.2　非正弦周期信号的频谱

如果一个周期信号 $f(t)$可以展开为傅立叶级数

$$f(t) = A_0 + \sum_{k=1}^{\infty} A_{km} \sin(k\omega t + \theta_k)$$

那么，只要求得各谐波分量的振幅与初相(A_k 和 θ_k)，就可以确定这个函数的傅立叶级数。也就是说，该级数包含哪些频率分量都可以表示出来。在无线电、通信技术中，为了能直观地描述傅立叶级数，常常采用频谱图的表示方法。设 $f(t)$已展开为傅立叶级数，

$$\begin{aligned} f(t) &= \frac{\pi}{4} + \cos\omega t - \frac{1}{3}\cos 3\omega t + \frac{1}{5}\cos 5\omega t - \frac{1}{7}\cos 7\omega t + \cdots \\ &= \frac{\pi}{4} + \sin\left(\omega t + \frac{\pi}{2}\right) + \frac{1}{3}\sin\left(3\omega t - \frac{\pi}{2}\right) + \frac{1}{5}\sin\left(5\omega t + \frac{\pi}{2}\right) \\ &\quad + \frac{1}{7}\sin\left(7\omega t - \frac{\pi}{2}\right) + \cdots \end{aligned}$$

则其频谱图可按以下原则绘出。

画一个直角坐标，以谐波角频率 $k\omega$ 为横坐标，在各谐波角频率所对应的点上，作出一条条垂直的线叫做谱线。如果每条谱线的高度代表该频率谐波的振幅，这样画出的图形称为振幅频谱图，如图 6.9 所示。将各谱线的顶点连接起来的曲线(一般用虚线表示)称为振幅包络线。频谱图直观而清晰地表示出一个信号所包含的谐波分量，以及各分量所占的“比重”。如果每一谱线的高度代表该频率谐波的初相角，这样作出的图形称为相位频谱图。通常只要知道振幅频谱就够了。

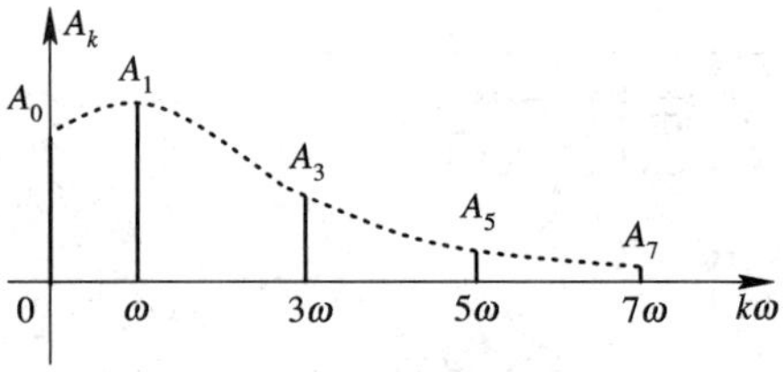

图 6.9　振幅频谱图

例 6.3　图 6.10(a)为电视机和示波器扫描电路中常用的锯齿波，试画出其振幅频谱图。

解　查表 6.1，可得锯齿波电压的傅立叶级数展开式为

$$u(t) = \frac{U_m}{2} - \frac{U_m}{\pi}\left(\sin\omega t + \frac{1}{2}\sin 2\omega t + \frac{1}{3}\sin 3\omega t + \cdots\right)$$

根据上式可以画出其频谱图如图 6.10(b)所示。

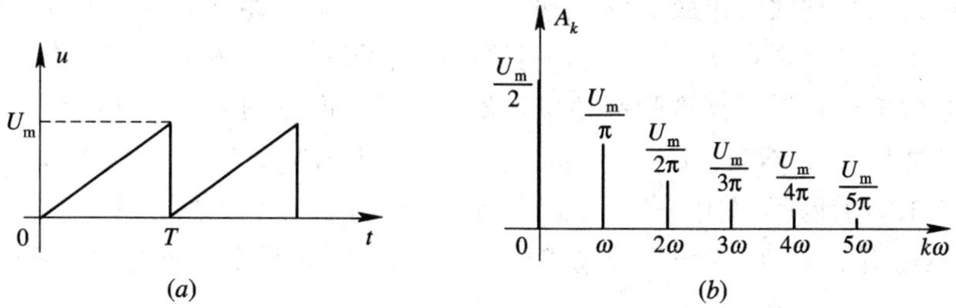

图 6.10　例 6.3 图

例 6.4　图 6.11(a)给出的矩形脉冲电压波形是无线电技术中的一种重要信号。其中脉冲幅度为 U_m，脉冲的持续时间为 τ，脉冲的周期为 T，试画出其频谱图。

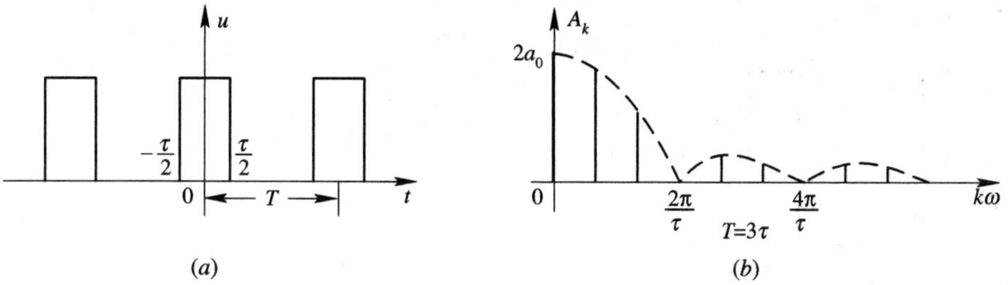

图 6.11　例 6.4 图

解　该信号在一个周期的数学表达式为

$$u(t)=\begin{cases}U_m & \left(-\dfrac{\tau}{2}\leqslant t\leqslant\dfrac{\tau}{2}\right)\\ 0 & \left(-\dfrac{T}{2}\leqslant t\leqslant-\dfrac{\tau}{2},\quad \dfrac{\tau}{2}\leqslant t\leqslant\dfrac{T}{2}\right)\end{cases}$$

由于此信号对称于纵轴，因此，$b_k=0$，傅立叶级数不含正弦分量，只含直流分量和余弦分量。

$$a_0=\frac{1}{T}\int_{-\frac{T}{2}}^{\frac{T}{2}}u(t)\,\mathrm{d}t=\frac{1}{T}\int_{-\frac{\tau}{2}}^{\frac{\tau}{2}}U_m\,\mathrm{d}t=\frac{U_m}{T}\cdot\tau$$

$$\begin{aligned}a_k&=\frac{2}{T}\int_{-\frac{T}{2}}^{\frac{T}{2}}u(t)\cos k\omega t\,\mathrm{d}t=\frac{2}{T}\int_{-\frac{\tau}{2}}^{\frac{\tau}{2}}U_m\cos k\omega t\,\mathrm{d}t\\&=\frac{2U_m}{k\omega T}[\sin k\omega t]_{-\frac{\tau}{2}}^{\frac{\tau}{2}}=\frac{4U_m}{k\omega T}\sin\left(k\omega\frac{\tau}{2}\right)\\&=\frac{2U_m\tau}{T}\left[\frac{\sin\left(k\omega\cdot\dfrac{\tau}{2}\right)}{k\omega\cdot\dfrac{\tau}{2}}\right]\end{aligned}$$

矩形脉冲的傅立叶级数展开式为

$$u(t)=a_0+\sum_{k=1}^{\infty}a_k\cos k\omega t=\frac{U_m}{T}\left[\tau+2\tau\sum_{k=1}^{\infty}\frac{\sin k\omega\cdot\dfrac{\tau}{2}}{k\omega\cdot\dfrac{\tau}{2}}\cos k\omega t\right]$$

若令 $T=3\tau$，则其频谱图如图 6.11(b)所示。

下面以周期性矩形脉冲为例说明周期信号的频谱特性。

（1）频谱由一系列代表正弦量（或余弦量）的不连续谱线组成，称为离散频谱。

（2）每条谱线只出现在 $k\omega$ 位置上，相邻谱线的间隔为 ω，称此为谐波性。

（3）振幅频谱中各谱线高度随频率增加虽有起伏，但总趋势是在减小，称此为收敛性。

（4）若脉冲周期 T 不变，脉冲持续时间 τ 减小（即脉冲变窄），则振幅频谱的收敛速度变慢。如图 6.12(*b*)所示，图中 $\tau'=\tau/2$，$T=6\tau'$。与图 6.12(*a*)比较（$T=3\tau$），收敛速度明显变慢了。原因是：当 T 不变则基波频率 $\omega=2\pi/T$ 也不变，而包络线的零值出现在 $k\omega\cdot\dfrac{\tau}{2}=n\pi(n=1, 2, 3\cdots)$ 或 $k\omega=2n\pi/\tau$ 的位置，且包络线的第一个零值出现时的频率为 $k\omega=2\pi/\tau$。脉冲越窄，包络线的第一个零值出现的频率也就越高，它所包含的谐波分量也就越多，收敛速度也就越慢。

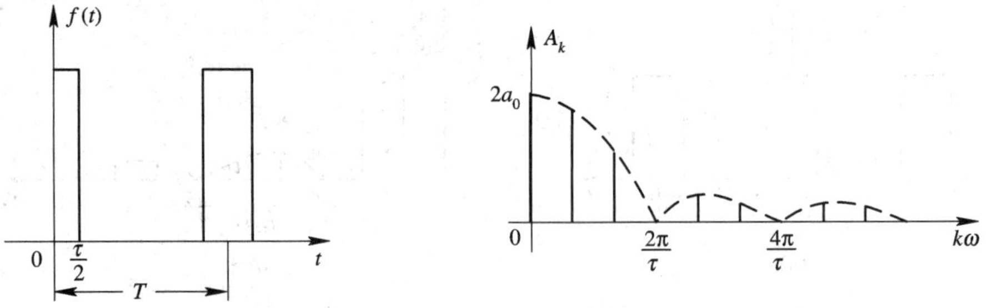

(*a*) $T=3\tau$

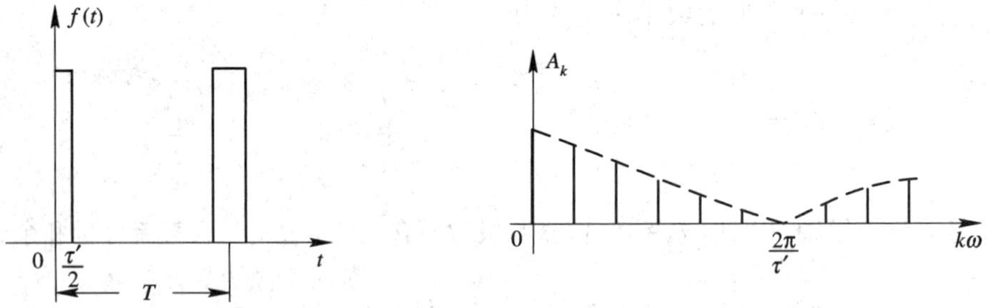

(*b*) $\tau'=\dfrac{\tau}{2}$　$T=6\tau'$

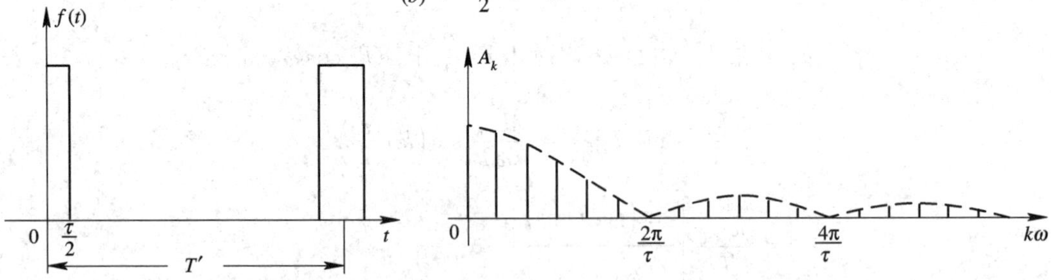

(*c*) $T'=6\tau$

图 6.12　频谱特性用图

通常把振幅频谱的零频率到需要考虑的最高次谐波（视具体情况而定）的一段频率范围，称为频带宽度，简称频宽。如果压缩脉冲的宽度，振幅频谱的收敛速度将变慢，这就意味着要增大信号的频带宽度。所以，一定信号的频带宽度总是与脉冲宽度成反比例变化。

（5）若脉冲持续时间 τ 不变，周期 T 增大则谱线变密，如图 6.12(*c*)所示，图中 $T'=6\tau$。原因是：脉冲宽度不变，包络线零值出现的频率 $k\omega=2n\pi/\tau$ 也不变，周期增大，基

波频率 $\omega = 2\pi/T$ 减小，相邻两振幅为零的谐波频率间的谐波数目增多，频谱变密。

以上五点频谱的特性，对于一般周期信号都适用。

练习与思考

6.2－1　图 6.13 所示为矩形周期电压的波形，画出其频谱图。

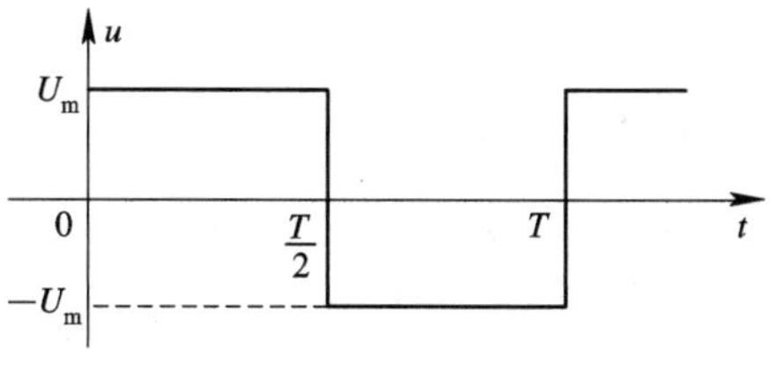

图 6.13　题 6.2－1 图

6.2－2　画出全波整流电流的频谱图。

6.3　非正弦周期信号的有效值、平均值和平均功率

6.3.1　有效值

在第 4 章有效值一节中，已经给出了有效值的定义式。以电流为例，其有效值为

$$I = \sqrt{\frac{1}{T}\int_0^T i^2\,dt} \tag{6-6}$$

将电流 i 分解成傅立叶级数

$$\begin{aligned} i &= I_0 + I_{1m}\sin(\omega t + \theta_1) + I_{2m}\sin(2\omega t + \theta_2) + \cdots + I_{km}\sin(k\omega t + \theta_k) \\ &= I_0 + \sum_{k=1}^{\infty} I_{km}\sin(k\omega t + \theta_k) \end{aligned}$$

将上式代入式(6－6)得

$$I = \sqrt{\frac{1}{T}\int_0^T \left[I_0 + \sum_{k=1}^{\infty} I_{km}\sin(k\omega t + \theta_k)\right]^2 dt}$$

将上式积分号内直流分量与各次谐波之和的平方展开，结果有以下四种类型：

(1) $\frac{1}{T}\int_0^T I_0^2\,dt = I_0^2$

(2) $\frac{1}{T}\int_0^T I_{km}^2\sin^2(k\omega t + \theta_k)\,dt = \frac{I_{km}^2}{2} = I_k^2$

(3) $\frac{1}{T}\int_0^T 2I_0 I_{km}\sin(k\omega t + \theta_k)\,dt = 0$

(4) $\frac{1}{T}\int_0^T 2I_{km}\sin(k\omega t + \theta_k)I_{qm}\sin(q\omega t + \theta_q)\,dt = 0 \quad (k \neq q)$

因此，电流 i 的有效值可按下式计算：

$$I=\sqrt{I_0^2+\sum_{k=1}^{\infty}I_k^2}=\sqrt{I_0^2+I_1^2+I_2^2+\cdots+I_k^2+\cdots} \tag{6-7}$$

同理，非正弦周期电压的有效值为

$$U=\sqrt{U_0^2+\sum_{k=1}^{\infty}U_k^2}=\sqrt{U_0^2+U_1^2+U_2^2+\cdots+U_k^2+\cdots} \tag{6-8}$$

所以，非正弦周期电流和电压的有效值等于各次谐波有效值平方和的平方根。各次谐波有效值与最大值之间的关系为

$$I_k=\frac{I_{km}}{\sqrt{2}},\qquad U_k=\frac{U_{km}}{\sqrt{2}}$$

例 6.5 已知周期电流的傅立叶级数展开式为

$$i=100-63.7\sin\omega t-31.8\sin2\omega t-21.2\sin3\omega t\ \text{A}$$

求其有效值。

解

$$I_0=100\ \text{A}$$

$$I_1=\frac{63.7}{\sqrt{2}}=45\ \text{A}$$

$$I_2=\frac{31.8}{\sqrt{2}}=22.5\ \text{A}$$

$$I_3=\frac{21.2}{\sqrt{2}}=15\ \text{A}$$

所以

$$I=\sqrt{I_0^2+I_1^2+I_2^2+I_3^2}=\sqrt{100^2+45^2+22.5^2+15^2}=112.9\ \text{A}$$

电流 i 的有效值为 112.9 A。

6.3.2 平均值

除了有效值之外，实践中还会用到平均值的概念。以电流为例，其定义为

$$I_{av}=\frac{1}{T}\int_0^T|i|\,dt \tag{6-9}$$

即非正弦周期电流的平均值等于此电流绝对值的平均值。式(6－9)也称为整流平均值，它相当于正弦电流经全波整流后的平均值。例如，当 $i=I_m\sin\omega t$ 时，其平均值为

$$\begin{aligned}I_{av}&=\frac{1}{T}\int_0^T|i|\,dt=\frac{1}{T}\int_0^T|I_m\sin\omega t|\,dt\\&=\frac{2}{T}\int_0^{\frac{T}{2}}I_m\sin\omega t\,dt=\frac{2I_m}{\pi}\\&=0.637I_m=0.898I\end{aligned}$$

同理，电压平均值的表示式为

$$U_{av}=\frac{1}{T}\int_0^T|u|\,dt \tag{6-10}$$

比较式(6－3)、(6－6)、(6－9)可以看出，非正弦交流电路中的直流分量、有效值和平均值是三个不同的概念，应加以区分。

测量非正弦周期电压或电流时，若选用不同类型的仪表，将会得到不同的结果。这是因为磁电式仪表的偏转角度正比于被测量的直流分量，所测结果将是直流量；用电磁式或电动式仪表测量时，所得结果将是有效值，因为这两种仪表的偏转角度正比于被测量的有效值的平方：用全波整流磁电式仪表测量时所得结果为被测量的平均值，而标尺按正弦量的波形因数(定义为：周期量的有效值与绝对值的平均值之比) $K_f=1.11$ 换算成有效值刻度，其读数为被测量的平均值乘以 1.11。因此，测量非正弦量时，要注意选择合适的仪表及各种仪表测量结果所代表的意义。

例 6.6　已知半波整流电压的最大值为 150 V，若分别用电磁式电压表、磁电式电压表和全波整流式电压表对其进行测量，求各电压表的读数。

解　已知电磁式电压表的读数为被测电压的有效值，磁电式电压表的读数为被测电压的直流分量值，全波整流式电压表的读数为被测电压的平均值的 1.11 倍，结合表 6.1 中第一栏查得半波整流电压的有效值和平均值(即直流分量值)分别为

$$U=\frac{U_{\mathrm{m}}}{2}=\frac{150}{2}=75\ \mathrm{V}$$

$$U_{\mathrm{av}}=\frac{U_{\mathrm{m}}}{\pi}=\frac{150}{3.14}=47.77\ \mathrm{V}$$

故电磁式电压表的读数为 75 V，磁电式电压表的读数为 47.77 V，全波整流式电压表的读数为 $47.77\times1.11=53.02$ V。

6.3.3　平均功率

设有一个二端网络，在非正弦周期电压 u 的作用下产生非正弦周期电流 i，若选择电压和电流的方向关联(如图 6.14 所示)，此二端网络吸收的瞬时功率和平均功率为

$$p=ui$$

$$P=\frac{1}{T}\int_0^T p\ \mathrm{d}t=\frac{1}{T}\int_0^T ui\ \mathrm{d}t$$

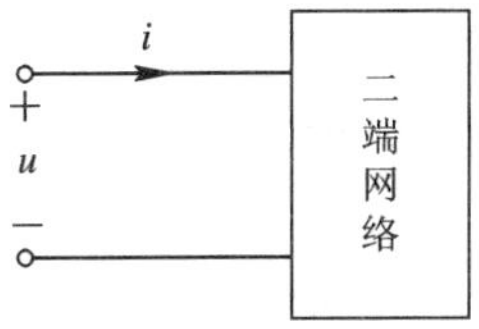

图 6.14　平均功率用图

将电压和电流展开成傅立叶级数，有

$$u=U_0+\sum_{k=1}^{\infty}U_{k\mathrm{m}}\sin(k\omega t+\theta_{ku})$$

$$i=I_0+\sum_{k=1}^{\infty}I_{k\mathrm{m}}\sin(k\omega t+\theta_{ki})$$

二端网络吸收的平均功率为

$$P=\frac{1}{T}\int_0^T\left[U_0+\sum_{k=1}^{\infty}U_{k\mathrm{m}}\sin(k\omega t+\theta_{ku})\right]\left[I_0+\sum_{k=1}^{\infty}I_{k\mathrm{m}}\sin(k\omega t+\theta_{ki})\right]\mathrm{d}t$$

将上式积分号内两个积数的乘积展开，分别计算各乘积项在一个周期内的平均值，有以下五种类型项：

(1) $\dfrac{1}{T}\displaystyle\int_0^T U_0I_0\ \mathrm{d}t=U_0I_0$

(2) $\dfrac{1}{T}\displaystyle\int_0^T U_{k\mathrm{m}}I_{k\mathrm{m}}\sin(k\omega t+\theta_{ku})\sin(k\omega t+\theta_{ki})\ \mathrm{d}t=\dfrac{1}{2}U_{k\mathrm{m}}I_{k\mathrm{m}}\cos(\theta_{ku}-\theta_{ki})=U_kI_k\cos\varphi_k$

(3) $\frac{1}{T}\int_0^T U_0 I_{km}\sin(k\omega t+\theta_{ki})\mathrm{d}t=0$

(4) $\frac{1}{T}\int_0^T I_0 U_{km}\sin(k\omega t+\theta_{ku})\mathrm{d}t=0$

(5) $\frac{1}{T}\int_0^T U_{km}\sin(k\omega t+\theta_{ku})I_{qm}\sin(q\omega t+\theta_{qi})\mathrm{d}t=0\quad(k\neq q)$

因此，二端网络吸收的平均功率可按下式计算：

$$\begin{aligned}P&=U_0I_0+\sum_{k=1}^{\infty}U_kI_k\cos\varphi_k=P_0+\sum_{k=1}^{\infty}P_k\\&=P_0+P_1+P_2+\cdots+P_k+\cdots\end{aligned}\tag{6-11}$$

其中，$P_k=U_kI_k\cos(\theta_{ku}-\theta_{ki})=U_kI_k\cos\varphi_k$，是 k 次谐波的平均功率。

由此可知，非正弦周期电路的平均功率，等于直流分量功率与各次谐波功率之和。注意：只有同频率的谐波电压和电流才能构成平均功率，不同频率的谐波电压和电流不能构成平均功率，也不等于端口电压的有效值与端口电流有效值的乘积。

例 6.7 流过 10 Ω 电阻的电流为

$$i=10+28.28\cos t+14.14\cos 2t\ \text{A}$$

求其平均功率。

解

$$\begin{aligned}P&=P_0+P_1+P_2=I_0^2R+I_1^2R+I_2^2R=R(I_0^2+I_1^2+I_2^2)\\&=10\left[10^2+\left(\frac{28.28}{\sqrt{2}}\right)^2+\left(\frac{14.14}{\sqrt{2}}\right)^2\right]=6000\ \text{W}\end{aligned}$$

例 6.8 某二端网络的电压和电流分别为

$$u=100\sin(\omega t+30°)+50\sin(3\omega t+60°)+25\sin 5\omega t\ \text{V}$$

$$i=10\sin(\omega t-30°)+5\sin(3\omega t+30°)+2\sin(5\omega t-30°)\ \text{A}$$

求二端网络吸收的功率。

解 基波功率

$$P_1=U_1I_1\cos\varphi_1=\frac{100}{\sqrt{2}}\times\frac{10}{\sqrt{2}}\cos 60°=250\ \text{W}$$

三次谐波功率

$$P_3=U_3I_3\cos\varphi_3=\frac{50}{\sqrt{2}}\times\frac{5}{\sqrt{2}}\cos 30°=108.2\ \text{W}$$

五次谐波功率

$$P_5=U_5I_5\cos\varphi_5=\frac{25}{\sqrt{2}}\times\frac{2}{\sqrt{2}}\cos 30°=21.6\ \text{W}$$

因此，总的平均功率为

$$P=P_1+P_3+P_5=250+108.2+21.6=379.8\ \text{W}$$

练习与思考

6.3-1 加于 8 Ω 电阻上的电压为

$$u = 50 + 12.5\sin(\omega t - 45°) + 5.1\sin(3\omega t + 30°)\ \text{V}$$

(1) 求电压的有效值。

(2) 求电阻消耗的平均功率。

6.3－2　某电路所加的电压为

$$u = 100 + 50\sin(\omega t + 30°) + 10\sin(3\omega t + 60°)\ \text{V}$$

电路中的电流为

$$i = 10\sin(\omega t - 45°) + 5\sin(3\omega t - 30°)\ \text{A}$$

(1) 求电压及电流的有效值。

(2) 求电路中的平均功率。

6.4　非正弦周期电路的计算

把傅立叶级数、直流电路、交流电路的分析和计算方法以及叠加原理应用于非正弦周期电路中，就可以对其电路进行分析和计算。其具体步骤如下：

(1) 将所给的非正弦输入信号分解为傅立叶级数，并根据计算精度确定谐波取前几项。

(2) 分别计算各谐波分量单独作用于电路时的电压和电流。但要注意电容和电感对各次谐波表现出来的感抗和容抗的不同，对于 k 次谐波，有

$$X_{k\mathrm{L}} = k\omega L$$

$$X_{k\mathrm{C}} = \frac{1}{k\omega C}$$

(3) 应用线性电路的叠加原理，将各次谐波作用下的电压或电流的瞬时值进行叠加。应特别注意：由于各次谐波的频率不同，不能用相量形式进行叠加。

例 6.9　矩形脉冲作用于 RLC 串联电路如图 6.15(a)、(b)所示，已知矩形脉冲的幅度为 100 V，周期为 1 ms，R=10 Ω，L=10 mH，C=5 F，求电流 i 及平均功率。

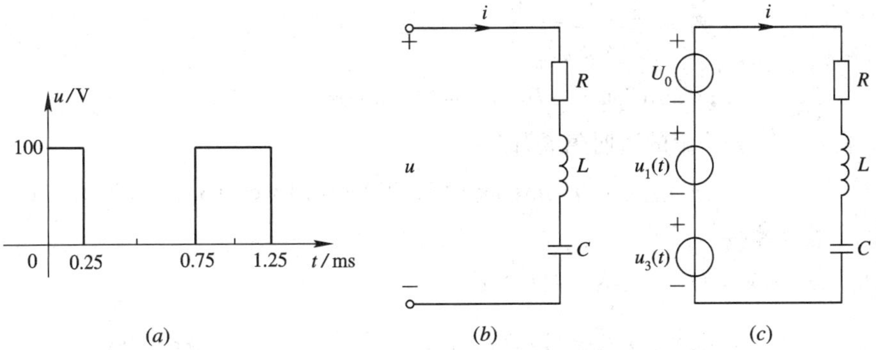

图 6.15　例 6.9 图

解　查表 6.1 可得矩形脉冲电压的傅立叶级数表达式为

$$u = 50 + \frac{200}{\pi}\left(\cos\omega t - \frac{1}{3}\cos 3\omega t + \cdots\right)$$

其中基波频率 $\omega=\frac{2\pi}{T}=2\pi\times10^3$ rad/s，若取前三项就有图 6.15(*c*)所求的等效电路。

(1) 求直流分量：当 $U_0=50$ V 的直流电压作用于电路时，电感相当于短路，电容相当于开路，故 $I_0=0$。

(2) 求基波分量：基波分量 $u_1(t)$单独作用时(U_0、$u_3(t)$应短路)，则

$$u_1=\frac{200}{\pi}\cos\omega t=63.7\sin(\omega t+90°)\ \text{V}$$

$$\dot{U}_{1m}=63.7\angle 90°\ \text{V}$$

$$Z_1=R+\mathrm{j}\left(\omega L-\frac{1}{\omega C}\right)=10+\mathrm{j}\left(2\pi\times10^3\times10\times10^{-3}-\frac{10^6}{2\pi\times10^3\times5}\right)$$

$$=10+\mathrm{j}(62.8-31.8)=10+\mathrm{j}31=32.6\angle 72.1°\ \Omega$$

$$\dot{I}_{1m}=\frac{\dot{U}_{1m}}{Z_1}=\frac{63.7\angle 90°}{32.6\angle 72.1°}=1.95\angle 17.9°\ \text{A}$$

$$i_1=1.95\sin(\omega t+17.9°)=1.95\cos(\omega t-72.1°)\ \text{A}$$

(3) 求三次谐波分量：三次谐波分量 $u_3(t)$单独作用时(U_0、$u_1(t)$应短路)，$X_{L3}=3\omega L$，$X_{C3}=1/3\omega C$，则

$$u_3=-\frac{200}{3\pi}\cos3\omega t=21.2\sin(3\omega t-90°)\ \text{V}$$

$$\dot{U}_{3m}=21.2\angle -90°\ \text{V}$$

$$Z_3=R+\mathrm{j}\left(3\omega L-\frac{1}{3\omega C}\right)$$

$$=10+\mathrm{j}\left(3\times2\pi\times10\times10^{-3}-\frac{10^6}{3\times2\pi\times10^3\times5}\right)$$

$$=10+\mathrm{j}177.8=178.1\angle 86.8°\ \Omega$$

$$\dot{I}_{3m}=\frac{\dot{U}_{3m}}{Z_3}=\frac{21.2\angle -90°}{178.1\angle 86.8°}=0.12\angle -176.8°\ \text{A}$$

$$i_3=0.12\sin(3\omega t-176.8°)=0.12\cos(3\omega t+93.2°)\ \text{A}$$

(4) 将各次谐波分量的瞬时值叠加得

$$i=I_0+i_1+i_3=1.95\cos(\omega t-72.1°)+0.12\cos(3\omega t+93.2°)\ \text{A}$$

电路中的平均功率为

$$P=U_1I_1\cos\varphi_1+U_3I_3\cos\varphi_3$$

$$=\frac{63.7}{\sqrt{2}}\times\frac{1.95}{\sqrt{2}}\cos(72.1°)+\frac{21.2}{\sqrt{2}}\times\frac{0.12}{\sqrt{2}}\cos(86.8°)$$

$$=19.2\ \text{W}$$

例 6.10 晶体管放大器的射极回路如 6.16(*a*)所示，已知 $R=1$ kΩ，$C=50$ μF，$i_S(t)=(3.6+\sqrt{2}2\sin2000\pi t)$mA，求各响应。

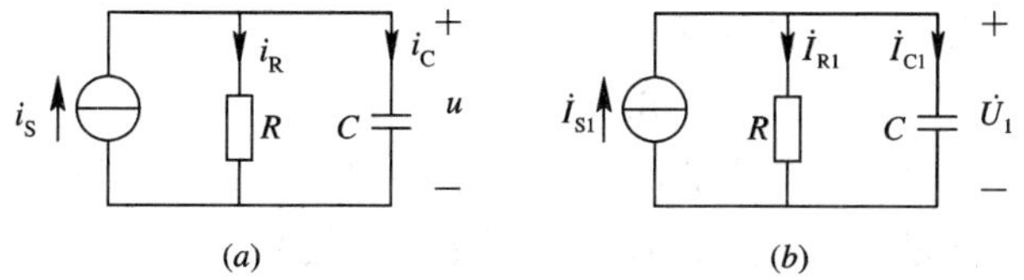

图 6.16　例 6.10 图

解　(1) 求直流分量：3.6 mA 单独作用，此时 C 开路，

$$I_{C0}=0,\quad I_{R0}=I_{S0}=3.6\ \text{mA}$$

$$U_0=RI_{S0}=1\times10^3\times3.6\times10^{-3}=3.6\ \text{V}$$

(2) 求基波分量：$\sqrt{2}2\ \sin2000\pi t$ mA 单独作用的相量模型如图 6.16(b)所示，

$$\dot{U}_1=\frac{\dot{I}_1}{\dfrac{1}{R}+\text{j}\omega C}+\frac{2\times10^{-3}\angle0^\circ}{\dfrac{1}{10^3}+\text{j}2000\pi\times50\times10^{-6}}=\frac{2\angle0^\circ}{1+\text{j}100\pi}$$

$$=\frac{2\angle0^\circ}{314.2\angle89.8^\circ}=6.365\angle-89.8^\circ\ \text{mV}$$

$$\dot{I}_{R1}=\frac{\dot{U}_1}{R}=\frac{6.365\angle-89.8^\circ}{1\times10^3}=6.365\angle-89.8^\circ\ \mu\text{A}$$

$$\dot{I}_{C1}=\text{j}\omega C\dot{U}_1=\text{j}2000\pi\times50\times10^{-6}\times6.365\times10^{-3}\angle-89.8^\circ=2\angle0.2^\circ\ \text{mA}$$

(3) 各响应为

$$u(t)=U_0+u_1(t)=3.6+\sqrt{2}6.365\times10^{-3}\sin(2000\pi t-89.8^\circ)\ \text{V}$$

$$i_R(t)=I_{R0}+i_{R1}(t)=3.6+\sqrt{2}6.365\times10^{-3}\sin(2000\pi t-89.8^\circ)\ \text{mA}$$

$$i_C(t)=i_{C1}(t)=\sqrt{2}2\ \sin(2000\pi t+0.2^\circ)\ \text{mA}$$

本例中，直流分量只通过 R；因 $B_C\gg G$(即 $X_C\ll R$)，故交流分量基本上不通过 R，致使 $U_1\ll U_0$，而 $u(t)$基本恒定。电容对直流的隔断、对交流的旁路作用从中得以体现。

例 6.11　为减小整流器输出电压的纹波使其更接近直流，常在其输出端与负载电阻 R 间接入 LC 滤波器，如图 6.17(a)所示。已知 R=1 kΩ，L=5 H，C=30 μF，电压 u 的波形如图 6.17(b)所示，其中振幅 U_m=157 V，基波角频率 ω=314 rad/s，求电压 u_R。

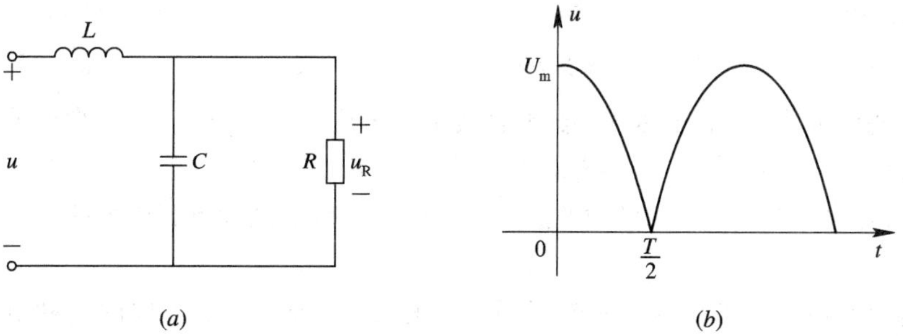

图 6.17　例 6.11 图

解　查表 6.1，可得电压 u 的傅立叶级数为

$$u=\frac{4U_m}{\pi}\left(\frac{1}{2}+\frac{1}{3}\ \cos2\omega t-\frac{1}{15}\ \cos4\omega t+\cdots\right)$$

取到四次谐波，并代入 $U_m = 157$ V 得

$$u = 100 + 66.7\cos 2\omega t - 13.3\cos 4\omega t \ \text{V}$$

（1）求直流分量。对于直流分量，电感相当于短路，电容相当于开路，故 $U_{0R} = 100$ V。

（2）求二次谐波分量：（此时 66.7 cos2ωt 单独作用）

$$Z_2 = \text{j}2\omega L + \frac{R\left(-\text{j}\,\dfrac{1}{2\omega C}\right)}{R - \text{j}\,\dfrac{1}{2\omega C}} = \text{j}2 \times 314 \times 5 + \frac{10^3\left(-\text{j}\,\dfrac{10^6}{2 \times 314 \times 30}\right)}{10^3 - \text{j}\,\dfrac{10^6}{2 \times 314 \times 30}}$$

$$= \text{j}3140 + 53\angle -87^\circ = 2.8 + \text{j}3087.1$$

$$= 3087.1\angle 89.95^\circ\ \Omega$$

$$\dot{U}_{2mR} = \frac{U_{2m}}{Z_2} \times \frac{R\left(-\text{j}\,\dfrac{1}{2\omega C}\right)}{R - \text{j}\,\dfrac{1}{2\omega C}} = \frac{66.7\angle 90^\circ}{3087.1\angle 89.95^\circ} \times 53\angle -87^\circ$$

$$= 1.15\angle -87^\circ\ \text{V}$$

$$u_{2R} = 1.15\sin(2\omega t - 87^\circ)\ \text{V}$$

（3）求四次谐波分量：（此时 −13.3 cos4ωt 单独作用）

$$Z_4 = \text{j}4\omega L + \frac{R\left(-\text{j}\,\dfrac{1}{4\omega C}\right)}{R - \text{j}\,\dfrac{1}{4\omega C}} = \text{j}6280 + 26.5\angle -88.5^\circ = 6253.5\angle 90^\circ\ \Omega$$

$$\dot{U}_{4mR} = \frac{\dot{U}_{4m}}{Z_4} \times \frac{R\left(-\text{j}\,\dfrac{1}{4\omega C}\right)}{R - \text{j}\,\dfrac{1}{4\omega C}} = \frac{13.3\angle -90^\circ}{6253.5\angle 90^\circ} \times 26.5\angle -88.5^\circ$$

$$= 0.056\angle 91.5^\circ\ \text{V}$$

$$u_{4R} = 0.056\sin(4\omega t + 91.5^\circ)\ \text{V}$$

（4）输出电压为

$$U_R = 100 + 1.15\sin(2\omega t - 87.5^\circ) + 0.056\sin(4\omega t + 91.5^\circ)\ \text{V}$$

观察本例中 u 和 u_R 的表达式，发现直流部分未变，仍为 100 V，二次谐波分量由原本占直流分量的66.7%减小到 1.15%，四次谐波分量由原本占直流分量的13.3%减小到0.056%。说明输入电压经过 LC 滤波后，高次谐波分量受到抑制，负载两端得到较平稳的输出电压。

利用电容和电感对各次谐波呈现不同电抗的特点，把由 LC 组成的这种电路接入非正弦周期信号作用的电路中，可以使某一频率分量顺利通过，而抑制不需要的分量，这种电路称为滤波器。滤波器按其功能可分为低通滤波器、高通滤波器、带通滤波器和带阻滤波器等。

图 6.18 是简单的低通和高通滤波器电路，读者可以自行分析其原理。

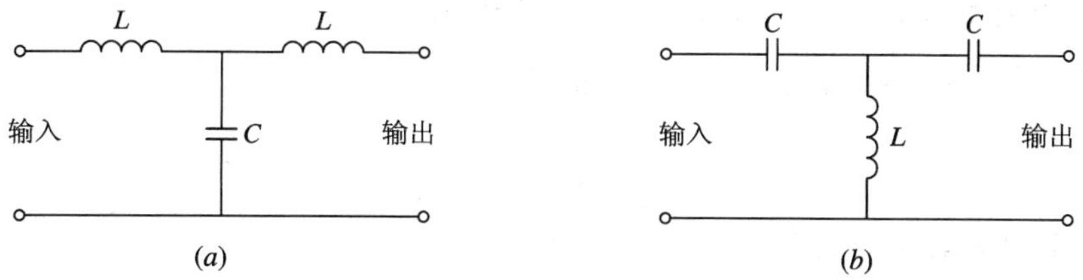

图 6.18 滤波器

(a) 低通滤波器；(b) 高通滤波器

练习与思考

6.4-1 RL 串联电路基波的复阻抗 $Z_1=R+jX_{1L}=30+j20\ \Omega$，求三次和五次谐波时的复阻抗。

6.4-2 已知作用于 RLC 串联电路的电压 $u=50\sin\omega t+25\sin(3\omega t+60°)$ V，基波的输入阻抗为 $Z_1=R+j\left(\omega L-\frac{1}{\omega C}\right)=8+j(2-8)\ \Omega$。求 $i(t)$。

小　　结

1. 非正弦周期信号的分解

非正弦的周期信号，在满足狄里赫利条件的情况下可以分解成傅立叶级数。傅立叶级数一般包含有直流分量、基波分量和高次谐波分量。它有两种表示式：

$$f(t)=a_0+\sum_{k=1}^{\infty}(a_k\cos k\omega t+b_k\sin k\omega t)$$

$$f(t)=A_0+\sum_{k=1}^{\infty}A_k\sin(k\omega t+\theta_k)$$

两种形式的系数之间的对应关系为

$$A_k=\sqrt{a_k^2+b_k^2}$$

$$\theta_k=\arctan\frac{a_k}{b_k}$$

一般都是先求 a_k、b_k 后，再利用上式求出 A_k 和 θ_k。

2. 非正弦周期信号的频谱

非正弦周期信号还可以用频谱图来表示。所谓频谱图，就是用谱线表示各次谐波的振幅和相位，然后把这些线段由低频到高频依次排列起来。非正弦周期信号的频谱有以下特点：

(1) 频谱的离散性。

(2) 频谱的谐波性。

(3) 频谱的收敛性。

(4) 脉宽与频宽成反比。

3. 非正弦周期信号的有效值、平均值和平均功率

非正弦周期信号有效值的定义与正弦信号有效值的定义相同。即

$$I=\sqrt{\frac{1}{T}\int_0^T i^2\,\mathrm{d}t},\quad U=\sqrt{\frac{1}{T}\int_0^T u^2\,\mathrm{d}t}$$

与各次谐波分量有效值的关系为

$$I=\sqrt{I_0^2+I_1^2+\cdots+I_k^2+\cdots}$$

$$U=\sqrt{U_0^2+U_1^2+\cdots+U_k^2+\cdots}$$

非正弦交流电路的平均值指一个周期内函数绝对值的平均值。其定义为

$$I_{\mathrm{av}}=\frac{1}{T}\int_0^T |i|\,\mathrm{d}t$$

$$U_{\mathrm{av}}=\frac{1}{T}\int_0^T |u|\,\mathrm{d}t$$

非正弦交流电路平均功率的定义与正弦交流电路平均功率的定义相同，都表示瞬时功率在一个周期内的平均值。其定义为

$$P=\frac{1}{T}\int_0^T p\,\mathrm{d}t=\frac{1}{T}\int_0^T ui\,\mathrm{d}t$$

与各次谐波功率之间的关系为

$$\begin{aligned}P&=P_0+P_1+P_2+\cdots+P_k+\cdots\\&=U_0I_0+U_1I_1\cos\varphi_1+U_2I_2\cos\varphi_2+\cdots+U_kI_k\cos\varphi_k+\cdots\end{aligned}$$

4. 非正弦交流电路的计算

非正弦交流电路的计算，实际上是应用了线性电路的叠加原理，并借助于直流及交流电路的计算方法，其步骤如下：

(1) 将非正弦信号分解成傅立叶级数。

(2) 计算直流分量和各次谐波分量分别作用于电路时的电压和电流响应。但要注意感抗和容抗在不同谐波下所表现的形式不同。即

$$X_{k\mathrm{L}}=k\omega L,\quad X_{k\mathrm{C}}=\frac{1}{k\omega C}$$

(3) 将各次谐波的电压和电流响应用瞬时值表示后再叠加。其过程可用图 6.19 表示。

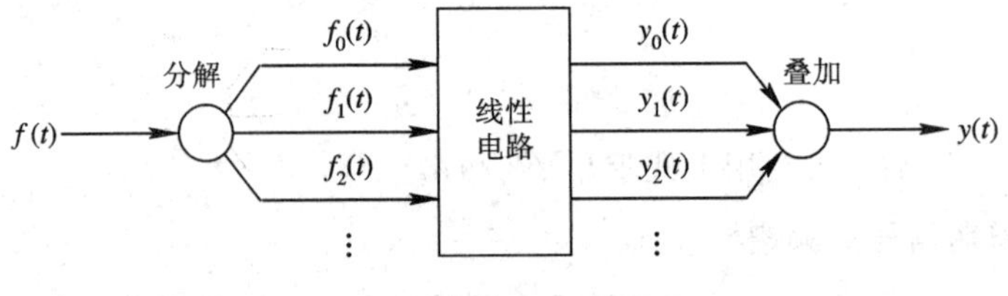

图 6.19 非正弦电路分析流图

习 题 6

6.1 如题图所示，三角波的 $I_{\mathrm{m}}=10$ A，查表写出其傅立叶级数展开式，并求各次谐

波最大值 I_{1m}、I_{3m}、I_{5m}。

6.2 周期信号的波形如题图所示，画出其振幅频谱图。

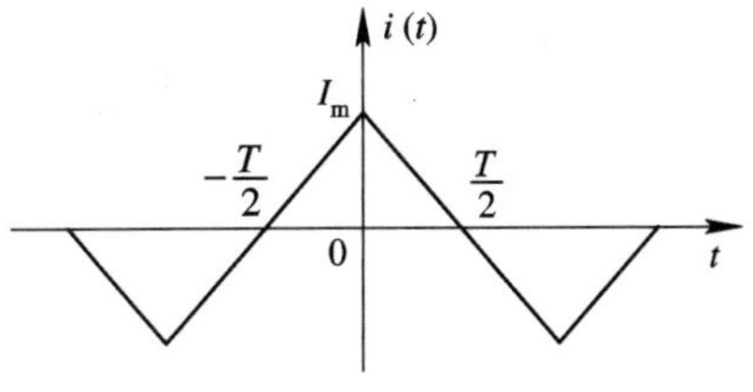

题 6.1 图

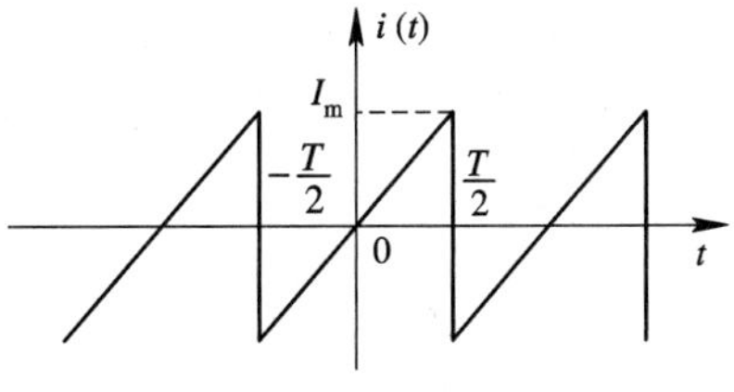

题 6.2 图

6.3 画出例 6.1 矩形波的振幅频谱图。

6.4 若矩形波的电压 $U_m=100$ V，求其电压的有效值。

6.5 求习题 6.1 所给三角波电流的有效值。

6.6 已知某二端网络的电压 $u=50\sqrt{2}\sin(\omega t+45°)+20\sqrt{2}\sin(3\omega t+30°)+12\sqrt{2}\sin(5\omega t+20°)$ V，电流 $i=6\sqrt{2}\sin(\omega t-15°)+2\sqrt{2}\sin(3\omega t+30°)$ A，求电压、电流的有效值及二端网络吸收的功率。

6.7 已知 10 Ω 电阻两端电压 $u=150+60\sqrt{2}\sin\omega t$ V，求电流 i 及其所消耗的功率。

6.8 已知 RL 串联电路两端的电压 $u=30\sqrt{2}\sin(\omega t+20°)+10\sqrt{2}\sin(3\omega t+30°)$ V，$R=6$ Ω，$L=10$ mH，$\omega=314$ rad/s，求电路中的电流 i 及其所消耗的功率。

6.9 已知 RLC 串联电路两端的电压 $u=100\sin(\omega t+60°)+50\sin(3\omega t+30°)+20\sin 5\omega t$ V，$R=10$ Ω，$L=0.025$ H，$C=30$ μF，基波频率 $f=50$ Hz，求电路中的电流 i。

6.10 在图示电路中，已知 $R_1=5$ Ω，$R_2=10$ Ω，$\omega L=2$ Ω，$\dfrac{1}{\omega C}=15$ Ω，$u=10+141\sin\omega t+70.7\sin(2\omega t+30°)$ V，求总电流 i 及电路消耗的功率。

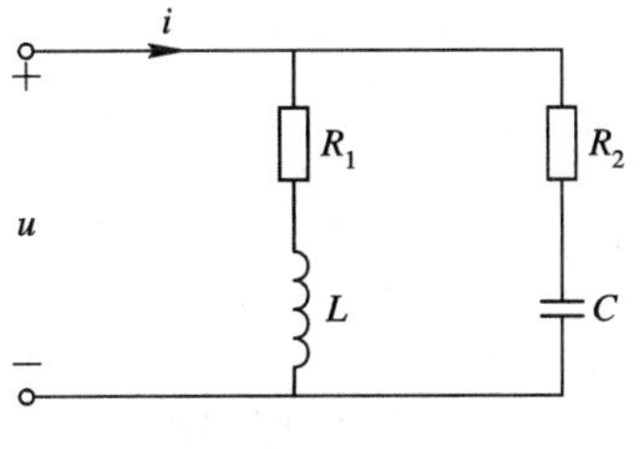

题 6.10 图

6.11 为提高共发射极放大器的放大倍数，在发射极电阻两端并联一只电容，其电路如题图所示，已知 $R=1$ kΩ，$C=30$ μF，$i=1.5+0.8\sin\omega t$ mA，电源频率 $f=1000$ Hz。

(1) 求电阻 R 两端的电压 u。

(2) 若不接电容器，再求 R 两端的电压。

(3) 比较以上两种情况下输出电压的直流分量和交流分量的变化情况，说明电容器对于交流信号的旁路作用。

6.12 在题图所示电路中，若滤波器的输入电压 $u_1=U_{1m}\sin\omega t+U_{3m}\sin 3\omega t$ V。$L=0.12$ H，$\omega=314$ rad/s，要使输出电压 $u_2=U_{1m}\sin\omega t$ V，则 C_1、C_2 的值为多少？

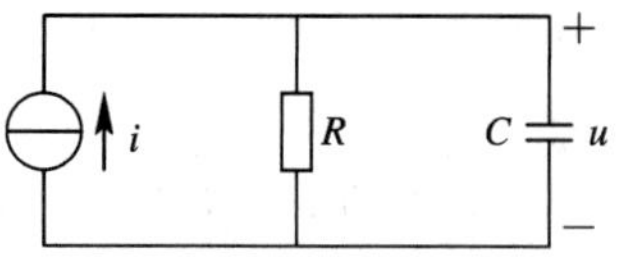

题 6.11 图

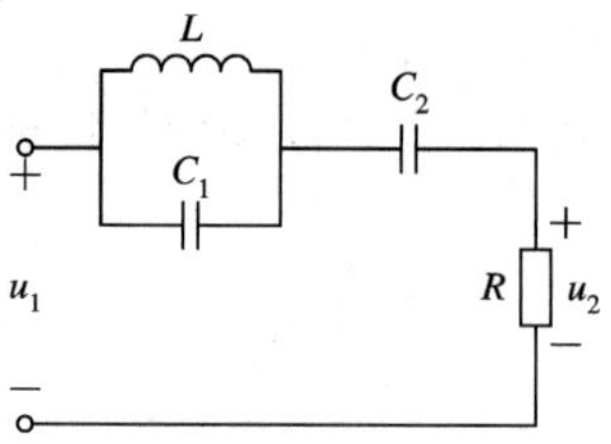

题 6.12 图

自测题 6

6－1　判断下列信号是否为非正弦周期信号(是者打√，否者打×)(每题 4 分，共 20 分)

① $u=10\sin\omega t+3\sin\omega t$ V　(　　)

② $i=5\cos\omega t+3\cos\omega t$ A　(　　)

③ $u=5\cos\omega t+10\sin\omega t$ V　(　　)

④ $i=4\sin\omega t+6\sin 2\omega t$ A　(　　)

⑤ $u=6+5\cos\omega t+3\cos 3\omega t$ V (　　)

6－2　判断下列各式的正误(正者打√，误者打×)(每题 3 分，共 21 分)

非正弦周期电压 $u(t)$ 分解成傅立叶级数，

$$u(t)=U_0+U_{1m}\sin(\omega t+\theta_1)+\cdots+U_{km}\sin(k\omega t+\theta_k)+\cdots$$

① $U=U_0+U_1+\cdots+U_k$　(　　)

② $\dot{U}=\dot{U}_0+\dot{U}_1+\cdots+\dot{U}_k$　(　　)

③ $U_m=U_0+U_{1m}+\cdots+U_{km}$　(　　)

④ $U=\sqrt{\left(\frac{U_0}{\sqrt{2}}\right)^2+\left(\frac{U_{1m}}{\sqrt{2}}\right)^2+\cdots+\left(\frac{U_{km}}{\sqrt{2}}\right)^2+\cdots}$　(　　)

⑤ $U=\sqrt{U_0^2+U_1^2+\cdots+U_k^2+\cdots}$　(　　)

⑥ $P=\sqrt{P_0^2+P_1^2+\cdots+P_k^2+\cdots}$　(　　)

⑦ $P=P_0+P_1+\cdots+P_k$　(　　)

6－3　如题 6－3 图所示电路，两电压源频率相同，其有效值均为 220 V，其中 u_{S1} 只含有基波，u_{S2} 含有基波和三次谐波，且三次谐波的振幅是基波振幅的 1/4，求 a、b 间电压有效值的最大值和最小值。(19 分)

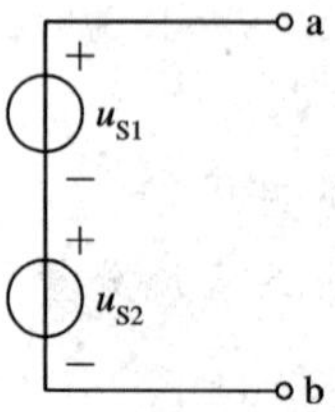

自测题 6－3 图

6-4　一线圈(电阻不计)接入有效值为 100 V 的正弦电压时，电流的有效值为10 A。接入含有基波和三次谐波且有效值也为 100 V 的非正弦电压时，电流的有效值为 8 A，试求非正弦电压的基波和三次谐波的有效值。(20 分)

6-5　如题 6-5 图所示的电路，已知 $u=100+50\sin(1000t+45°)$ V，$L_1=25$ mH，$C=40$ μF，$L_2=10$ mH，$R=10$ Ω。求电流 i。(20 分)

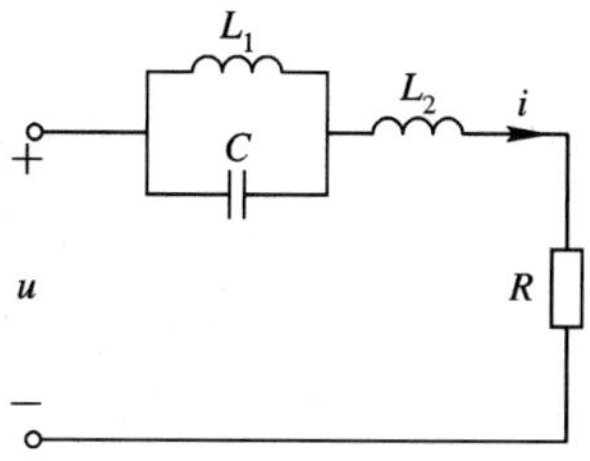

自测题 6-5 图

第 7 章　动态电路的时域分析

动态电路的时域分析，是指对含有动态元件的电路，在给定激励或在初始储能作用下，求解其达到稳定状况所经历的过程中响应随时间变化的规律，即研究电路的暂态过程。两种约束关系仍是动态时域分析的基础，由于动态元件的伏安关系是微分或积分关系，因此动态电路需要用微分方程来描述。凡用一阶微分方程描述的电路就称为一阶电路。一阶电路是指在结构上只含有一种且仅有一个(或可等效成一个)动态元件的电路。

本章主要介绍暂态分析的基本方法，重点讲述用三要素法求解一阶电路。

7.1　换路定律及初始值的计算

7.1.1　过渡过程的概念

如图 7.1 所示电路。当开关 S 闭合时，电阻支路的灯泡立即发亮，而且亮度始终不变，说明电阻支路在开关闭合后立即进入稳定状态。电感支路的灯泡在开关闭合瞬间不亮，然后逐渐变亮，最后亮度稳定。电容支路的灯泡在开关闭合瞬间很亮，然后逐渐变暗直至熄灭。这两个支路的现象说明电感支路的灯泡和电容支路的灯泡达到最后稳定，都要经历一段过渡过程。一般说来，电路从一种稳定状态变化到另一种稳定状态的中间过程叫做电路的过渡过程。实际电路中的过渡过程往往是短暂的，故称为暂态过程，简称暂态。

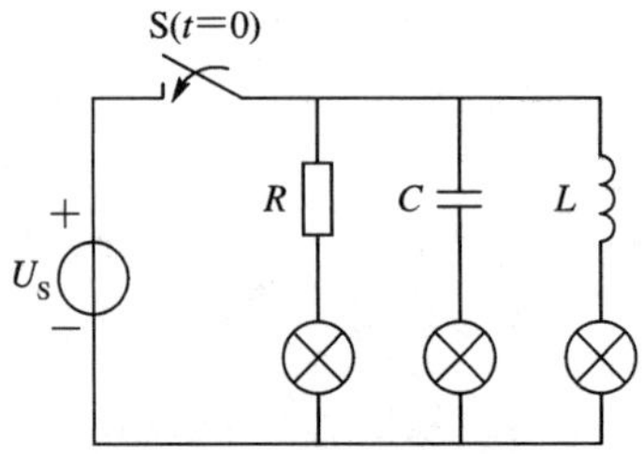

图 7.1　实验电路

含有储能元件 L、C(或称动态元件)的电路在换路时通常都要产生过渡过程。

研究过渡过程具有重要的实际意义，一方面可以充分将电路的一些暂态特性应用于工程实际中；另一方面，又可以采取保护措施以防止暂态特性可能造成的破坏性后果。

7.1.2　换路定律及初始值的计算

换路是指电路工作状况的改变，例如突然接入或切断电源、改变电路的结构和电路中元件的参数等等，通常把换路瞬间定在 $t=0$，且把 $t=0_-$ 记为换路前的最终时刻，此时的电流为 $i(0_-)$，电压为 $u(0_-)$；把 $t=0_+$ 记为换路后的最初时刻，此时的电流、电压分别记为 $i(0_+)$和 $u(0_+)$。在动态电路分析中要确定电流、电压的初始值，就是计算 $i(0_+)$和 $u(0_+)$。确定电路的初始值是暂态分析的一个重要环节。

前已述及，若电容电流和电感电压为有限值，则电容电压和电感电流均不能跃变，即

$$\left.\begin{aligned} u_C(0_+) &= u_C(0_-) \\ i_L(0_+) &= i_L(0_-) \end{aligned}\right\} \tag{7-1}$$

式(7－1)表述的换路前后瞬间电容电压和电感电流不能跃变的结果，通常称为换路定律。

根据换路定律，电容电压和电感电流不能突变。其他各量均不受换路定律约束。为叙述方便，把 $u_C(0_+)$和 $i_L(0_+)$称为独立初始值，而把其他初始值称为相关初始值。

独立初始值，可通过作换路前 $t=0_-$ 的等效电路求得。具体步骤为：

(1) 作 $t=0_-$ 的等效电路，求出 $u_C(0_-)$和 $i_L(0_-)$；

(2) 根据换路定律确定出 $u_C(0_+)$及 $i_L(0_+)$。

相关初始值，可通过作换路后 $t=0_+$ 的等效电路来计算。具体步骤为：

(1) 用电压为 $u_C(0_+)$的电压源和电流为 $i_L(0_+)$的电流源取代原电路中 C 和 L 的位置，可得 $t=0_+$ 的等效电路；

(2) 以 $t=0_+$ 的等效电路求出相关初始值。

例 7.1 图 7.2(a)所示电路中，已知 $U_S=18$ V，$R_1=1\ \Omega$，$R_2=2\ \Omega$，$R_3=3\ \Omega$，$L=0.5$ H，$C=4.7\ \mu$F，$t=0$ 时，S 闭合，设 S 闭合前电路已处稳态。求 $i_1(0_+)$、$i_2(0_+)$、$i_3(0_+)$、$u_L(0_+)$、$u_C(0_+)$。

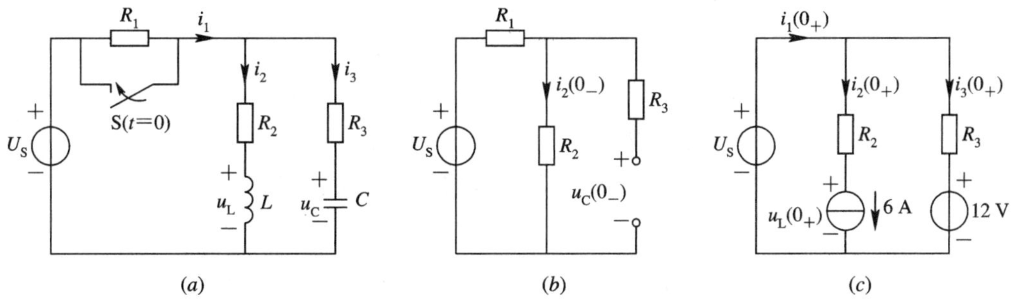

图 7.2 例 7.1 图

解 第一步，作 $t=0_-$ 等效电路如图 7.2(b)所示，电感相当于短路，电容相当于开路。

第二步，根据 $t=0_-$ 等效电路，计算换路前的电感电流和电容电压：

$$i_2(0_-)=\frac{U_S}{R_1+R_2}=\frac{18}{1+2}=6\ \text{A}$$

$$u_C(0_-)=R_2 i_2(0_-)=2\times 6=12\ \text{V}$$

根据换路定律，可得

$$i_2(0_+)=i_2(0_-)=6\ \text{A}$$

$$u_C(0_+)=u_C(0_-)=12\ \text{V}$$

第三步，作 $t=0_+$ 等效电路如图 7.2(c)所示，电感 L 相当于一个 6 A 的电流源，电容 C 相当于一个 12 V 的电压源。

第四步，根据 $t=0_+$ 等效电路，计算其他的相关初始值：

$$i_3(0_+)=\frac{U_S-u_C(0_+)}{R_3}=\frac{18-12}{3}=2\ \text{A}$$

$$i_1(0_+)=i_2(0_+)+i_3(0_+)=6+2=8\ \text{A}$$

$$u_L(0_+) = U_S - R_2 i_2(0_+) = 18 - 2 \times 6 = 6\ \text{V}$$

例 7.2 图 7.3(*a*)所示电路在 $t=0$ 时换路，即开关 S 由位置 1 合到位置 2。设换路前电路已经稳定，求换路后的初始值 $i_1(0_+)$、$i_2(0_+)$和 $u_L(0_+)$。

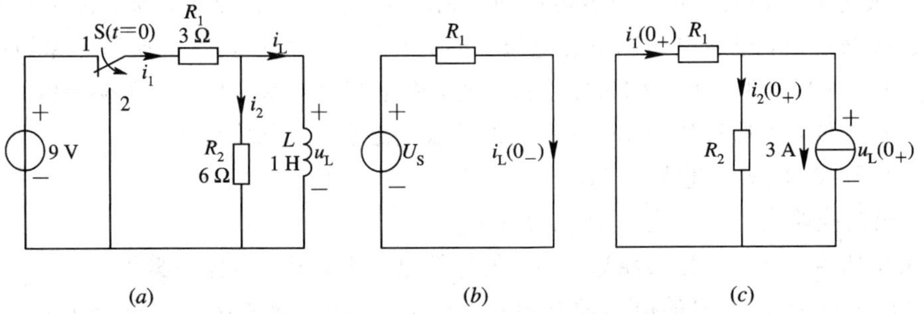

图 7.3　例 7.2 图

解　(1) 作 $t=0_-$ 等效电路如图 7.3(*b*)所示。则有

$$i_L(0_+) = i_L(0_-) = \frac{U_S}{R_1} = \frac{9}{3} = 3\ \text{A}$$

(2) 作 $t=0_+$ 等效电路如图 7.3(*c*)所示。由此可得

$$i_1(0_+) = \frac{R_2}{R_1 + R_2} i_L(0_+) = \frac{6}{3+6} \times 3 = 2\ \text{A}$$

$$i_2(0_+) = i_1(0_+) - i_L(0_+) = 2 - 3 = -1\ \text{A}$$

$$u_L(0_+) = R_2 i_2(0_+) = 6 \times (-1) = -6\ \text{V}$$

例 7.3　如图 7.4(*a*)所示电路，$t=0$ 时刻开关 S 闭合，换路前电路无储能。试求开关 S 闭合后各电压、电流的初始值。

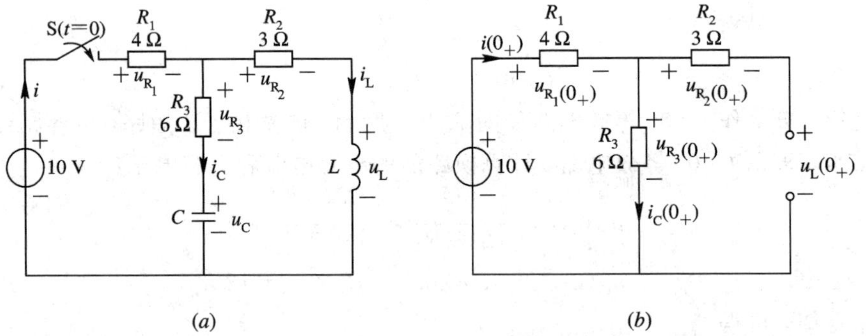

图 7.4　例 7.3 图

解　(1) 根据题中所给定条件，换路前电路无储能，故有

$$u_C(0_+) = u_C(0_-) = 0$$

$$i_L(0_+) = i_L(0_-) = 0$$

(2) 作 $t=0_+$ 等效电路如图 7.4(*b*)所示，电容相当于短路，电感相当于开路。则有

$$i(0_+) = i_C(0_+) = \frac{10}{4+6} = 1\ \text{A}$$

$$u_{R_1}(0_+) = R_1 i(0_+) = 4 \times 1 = 4\ \text{V}$$

$$u_{R_3}(0_+) = R_3 i_C(0_+) = 6 \times 1 = 6\ \text{V}$$

$$u_{R_2}(0_+) = 0$$

$$u_L(0_+) = u_{R_3}(0_+) = 6\ \text{V}$$

练习与思考

7.1-1　分别说明电容和电感元件何时可看成开路，何时又可看成短路。

7.1-2　如图 7.5 所示各电路在换路前均已稳定，在 $t=0$ 时换路，求图中所标的各电压、电流的初始值。

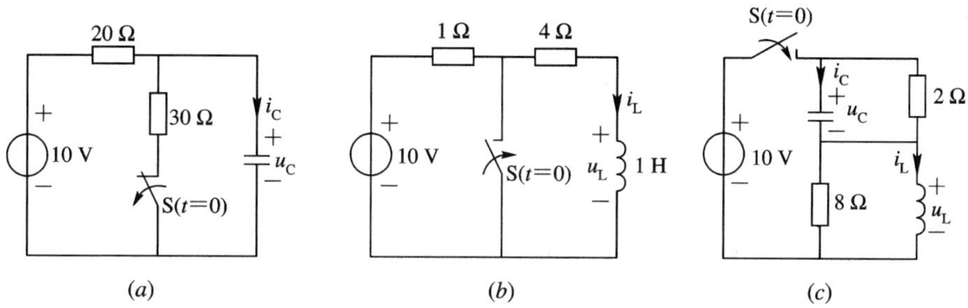

图 7.5　题 7.1-2 图

7.2　一阶电路的零输入响应

含有一种动态元件(电容或电感)的电路称为一阶电路。

零输入响应是指动态电路无激励，仅由初始储能产生的响应。工程实际中典型的无电源一阶电路有电容放电电路(称 RC 电路)和发电机磁场的灭磁回路(称 LC 电路)。

7.2.1　RC 电路的零输入响应

如图 7.6 所示电路，开关 S 闭合前电容已充电至电压 $U_C(0_-)=U_o$。$t=0$ 时刻 S 闭合，根据换路定律有：$U_C(0_+)=U_C(0_-)=U_o$，则电流 $i(0_+)=U_o/R$。这样，从 $t=0_+$ 起，电容通过电阻 R 放电。随着时间的增加，电容的初始储能$(1/2CU_o^2)$逐渐被电阻消耗直至殆尽，$U_C=0$，$i=0$，放电结束。现在研究电容放电过程中其电压、电流随时间的变化规律。

根据图 7.6 所示电路电压、电流的参考方向，依 KVL 有

$$u_C - u_R = 0 \qquad (t \geqslant 0)$$

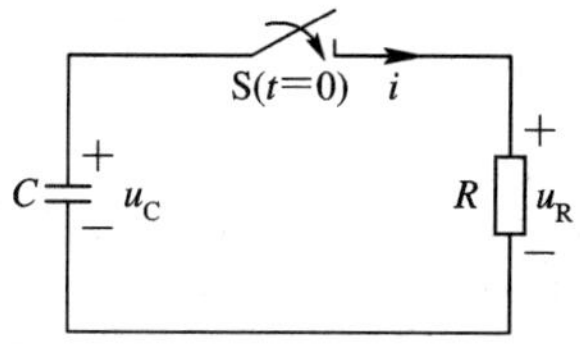

图 7.6　RC 电路的零输入响应

将 $u_R=Ri$，$i=-C\dfrac{du_C}{dt}$(式中负号是因为电容电压和电流参考方向不一致)，将其代入上式可得

$$RC\frac{\mathrm{d}u_C}{\mathrm{d}t}+u_C=0 \qquad (t\geqslant 0) \qquad (7-2)$$

式(7－2)为常系数一阶线性齐次微分方程。由高等数学知其通解形式为 $u_C=Ae^{pt}$。其中 p 是特征方程的根，A 为待定积分常数。式(7－2)的特征方程可将$u_C=Ae^{pt}$ 代入而得

$$RCp+1=0$$

特征根 $p=-\frac{1}{RC}$，所以

$$u_C=Ae^{-\frac{t}{RC}}$$

将初始条件 $u_C(0_+)=U_o$代入上式，可得 $A=U_o$，则

$$u_C(t)=U_o e^{-\frac{t}{RC}} \qquad (t\geqslant 0) \qquad (7-3)$$

式(7－3)就是零输入响应，即电容放电过程中电容电压 u_C 随时间变化规律的表达式。

电路中的放电电流 $i(t)$和电阻电压 $u_R(t)$分别为

$$i(t)=-C\frac{\mathrm{d}u_C}{\mathrm{d}t}=\frac{U_o}{R}e^{-\frac{t}{RC}} \qquad (t\geqslant 0) \qquad (7-4)$$

$$u_R(t)=u_C(t)=U_o e^{-\frac{t}{RC}} \qquad (t\geqslant 0) \qquad (7-5)$$

从式(7－3)、(7－4)和式(7－5)中可以看出，电压 $u_C(t)$、$u_R(t)$和电流 $i(t)$都是按同样的指数规律衰减的，它们随时间变化的曲线如图 7.7(*a*)、(*b*)所示。

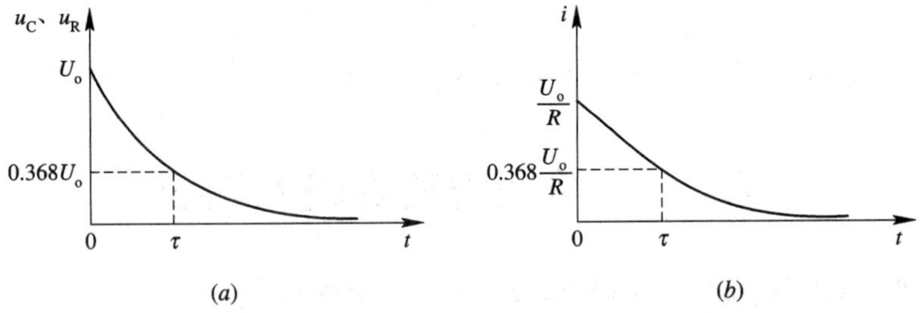

图 7.7　RC 电路零输入响应曲线

式(7－3)、(7－4)及式(7－5)中的 RC 具有时间的量纲，因为

$$[RC]=欧\cdot法=欧\cdot\frac{库}{伏}=欧\cdot\frac{安\cdot秒}{伏}=秒$$

所以称其为时间常数，并令

$$\tau=RC \qquad (7-6)$$

引入时间常数 τ 后，式(7－3)、(7－4)和式(7－5)可表示为

$$u_C(t)=U_o e^{-\frac{t}{\tau}} \qquad (t\geqslant 0)$$

$$i(t)=\frac{U_o}{R}e^{-\frac{t}{\tau}} \qquad (t\geqslant 0)$$

$$u_R(t)=U_o e^{-\frac{t}{\tau}} \qquad (t\geqslant 0)$$

时间常数 τ 是表征电路过渡过程快慢的物理量。τ越大，过渡过程的进展越慢。RC 电路的时间常数 τ 由电路参数 R 和 C 决定。当 R 越大时，电路中放电电流越小，放电时间就越长；当 C 越大时，储存的电场能量就越大，放电时间也就越长。τ 对暂态过程的影响如图 7.8 所示。

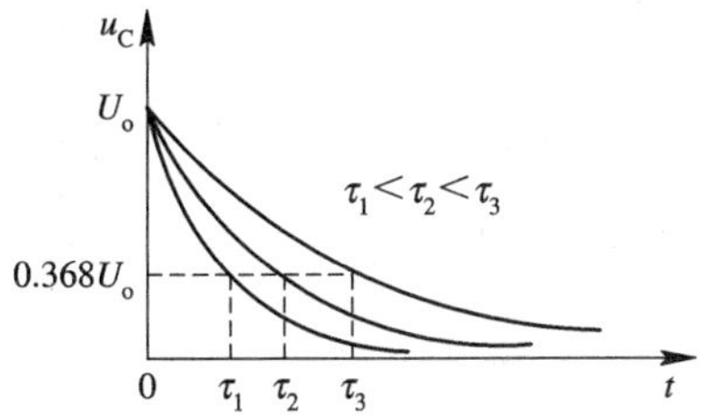

图 7.8　时间常数 τ 对暂态过程的影响

现以电容电压 $u_C(t)$ 为例来说明时间常数 τ 的意义。将 $t=\tau$、2τ、3τ、… 等不同时间的响应 u_C 值列于表 7-1 之中。

表 7-1　时间常数不同时的 u_C 值

t	0	τ	2τ	3τ	4τ	5τ	…	∞
$e^{-\frac{t}{\tau}}$	$e^0=1$	$e^{-1}=0.368$	$e^{-2}=0.135$	$e^{-3}=0.05$	$e^{-4}=0.018$	$e^{-5}=0.0067$	…	$e^{-\infty}=0$
$u_C(t)$	U_o	$0.368U_o$	$0.135U_o$	$0.050U_o$	$0.018U_o$	$0.0067U_o$	…	0

从表中可以看出：

(1) 当 $t=\tau$ 时，$u_C=0.368U_o$，所以，时间常数 τ 是电路零输入响应衰减到初始值的 36.8% 所需要的时间。

(2) 从理论上讲，$t=\infty$时，$u_C=0$，过渡过程才结束，但当 $t=(3\sim5)\tau$ 时，u_C 已衰减到初始值的 5%以下，因此，工程上一般认为经过$(3\sim5)\tau$ 的时间，放电过程便结束了。

例 7.4　如图 7.9(a)所示电路，在 $t=0$ 时刻开关 S 闭合，S 闭合前电路已稳定。试求 $t\geqslant0$ 时的 $i_1(t)$、$i_2(t)$和 $i_C(t)$。

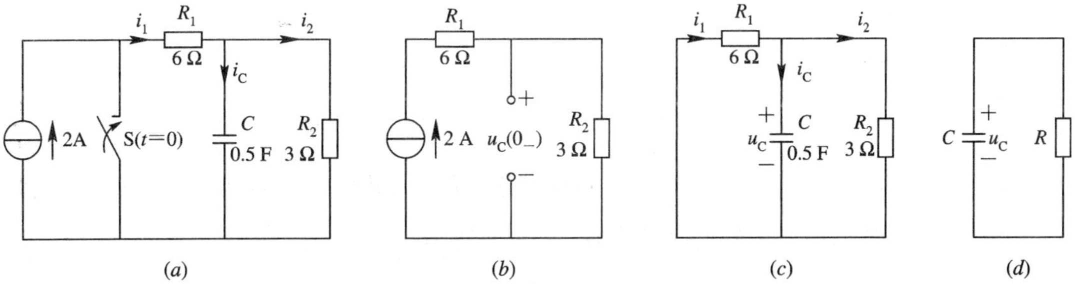

图 7.9　例 7.4 图

解　(1) 作 $t=0_-$ 等效电路如图 7.9(b)所示。则有

$$u_C(0_+)=u_C(0_-)=2\times3=6\ \text{V}$$

(2) 作 $t\geqslant0$ 电路如图 7.9(c)所示，其等效电路如图 7.9(d)所示。则等效电阻

$$R=R_1\ /\!/\ R_2=\frac{6\times3}{6+3}=2\ \Omega$$

故电路的时间常数

$$\tau=RC=2\times0.5=1\ \text{s}$$

根据式(7-3)可得

$$u_C(t)=6e^{-t}\ \text{V}\qquad(t\geqslant0)$$

在图 7.9(*c*)所示电路中，可求得

$$i_1(t)=-\frac{u_C(t)}{R_1}=-\mathrm{e}^{-t}\ \mathrm{A}\qquad(t\geqslant 0)$$

$$i_2(t)=\frac{u_C(t)}{R_2}=2\mathrm{e}^{-t}\ \mathrm{A}\qquad(t\geqslant 0)$$

$$i_C(t)=C\frac{\mathrm{d}u_C(t)}{\mathrm{d}t}=-3\mathrm{e}^{-t}\ \mathrm{A}\qquad(t\geqslant 0)$$

7.2.2 *RL* 电路的零输入响应

如图 7.10(*a*)所示电路。开关 S 动作前电路已稳定，则电感 L 相当于短路，此时电感电流为 $i_L(0_-)=U_S/R_S=I_o$。开关动作后的初始时刻 $t=0_+$ 时，根据换路定律，有 $i_L(0_+)=I_o$。这时电感中的初始储能$\left(\frac{1}{2}LI_o^2\right)$将逐渐被电阻消耗直至殆尽，电流为零，电感的消磁过程便结束。下面通过数学分析，找出电感电流和电压的变化规律。

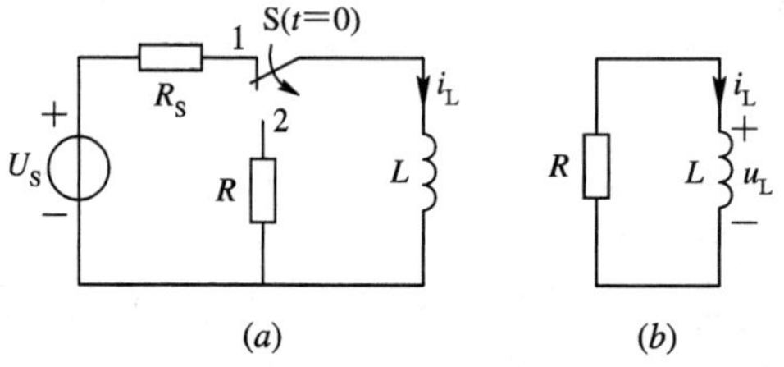

图 7.10 *RL* 电路的零输入响应

在图 7.10(*b*)中，依 KVL，可得

$$u_L+Ri_L=0\qquad(t\geqslant 0)$$

将电感的伏安关系 $u_L=L\frac{\mathrm{d}i_L}{\mathrm{d}t}$代入上式，可得

$$L\frac{\mathrm{d}i_L}{\mathrm{d}t}+Ri_L=0\qquad(t\geqslant 0)\qquad(7-7)$$

式(7－7)也是一个常系数一阶线性齐次微分方程，与式(7－2)相似，其通解的形式为 $i_L(t)=A\mathrm{e}^{-\frac{t}{\tau}}$。其中，$\tau$ 是电路的时间常数。特征方程为

$$Lp+R=0$$

$$p=-\frac{R}{L}$$

则

$$i_L(t)=A\mathrm{e}^{-\frac{R}{L}t}\qquad(t\geqslant 0)$$

代入初始条件 $i_L(0_+)=I_o$，可得 $A=I_o$，故电路的零输入响应为

$$i_L(t)=I_o\mathrm{e}^{-\frac{R}{L}t}=I_o\mathrm{e}^{-\frac{t}{\tau}}\qquad(t\geqslant 0)\qquad(7-8)$$

电阻和电感上的电压分别为

$$u_R(t)=Ri_L=RI_o\mathrm{e}^{-\frac{R}{L}t}=RI_o\mathrm{e}^{-\frac{t}{\tau}}\qquad(t\geqslant 0)\qquad(7-9)$$

$$u_L(t)=L\frac{\mathrm{d}i_L}{\mathrm{d}t}=-RI_o\mathrm{e}^{-\frac{R}{L}t}=-RI_o\mathrm{e}^{-\frac{t}{\tau}}\qquad(t\geqslant 0)\qquad(7-10)$$

式(7－10)中电感电压为负值，是因为电流不断减小，根据楞次定律可知，电感上的感应电压力图维持原来电流不变，故实际的感应电压的极性与参考极性相反，因而为负值。

从式(7－8)、(7－9)和式(7－10)中可以看出，$i_L(t)$、$u_R(t)$和$u_L(t)$都是按同一时间常数的指数规律衰减，它们随时间变化的曲线如图7.11所示。

RL电路的时间常数$\tau=\dfrac{L}{R}$，同样具有时间量纲，其大小同样反映了电路中过渡过程进行的快慢。

从以上分析可见，RC电路和RL电路中所有的零输入响应都是由初始值开始以指数规律衰减的，且都可写成相同的形式，即

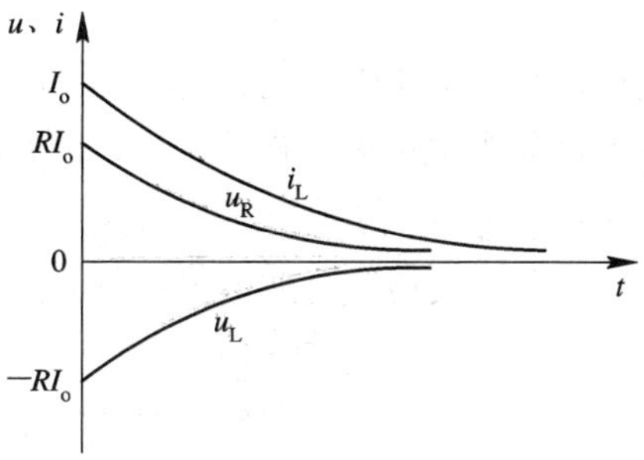

图7.11　RL电路的零输入响应曲线

$$f(t)=f(0_+)e^{-\frac{t}{\tau}}\qquad(t\geqslant0)\tag{7-11}$$

式(7－11)中，$f(0_+)$为响应的初始值，τ是电路的时间常数，RC电路的$\tau=RC$，RL电路的$\tau=L/R$。其中R为换路后从动态元件两端看进去的等效电阻。

注意：计算电路的时间常数时，若C或L以外为复杂电路，可将其当作有源二端网络，等效为电压源和电阻R_0的串联，R_0与C(或L)是串联关系。先求出R_0(即R)，再求τ。

例7.5　如图7.12(a)所示为一测量电路，已知$L=0.4$ H，$R=1$ Ω，$U_S=12$ V，电压表内阻$R_V=10$ kΩ，量程为50 V。开关S原闭合，电路已处稳态。$t=0$时，开关S打开，试求：

(1) 电流$i(t)$和电压表两端的电压$u_V(t)$。

(2) $t=0$时(S刚打开)电压表两端的电压。

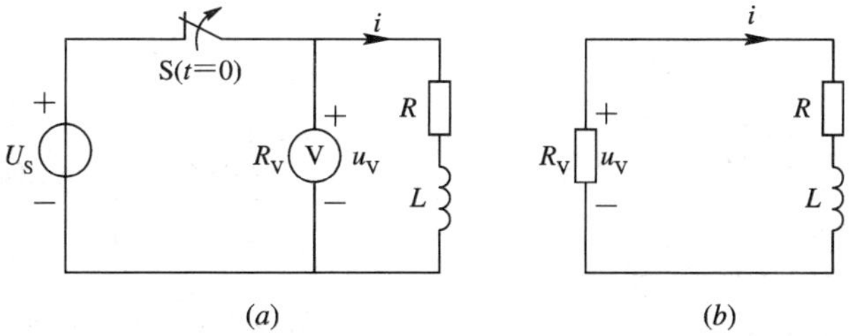

图7.12　例7.5图

解　(1) $t\geqslant0$电路如图7.12(b)所示，为一RL电路。电路的时间常数为

$$\tau=\frac{L}{R+R_V}\approx\frac{0.4}{10\times10^3}=4\times10^{-5}\ \text{s}$$

电感中电流的初始值为

$$i(0_+)=i(0_-)=\frac{U_S}{R}=12\ \text{A}$$

根据式(7－11)，可得电感电流的表达式为

$$i(t)=i(0_+)e^{-\frac{t}{\tau}}=12e^{-2.5\times10^4t}\ \text{A}\qquad(t\geqslant0)$$

电压表两端的电压为

$$u_V(t) = -R_V i(t) = -12\times 10^4 e^{-2.5\times 10^4 t}\ \text{V} \qquad (t \geqslant 0)$$

（2）当 $t=0$ 时

$$u_V = -12\times 10^4\ \text{V}$$

该数值远远超过电压表的量程，将损坏电压表。在断开电感电路时，必须先拆除电压表。

从上例分析中可见，电感线圈的直流电源断开时，线圈两端会产生很高的电压，从而出现火花甚至电弧，轻则损坏开关设备，重则引起火灾。因此工程上都采取一些保护措施。常用办法是在线圈两端并联续流二极管或接入阻容吸收电路，如图 7.13(*a*)、(*b*)所示。

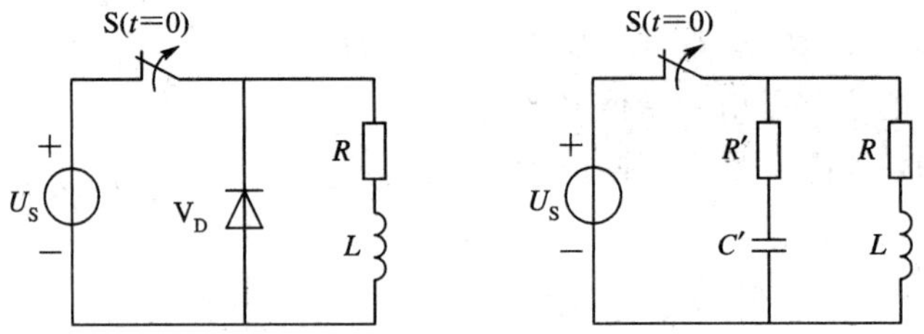

(*a*)　　　　　　(*b*)

图 7.13　*RL* 电路切断电源时的保护措施

练习与思考

7.2-1　什么叫零输入响应？零输入响应具有怎样的形式？

7.2-2　一阶电路的时间常数如何确定？时间常数的大小说明什么问题？

7.2-3　在图 7.14 所示电路中，换路前电路已达稳态，求换路后的 $u_C(t)$。

7.2-4　在图 7.15 所示电路中，换路前电路已达稳态，求换路后的 $i_L(t)$。

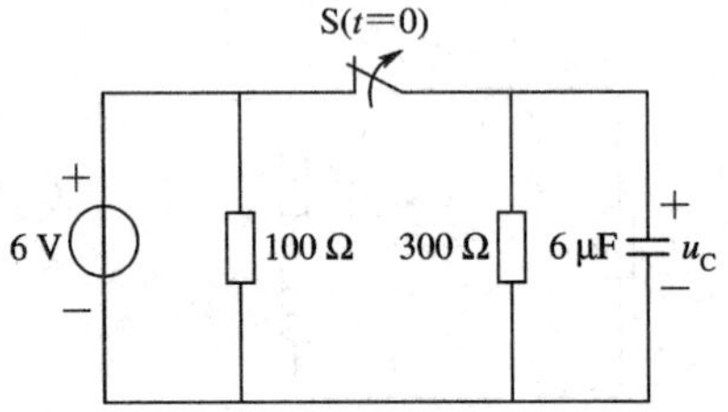

图 7.14　题 7.2-3 图

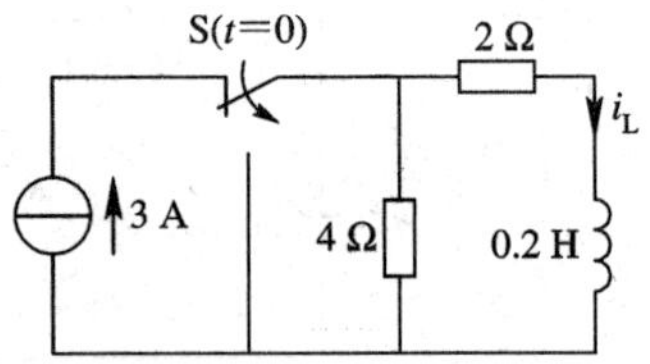

图 7.15　题 7.2-4 图

7.3　一阶电路的零状态响应

零状态响应是指当电路初始状态为零时，由外加激励产生的响应。外加激励可为直流电源(电压或电流)，也可为交流电源。本节只讨论输入为直流电源的零状态响应。

7.3.1　*RC* 电路的零状态响应

如图 7.16 所示 *RC* 串联电路，开关 S 闭合前 $u_C(0_-)=0$，$t=0$ 时，S 闭合，U_S 接入电

路，U_S 向电容充电。在 $t=0_+$ 瞬间，依换路定律，有 $u_C(0_+)=u_C(0_-)=0$，则 U_S 全部加在 R 两端(电容相当于短路)，此时 $i(0_+)=U_S/R$ 为最大。随着时间的推移，电容被充电，u_C 随之升高，此时 $i=(U_S-u_C)/R$ 将逐渐减小，直至 $u_C=U_S$，$i=0$，充电结束，电路进入稳态。

根据图 7.16 中 S 闭合后的电路，依 KVL 有

$$u_R+u_C=U_S \qquad (t\geqslant 0)$$

将 R、C 的伏安关系：$i=C\dfrac{du_C}{dt}$，$u_R=Ri$，代入上式后可得

$$RC\frac{du_C}{dt}+u_C=U_S \qquad (t\geqslant 0) \qquad (7-12)$$

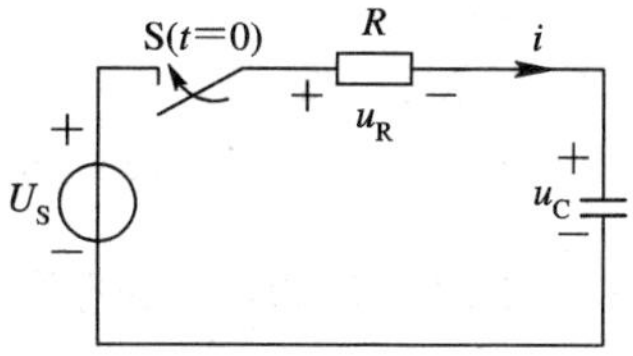

图 7.16　RC 电路的零状态响应

式(7－12)为常系数一阶线性非齐次微分方程。由高等数学知识知，其解由特解 u_{cp} 和相应齐次方程的通解 u_{ch} 两部分组成，即

$$u_C=u_{cp}+u_{ch}$$

对应于式(7－12)的齐次微分方程即式(7－2)，其通解为

$$u_{ch}=Ae^{-\frac{t}{RC}}$$

非齐次方程式(7－12)的特解为电路达到稳态时的解

$$u_{cp}=U_S$$

因此 u_C 的全解为

$$u_C(t)=U_S+Ae^{-\frac{t}{RC}} \qquad (t\geqslant 0)$$

将初始条件 $u_C(0_+)=0$ 代入上式，可得

$$A=-U_S$$

则电容电压的零状态响应为

$$u_C(t)=U_S-U_S\,e^{-\frac{t}{RC}}=U_S(1-e^{-\frac{t}{RC}}) \qquad (t\geqslant 0) \qquad (7-13)$$

式(7－13)为充电过程中电容电压的表达式。它表明 u_C 的变化规律。令 $\tau=RC$，则

$$u_C(t)=U_S(1-e^{-\frac{t}{\tau}}) \qquad (t\geqslant 0) \qquad (7-14)$$

充电电流 $i(t)$ 和电阻电压 $u_R(t)$ 为

$$i(t)=C\frac{du_C}{dt}=\frac{U_S}{R}\,e^{-\frac{t}{\tau}} \qquad (t\geqslant 0) \qquad (7-15)$$

$$u_R(t)=Ri=U_Se^{-\frac{t}{\tau}} \qquad (t\geqslant 0) \qquad (7-16)$$

$u_C(t)$、$u_R(t)$ 和 $i(t)$ 随时间变化的曲线如图 7.17(a)、(b)所示。

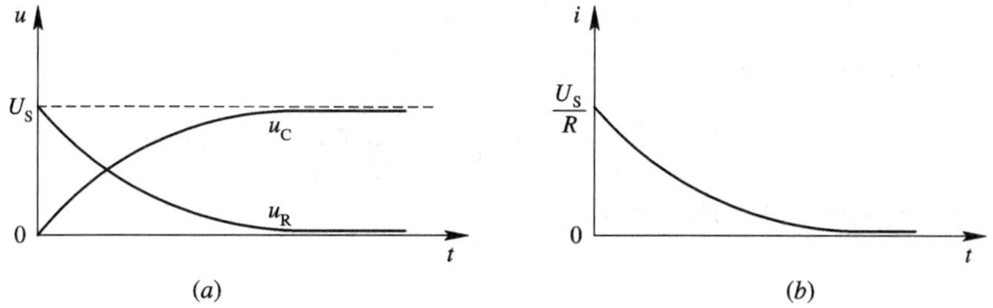

图 7.17　RC 电路的零状态响应曲线

由以上分析可知，在电容充电过程中，电容电压 $u_C(t)$是从零开始按指数规律上升趋于稳态值 U_S，而充电电流 $i(t)$和电阻电压 $u_R(t)$则由零值跃变到最大值后，以相同的时间常数按指数规律逐渐衰减至零。

电压、电流变化进程的快慢，仍取决于电路的时间常数。当 $t=\tau$ 时，$u_C=0.632U_S$，即电容电压增至稳态值的 63.2%。当 $t=(3\sim5)\tau$ 时，u_C 增至稳态值的 95%～99%，通常认为此时电路已进入稳态，即充电过程结束。

7.3.2 *RL* 电路的零状态响应

如图 7.18 所示 *RL* 串联电路，开关 S 闭合前 $i_L(0_-)=0$，$t=0$ 时，S 闭合，U_S 接入电路。在 $t=0_+$ 瞬间，依换路定律，有 $i_L(0_+)=i_L(0_-)=0$，则 U_S 全部加在 L 两端（电感相当于开路），即 $u_L(0_+)=U_S$ 为最大。随着时间的推移，电流逐渐增大，u_R 随之增大，则 u_L 随之减小，直至 $u_L=0$，电感相当于短路，U_S 全部加在电阻两端，电流达到稳态值 $i_L(\infty)=U_S/R$。

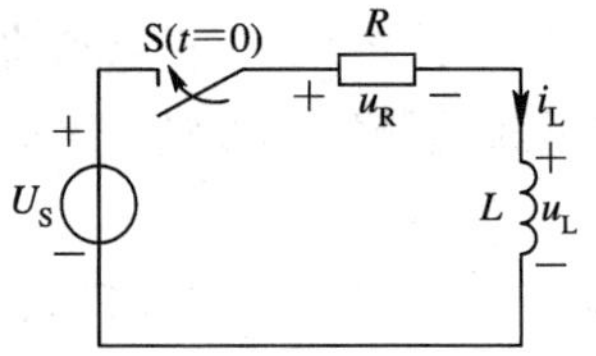

图 7.18 *RL* 电路的零状态响应

根据图 7.18 中 S 闭合后的电路，依 KVL，有

$$L\frac{\mathrm{d}i_L}{\mathrm{d}t}+Ri_L=U_S \qquad (t\geqslant 0) \tag{7-17}$$

式(7 - 17)也是一常系数一阶线性非齐次微分方程，它的解同样由其特解 i_{cp} 和相应的齐次方程的通解 i_{ch} 组成，即

$$i_L=i_{cp}+i_{ch}$$

其中，特解仍是电路达到稳态时的解

$$i_{cp}=\frac{U_S}{R}$$

齐次微分方程的通解与 *RL* 串联电路的零输入响应形式相同，即

$$i_{ch}=Ae^{-\frac{R}{L}t}$$

令 $\tau=\dfrac{L}{R}$，故得

$$i_L(t)=Ae^{-\frac{t}{\tau}}+\frac{U_S}{R} \qquad (t\geqslant 0)$$

将 $i_L(0_+)=0$ 代入上式可得

$$A=-\frac{U_S}{R}$$

则电路的零状态响应 $i_L(t)$为

$$i_L(t)=\frac{U_S}{R}-\frac{U_S}{R}e^{-\frac{t}{\tau}}=\frac{U_S}{R}(1-e^{-\frac{t}{\tau}}) \qquad (t\geqslant 0) \tag{7-18}$$

电感电压 $u_L(t)$和电阻电压 $u_R(t)$分别为

$$\left.\begin{aligned} u_L(t)&=L\frac{\mathrm{d}i_L}{\mathrm{d}t}=U_Se^{-\frac{t}{\tau}} \qquad (t\geqslant 0)\\ u_R(t)&=Ri_L=U_S(1-e^{-\frac{t}{\tau}}) \qquad (t\geqslant 0)\end{aligned}\right\} \tag{7-19}$$

$i_L(t)$、$u_L(t)$和 $u_R(t)$随时间变化的波形曲线如图 7.19(*a*)、(*b*)所示。

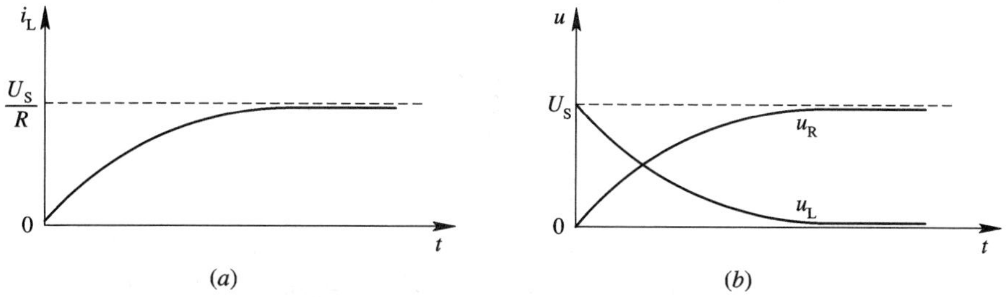

图 7.19　*RL* 电路零状态响应曲线

由上述分析可知：*RC* 电路的零状态响应电压 $u_C(t)$和 *RL* 电路的零状态响应电流$i_L(t)$都是由零状态逐渐上升到新的稳态值，而且都可以写成相同的形式，即

$$f(t) = f(\infty)(1 - e^{-\frac{t}{\tau}}) \qquad (t \geqslant 0) \tag{7-20}$$

式(7－20)中，$f(\infty)$是响应的稳态值。套用此式即可求得 *RC* 电路的零状态响应电压 $u_C(t)$和 *RL* 电路的零状态响应电流 $i_L(t)$。

从式(7－13)和式(7－18)可知，两种动态电路的零状态响应均含两项，一项为方程的特解，是电路换路后进入稳态的解，称为稳态分量，受激励的制约，又称为强制分量。另一项为相应的齐次方程的通解，它按指数规律衰减，快慢由时间常数决定；当 $t\to\infty$时，它趋于零，称为暂态分量，其变化规律不受激励制约，称为自由分量。当暂态分量衰减为零时，过渡过程结束，电路进入稳态。

例 7.6　图 7.20 所示电路，$t=0$ 时开关 S 闭合。已知 $u_C(0_-)=0$，求 $t\geqslant 0$ 时的 $u_C(t)$、$i_C(t)$和 $i(t)$。

解　因为 $u_C(0_-)=0$，故换路后电路属于零状态响应。因此电容电压可套用式(7－20)求出。又因为电路稳定后，电容相当于开路，所以

$$u_C(\infty) = \frac{6}{3+6}\times 15 = 10\ \text{V}$$

时间常数

$$\tau = RC = \frac{3\times 6}{3+6}\times 10^3\times 5\times 10^{-6} = 10\times 10^{-3}\ \text{s}$$

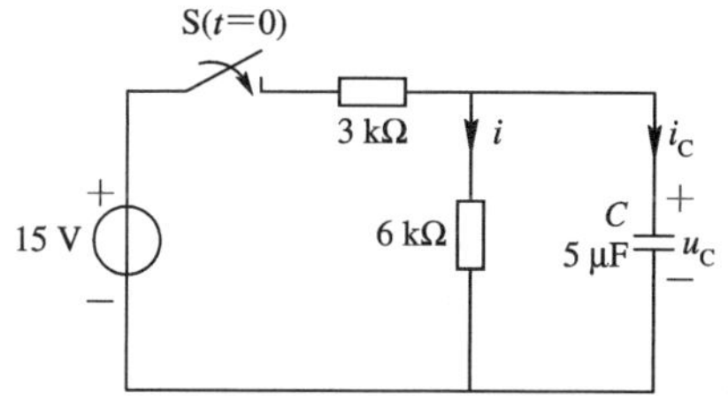

图 7.20　例 7.6 图

根据式(7－20)得

$$u_C(t) = 10(1 - e^{-100t})\ \text{V} \qquad (t\geqslant 0)$$

则

$$i_C(t) = C\frac{du_C}{dt} = 5e^{-100t}\ \text{mA} \qquad (t\geqslant 0)$$

$$i(t) = \frac{u_C(t)}{6} = \frac{5}{3}(1 - e^{-100t})\ \text{mA} \qquad (t\geqslant 0)$$

例 7.7　图 7.21 所示电路，换路前电路已达稳态，在 $t=0$ 时开关 S 打开，求 $t\geqslant 0$ 时的 $i_L(t)$和 $u_L(t)$。

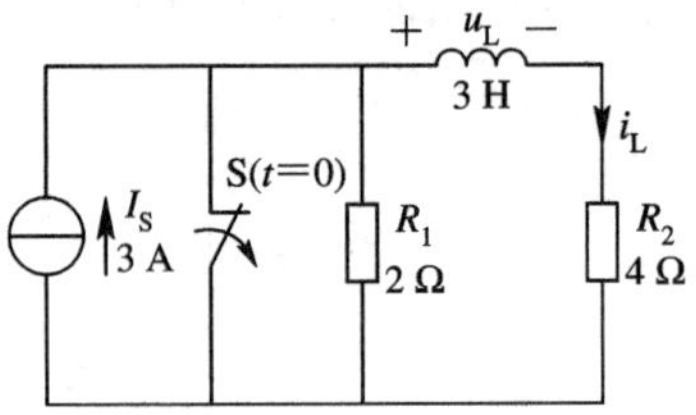

图 7.21 例 7.7 图

解 因为 $i_L(0_-)=0$，故换路后电路的响应为零状态响应。因此电感电流表达式可套用式(7-20)。又因为电路稳定后，电感相当于短路，所以

$$i_L(\infty)=\frac{R_1}{R_1+R_2}I_S=\frac{2}{2+4}\times 3=1\ \text{A}$$

时间常数

$$\tau=\frac{L}{R}=\frac{3}{2+4}=0.5\ \text{s}$$

根据式(7-20)得

$$i_L(t)=1-e^{-2t}\ \text{A}\qquad (t\geqslant 0)$$

则

$$u_L(t)=L\frac{di_L}{dt}=6e^{-2t}\ \text{V}\qquad (t\geqslant 0)$$

练习与思考

7.3-1 什么叫零状态响应？零状态响应具有什么样的形式？

7.3-2 图 7.22 所示各电路中储能元件上均无储能，在 $t=0$ 时换路。试求 $t\geqslant 0$ 时图中电压、电流的变化规律。

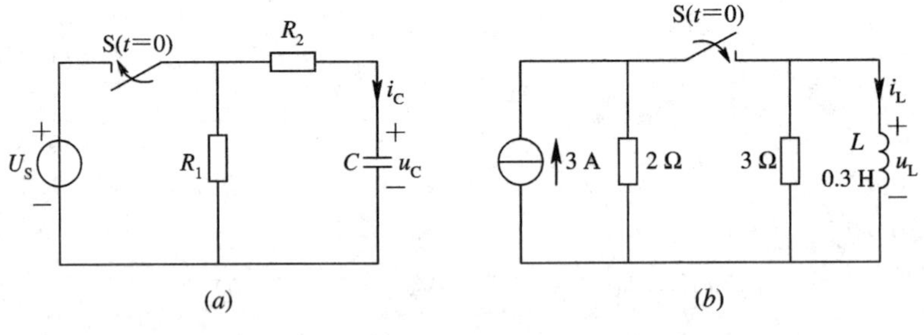

图 7.22 题 7.3-2 图

7.4 一阶电路的全响应

前两节分别讨论了一阶电路的零输入响应和零状态响应。本节将讨论在非零状态下，同时有外加输入激励作用时的一阶电路全响应。

以图 7.23 所示 RC 电路为例。$U_C(0_+)=U_o$，$t=0$ 时，S 闭合，计算电路的全响应 $u_C(t)$。

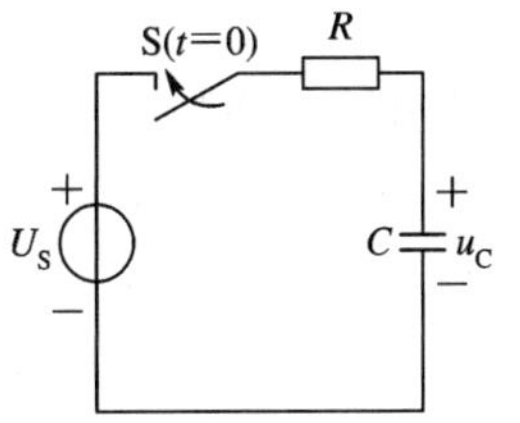

图 7.23　RC 电路的全响应

根据图 7.23 中 S 闭合后的电路，依 KVL，有

$$RC\frac{du_C}{dt}+u_C=U_S \qquad (t\geqslant 0) \qquad (7-21)$$

对应于式(7-21)的齐次微分方程的通解为

$$u_{ch}=Ae^{-\frac{t}{RC}}$$

非齐次微分方程的特解为

$$u_{cp}=U_S$$

因此，微分方程式(7-21)的全解为

$$u_C(t)=U_S+Ae^{-\frac{t}{RC}} \qquad (t\geqslant 0)$$

代入初始条件 $u_C(0_+)=U_o$，可得

$$A=U_o-U_S \qquad (7-22)$$

则全响应

$$u_C(t)=U_S+(U_o-U_S)e^{-\frac{t}{RC}} \qquad (t\geqslant 0) \qquad (7-23)$$

可以看出，上式右边第一项是受输入激励制约的稳态分量；第二项是随时间增长而衰减的暂态分量，也就是说电路的全响应可分解为稳态分量和暂态分量之和。即

$$\text{全响应}=\text{稳态分量}+\text{暂态分量}$$

$$f(t)=f(\infty)+Ae^{-\frac{t}{\tau}}$$

图 7.24 给出了 $U_o<U_S$、$U_o=U_S$、$U_o>U_S$ 三种不同初始状态下，RC 电路的全响应 $u_C(t)$ 的曲线。

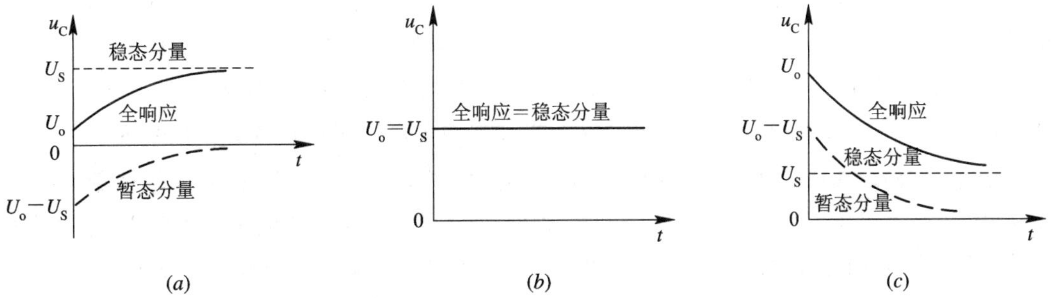

图 7.24　三种情况下 u_C 随时间变化的曲线

(a) $U_o<U_S$；(b) $U_o=U_S$；(c) $U_o>U_S$

还可将式(7-23)写成下列形式

$$u_C(t)=U_o\,e^{-\frac{t}{RC}}+U_S(1-e^{-\frac{t}{RC}}) \qquad (7-24)$$

可以看出，上式右边第一项是 u_C 的零输入响应，第二项是 u_C 的零状态响应，也就是说，电路的全响应还可以分解为零输入响应和零状态响应的叠加。即

$$\text{全响应}=\text{零输入响应}+\text{零状态响应}$$

$$f(t)=f(0_+)e^{-\frac{t}{\tau}}+f(\infty)(1-e^{-\frac{t}{\tau}})$$

根据线性电路的叠加定理，电路的全响应 $u_C(t)$ 可以看做是分别由外加激励 U_S 和初始状态 $u_C(0_+)$ 单独作用时产生响应的叠加。

当 $U_S=0$ 时，响应 $u_C(t)'$ 由初始状态 $u_C(0_+)$ 作用所产生，它就是零输入响应，则

$$u_C(t)'=U_o e^{-\frac{t}{RC}}\qquad (t\geqslant 0)$$

当 $u_C(0_+)=0$ 时，响应 $u_C(t)''$ 由外加激励 U_S 所产生，它就是零状态响应，则

$$u_C(t)''=U_S(1-e^{-\frac{t}{RC}})\qquad (t\geqslant 0)$$

因此，电路的全响应为

$$u_C(t)=u_C(t)'+u_C(t)''=U_o e^{-\frac{t}{RC}}+U_S(1-e^{-\frac{t}{RC}})\qquad (t\geqslant 0)$$

上式与式(7-24)完全相同。

图 7.25 给出了 $U_o<U_S$、$U_o=U_S$、$U_o>U_S$ 三种情况下，用零输入响应和零状态响应叠加而得到的 $u_C(t)$ 的全响应曲线，其结果与稳态分量和暂态分量叠加是一样的。

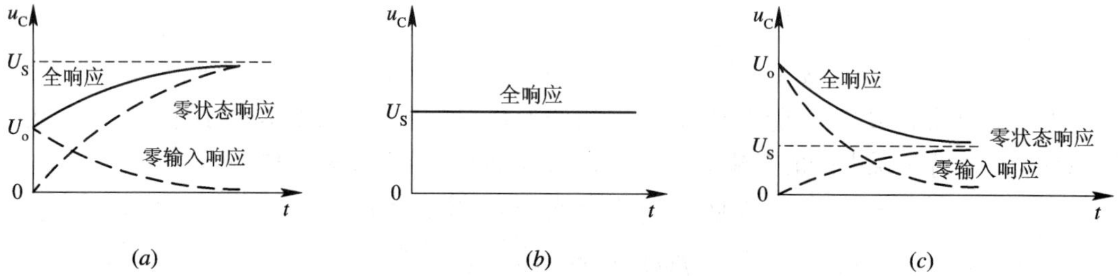

图 7.25　三种情况下 u_C 随时间变化的曲线

(a) $U_o<U_S$；(b) $U_o=U_S$；(c) $U_o>U_S$

从图 7.24 和图 7.25 曲线可以看出，当 $U_o<U_S$ 时，电容在已有 U_o 的基础上按指数规律继续充电至 U_S；当 $U_o>U_S$ 时，电容电压从 U_o 按指数规律放电到 U_S；当 $U_o=U_S$ 时，电容不充电也不放电，电路仍处于稳态。因此，并不是所有情况电路都会出现暂态分量和存在过渡过程。电路过渡过程的出现，与输入激励和动态元件初始状态的大小有关。

对于一阶电路全响应，暂态响应分量是 $Ae^{-\frac{t}{\tau}}$，A 是初始值与稳态值之差，即 $A=f(0_+)-f(\infty)$，当 $f(0_+)=f(\infty)$ 时，则暂态响应分量为零，电路无过渡过程。其中稳态值 $f(\infty)$ 可以由直流稳态电路求得，此时，电容相当于开路，电感相当于短路。

例 7.8　图 7.26 所示电路，在 $t=0$ 时开关 S 打开，已知 $u_C(0_+)=5$ V。求 $t\geqslant 0$ 电路的全响应 $u_C(t)$。

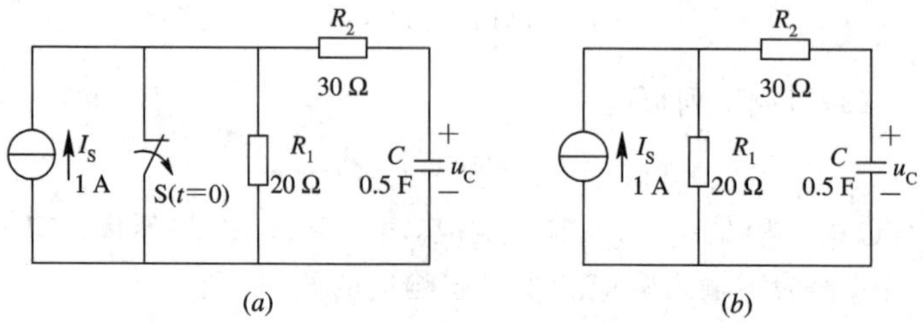

图 7.26　例 7.8 图

解　作 $t \geqslant 0$ 电路如图 7.26(*b*)所示。用响应的两种分解方法求全响应 $u_C(t)$。

方法 1　全响应分解为零输入响应和零状态响应的叠加。

按图 7.26(*b*)所示电路，当 $I_S=0$ 时，$u_C(0_+)=5$ V，则电路的零输入响应为

$$u_C(t)' = u_C(0)e^{-\frac{t}{\tau}} = 5e^{-\frac{t}{\tau}}$$

$$\tau = RC = (30+20)\times 0.5 = 25 \text{ s}$$

故得出

$$u_C(t)' = 5e^{-\frac{t}{25}} \text{ V} \qquad (t \geqslant 0)$$

按图 7.26(*b*)所示电路，当 $u_C(0_+)=0$ 时，$I_S=1$ A，则电路的零状态响应为

$$u_C(t)'' = f(\infty)(1-e^{-\frac{t}{\tau}}) = 20(1-e^{-\frac{t}{25}}) \text{ V} \qquad (t \geqslant 0)$$

电路的全响应电容电压则为

$$u_C(t) = u_C(t)' + u_C(t)'' = 5e^{-\frac{t}{25}} + 20(1-e^{-\frac{t}{25}}) = 20-15e^{-\frac{t}{25}} \text{ V} \qquad (t \geqslant 0)$$

方法 2　全响应分解为稳态分量和暂态分量的叠加。

稳态分量

$$u_C(\infty)=20 \text{ V}$$

暂态分量为 $Ae^{-\frac{t}{25}}$，

$$A=f(0_+)-f(\infty)=5-20=-15 \text{ V}$$

所以全响应为

$$u_C(t) = 20-15e^{-\frac{t}{25}} \text{ V} \qquad (t \geqslant 0)$$

练习与思考

7.4－1　电路的全响应可分解为哪两种形式？

7.4－2　分别判断图 7.27 所示各电路中，当 S 动作后有无过渡过程？为什么？

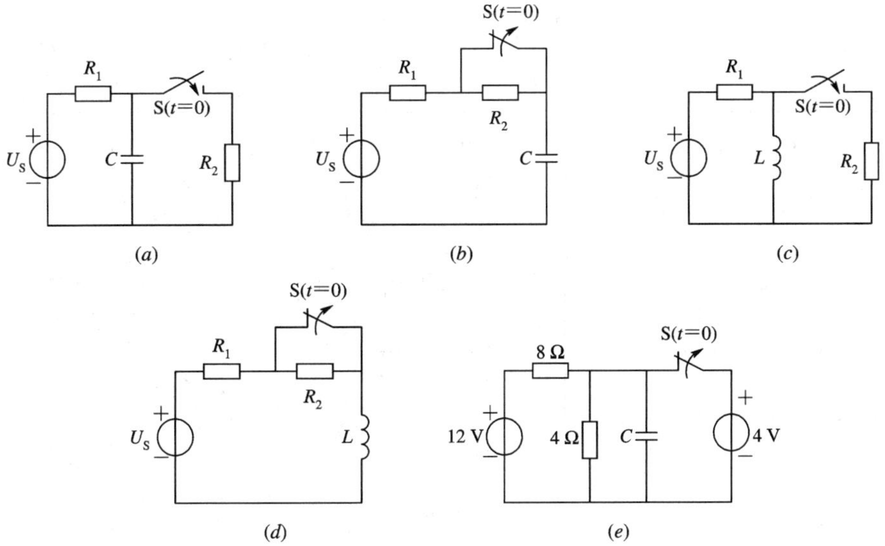

图 7.27　题 7.4－2 图

7.5 一阶电路的三要素法

由前几节分析中可知，在直流电源激励或非零状态下，电路中的电流、电压均从初始值起按指数规律增长(或衰减)至稳态值，且同一电路中电流和电压变化的时间常数 τ 相同。因此，在动态电路中任一电流(或电压)均由初始值 $f(0_+)$、稳态值 $f(\infty)$和时间常数 τ 三个要素确定。由于一阶电路的全响应为零输入响应与零状态响应之和，因此全响应是动态电路响应的一般形式。用 $f(t)$表示全响应，则全响应可由下式求出

$$f(t)=f(\infty)+[f(0_+)-f(\infty)]\,e^{-\frac{t}{\tau}} \tag{7-25}$$

可见，对一阶电路，只要计算出响应变量的初始值、稳态值和时间常数三个要素，依式(7-25)便可直接得出结果，称这一方法为三要素法。三个要素的计算说明如下：

(1) 求初始值 $f(0_+)$。第一步作 $t=0_-$ 等效电路，确定独立初始值；第二步作 $t=0_+$ 等效电路，计算相关初始值。

(2) 求稳态值 $f(\infty)$。可通过作换路后 $t=\infty$稳态等效电路来求取。作 $t=\infty$电路时，电容相当于开路，电感相当于短路。

(3) 求时间常数 τ。RC 电路 $\tau=RC$，RL 电路 $\tau=L/R$。其中 R 是换路后从动态元件两端看进去的戴维南等效电阻。

需要指出的是：三要素法仅适用于一阶线性电路，对于二阶或高阶电路是不适用的。

例 7.9 图 7.28(a)所示电路，$t=0$ 时 S 打开，设 S 打开前电路已处于稳态，已知 $U_S=24$ V、$R_1=8\ \Omega$、$R_2=4\ \Omega$、$L=0.6$ H。求 $t\geqslant0$ 时的 $i_L(t)$和 $u_L(t)$并画出其波形。

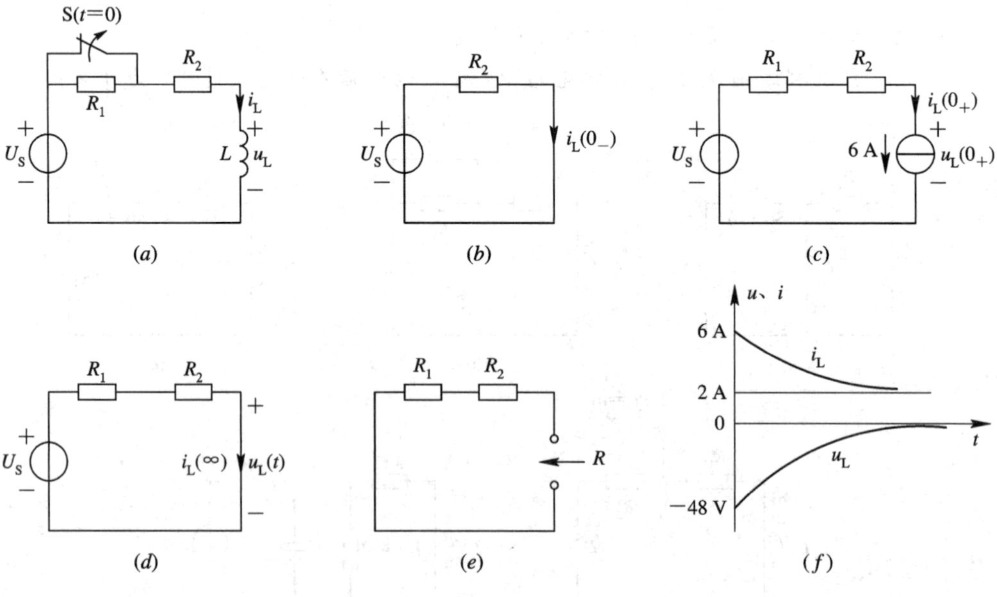

图 7.28 例 7.9 图

解 (1) 求初始值 $i_L(0_+)$、$u_L(0_+)$。作 $t=0_-$ 等效电路如图 7.28(b)所示。依图有

$$i_L(0_+) = i_L(0_-) = \frac{U_S}{R_2} = \frac{24}{4} = 6\ \text{A}$$

作 $t=0_+$ 等效电路如图 7.28(*c*)所示。依 KVL 有

$$u_L(0_+) = U_S - i_L(0_+) \cdot (R_1 + R_2) = 24 - 6 \times (8+4) = -48\ \text{V}$$

(2) 求稳态值 $i_L(\infty)$、$u_L(\infty)$。作 $t=\infty$稳态等效电路如图 7.28(*d*)所示，依图有

$$u_L(\infty) = 0$$

$$i_L(\infty) = \frac{U_S}{R_1 + R_2} = \frac{24}{8+4} = 2\ \text{A}$$

(3) 求时间常数 τ。先计算电感断开后端口输入电阻，电路如图 7.28(*e*)所示，依图有

$$R = R_1 + R_2 = 8 + 4 = 12\ \Omega$$

则时间常数为

$$\tau = \frac{L}{R} = \frac{0.6}{12} = 0.05\ \text{s}$$

根据式(7-25)计算出各响应量为

$$i_L(t) = 2 + (6-2)e^{-\frac{t}{0.05}} = 2 + 4e^{-20t}\ \text{A} \qquad (t \geqslant 0)$$

$$u_L(t) = 0 + (-48-0)e^{-20t} = -48e^{-20t}\ \text{V} \qquad (t \geqslant 0)$$

$i_L(t)$、$u_L(t)$的波形如图 7.28(*f*)所示。

例 7.10 图 7.29(*a*)所示电路，在 $t=0$ 时开关 S 闭合，S 闭合前电路已处稳态。求 $t \geqslant 0$ 时 $u_C(t)$、$i_C(t)$和 $i(t)$。

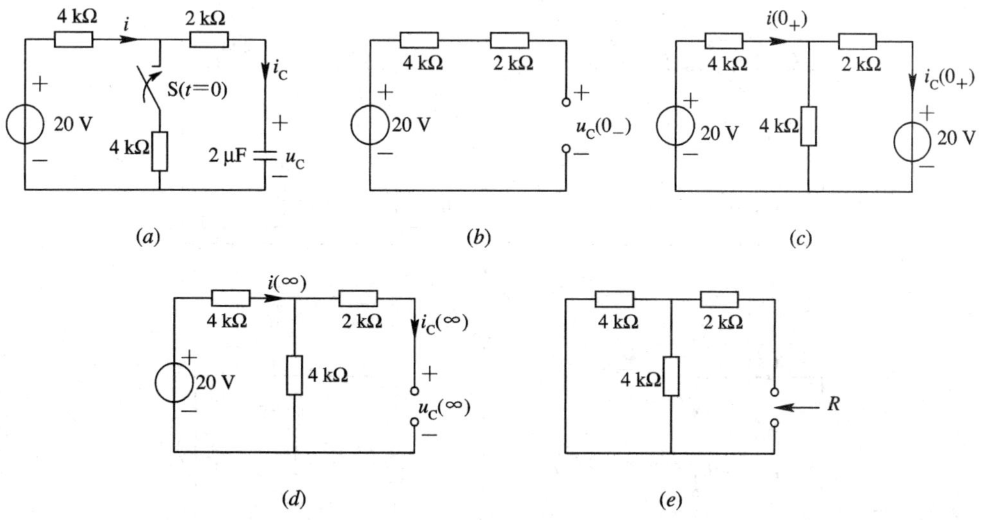

图 7.29 例 7.10 图

解 (1) 求初始值 $u_C(0_+)$、$i_C(0_+)$、$i(0_+)$。作 $t=0_-$ 等效电路如图 7.29(*b*)所示。依图有

$$u_C(0_+) = u_C(0_-) = 20\ \text{V}$$

作 $t=0_+$ 等效电路如图 7.29(*c*)所示。列出网孔电流方程

$$8i(0_+) - 4i_C(0_+) = 20$$

$$-4i(0_+) + 6i_C(0_+) = -20$$

联立求解($\Delta=32$，$\Delta_i=40$，$\Delta_{i_c}=-80$)，得

$$i_C(0_+)=-2.5\ \text{mA}$$

$$i(0_+)=1.25\ \text{mA}$$

(2) 求稳态值 $u_C(\infty)$、$i_C(\infty)$、$i(\infty)$。作 $t=\infty$ 时等效电路如图 7.29(d)所示，依图有

$$u_C(\infty)=\frac{4}{4+4}\times 20=10\ \text{V}$$

$$i_C(\infty)=0$$

$$i(\infty)=\frac{20}{4+4}=2.5\ \text{mA}$$

(3) 求时间常数 τ。将电容元件断开，电压源短路，如图 7.29(e)所示，求得等效电阻

$$R=2+\frac{4\times 4}{4+4}=4\ \text{k}\Omega$$

时间常数

$$\tau=RC=4\times 10^3\times 2\times 10^{-6}=8\times 10^{-3}\ \text{s}$$

(4) 根据式(7-25)得出电路的响应电压、电流分别为

$$u_C(t)=10+(20-10)e^{-125t}=10(1+e^{-125t})\ \text{V}\qquad (t\geqslant 0)$$

$$i_C(t)=-2.5e^{-125t}\ \text{mA}\qquad (t\geqslant 0)$$

$$i(t)=2.5+(1.25-2.5)e^{-125t}=2.5-1.25e^{-125t}\ \text{mA}\qquad (t\geqslant 0)$$

例 7.11 如图 7.30(a)所示含受控源电路，开关 S 闭合前电路已处于稳态，在 $t=0$ 时开关 S 闭合。求 $t\geqslant 0$ 时的 $i_L(t)$、$u_L(t)$和 $i(t)$。

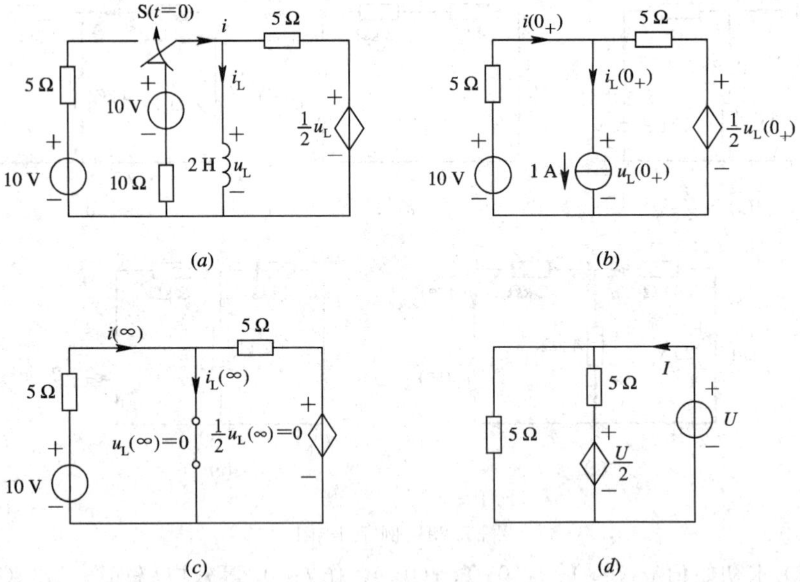

图 7.30 例 7.11 图

解 (1) 求 $i_L(0_-)$，因此时电路已处于稳态，2 H 电感相当于短路线，故 $i_L(0_-)=1$ A。

(2) 求初始值 $i_L(0_+)$、$u_L(0_+)$、$i(0_+)$，因 $i_L(0_-)=1$ A，故由换路定律得

$$i_L(0_+)=i_L(0_-)=1\ \text{A}$$

作 $t=0_+$ 等效电路如图 7.30(b)所示，电感相当于 1 A 的电流源。列节点方程

$$\left(\frac{1}{5}+\frac{1}{5}\right)u_{\rm L}(0_+)=\frac{10}{5}-1+\frac{\frac{1}{2}u_{\rm L}(0_+)}{5}$$

解之，得

$$u_{\rm L}(0_+)=\frac{10}{3}\ {\rm V}$$

则
$$i(0_+)=\frac{10-u_{\rm L}(0_+)}{5}=\frac{10-\frac{10}{3}}{5}=\frac{4}{3}\ {\rm A}$$

(3) 求稳态值 $i_{\rm L}(\infty)$、$u_{\rm L}(\infty)$、$i(\infty)$。作 $t=\infty$时等效电路如图 7.30(c)所示，依图有

$$u_{\rm L}(\infty)=0$$

$$i(\infty)=i_{\rm L}(\infty)=\frac{10}{5}=2\ {\rm A}$$

(4) 求时间常数 τ。用外加电压法求电感元件两端电路的戴维南等效电阻 R，其等效电路如图 7.30(d)所示，依图有

$$I=\frac{U}{5}+\frac{U-\frac{1}{2}U}{5}=\frac{U}{5}+\frac{U}{10}=\frac{3}{10}U$$

故

$$R=\frac{U}{I}=\frac{10}{3}\ \Omega$$

则时间常数为

$$\tau=\frac{L}{R}=\frac{2}{10/3}=\frac{3}{5}\ {\rm s}$$

(5) 根据式(7－25)计算出各响应量为

$$i_{\rm L}(t)=2+(1-2){\rm e}^{-\frac{5}{3}t}=2-{\rm e}^{-\frac{5}{3}t}\ {\rm A}\qquad (t\geqslant 0)$$

$$u_{\rm L}(t)=\frac{10}{3}{\rm e}^{-\frac{5}{3}t}\ {\rm V}\qquad (t\geqslant 0)$$

$$i(t)=2+\left(\frac{4}{3}-2\right){\rm e}^{-\frac{5}{3}t}=2-\frac{2}{3}{\rm e}^{-\frac{5}{3}t}\ {\rm A}\qquad (t\geqslant 0)$$

例 7.12 如图 7.31(a)所示电路中，已知 $U_{\rm S}=12$ V，$R_1=3$ kΩ，$R_2=6$ kΩ，$C=5$ μF，电容中无储能。$t=0$ 时将开关 S 闭合，经 0.02 s 后又重新打开，试求 $t\geqslant 0$ 时的 $u_{\rm C}(t)$及其波形。

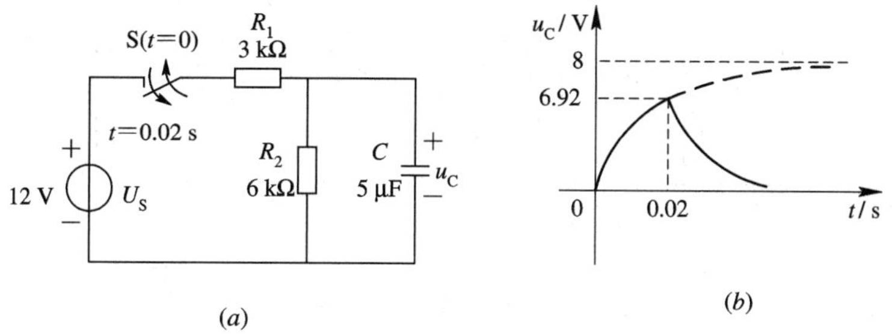

图 7.31　例 7.12 图

解 由于开关S闭合后又打开，故电路的过渡过程分为两个阶段。

(1) $t=0$ 时S闭合后，电容充电，用三要素法求电容电压 u_C。

$$u_C(0_+)=0$$

$$u_C(\infty)=\frac{R_2}{R_1+R_2}U_s=\frac{6}{3+6}\times 12=8\ \text{V}$$

$$\tau=RC=\frac{3\times 6}{3+6}\times 10^3\times 5\times 10^{-6}=0.01\ \text{s}$$

则

$$u_C(t)=8(1-e^{-100t})\ \text{V}\qquad (0\leqslant t\leqslant 0.02\ \text{s})$$

(2) 以 $t=0.02$ s为换路时刻，S打开后，电容放电，用三要素法求电容电压 u_C。

$$u_C(0_+)'=u_C(0_-)'=u_C(0.02)=8\times(1-e^{-100\times 0.02})=6.92\ \text{V}$$

$$u_C(\infty)'=0\ \text{V}$$

$$\tau'=R_2C=6\times 10^3\times 5\times 10^{-6}=0.03\ \text{s}$$

则

$$u_C(t)=6.92e^{-33.3(t-0.02)}\ \text{V}\qquad (t\geqslant 0.02\ \text{s})$$

$u_C(t)$的变化曲线如图7.31(b)所示。

练习与思考

7.5-1　一阶电路的三要素是什么？如何求取？三要素法的通式是怎样表示的？

7.5-2　试求图7.32所示各电路的时间常数。

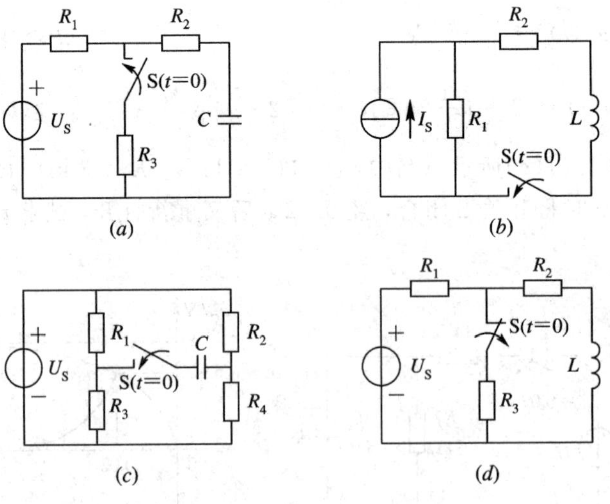

图7.32　题7.5-2图

*7.6　二阶电路分析

凡能用二阶微分方程描述的电路称为二阶电路。二阶电路在电路结构上必须包含有两种独立的储能元件，而且在这种电路中，既储存电场能量又储存磁场能量。本节将通过对 RLC 串联电路的讨论来阐明二阶电路的分析求解方法。

如图 7.33 所示的 RLC 串联电路，若电容电压及电感电流的初始值分别为 $u_C(0_+)$ 和 $i_L(0_+)$，开关 S 在 $t=0$ 时闭合，则储能元件将通过电路进行放电。这是一个零输入响应电路。下面对电路的响应情况进行分析。依 KVL，得

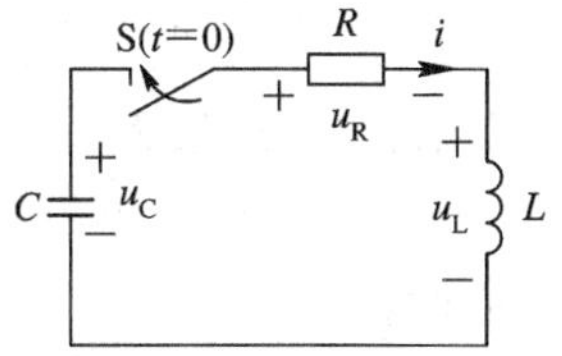

图 7.33　RLC 串联电路的零输入响应

$$u_R + u_L - u_C = 0$$

按图中标定的电压、电流参考方向有

$$i = -C\frac{du_C}{dt}$$

$$u_R = Ri = -RC\frac{du_C}{dt}$$

$$u_L = L\frac{di}{dt} = -LC\frac{d^2u_C}{dt^2}$$

将以上各式代入 KVL 方程，便可以得出以 u_C 为响应变量的微分方程，为

$$LC\frac{d^2u_C}{dt^2} + RC\frac{du_C}{dt} + u_C = 0 \qquad (t \geqslant 0) \tag{7-26}$$

式(7－26)为一常系数二阶线性齐次微分方程，其特征方程为

$$LCp^2 + RCp + 1 = 0$$

其特征根为

$$p_{1,2} = -\frac{R}{2L} \pm \sqrt{\left(\frac{R}{2L}\right)^2 - \frac{1}{LC}} = -\alpha \pm \sqrt{\alpha^2 - \omega_0^2} \tag{7-27}$$

式中，$\alpha = \dfrac{R}{2L}$ 称为衰减系数，$\omega_0 = \dfrac{1}{\sqrt{LC}}$ 称为固有振荡角频率。

由式(7－27)可见，特征根由电路参数 R、L、C 的数值来确定，反映了电路本身的固有特性。根据电路参数 R、L、C 数值的不同，特征根 p_1、p_2 可能出现如下四种情况。

(1) 当 $\dfrac{R}{2L}^2 > \dfrac{1}{LC}$ 时，p_1、p_2 为不相等的负实根，称为过阻尼情况。特征根为

$$p_{1,2} = -\alpha \pm \sqrt{\alpha^2 - \omega_0^2}$$

微分方程的通解为

$$u_C(t) = A_1 e^{p_1 t} + A_2 e^{p_2 t} \tag{7-28}$$

式中待定常数 A_1、A_2 由初始条件来确定，其方法是当 $t=0_+$ 时刻，则由式(7－28)可得

$$u_C(0_+) = A_1 + A_2 \tag{7-29}$$

对式(7－28)求导，可得 $t=0_+$ 时刻 $u_C(t)$ 对 t 的导数的初始值为

$$u_C{}'(0_+) = \left.\frac{\mathrm{d}u_C(t)}{\mathrm{d}t}\right|_{t=0_+} = A_1 p_1 + A_2 p_2 = -\frac{i(0_+)}{C} \tag{7-30}$$

联立求解式(7－29)和式(7－30)，便可以解出 A_1、A_2。

由式(7－28)可见，零输入响应 $u_C(t)$ 是按指数规律衰减的，为非振荡，其波形如图 7.34 所示。

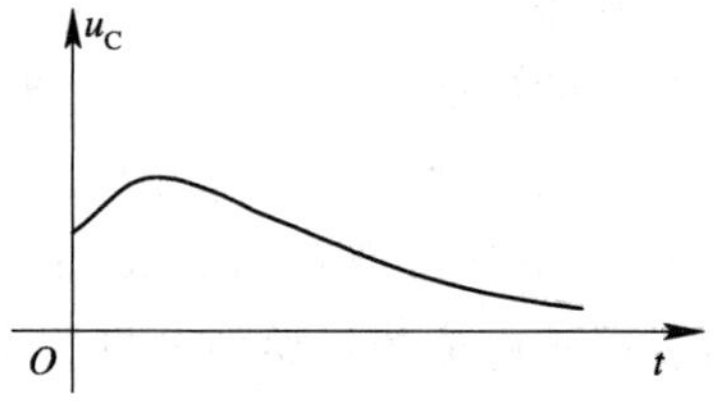

图 7.34　过阻尼时的 $u_C(t)$ 波形

(2) 当 $\left(\frac{R}{2L}\right)^2=\frac{1}{LC}$ 时，p_1、p_2 为相等的负实根，称为临界阻尼情况。特征根为

$$p_1 = p_2 = -\alpha$$

微分方程的通解为

$$u_C(t) = (A_1 + A_2 t)\mathrm{e}^{-\alpha t} \tag{7-31}$$

式中常数 A_1、A_2 由初始条件 $u_C(0_+)$ 和 $u_C{}'(0_+)$ 来确定。

根据式(7－31)可知，这种情况的响应也是非振荡。$u_C(t)$ 随时间变化的波形图如图 7.35 所示。

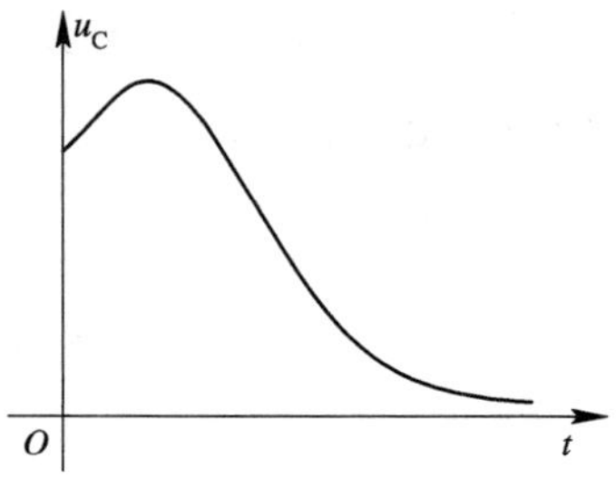

图 7.35　临界阻尼情况零输入响应 $u_C(t)$ 的波形图

(3) 当 $\left(\frac{R}{2L}\right)^2<\frac{1}{LC}$ 时，p_1、p_2 为具有负实部的共轭复根，称为欠阻尼情况。特征根为

$$p_{1,2} = -\frac{R}{2L} \pm \mathrm{j}\sqrt{\frac{1}{LC}-\left(\frac{R}{2L}\right)^2} = -\alpha \pm \mathrm{j}\omega_d$$

式中

$$\omega_d = \sqrt{\frac{1}{LC}-\left(\frac{R}{2L}\right)^2} = \sqrt{\omega_0^2-\alpha^2} \tag{7-32}$$

称为阻尼振荡角频率。微分方程的通解为

$$u_C(t) = A\mathrm{e}^{-\alpha t}\sin(\omega_d t + \theta) \tag{7-33}$$

式中常数 A 和 θ 由初始条件确定。

由式(7－33)可知，响应随时间变化的规律具有衰减的振荡特性，其振幅 $A\mathrm{e}^{-\alpha t}$ 随时间按指数规律衰减，衰减的快慢取决于衰减系数 α 的大小，α 越大则衰减越快。衰减振荡的角频率为 ω_d，ω_d 越大，则振荡周期 $T=2\pi/\omega_d$ 就越小。$u_C(t)$ 的波形图如图 7.36 所示。

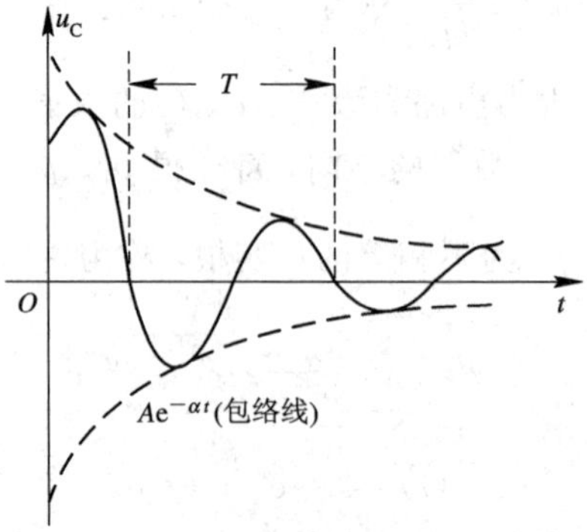

图 7.36　欠阻尼情况电路零输入响应 $u_C(t)$ 波形曲线

(4) 当 $R=0$ 时，p_1、p_2 为一对共轭虚根，称为无阻尼情况。特征根为

$$p_{1,2}=\pm \mathrm{j}\omega_0$$

响应的表达式为

$$u_C(t)=A\sin(\omega_0 t+\theta) \tag{7-34}$$

A 和 θ 可以直接由初始条件确定。$u_C(t)$的波形如图 7.37 所示。

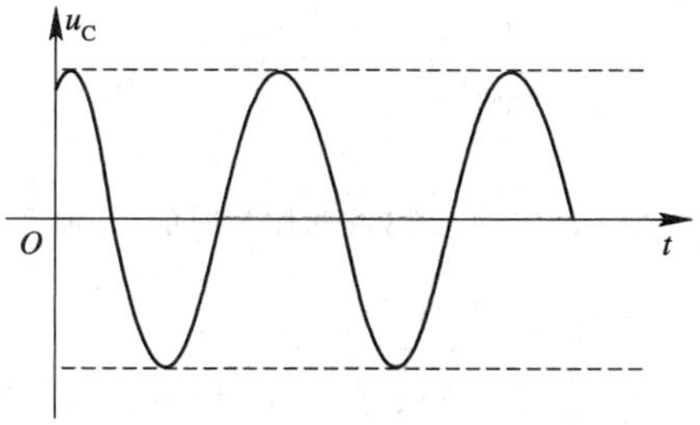

图 7.37　无阻尼等幅振荡情况电容电压响应波形图

从式(7－34)和 $u_C(t)$的波形图中可见，电路的零输入响应是不衰减的正弦振荡，其角频率为 ω_0。由于电路电阻为零，故称为无阻尼等幅振荡情况。

以上几种情况可从物理意义上解释如下：电容和电感都是储能元件，电阻是耗能元件。电容放电时，它所储存的电场能量，一部分消耗在电阻中，一部分转移给电感储存于磁场中。过阻尼情况下，因 R 较大，能量消耗迅速，电感获得的磁场能量不可能再返回给电容，而是随电路电流的下降而逐渐释放出来，一起消耗在电阻上。故电容电压 u_C 呈单调下降，形成非振荡的放电过程。欠阻尼情况下，因 R 较小，电容放电时，被电阻消耗的能量较少，大部分电场能转变为磁场能储存于电感中。当电容储能为零时，电感开始放电，电容被反向充电。当电感储能为零时，电容又开始放电。这样周而复始。由于电阻不停地消耗着能量，因此电容电压呈指数衰减的振荡过程。若 $R=0$，则电路中无能量损耗，在振荡过程中，电容释放给电感的能量和电感吸收后又释放给电容的能量将始终相同。因此电容电压 u_C 的振幅将不会衰减，振荡将无限制地持续下去，形成等幅振荡，即无阻尼情况。

例 7.13　图 7.33 电路中，已知 $L=10$ H，$C=0.1$ F。试求：

(1) $R=40\ \Omega$，$u_C(0_+)=16$ V，$i(0_+)=0.4$ A 时的零输入响应 $u_C(t)$。

(2) $R=10\ \Omega$，$u_C(0_+)=10$ V，$i(0_+)=1$ A 时的零输入响应 $u_C(t)$。并画出其波形。

解　(1) $R=40\ \Omega$ 时，按式(7－27)求方程特征根为

$$p_{1,2}=-\frac{R}{2L}\pm\sqrt{\left(\frac{R}{2L}\right)^2-\frac{1}{LC}}=-\frac{40}{2\times 10}\pm\sqrt{\left(\frac{40}{2\times 10}\right)^2-\frac{1}{10\times 0.1}}=-2\pm\sqrt{3}$$

$$p_1=-0.268,\qquad p_2=-3.732$$

显然，电路属于过阻尼情况。根据式(7－28)，电路方程的解为

$$u_C(t)=A_1 \mathrm{e}^{-0.268t}+A_2 \mathrm{e}^{-3.732t}$$

根据初始条件确定常数 A_1、A_2。当 $t=0_+$ 时刻

$$u_C(0_+)=A_1+A_2=16$$

$$u_C'(0_+)=-0.268A_1-3.732A_2=-\frac{i(0_+)}{C}=-4$$

上两式联立解出：$A_1=16.083$，$A_2=-0.083$，故得出零输入响应电容电压为

$$u_C(t) = 16.083e^{-0.268t} - 0.083e^{-3.732t}\ \text{V} \qquad (t \geqslant 0)$$

$u_C(t)$的波形图示于图 7.38 中。

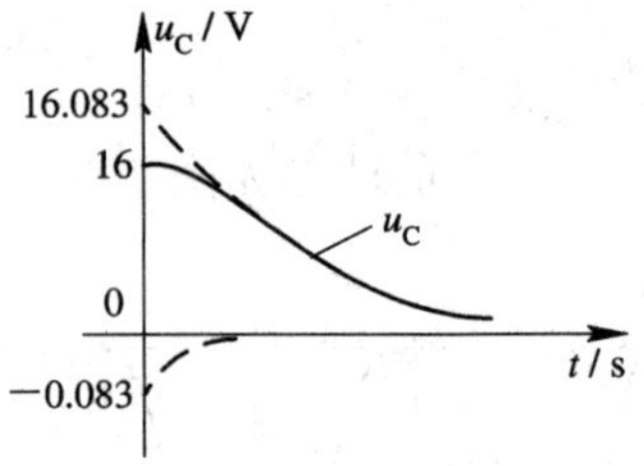

图 7.38　例 7.13 在过阻尼时的 u_C 波形

(2) $R=10\ \Omega$ 时，方程的特征根为

$$p_{1,2} = -\frac{1}{2} \pm \sqrt{\left(\frac{1}{2}\right)^2 - 1} = -0.5 \pm \text{j}0.866$$

显然，电路属于欠阻尼情况。根据式(7－33)可得零输入响应电容电压为

$$u_C(t) = Ae^{-0.5t}\sin(0.866t + \theta)$$

根据初始条件确定常数 A 和角度 θ 值。

当 $t=0_+$ 时刻

$$u_C(0_+) = A\sin\theta = 10$$

$$A = \frac{10}{\sin\theta} \tag{A}$$

再有

$$u_C'(0_+) = -0.5A\sin\theta + 0.866A\cos\theta$$

$$= -\frac{i(0_+)}{C} = -10 \tag{B}$$

将(A)式代入(B)式得

$$-0.5 \times 10 + 0.866 \times 10 \times \frac{\cos\theta}{\sin\theta} = -10$$

$$\tan\theta = -\frac{8.66}{5} = -1.732$$

$$\theta = -60°$$

$$A = \frac{10}{\sin(-60°)} = -11.55$$

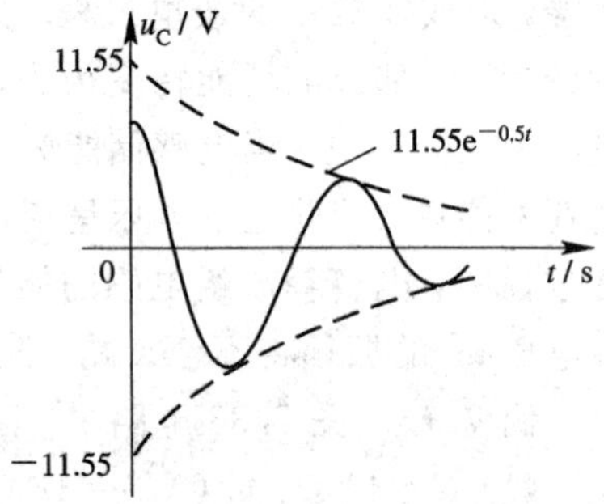

图 7.39　例 7.13 在欠阻尼时的 u_C 波形

故解得电路的零输入响应电容电压为

$$u_C(t) = -11.55e^{-0.5t}\sin(0.866t - 60°) \qquad (t \geqslant 0)$$

$u_C(t)$的波形图如图 7.39 所示。

例 7.14　如图 7.40 所示 RLC 串联电路，开关 S 在 $t=0$ 时闭合，已知 $R=10\ \Omega$，$L=1$ H，$C=\frac{1}{9}$ F，$U_S=16$ V，求零状态响应 $u_C(t)$。

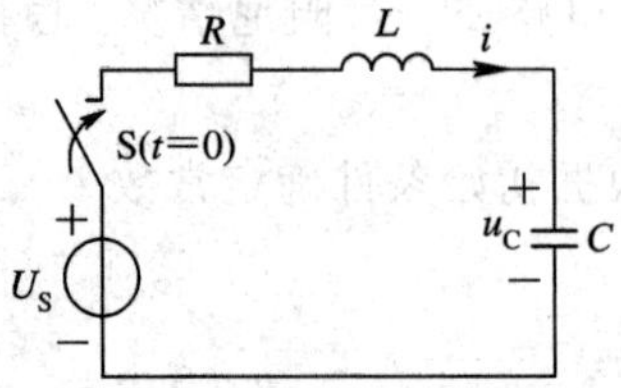

图 7.40　例 7.14 图

解　根据电路及元件的两种约束关系，$t \geqslant 0$ 电路的微分方程为

$$LC\frac{d^2u_C}{dt^2}+RC\frac{du_C}{dt}+u_C=U_S \tag{7-35}$$

这是一常系数线性二阶非齐次微分方程，根据数学理论，该方程的解应由两部分组成，即

$$u_C=u_{cp}+u_{ch}$$

式中的 u_{cp} 为方程的特解，实际上就是电路的稳态值。式中的 u_{ch} 是方程式(7－35)所对应的齐次方程的通解。解的形式根据特征根的不同情况来确定，分为过阻尼、欠阻尼、临界阻尼和无阻尼四种形式。

本题由已知条件得特征根为

$$p_{1,2}=-\frac{R}{2L}\pm\sqrt{\left(\frac{R}{2L}\right)^2-\frac{1}{LC}}=-5\pm4$$

$$p_1=-1,\qquad p_2=-9$$

故电路属于过阻尼情况。齐次微分方程的通解为

$$u_{ch}=A_1e^{p_1t}+A_2e^{p_2t}=A_1e^{-t}+A_2e^{-9t}$$

非齐次微分方程的特解为

$$u_{cp}=U_S=16\ \text{V}$$

故得

$$u_C(t)=u_{cp}+u_{ch}=16+A_1e^{-t}+A_2e^{-9t}$$

根据初始条件确定常数 A_1、A_2。

$$u_C(0_+)=16+A_1+A_2=0$$

$$u_C'(0_+)=-A_1-9A_2=\frac{i(0_+)}{C}=0$$

联立求上两式得出

$$A_1=-18,\qquad A_2=2$$

故解出电路的零状态响应为

$$u_C(t)=16-18e^{-t}+2e^{-9t}\ \text{V}\qquad(t\geqslant0)$$

响应曲线如图 7.41 所示。

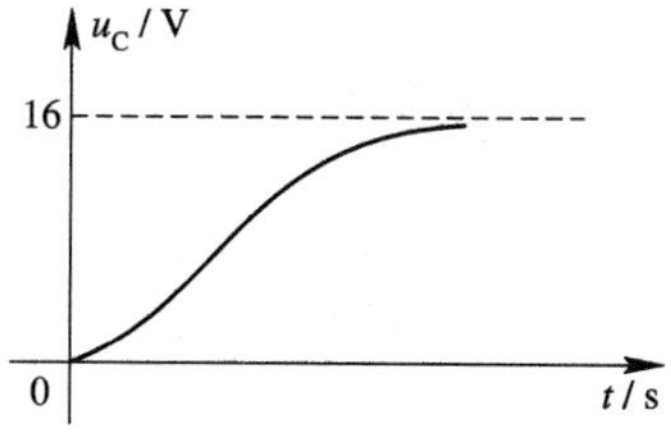

图 7.41　例 7.14 的响应 u_C 波形

练习与思考

7.6－1　二阶电路结构有何特点？其过渡过程分为哪几种情况？条件是什么？

7.6－2　在 RLC 的串联电路中，已知 $R=1\ \Omega$，$L=0.125$ H，$C=0.32$ F。初始条件为 $u_C(0)=2$ V，$i_L(0)=0$ V。求电路的零输入响应 $u_C(t)$。

小　结

1. 动态电路的过渡过程

一阶电路在过渡过程中电压电流的变化规则是从换路后的初始值按指数规律变化到稳态值的过程。过渡过程进行的快慢取决于电路的时间常数。

引起过渡过程的电路变化称为换路。换路前后瞬间，电感电流、电容电压不能突变，称为换路定律。即

$$\begin{cases} i_L(0_+) = i_L(0_-) \\ u_C(0_+) = u_C(0_-) \end{cases}$$

利用换路定律和 0_+ 等效电路，可求得电路中各电流、电压的初始值。

2. 一阶电路的零输入响应

零输入响应就是无电源一阶线性电路，在初始储能作用下产生的响应。其形式为

$$f(t) = f(0_+)e^{-\frac{t}{\tau}} \qquad (t \geqslant 0)$$

式中，$f(0_+)$是响应的初始值，τ 是电路的时间常数。RC 电路的 $\tau = RC$，RL 电路的 $\tau = L/R$，τ 是决定响应衰减快慢的物理量，是重要的常数。

3. 一阶电路的零状态响应

零状态响应就是电路初始状态为零时由输入激励产生的响应。其形式为

$$f(t) = f(\infty)(1 - e^{-\frac{t}{\tau}}) \qquad (t \geqslant 0)$$

式中，$f(\infty)$是响应的稳态值。

4. 一阶电路的全响应

全响应就是初始状态不为零的电路在输入恒定直流激励下产生的响应。其两种分解为

(1) $$f(t) = \underbrace{f(0_+)e^{-\frac{t}{\tau}}}_{\text{(零输入响应)}} + \underbrace{f(\infty)(1-e^{-\frac{t}{\tau}})}_{\text{(零状态响应)}} \qquad (t \geqslant 0)$$

(2) $$f(t) = \underbrace{[f(0_+) - f(\infty)]e^{-\frac{t}{\tau}}}_{\text{(暂态响应)}} + \underbrace{f(\infty)}_{\text{(稳态响应)}} \qquad (t \geqslant 0)$$

5. 一阶电路的三要素法

一阶电路的响应 $f(t)$，由初始值 $f(0_+)$、稳态值 $f(\infty)$和时间常数 τ 三要素所确定，利用三要素公式可以简便地求解一阶电路在直流电源作用下的电路响应。三要素公式为

$$f(t) = f(\infty) + [f(0_+) - f(\infty)]\, e^{-\frac{t}{\tau}} \qquad (t \geqslant 0)$$

计算响应变量的初始值 $f(0_+)$和稳态值 $f(\infty)$，分别用 $t=0_+$ 电路和 $t=\infty$ 电路解出。作 $t=0_+$ 电路时 $u_C(0_+)$和 $i_L(0_+)$分别视为电压源和电流源。作 $t=\infty$ 电路时，电容相当于开路；电感相当于短路。时间常数 τ 中的电阻 R，是动态元件两端电路的戴维南等效电阻。

6. 无电源二阶电路的零输入响应和直流二阶电路的零状态响应

明确由于特征根 p_1、p_2 取值的四种不同的情况，二阶电路的响应分为过阻尼、临界阻尼、欠阻尼和无阻尼。

习　题　7

7.1　图示各电路原已达稳态，在 $t=0$ 时换路。试求图注电压与电流的初始值。

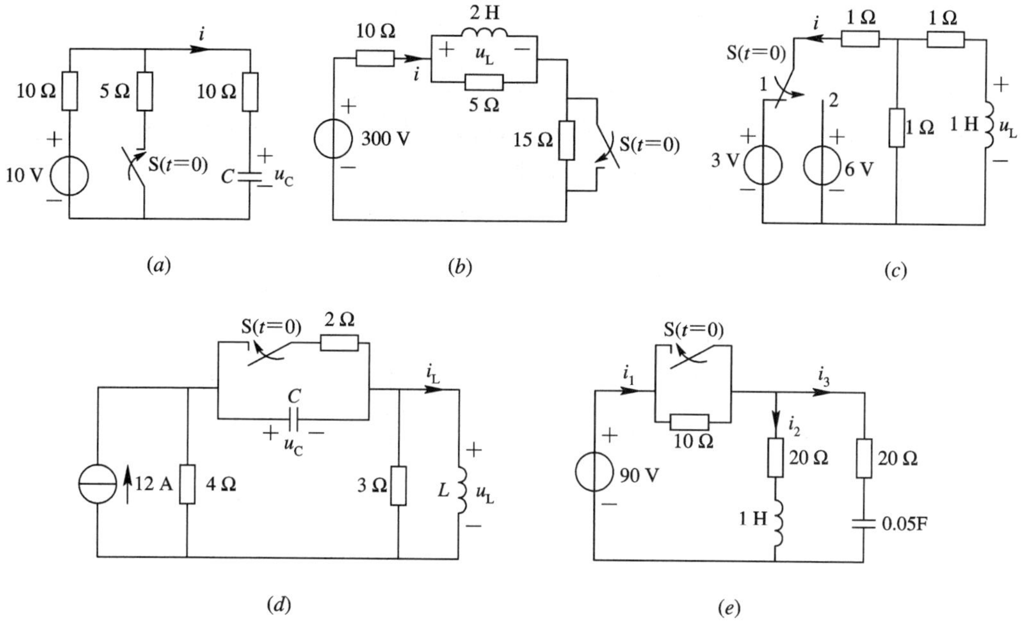

题 7.1 图

7.2　图示电路原已达稳态，$t=0$ 时开关 S 闭合。试求 $t\geqslant0$ 时的电容电压 $u_C(t)$ 及 $i_C(t)$，并绘出波形图。

7.3　如图示电路，当 $t=0$ 时开关 S 打开，开关 S 动作前电路处于稳态。试求：

(1) $t\geqslant0$ 时的 $i(t)$，并绘出波形图。

(2) $t=1$ ms 时的 $i(t)$ 值。

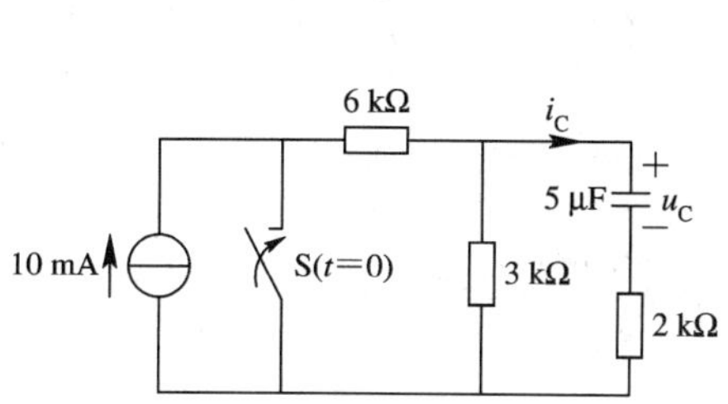

题 7.2 图

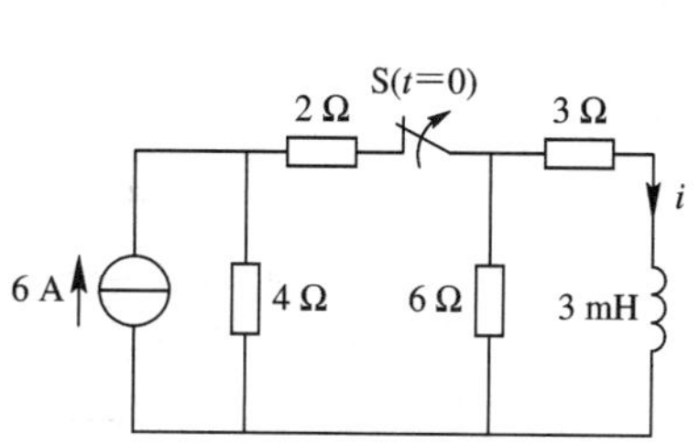

题 7.3 图

7.4　如图示电路，$t=0$ 时开关 S 闭合，S 动作前电路处于稳态。试求 $t\geqslant0$ 时的 $i_C(t)$ 和 $i(t)$。

7.5 换路前图示电路已达稳态，在 $t=0$ 时开关 S 闭合。试求 $t\geqslant 0$ 时的响应 i_L、i_1 和 u_L。

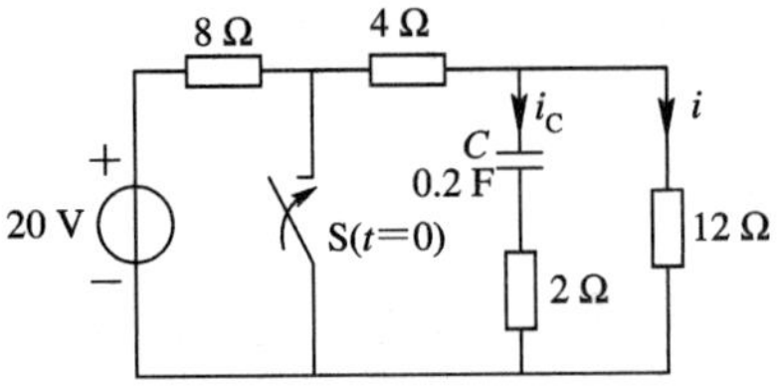

题 7.4 图

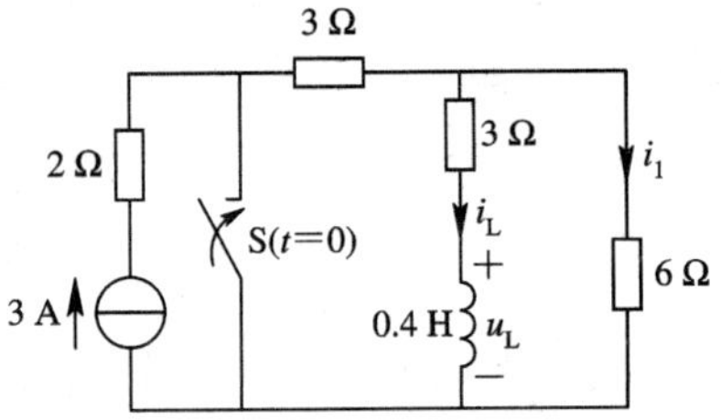

题 7.5 图

7.6 一个电感线圈被短接后，经过 1 秒其电流衰减到初始值的 36.8%；若经 10 Ω 电阻串联短接时，则经过 0.5 秒后其电流衰减到初始值的 36.8%。求线圈的电阻和电感。

7.7 试求图示电路换路后的零状态响应 $u_C(t)$。

7.8 试求图示电路换路后的零状态响应 $i(t)$，并绘出波形图。

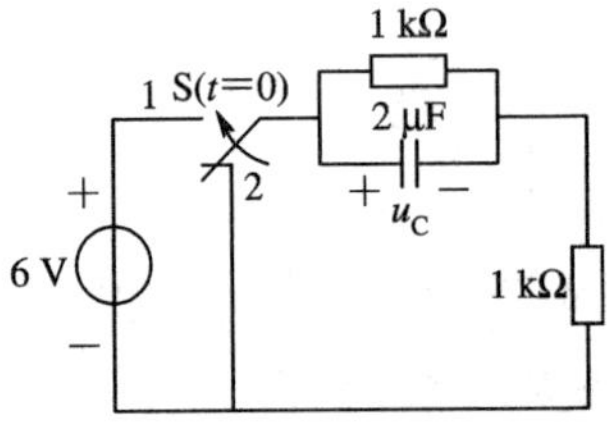

题 7.7 图

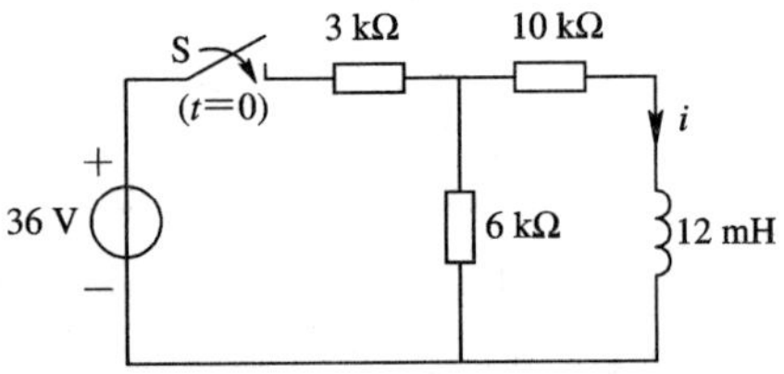

题 7.8 图

7.9 如图所示，在 $t=0$ 时开关 S 闭合。求 $t\geqslant 0$ 时的 $u_C(t)$、$i(t)$。

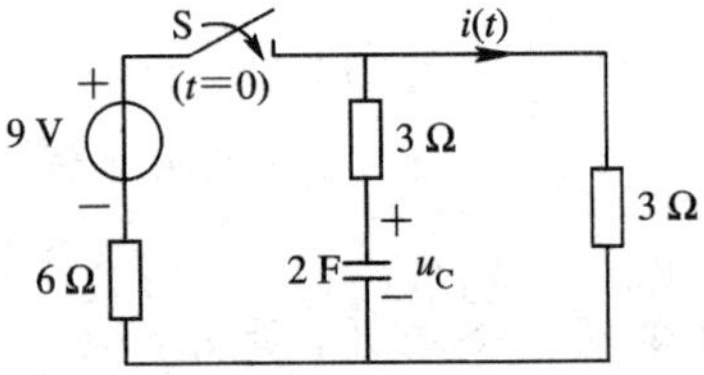

题 7.9 图

7.10 图示电路在换路前电容上未储能。求换路后经过多长时间电容上的电压达到其稳态值的 50%。

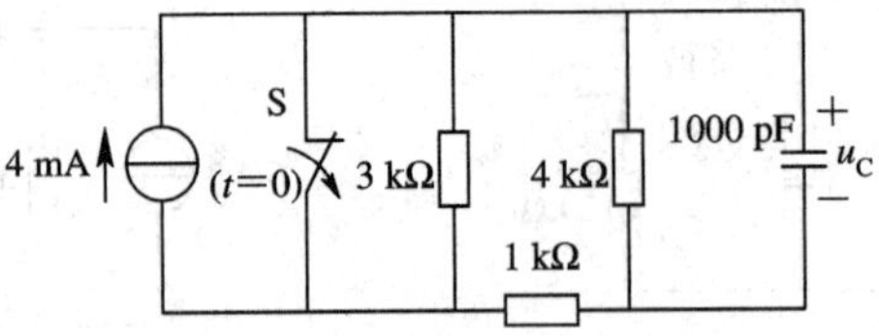

题 7.10 图

7.11 试求图示一阶电路的时间常数及图注电压、电流换路后的稳态值。

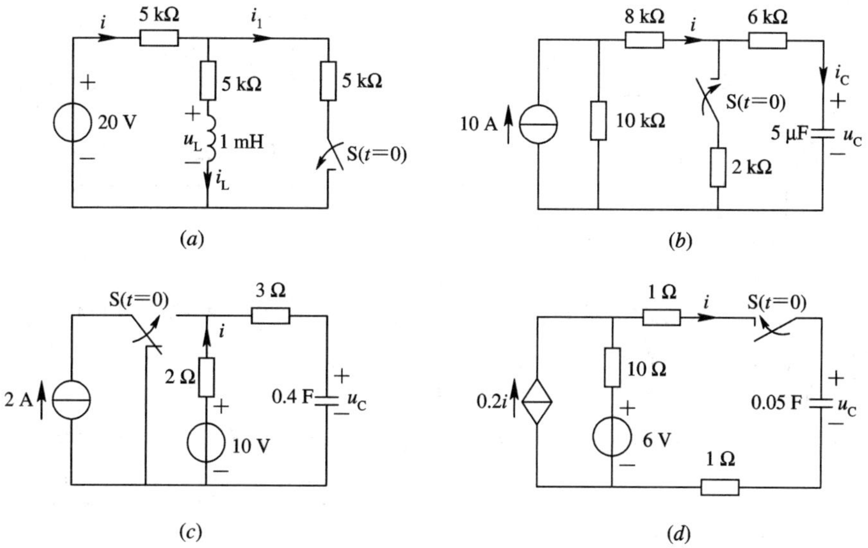

题 7.11 图

7.12　换路前图示电路已稳定，$t=0$ 时开关 S 闭合，试求 $t\geqslant 0$ 时的响应 $u_C(t)$ 并绘出波形图。

7.13　换路前图示电路已稳定，$t=0$ 时换路，试求 $t\geqslant 0$ 时的响应 $i_L(t)$ 并绘出波形图。

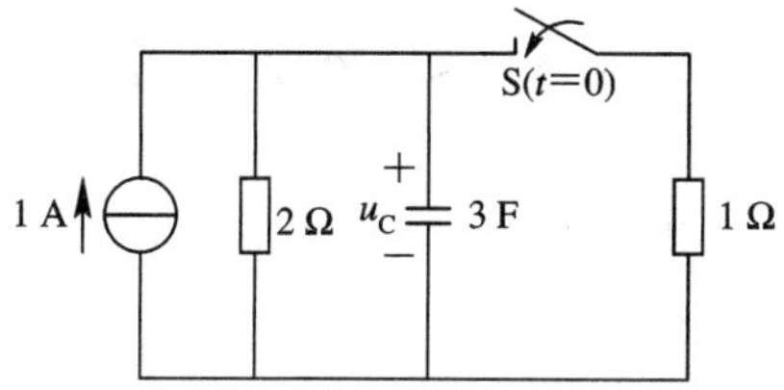

题 7.12 图

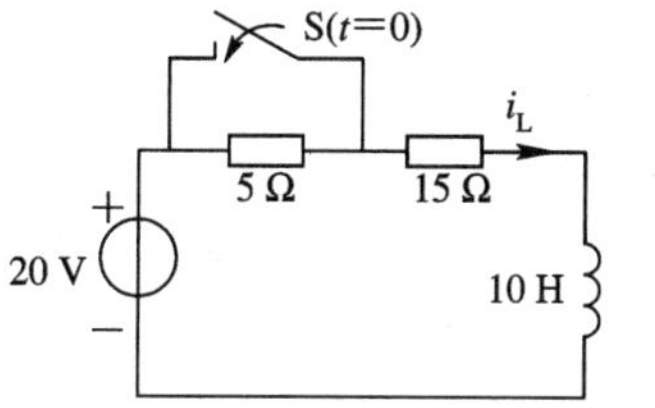

题 7.13 图

7.14　换路前图示电路已稳定，在 $t=0$ 时开关 S 闭合。试求 $t\geqslant 0$ 时的响应 $i(t)$ 和 $u(t)$。

7.15　换路前图示电路已稳定，$t=0$ 时开关 S 打开。试求 $t\geqslant 0$ 时的响应 $i_C(t)$、$u_C(t)$。

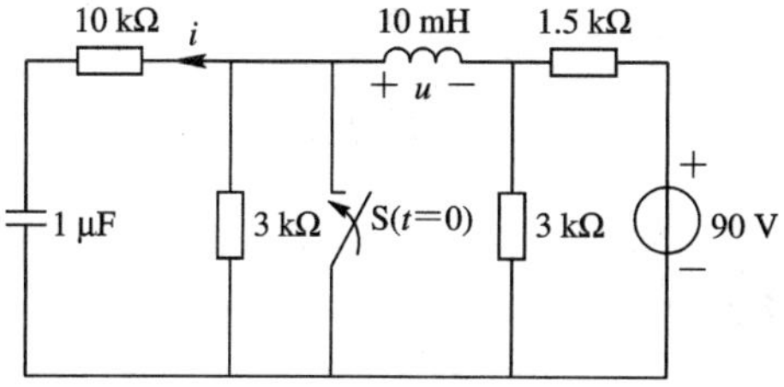

题 7.14 图

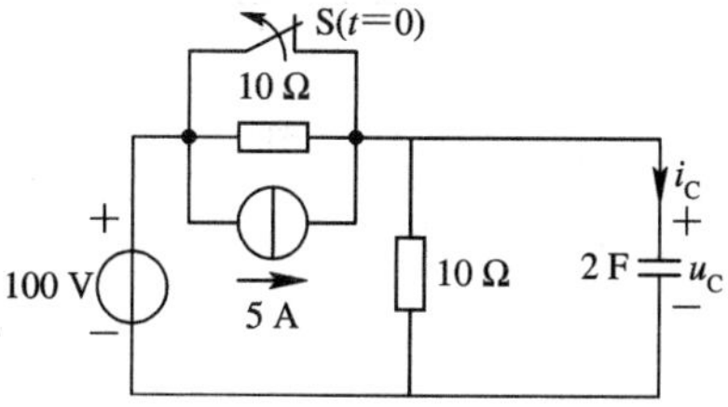

题 7.15 图

7.16　换路前图示电路已稳定，$t=0$ 时开关 S 闭合。求 $t\geqslant 0$ 时的 $i(t)$ 及 $u_C(t)$。

7.17　图示电路中，已知 $u_C(0_-)=1$ V，$t=0$ 时开关 S 闭合，用三要素法求 $t\geqslant 0$ 时的 $u_C(t)$ 和 $i(t)$。

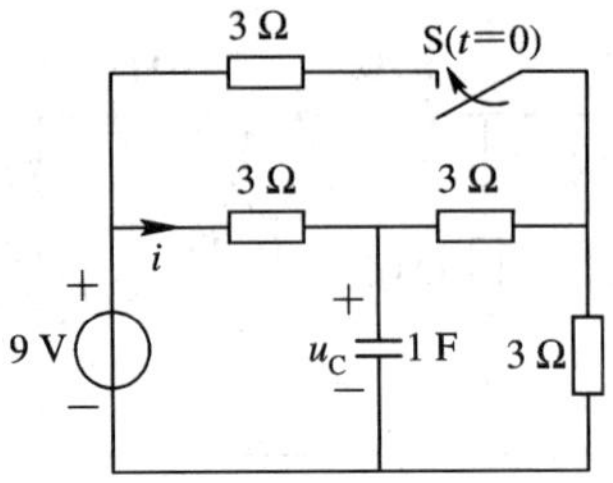

题 7.16 图

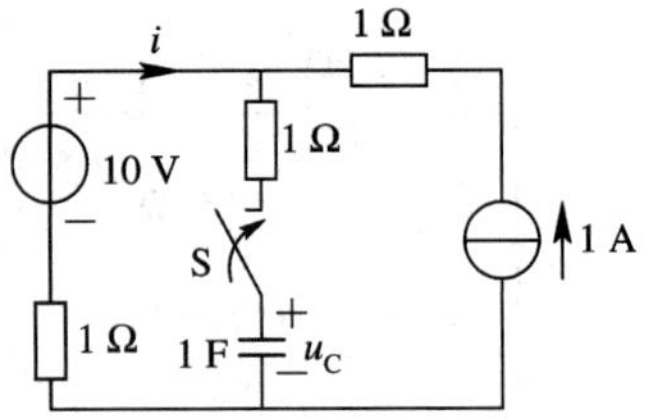

题 7.17 图

7.18　换路前图示电路已稳定，$t=0$ 时 S 闭合，求 $t \geqslant 0$ 时的响应 $i_L(t)$、$u_L(t)$、$i_1(t)$。

7.19　如图示电路，试求

(1) S_1 闭合后电流的变化规律(S_2 处于断开状态)。

(2) 将 S_1 闭合，待电路处于稳态后，再闭合 S_2，此时 i_1 和 i_2 的变化规律。

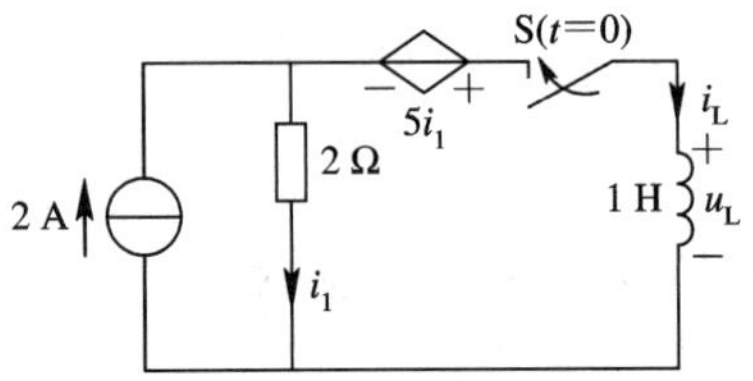

题 7.18 图

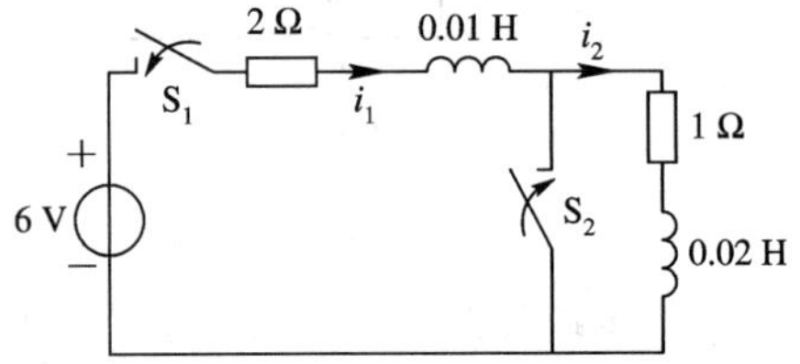

题 7.19 图

*7.20　换路前图示电路已稳定，$u_C(0_-)=0$，$t=0$ 时开关 S 由位置 a 扳到位置 b，求 $t \geqslant 0$ 时的 $i(t)$ 及 $u_C(t)$。

*7.21　试求图示电路中，当 R 分别为下列四种情况时的零状态响应 $u_C(t)$。

(1) $R=10\ \Omega$；(2) $R=4\ \Omega$；(3) $R=2\ \Omega$；(4) $R=0\ \Omega$。

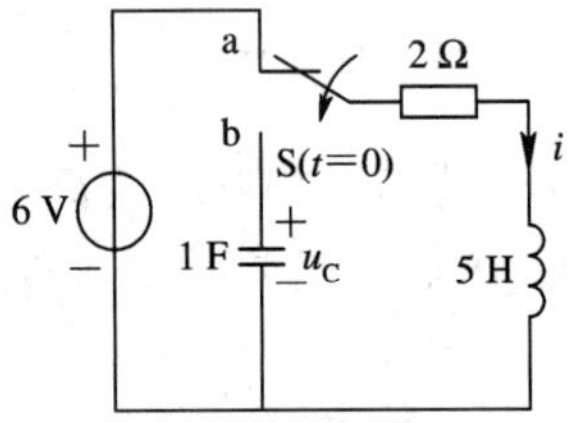

题 7.20 图

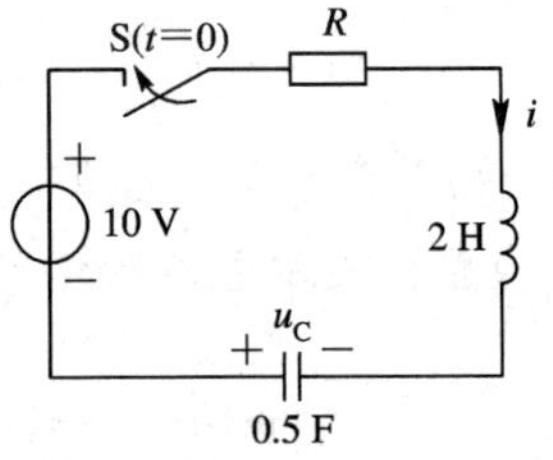

题 7.21 图

自测题 7

7-1　选择题(每题 4 分，共 20 分)

① 题图所示电路，当开关 S 闭合后，灯泡 L(　　)。

A. 立即亮　B. 逐渐变亮　C. 由亮逐渐变为不亮

D. 由不亮逐渐变亮，再逐渐变为不亮

② 题图所示电路，当开关 S 闭合后，灯泡 L(　　)。

A. 立即亮　B. 逐渐变亮　C. 由亮逐渐变为不亮

D. 由不亮逐渐变亮，再逐渐变为不亮

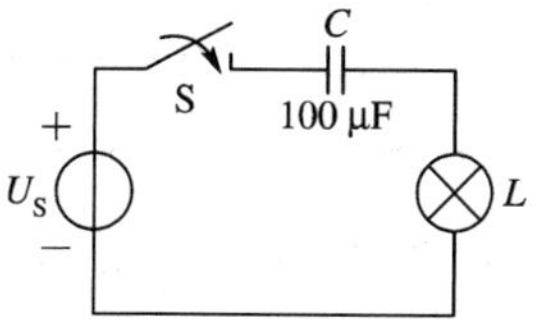

自测题 7－1①图

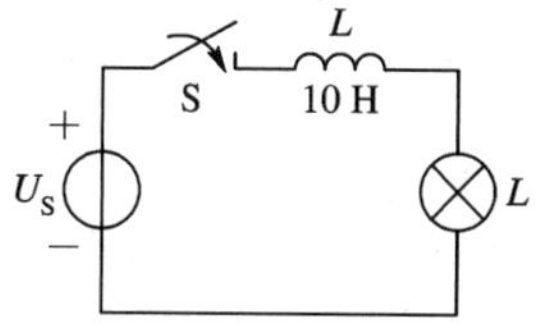

自测题 7－1②图

③ 题图所示电路，开关 S 闭合后，电路的零状态响应 $u_R(t)$ 的波形为(　　)所示。

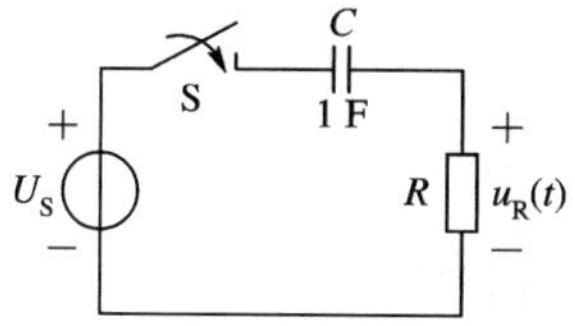

自测题 7－1③图

A.
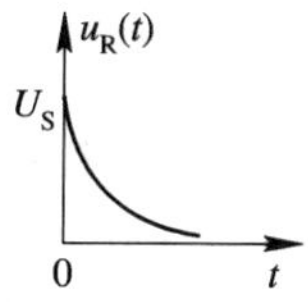

B.
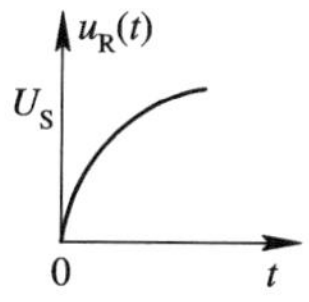

C.
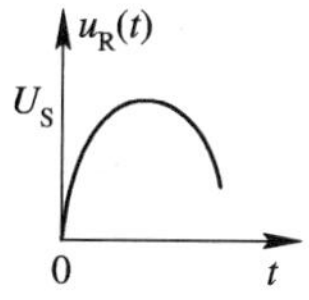

D.
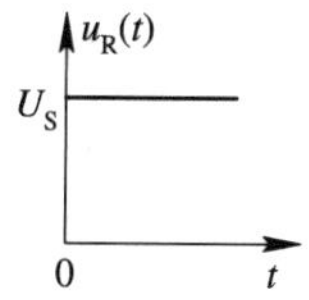

④ 题图所示电路，开关 S 闭合后，电路的零状态响应 $u_R(t)$ 的波形为(　　)所示。

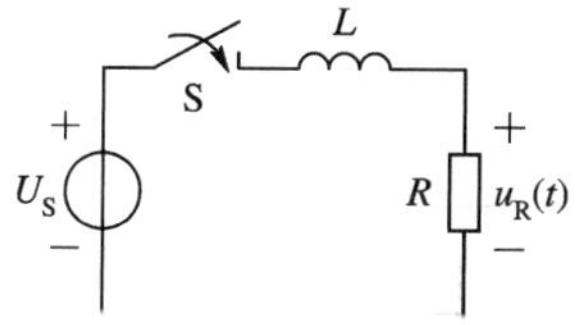

自测题 7－1④图

A.
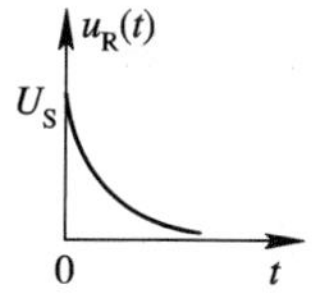

B.
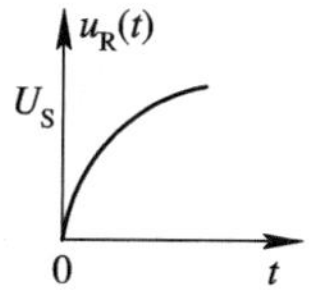

C.
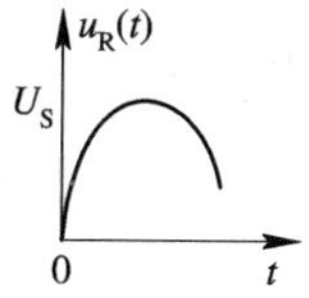

D.
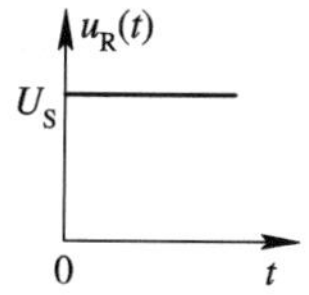

⑤ 题图所示电路，开关 S 在位置“1”时，电路已稳定。$t \geqslant 0$ 时 u_C 的波形为(　　)所示。

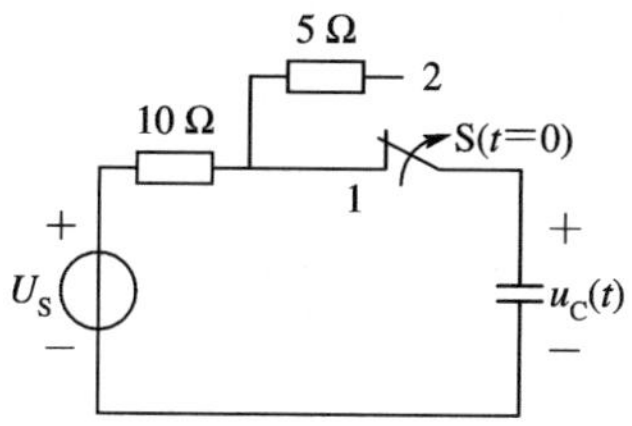

自测题 7－1⑤图

A.
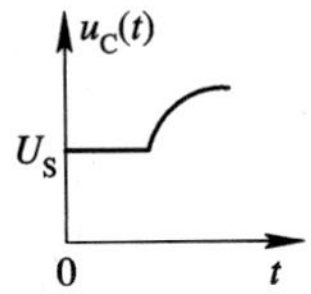

B.
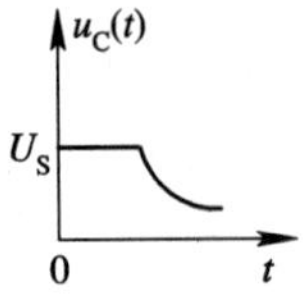

C.
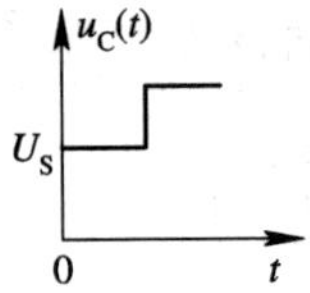

D.
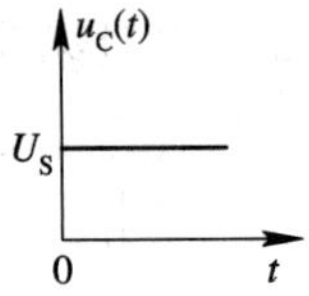

7-2　题图所示电路已稳定，$t=0$ 时开关 S 闭合，求 $u_C(0_+)$、$i_C(0_+)$、$i_L(0_+)$、$u_L(0_+)$的值。(20 分)

7-3　题图所示电路中，S 闭合前已处于稳态，$t=0$ 时 S 闭合，求 $i_2(0_+)$及 $i_3(0_+)$。(20 分)

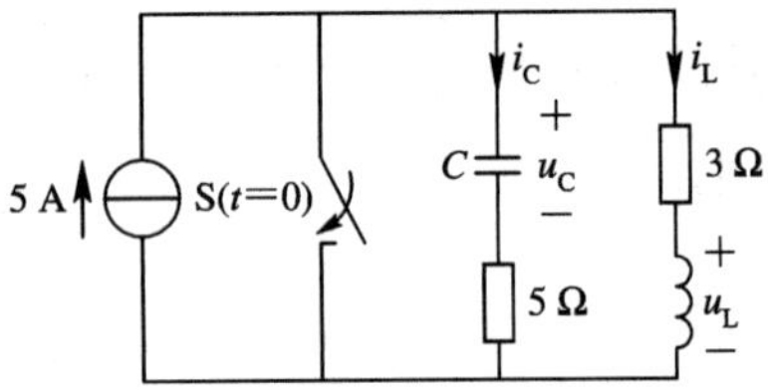

自测题 7-2 图

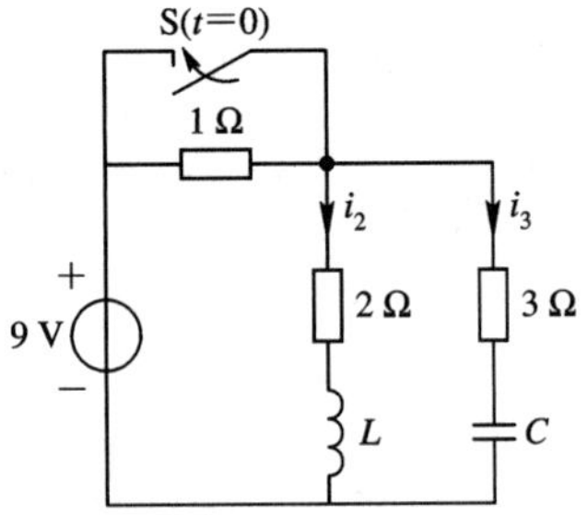

自测题 7-3 图

7-4　题图所示电路中，开关 S 打开前电路已稳定，$t=0$ 时 S 打开。求 $t \geq 0$ 时的 u_C。(20 分)

7-5　题图所示电路处于稳态，问当 U_S 为何值时，能使 S 闭合后电路不出现动态过程？若 $U_S=50$ V，求 $u_C(t)$，并画出波形图。(20 分)

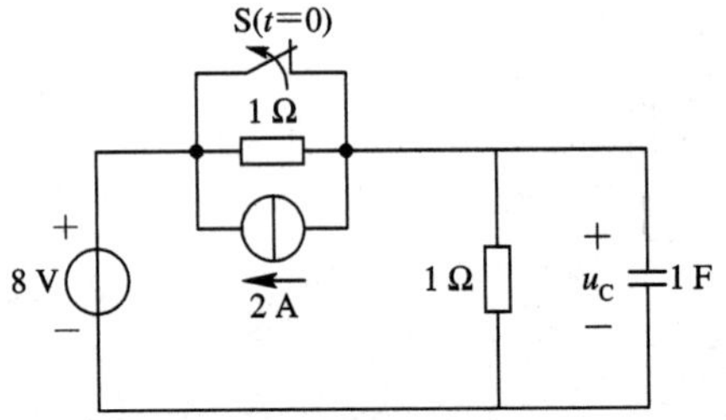

自测题 7-4 图

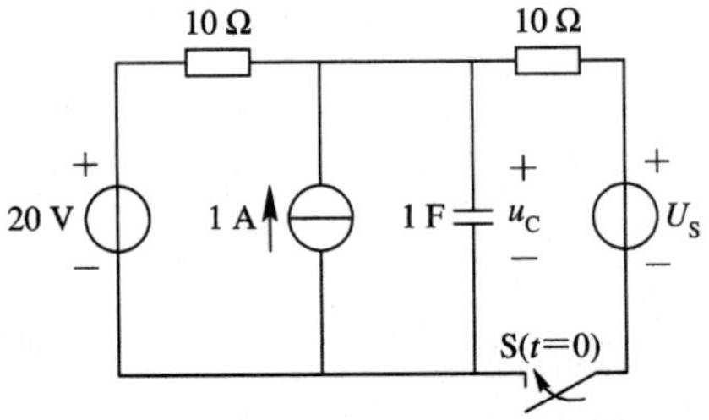

自测题 7-5 图

附录A　复数知识

形如 $A=a+\mathrm{j}b$ 的数称为复数。$\mathrm{j}=\sqrt{-1}$为虚数单位。其中 a、b 本身都是实数，分别称为复数 A 的实部和虚部。也可以表示为

$$a=\mathrm{Re}[A] \qquad b=\mathrm{Im}[A]$$

其中 Re 和 Im 分别表示取方括号中的复数的实部和虚部。

1. 复数的表示形式

称 $A=a+\mathrm{j}b$ 为复数的代数形式，在复平面上可用一个点 $A(a, b)$表示，如图 A.1 所示。从坐标原点 O 到点 $A(a, b)$作一矢量$\overrightarrow{OA}$表示该复数，矢量的长度 r 称为复数的模，矢量与实轴的夹角 θ 称为复数的辐角。

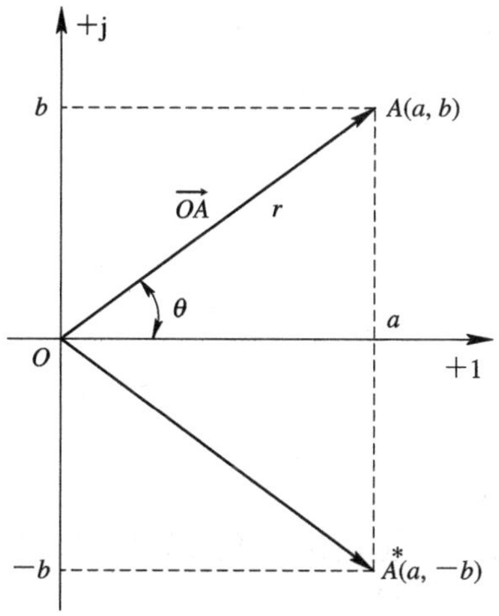

图 A.1　复数的几何意义

依图可得下列关系：

$$\left.\begin{aligned} a &= r\cos\theta \\ b &= r\sin\theta \end{aligned}\right\} \qquad \left.\begin{aligned} r &= \sqrt{a^2+b^2} \\ \theta &= \arctan\frac{b}{a} \end{aligned}\right\}$$

其中，r 应取算术平方根(所以 r 也称为复数的绝对值)，θ 应取主值。

$A=a+\mathrm{j}b$ 也可写成三角函数形式

$$A=r\cos\theta+\mathrm{j}r\sin\theta$$

根据欧拉公式

$$\cos\theta+\mathrm{j}\sin\theta=\mathrm{e}^{\mathrm{j}\theta}$$

$A=a+\mathrm{j}b$ 还可写成指数形式

$$A = a + \mathrm{j}b = r\cos\theta + \mathrm{j}r\sin\theta = r\mathrm{e}^{\mathrm{j}\theta}$$

把 $r\mathrm{e}^{\mathrm{j}\theta}$ 简写为 $r\angle\theta$，称极坐标形式。分析计算正弦电路时，经常要把极坐标形式和代数形式进行互换，即由 r、θ 求 a、b，或由 a、b 求 r、θ。注意：辐角 θ 的计算(即确定 θ 所在的象限)，是按 a 和 b 的正、负号确定的，而不是按 (a/b) 的正、负号确定。下面举例说明。

$$A=3+\mathrm{j}4=\sqrt{3^2+4^2}\angle\arctan\frac{4}{3}=5\angle 53^\circ \qquad \theta\text{在第Ⅰ象限}$$

$$A=3-\mathrm{j}4=\sqrt{3^2+4^2}\angle\arctan\frac{-4}{3}=5\angle -53^\circ \qquad \theta\text{在第Ⅳ象限}$$

$$A=-3+\mathrm{j}4=\sqrt{3^2+4^2}\angle\arctan\frac{4}{-3}=5\angle 127^\circ \qquad \theta\text{在第Ⅱ象限}$$

$$A=-3-\mathrm{j}4=\sqrt{3^2+4^2}\angle\arctan\frac{-4}{-3}=5\angle -127^\circ \qquad \theta\text{在第Ⅲ象限}$$

实部相等、虚部绝对值相等而符号相反的两个复数叫共轭复数，A 的共轭复数为

$$A = a + \mathrm{j}b, \qquad \overset{*}{A} = a - \mathrm{j}b$$

一对共轭复数的模相等、辐角大小相等而符号相反，即

$$A = r\angle\theta, \qquad \overset{*}{A} = r\angle -\theta$$

纯实数和纯虚数可视为复数的特例，下面给出一些常用的特殊形式：如

$$+1 = \angle 0^\circ, \quad -1 = \angle -180^\circ, \quad +\mathrm{j} = \angle 90^\circ, \quad -\mathrm{j} = \angle -90^\circ, \quad \mathrm{j}^2 = -1 = \angle 180^\circ$$

$$\mathrm{j}^3 = \mathrm{j}\times\mathrm{j}^2 = -\mathrm{j} = \angle -90^\circ, \quad \mathrm{j}^4 = \mathrm{j}^2\times\mathrm{j}^2 = 1 = \angle 0^\circ, \quad \frac{1}{\mathrm{j}} = \frac{\mathrm{j}^4}{\mathrm{j}} = \mathrm{j}^3 = -\mathrm{j} = \angle -90^\circ$$

2. 复数的四则运算

1）复数的加减运算

复数相加或相减，只能以代数形式进行。设有两个复数

$$A_1 = a_1 + \mathrm{j}b_1 = r_1\angle\theta_1, \quad A_2 = a_2 + \mathrm{j}b_2 = r_2\angle\theta_2$$

二者相加、相减的结果为

$$A_1 \pm A_2 = (a_1 \pm a_2) + \mathrm{j}(b_1 \pm b_2)$$

两复数相加(减)可以在复平面上用作图法来完成，如图 A.2 所示。

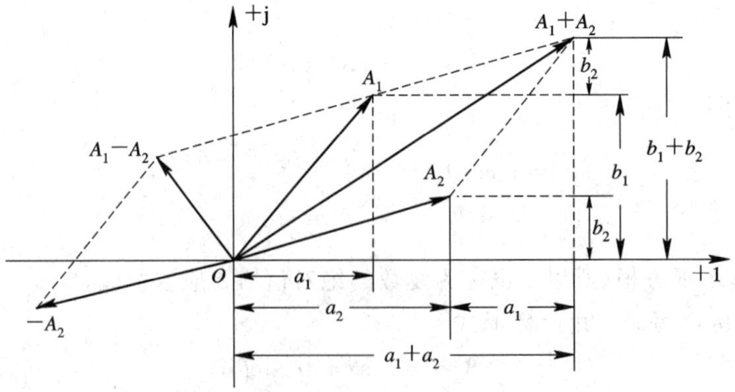

图 A.2　复数加减的几何意义

2）复数的乘除运算

复数均可以代数、指数、极坐标形式进行乘、除运算，但指数、极坐标形式较为方便。

$$A_1 \times A_2 = r_1 \underline{/\theta_1} \times r_2 \underline{/\theta_2} = r_1 e^{j\theta_1} \times r_2 e^{j\theta_2} = r_1 r_2 e^{j(\theta_1+\theta_2)} = r_1 r_2 \underline{/\theta_1 + \theta_2}$$

$$\frac{A_1}{A_2} = \frac{r_1 \underline{/\theta_1}}{r_2 \underline{/\theta_2}} = \frac{r_1 e^{j\theta_1}}{r_2 e^{j\theta_2}} = \frac{r_1}{r_2} e^{j(\theta_1-\theta_2)} = \frac{r_1}{r_2} \underline{/\theta_1 - \theta_2}$$

即复数相乘、相除，将模分别相乘、相除，辐角分别相加减。

代数形式相除，先将分母化为实数(给分子分母同乘以分母的共轭复数)，再整理。如

$$\frac{A_1}{A_2} = \frac{a_1 + jb_1}{a_2 + jb_2} = \frac{(a_1 + jb_1)(a_2 - jb_2)}{(a_2 + jb_2)(a_2 - jb_2)} = \frac{a_1 a_2 + b_1 b_2}{a_2^2 + b_2^2} + j\,\frac{a_2 b_1 - a_1 b_2}{a_2^2 + b_2^2}$$

复数乘除的几何意义：一个复数乘以 $r_2 \underline{/\theta_2}$，相当于把与其对应的矢量的长度 r_1 乘以 r_2 后，再沿后时针方向旋转 θ_2 角，如图 A.3(a)所示。一个复数除以 $r_2 \underline{/\theta_2}$，相当于把与其对应的矢量的长度 r_1 除以 r_2 后，再沿顺时针方向旋转 θ_2，如图 A.3(b)所示。

两个共轭复数的乘积$(a+jb)(a-jb)=a^2+b^2=r^2$ 是实数，等于每个复数的模的平方。

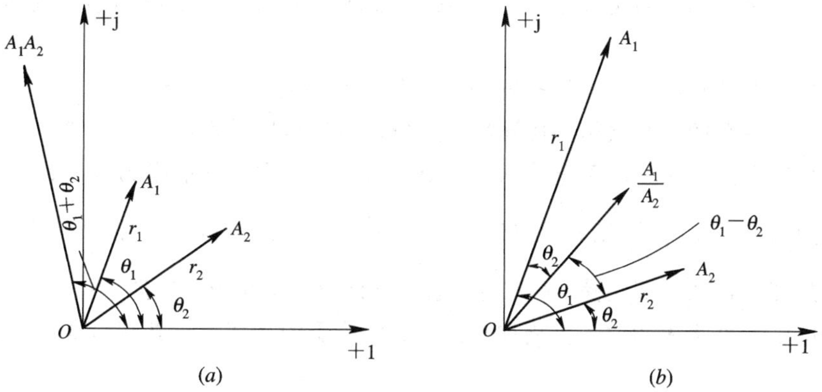

图 A.3　复数乘除的几何意义

复数$\angle\alpha$，其模为 1，辐角为 α，用它乘一复数时，相当于把该复数对应的矢量反时针旋转 α 角。称$\angle\alpha$ 为角度 α 的旋转因子。$j=\angle 90°$即 90°的旋转因子，$-j=\angle -90°$即$-90°$的旋转因子。在三相电路的分析计算中，引用 $\alpha=\angle 120°$的旋转因子。$\alpha^2=\angle 120°\angle 120°=\angle 240°=\angle -120°$；$\alpha^3=\alpha\cdot\alpha\cdot\alpha=\angle 360°=1$；且 $1+\alpha+\alpha^2=0$。

3. 相量运算的规则

以电流为例，说明相量运算中所遵守的几条规则：

(1) 若 $i\leftrightarrow\dot{I}$，如果 k 为实常数，则有 $ki\leftrightarrow k\dot{I}$。

(2) 若 $i_1\leftrightarrow\dot{I}_1$，$i_2\leftrightarrow\dot{I}_2$，则有 $i_1+i_2\leftrightarrow\dot{I}_1+\dot{I}_2$。

(3) 若 $i\leftrightarrow\dot{I}$，角频率为 ω，则有$\frac{di}{dt}\leftrightarrow j\omega\dot{I}$。

附录B 模拟试题

模拟试题一

一、判断题(正确的打√，错误的打×)(每题1分，共10分)

1. 选取正电荷运动的方向为电流的参考方向。( )

2. 电压的实际方向总是由高电位指向低电位。( )

3. 对于电阻元件，当电压和电流的参考方向为非关联时，电压或电流总有一个为负值。( )

4. 并联电路的总电流一定比并联的各支路电流要大。( )

5. 含有受控源的二端网络，其等效电阻是正值也可以是负值。( )

6. 理想电容元件某一时刻电流为零，则该时刻电容上的储能必为零。( )

7. 复阻抗 $Z=R+\mathrm{j}X$，则其复导纳 $Y=\dfrac{1}{Z}=G+\mathrm{j}B$，因此有 $G=\dfrac{1}{R}$，$B=\dfrac{1}{X}$。( )

8. 理想变压器的次级短路，初级亦短路；次级开路，初级亦开路。( )

9. 由电阻元件组成的非正弦周期电路，端口接受的功率等于其端口电压、电流的有效值之积。( )

10. 含有动态元件的电路，换路时一定有过渡过程。( )

二、填空题(每题2分，共20分)

1. 图1所示电路，$I=$______A。

2. 图2所示电路，电流源供出的功率为______W。

3. 图3所示电路，a点的电位是______V。

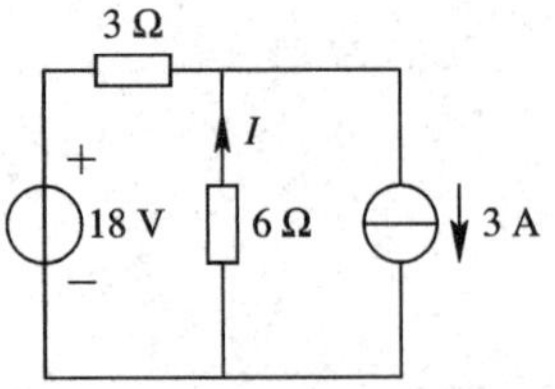

图1

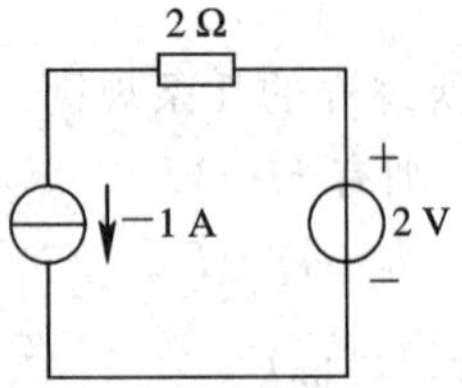

图2

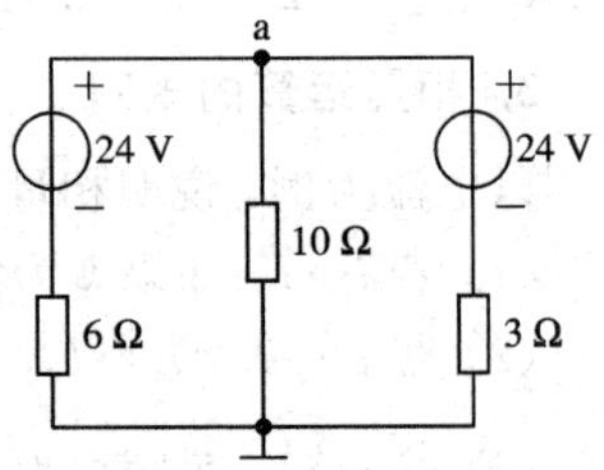

图3

4. 图4所示电路，电压源供出的功率为______W。

5. 图5所示电路，欲使 Z_L 获得最大功率，则 $Z_L=$______Ω。

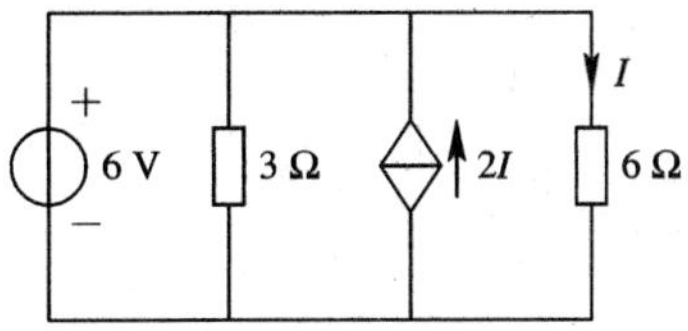

图 4

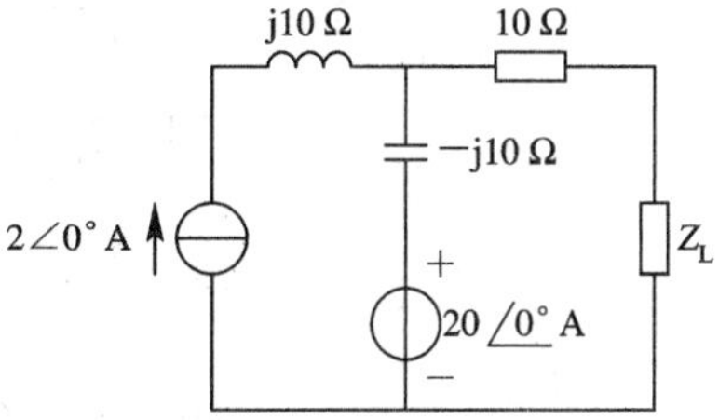

图 5

6. 图 6 所示为具有互感的正弦交流电路，当 S 打开时，$\dot{U}_{ab}=$______，当 S 闭合时，$\dot{U}_{ab}=$______。

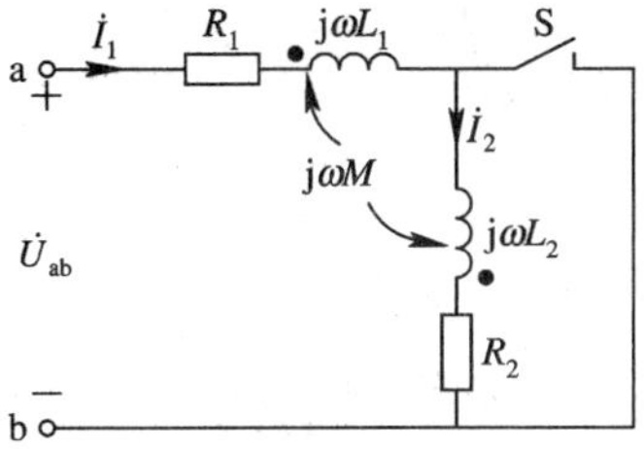

图 6

7. 图 7 所示为测量同名端的电路，当 S 闭合时，电压表指针正偏，则 a 端与______端是同名端。

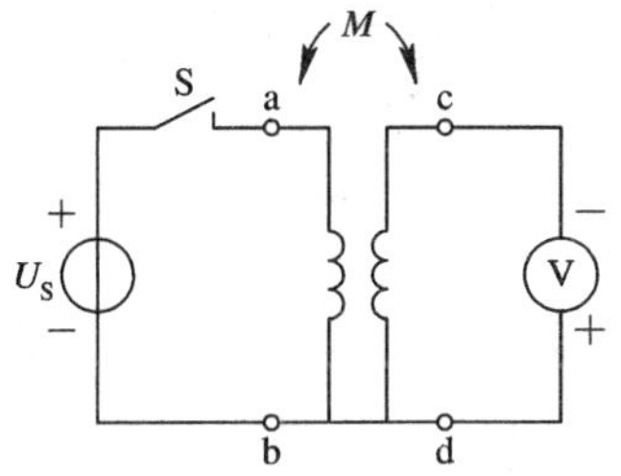

图 7

8. 图 8 所示稳态正弦电路，$U_2=$______V。

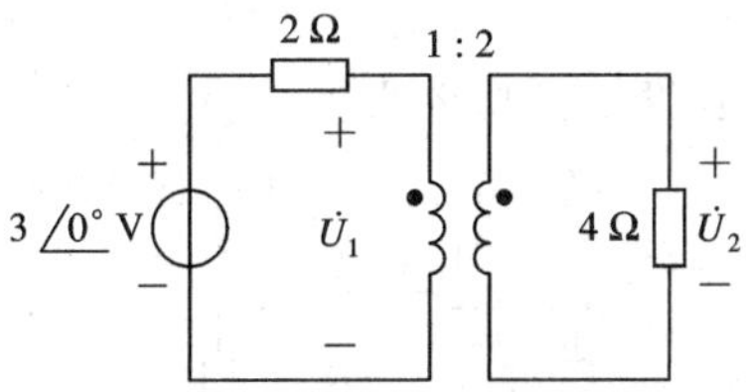

图 8

9. 图 9 所示电路，$u(0_+)=$______V。

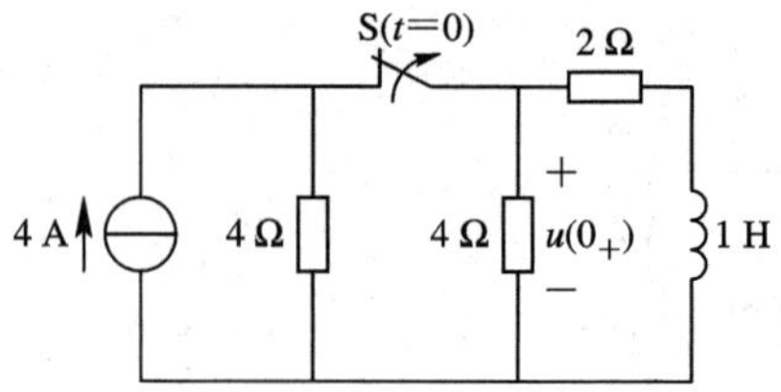

图 9

10. 图 10 所示的 u_C—t 曲线，其对应的解析式 $u_C(t)=$______V。

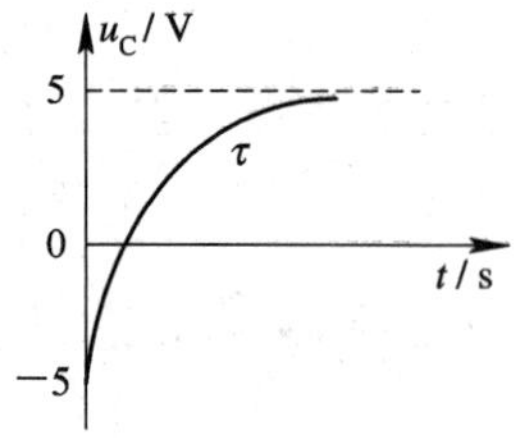

图 10

三、单项选择题(每题 3 分，共 30 分)

1. 图 11 所示电路，端口电压表达式正确的是(　　)。

A. $U=U_S-IR$　　B. $U=-U_S-IR$　　C. $U=-U_S+IR$　　D. $U=U_S+IR$

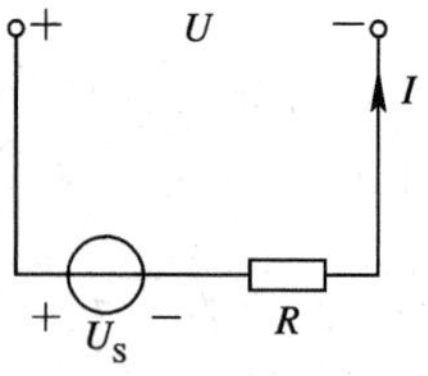

图 11

2. 图 12 所示电路，$I=$(　　)。

A. 0　　B. 2 A　　C. −2 A　　D. 4 A

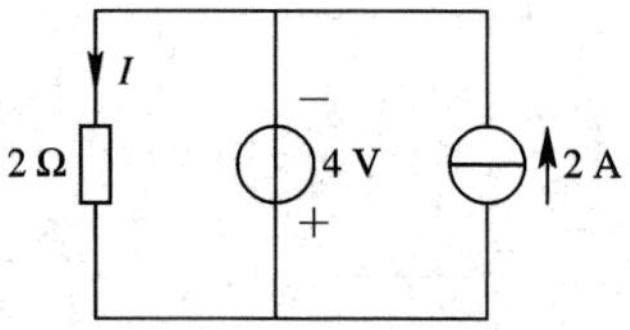

图 12

3. 图 13 所示电路，电压源供出的功率为(　　)。

A. 8 W　　B. −8 W　　C. 16 W　　D. −16 W

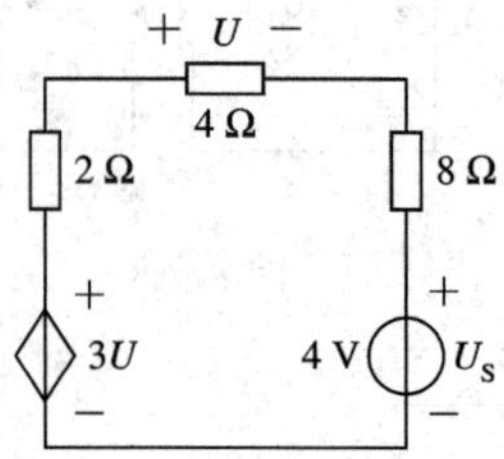

图 13

4. 图 14 所示电路，已知 $R=X_L=X_C=1\ \Omega$，则电压表读数为(　　)。

A. 2 V　　B. 0　　C. 1 V　　D. $\sqrt{2}$ V

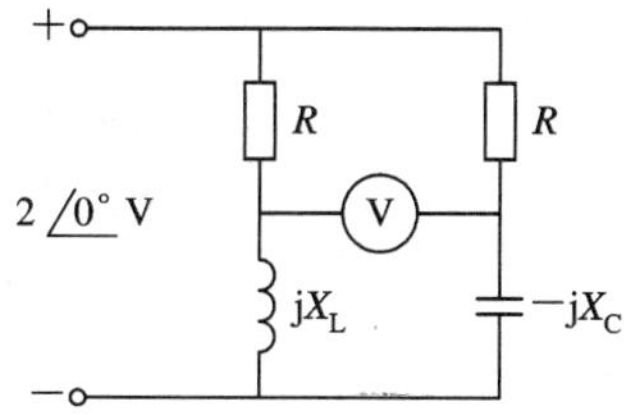

图 14

5. *RLC* 串联电路，$u=100\sqrt{2}\sin(1000t+30°)$ V，$i=10\sqrt{2}\sin(1000t+30°)$ A，$L=1$ H，则 R、C 取值应为(　　)。

A. 10 Ω 和 1 μF　　B. 10 Ω 和 1000 μF　　C. 1 Ω 和 1000 μF　　D. 10 Ω 和 100 μF

6. 图 15 所示电路，$U_{oc}=$(　　)。

A. 10 V　　B. 5 V　　C. 15 V　　D. 0

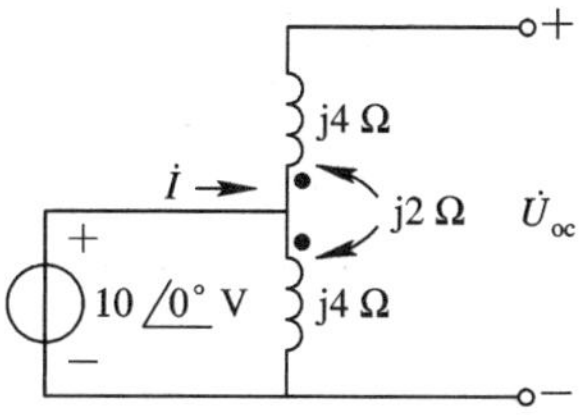

图 15

7. 图 16 所示电路，欲使 R_L 获得最大功率，则 $R_L=$(　　)。

A. 1 Ω　　B. 8 Ω　　C. 2 Ω　　D. 7 Ω

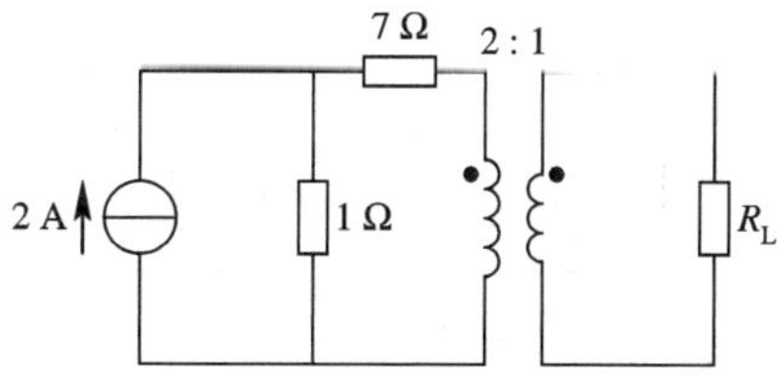

图 16

8. 两个互感线圈的电感量相等，顺向串联和反向串联的等效电感分别为 14 H 和 6 H，则两个线圈的耦合系数 $k=$(　　)。

A. 1　　B. 0.5　　C. 0.8　　D. 0.4

9. 图 17 所示网络，$u(t)=80\sqrt{2}\sin100t+60\sqrt{2}\sin300t$ V，$i(t)=2\sqrt{2}\cos100t+1.5\sqrt{2}\sin(300t+60°)$ A，则网络接收的功率为(　　)。

A. 250 W　　B. 45 W　　C. 490 W　　D. 90 W

10. 图 18 所示电路，$i(0_+)=$(　　)。

A. 2.5 A　　B. 6 A　　C. −0.5 A　　D. 1 A

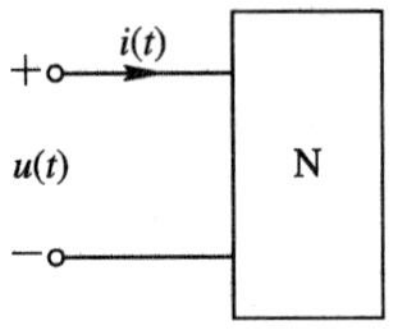

图 17

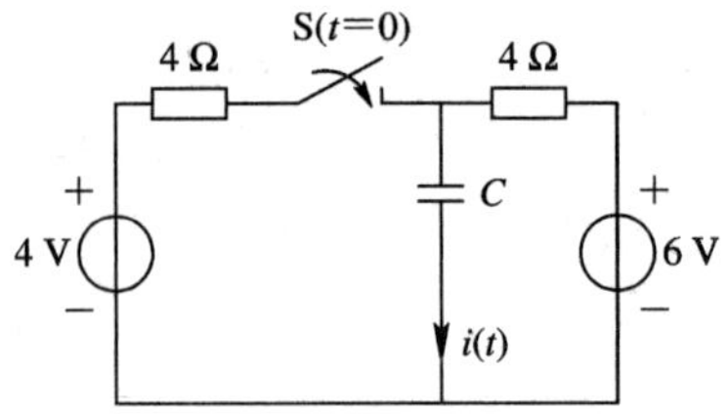

图 18

四、计算题

1. 图 19 所示电路，试求：

(1) $R=0$ 时的 I。

(2) $R=\infty$时的 I。

(3) $I=0$ 时的 R 值。(6 分)

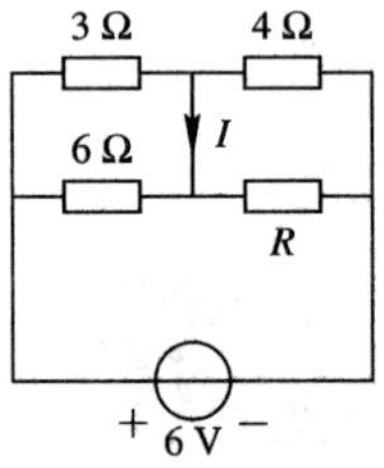

图 19

2. 图 20 所示电路，用网孔法(节点法或叠加定理)求电压 U。(6 分)

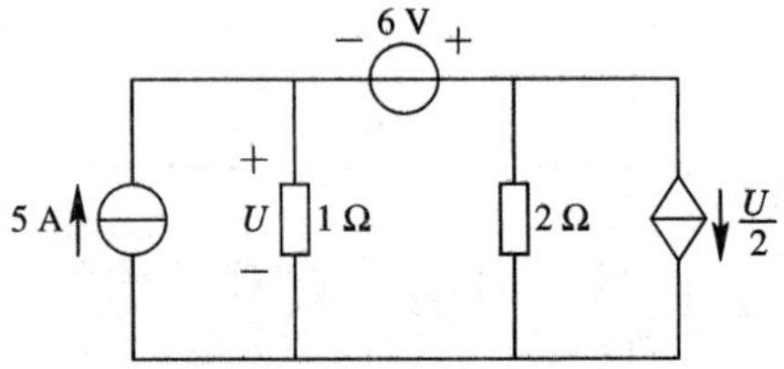

图 20

3. 图 21 所示电路，已知 $U=10+I$，求 N 的最简戴维南等效电路。(7 分)

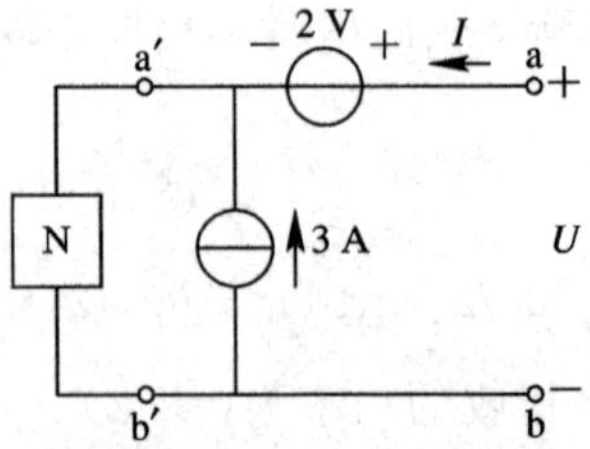

图 21

4. 图 22 所示电路，已知 $I_1=I_2=10$ A，$U=100$ V，U 与 I 同相，求 I、R、X_C 及 X_L。(8 分)

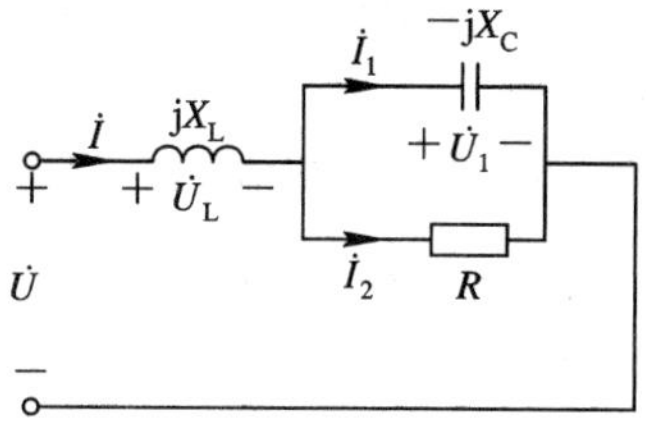

图 22

5. 求图 23 所示电路中的 I_1、I_2、I_3。(6 分)

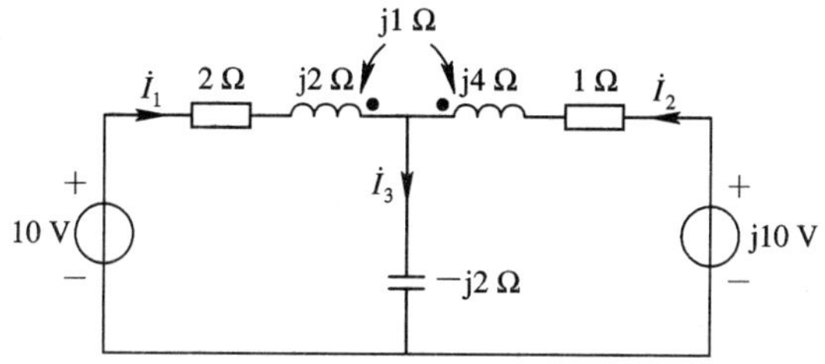

图 23

6. 求图 24 所示电路中 $t=0$ 时的 $u_C(t)$ 和 $i_1(t)$。(7 分)

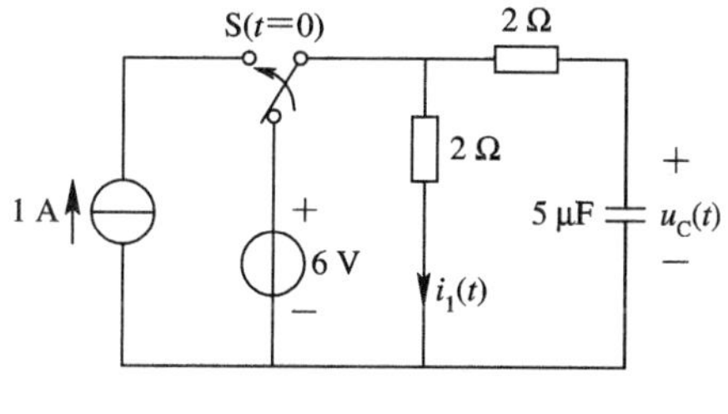

图 24

模拟试题二

一、判断题(正确的打√，错误的打×)(每题 1 分，共 10 分)

1. 两个电阻串联接到某理想电压源上，则电阻大者消耗的功率就大。(　　)

2. 一段电路实际上是吸收功率还是供出功率，与参考方向的选择有关。(　　)

3. 二端网络 A 与二端网络 B 互为等效，则电路 A 与电路 B 具有相同的电压、电流关系。(　　)

4. 两个同频率正弦量的相位差与计时起点的选择无关。(　　)

5. 含电感、电容元件的电路一定与外界进行能量交换。(　　)

6. 交流电路中的有功功率计算公式是 $p=UI\cos\varphi$，式中的 φ 是指电压超前电流的相

位角。(　　)

7. RLC 串联的正弦交流电路，电路发生谐振的条件是 $X_L = X_C$。(　　)

8. 交流收音机中的电源变压器与输出变压器为了彼此不发生互感现象，应采取垂直方位放置，此时两者的耦合系数 $k=0$。(　　)

9. 变压器只对交流信号有变压作用，对直流信号则没有变压作用。(　　)

10. 对称 Y 形连接的三相电路，线电压是相电压的$\sqrt{3}$倍，且相位超前 30°。(　　)

二、填空题(每题 2 分，共 20 分)

1. 图 1 所示电路，$I_1=$______A，$I_2=$______A，$U_S=$______V。

2. 图 2 所示电路，a 点的电位为______V。

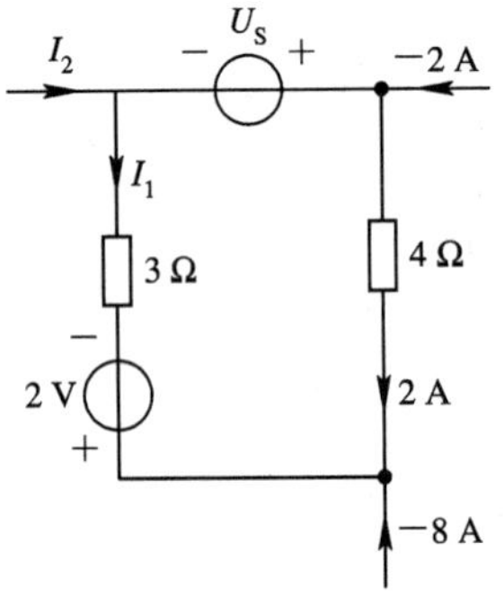

图 1

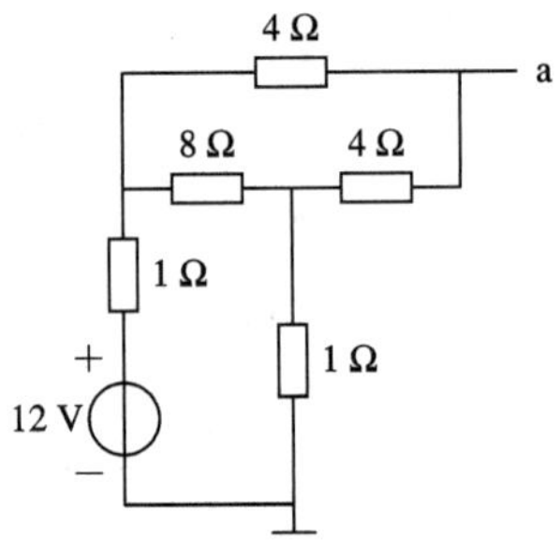

图 2

3. 图 3 所示电路，电流源供出的功率为____W，电压源吸收的功率为______W。

4. 图 4 所示电路，$R_{ab}=$______Ω。

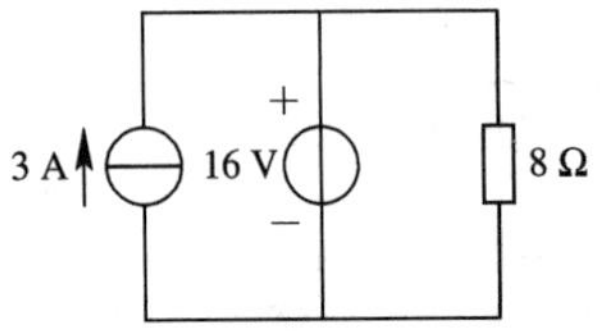

图 3

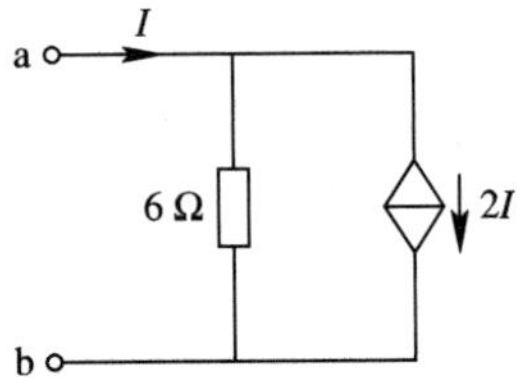

图 4

5. 图 5 所示电路中的 Z 呈容性，已知 $U=120$ V，$I=10$ A，$P=600$ W，则 $Z=$____Ω。

6. 图 6 所示电路，已知 $U=12$ V，$I=5$ A，则 $I_C=$______ A。

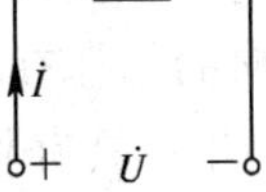

图 5

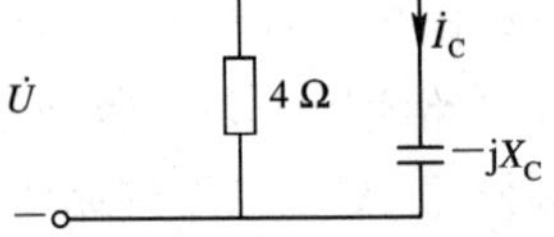

图 6

7. 图 7 所示电路，电压 $\dot{U}_{bc}=$______ V。

8. 图 8 为两个互感线圈作不同的串联，已知等效电感 $L_{ac}=16$ mH，$L_{ad}=24$ mH，则两线圈的同名端为______，互感系数 $M=$______ mH。

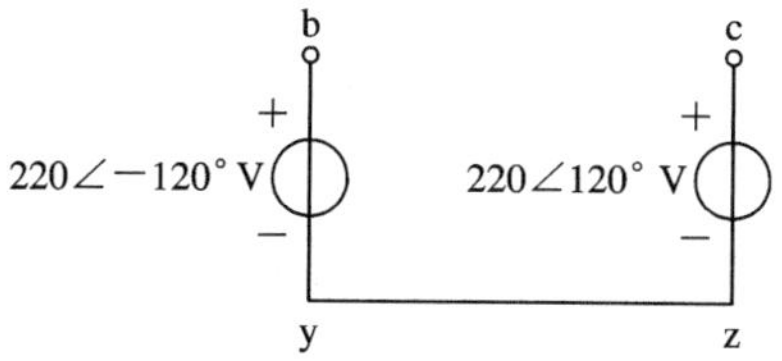

图 7

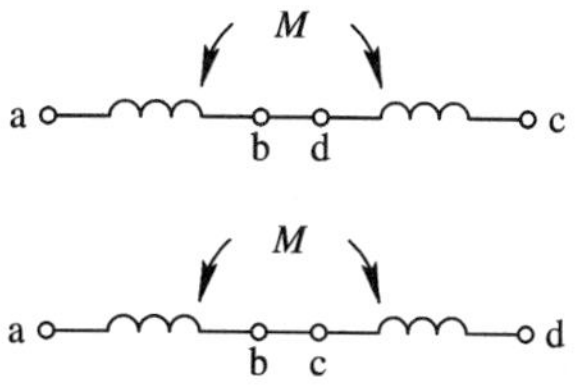

图 8

9. 图 9 所示电路，电容 C 原来不带电，开关 S 闭合瞬间，$u_1(0_+)=$______ V。

10. 图 10 所示电路已处稳态，$t=0$ 时 S 打开，电流 $i_C(0_+)=$______ A。

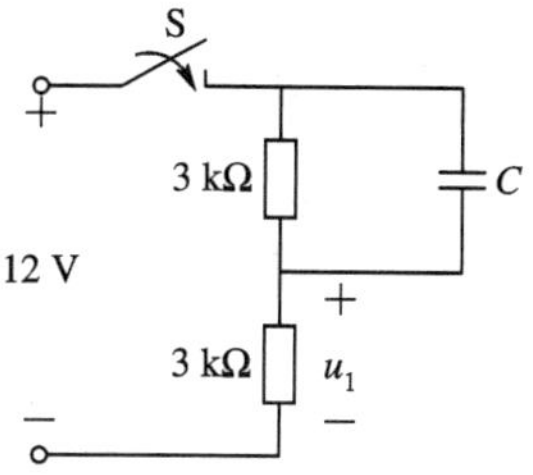

图 9

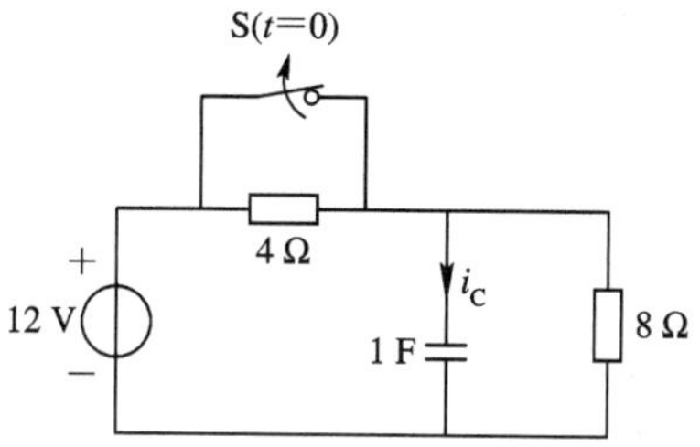

图 10

三、单项选择题(每题 3 分，共 30 分)

1. 图 11 所示电路，$\varphi_a=$(　　)。

A. 7 V　　B. 8 V　　C. 10 V　　D. 19 V

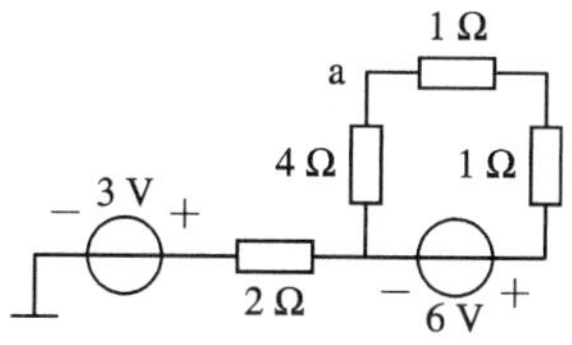

图 11

2. 图 12 所示电路，$I=$(　　)。

A. −0.5 A　　B. 0.5 A　　C. −1 A　　D. 1 A

3. 图 13 所示电路，$I=$(　　)。

A. −2 A　　B. 2 A　　C. −3 A　　D. 3 A

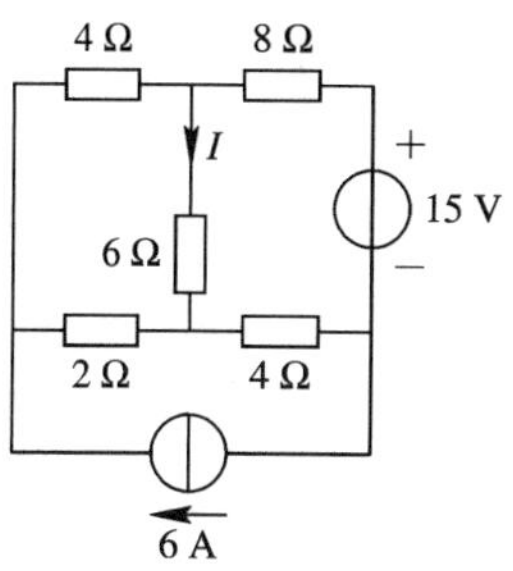

图 12

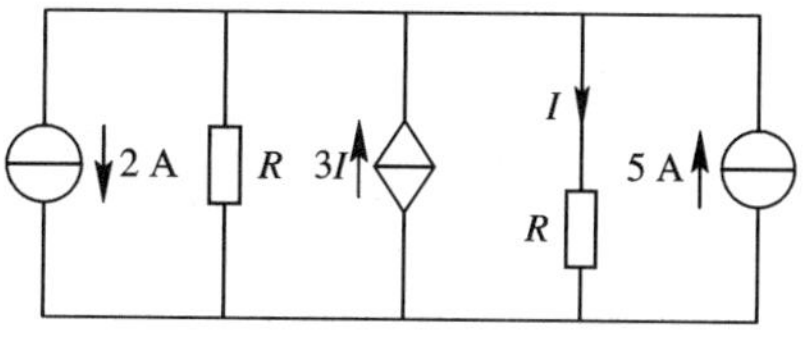

图 13

4. RL 串联的正弦交流电路，在关联参考方向情况下，下列各式正确的是(　　)。

A. $Z=R+X_{\mathrm{L}}$ B. $|Z|=\frac{\dot{U}}{\dot{I}}$ C. $Z=\frac{u}{i}$ D. $Z=R+\mathrm{j}\omega L$

5. 某电路元件两端交流电压的相位超前于流过它的电流，当二者为关联方向时，该元件呈(   )。

A. 阻性 B. 感性 C. 容性 D. 无法确定

6. 图 14 所示电路，各电流表读数相同，则电流 I 最小的电路是(   )。

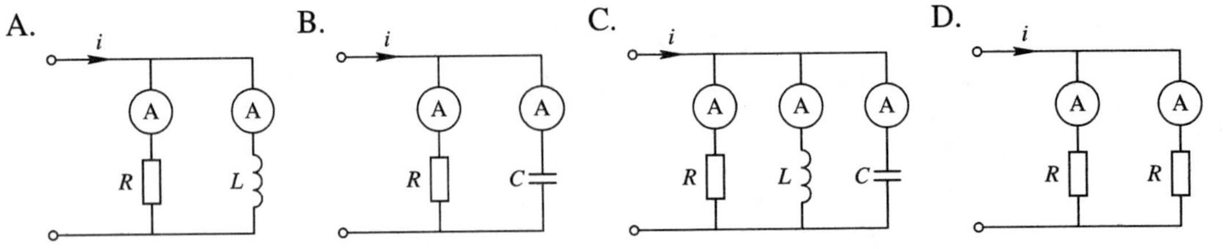

图 14

7. 图 15 所示为三相负载△形连接电路，D_1、D_2、D_3 均为三个 220 V、100 W 的灯泡，若 S_1 打开，S_2、S_3 闭合，则出现(   )的情况。

A. D_1 比 D_2、D_3 都要亮 B. D_2 比 D_1、D_3 都要亮

C. D_3 比 D_1、D_2 都要亮 D. D_1、D_2、D_3 亮度相同

8. 图 16 所示电路，$i_{\mathrm{S}}(t)=\sin t$ A，则 $u(t)=$(   )。

A. 5 sin$t$ V B. 7 cos$t$ V C. 7 sin$t$ V D. −7 sin$t$ V

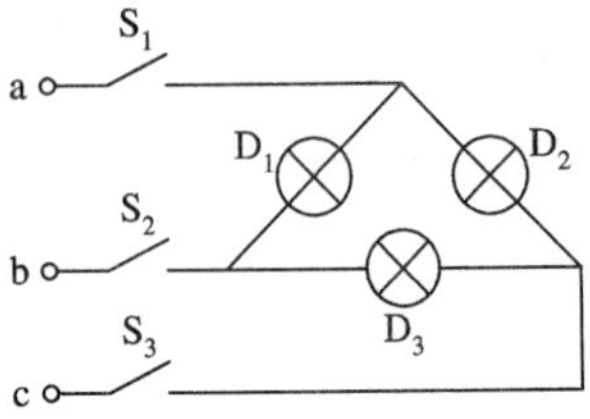

图 15

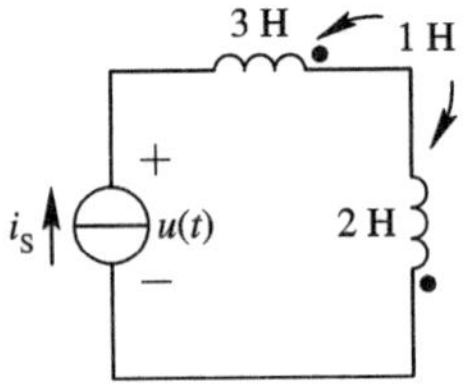

图 16

9. 图 17 所示电路，理想变压器次级电流 $I_2=$(   )。

A. 12 A B. 6 A C. 2 A D. 0

10. 图 18 所示电路，稳态时 $u_{\mathrm{C}}(\infty)=$(   )。

A. 8 V B. −6 V C. 4 V D. 6 V

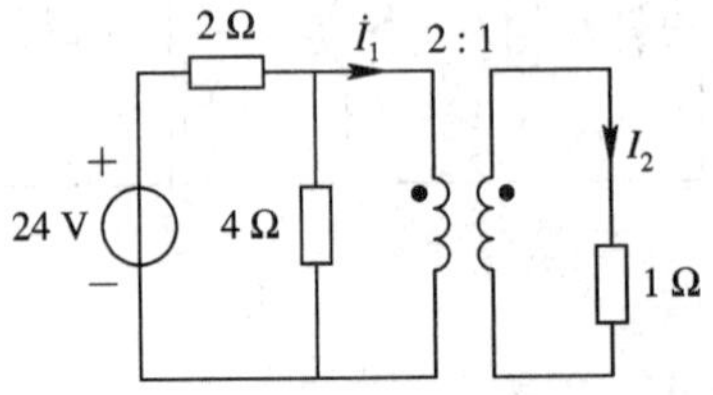

图 17

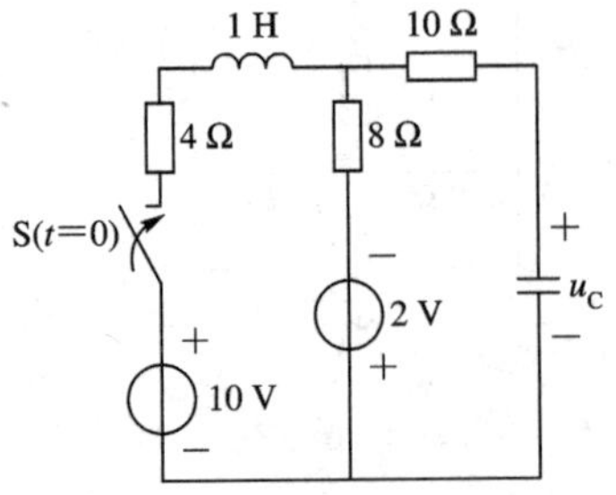

图 18

四、计算题

1. 求图 19 所示电路中的电流 I。(6 分)

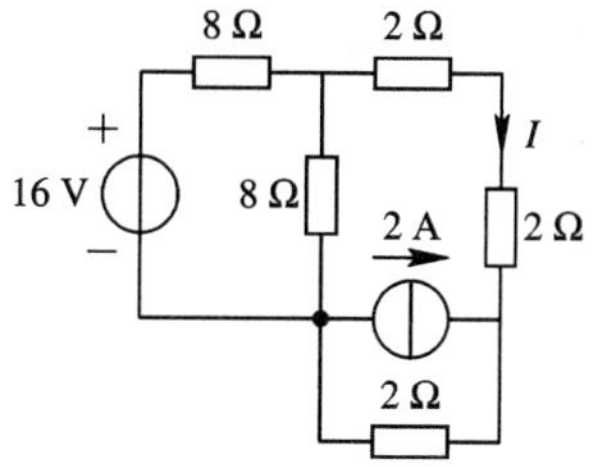

图 19

2. 图 20 所示电路，R 为何值时可获得最大功率？并求此最大功率。(6 分)

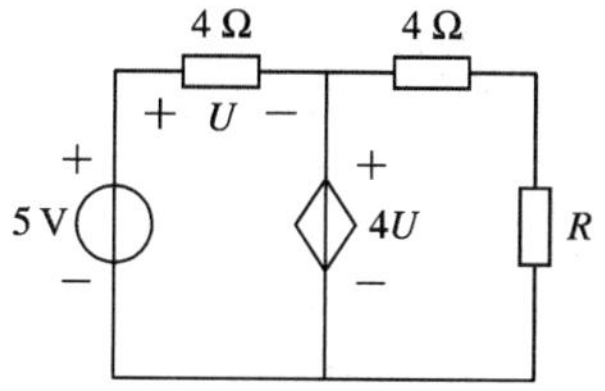

图 20

3. 图 21 所示电路，已知 $X_L=X_C=R=10\ \Omega$，$I_R=10\ \text{A}$，求电压源 U_S 的值。(7 分)

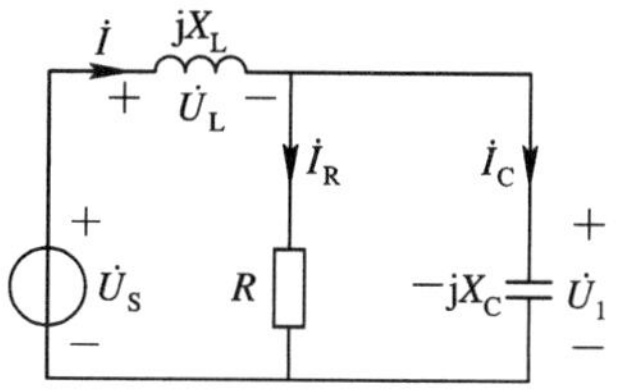

图 21

4. 图 22 所示电路，已知 $L=5\ \text{mH}$，$i(t)=10\sqrt{2}\sin(10^3t+30°)\ \text{A}$，$u(t)=100\sin(10^3t+75°)\ \text{V}$，求 i_C 及网络吸收的功率 P。(7 分)

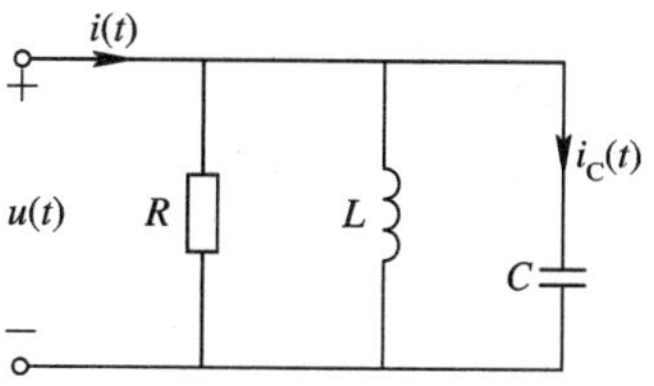

图 22

5. 利用图 23(a)所示电压波形的傅立叶级数

$$u(t)=\frac{4U_m}{\pi}\left(\sin\omega t+\frac{1}{3}\sin3\omega t+\frac{1}{5}\sin5\omega t+\cdots\right)$$

求出图 23(b)所示波形的傅立叶级数 $u'(t)$，并说明谐波成分与波形对称的关系。(7 分)

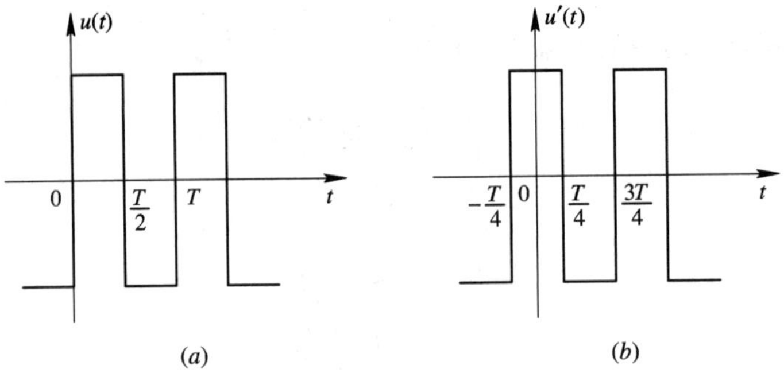

图 23

6. 图 24 所示电路，求 $t \geqslant 0$ 时的 $i_L(t)$ 和 $u(t)$。（7 分）

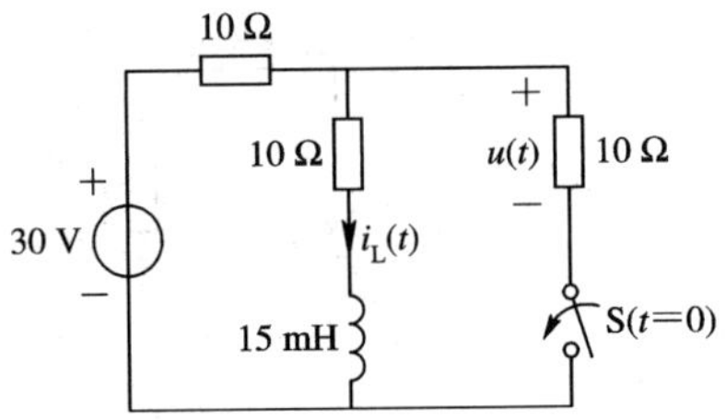

图 24

模拟试题一答案

一、1. (√)　2. (√)　3. (√)　4. (×)　5. (√)
　6. (×)　7. (×)　8. (√)　9. (√)　10. (×)

二、1. −1　2. 4　3. 20　4. 6　5. $10\sqrt{2}\angle 45^\circ$ Ω
　6. $\dot{I}_1[R_1+R_2+j\omega(L_1+L_2-2M)]$，　$\dot{I}_1(R_1+j\omega L_1)-j\omega M\dot{I}_2$
　7. d　8. 2　9. −8　10. $5-10^{e^{-\frac{t}{\tau}}}$

三、1. D　2. C　3. A　4. A　5. A
　6. B　7. C　8. D　9. B　10. C

四、1. (1) $I=2$ A，　(2) $I=-\dfrac{1}{3}$ A，　(3) $R=8$ Ω
　2. 1 V
　3. $U_{oc}=5$ V，$R_0=1$ Ω
　4. $10\sqrt{2}$ A，$10\sqrt{2}$ Ω，$10\sqrt{2}$ Ω，$5\sqrt{2}$ Ω
　5. $4\underline{/36.9^\circ}$ A$\left(或\dfrac{j20}{3+j4}\right)$，　$6\underline{/36.9^\circ}$ A$\left(或\dfrac{j30}{3+j4}\right)$，　$10\underline{/36.9^\circ}$ A$\left(或\dfrac{j50}{3+j4}\right)$
　6. $u_C(t)=2+4e^{-5\times10^4 t}$ V，　$i(t)=1+e^{-5\times10^4 t}$ A

模拟试题二答案

一、1.（√）　2.（×）　3.（√）　4.（√）　5.（×）

6.（√）　7.（√）　8.（√）　9.（×）　10.（√）

二、1. 6，10，−8　2. 6　3. 48，16　4. −6　5. $6-6\sqrt{3}$（或 $12\angle -60^\circ$）

6. 4　7. $380\angle -90^\circ$　8. B、D 或 A、C，2　9. 12　10. −1.5

三、1. A　2. B　3. C　4. D　5. B

6. C　7. C　8. B　9. A　10. D

四、1. 0.4 A

2. $U_{oc}=4$ V，$R=4\ \Omega$，$P_{max}=1$ W

3. $U_S=100$ V

4. $i_c(t)=10\sin(10^3t+165^\circ)$ A，$P=500$ W

5. $u'(t)=\dfrac{4U_m}{\pi}\left(\cos\omega t-\dfrac{1}{3}\cos 3\omega t+\dfrac{1}{5}\cos 5\omega t-\cdots\right)$

图(a)波形为横轴对称和坐标原点对称，只含奇次正弦项。图(b)波形为横轴对称和纵轴对称，只含奇次余弦项。

6. $i_L(t)=1+0.5e^{-10^3t}$ A，$u(t)=10-2.5e^{-10^3t}$ V

习题答案(参考)

习　题　1

1.1　8 V，−6 V，8 V

1.2　−4 V，4 V

1.3　1 V

1.4　2 W(供出)，3 W(吸收)，16 W(吸收)，4 W(供出)

1.5　−10 V，2 V，−6 V

1.6　25 V

1.7　(*a*) 5 A，5 A；4 V，−2 V，5V

　　(*b*) 4 A，5 A，2 A；4 V，$\frac{5}{3}$ V，−1 V

1.8　10 V，0

1.9　5 Ω

1.10　2 V，22 V，3 V，−24 V，1 V，25 V

1.11　8 Ω，9.6 W

1.12　6 A，45 V

1.13　3 Ω，2 Ω

1.14　10 V，2.5 V，7.5 V

1.15　2 V，4.5 V

习　题　2

2.1　9～13 V

2.2　298.5 kΩ，700 kΩ

2.3　$\begin{cases}R_1=10\ \Omega\\R_2=30\ \Omega\end{cases}$，$\begin{cases}R_1=30\ \Omega\\R_2=10\ \Omega\end{cases}$

2.4　300 Ω，75 Ω

2.5　$\frac{1}{3}$ A

2.6　1.6 V

2.7　(*a*) 2 Ω，(*b*) 3.75 Ω，(*c*) 1.5 Ω

2.8 (a) 2 Ω，(b) 1.2 Ω

2.9 30 mA，10 mA

2.10 1.5 A，3 A，1.5 A，1.5 A，0，1.5 A

2.11 3 A，$\frac{5}{3}$ A，$\frac{4}{3}$A

2.12 80 W

2.13 $\frac{25}{4}$ V

2.14 0.5 A

2.15 略

2.16 $\frac{31}{9}$ Ω

2.17 35 Ω

2.18 3.6 A

习 题 3

3.1 0.5 A，−1 A，1.5 A

3.2 2 A，−1 A；1 A，80 W(供出)，10 W(消耗)，20 W(消耗)，20 W(消耗)，30 W(消耗)

3.3 $\begin{cases} I_1+I_2-I_6=0 \\ -I_1+I_3-I_4=0 \\ I_4-I_5+I_6=0 \\ 3I_1-3I_4+3I_6=9 \\ 2I_3+3I_4+2I_5=15 \\ I_1+2I_5+3I_6=5 \end{cases}$

3.4 $\begin{cases} I_1-I_2-I_b=0 \\ I_2-I_3-\beta I_b=0 \\ R_S I_1+R_b I_b=U_S \\ R_f I_2+R_L I_3-R_b I_b=0 \end{cases}$

3.5 1.9 A，1.1 A，2.1 A，0.9 A

3.6 0.6 A

3.7 9 A，2.5 A，2 A

3.8 14 V

3.9 4.8 V

3.10 略

3.11 1 A，0.5 A，2 A，1.5 A，0.3 A，−0.2 A

3.12 0.25 A

3.13 6.25 A，2.5 A，3.75 A，2.5 A，1.25 A，3.75 A

3.14 10 V，9.2 V，4.4 V

3.15 3.75 V

3.16　40 W，10 W

3.17　$\begin{cases}\left(\dfrac{1}{R_1}+\dfrac{1}{R_2}+\dfrac{1}{R_3}+\dfrac{1}{R_4}\right)\varphi_1-\left(\dfrac{1}{R_1}+\dfrac{1}{R_2}\right)\varphi_2=\dfrac{U_{S1}}{R_1}-\dfrac{U_{S2}}{R_2}+\dfrac{U_{S3}}{R_3}\\ -\left(\dfrac{1}{R_1}+\dfrac{1}{R_2}\right)\varphi_1+\left(\dfrac{1}{R_1}+\dfrac{1}{R_2}+\dfrac{1}{R_5}\right)\varphi_2=-\dfrac{U_{S1}}{R_1}+\dfrac{U_{S2}}{R_2}\end{cases}$

$I_1=\dfrac{\varphi_2+U_{S1}-\varphi_1}{R_1}$，$I_2=\dfrac{\varphi_2-U_{S2}-\varphi_1}{R_2}$，$I_3=\dfrac{\varphi_1-U_{S3}}{R_3}$

$I_4=-\dfrac{\varphi_1}{R_4}$，$I_5=\dfrac{\varphi_2}{R_5}$

3.18　0.25 A

3.19　−5 V，7 A

3.20　−25 W(发出 25 W)

3.21　−0.4 A，−2.4 V

3.22　0.5 A

3.23　$-\dfrac{2}{3}$ A

3.24　−1 A

3.25　1 A

3.26　8 V

3.27　1.5 A

3.28　4 A

3.29　4 W

3.30　(1) 0.6 Ω，$\dfrac{5}{12}$ W

(2) 并联一个上“+”、下“−”数值为 1 V 的电压源和 0.6 Ω 电阻串联的支路

3.31　6 Ω，6 W

3.32　(1) 6 V，10 kΩ

(2) 0.9 mW

3.33　8 Ω，4.5 W

习　题　4

4.1　$100\sin(1000t+30^\circ)$ mA，1.047 ms

4.2　$311\sin\left(628t+\dfrac{\pi}{4}\right)$ V，$10\sin\left(314t+\dfrac{\pi}{6}\right)$ A

4.3　$\theta_i=\dfrac{\pi}{3}$，$\theta_u=-\dfrac{\pi}{3}$，$\varphi=\dfrac{2\pi}{3}$。电流初相变为$\dfrac{2\pi}{3}$，电压初相变为 0。φ 不变。i 超前 u。

4.4　(1) 0.35 A　(2) $i(t)=20\sqrt{2}\sin(120\pi t+30^\circ)$ A，$i(t)=20\sqrt{2}\sin(120\pi t+90^\circ)$ A

4.5　同相的 $i_a(t)=4.33\sqrt{2}\sin100\pi t$，相差 90°的 $i_r(t)=2.5\sqrt{2}\sin(100\pi t-90^\circ)$ A

4.6　(1) $100\sqrt{2}\sin(100\pi t+180^\circ)$ V

(2) $100\sqrt{6}\sin(100\pi t-90^\circ)$ V

(3) 0

(4) $200\sqrt{2}\sin(100\pi t-120^\circ)$ V

4.7　略

4.8　(1) $\frac{10}{\sqrt{2}}$ A　　(2) $\frac{10}{\sqrt{2}}$ A

4.9　(1) 0～1 μs，50 mA；　1～4 μs，0；　4～5 μs，－50 mA

(2) 2.5×10^{-10} J，0

4.10　$U_1=133.3$ V，$U_{C2}=U_{C3}=16.7$ V

4.11　－1～0 s，$u_L=0.1$ V；　0～3 s，$u_L=0$；　3～4 s，$u_L=-0.1$ V

4.12　(1) 5 V　　(2) 2.4 A

4.13　略

4.14　(1) $0.45\sqrt{2}\sin\left(100\pi t+\frac{2\pi}{3}\right)$ A　　(2) 2 kW·h

(3) 0.413 A，82.6 W

4.15　(1) 0.876 A，192.7 V·A，0.614 J　　(2) 64.23 V·A，φ不变

4.16　(1) 20.7 A，136.7 kV·A，435.6 J

(2) $i\left(\frac{T}{3}\right)=29.3$A，$u\left(\frac{T}{3}\right)=0$

4.17　(1) 202.8 μF　　(2) 0.875 A，56 A

4.18　0.37 A，103.6 V，193 V

4.19　267 mH

4.20　(1) $0.71\sqrt{2}\sin(7410t+69.3°)$ V　　(2) 超前 69.3°

4.21　10 Ω，35.7 mH

4.22　13.47 A，134.7 V，515.6 V，－381.1 V

4.23　$10\sqrt{2}\angle 45°$ Ω，$0.707\angle -15°$ A，$7.07\angle -15°$ V，$10.6\angle 75°$ V，$3.5\angle -105°$ V

4.24　(1) $150\angle 37°$ Ω　　(2) $0.667\angle -7°$ A

(3) $33.3\angle 30°$ V，$18.85\angle -52°$ V，$66.7\angle 46°$ V

4.25　(1) 略

(2) 83.3 Ω,1600 μF

4.26　$11.2\sqrt{2}\sin(10^3t+33.4°)$ mA

4.27　$100\angle -37°$ V，$4\angle -37°$ A，$2\angle -127°$ A，$5\angle 53°$ A

4.28　(1) $0.037\angle -25.5°$ S　　(2) $2\angle 2.9°$ S

(3) $0.115\angle 30°$ S　　(4) $0.577\angle -60°$ S

4.29　(1) 8.33 Ω，0.625 H

(2) 24.39 Ω，0.457 H

4.30　(1) 6 A，0，6 A，120 V，169.7 V

(2) 6 A，6 A，0，120 V，0

4.31　$86.6\sqrt{2}\sin(\omega t+90°)$ V

4.32　5 kΩ，1.15 μF

4.33　$X_C=5\ \Omega$，$R_2=X_L=2.5\ \Omega$

4.34　1.41 A，14.14 Ω，14.14 Ω，7.07 Ω

4.35　$5.35\angle{-22.8°}$ A

4.36　$\omega_0=\frac{1}{RC}$，$U_o=\frac{1}{3}U_S$

4.37　略

4.38　2000 Ω

4.39　$\frac{Z_1+Z_2}{Z_1+(1-\mu)Z_2}U_S$，$\frac{Z_1Z_2}{Z_1+(1-\mu)Z_2}$

4.40　$1\angle{36.9°}$ A

4.41　(1) 554 只　(2) 581 只

4.42　36.36 A，0.5，328.3 μF，20.2 A

4.43　$140\sqrt{2}$ A，0.707

4.44　0.186 A，0.977

4.45　6.67 Ω，3433 W

4.46　(1) 52 Ω，38.5 pF，50 μW　　(2) 51 Ω，49.5 μW

4.47　10^6 rad/s，10 kΩ，500，1 mA，10 V，2000 rad/s

4.48　2×10^7 rad/s，20 kΩ，5 μA，200 μA

4.49　(1) 1 μH，100 pF，1 Ω，　(2) 1 mA

4.50　(1) 11 A，0，　(2) 0，I_B，I_C 均不变，$11\angle{135°}$ A，(3) 略

4.51　(1) 33 A；

(2) $\dot{I}_A=-\dot{I}_{ca}=19\angle{-75°}$ A，$\dot{I}_B=\dot{I}_{bc}=19\angle{-135°}$ A，$\dot{I}_C=33\angle{75°}$ A

(3) 略

4.52　91.5%

习　题　5

5.1　1×10^{-3} Wb，0.03 H

5.2　0.01 H

5.3　略

5.4　(1) 第一组数据的情况为顺向串联，第二组数据的情况为反向串联

(2) 0.035 H

5.5　10.4 A，161.5 V

5.6　$1.5\angle{-90°}$ A，$1.5\angle{-180°}$ V

5.7　S打开时：$\dot{I}_1=\dot{I}_2=4.42\angle{-45°}$ A

S闭合时：$7.79\angle{-51.5°}$ A，$3.475\angle{-29.7°}$ A

5.8　31 H

5.9　$1\angle{0°}$ A，$0.25\sqrt{2}\angle{45°}$ A，7.5 W

5.10　1.26 V，0.707 mA

5.11　(1) $100\angle{45°}$ V，$1000\sqrt{2}\angle{45°}$ Ω　　(2) 0.0707 A

5.12　40 Ω，2.5 W，250 V

5.13　略

5.14　0.9998 V

5.15　(1) $0.4\angle{0°}$ A，0.64 W　　(2) 4，1 W

习　题　6

6.1　8.1 A，0.9 A，0.32 A

6.2　略

6.3　略

6.4　96.7 V

6.5　5.77 A

6.6　55.2 V，6.3 A，190 W

6.7　$i=15+6\sqrt{2}\sin\omega t$ A，$P=2.61$ kW

6.8　$i=4.43\sqrt{2}\sin(314t-7.6°)+0.89\sqrt{2}\sin(3\times314t-27.5°)$ A

$P=122.5$ W

6.9　$i=\sin(314t+144.2°)+3.2\sin(942t+79.8°)+0.97\sin(1570t-61°)$ A

6.10　$i=2+28.8\sin(\omega t-6.9°)+13.6\sin(2\omega t+15°)$ A；2.5 kW

6.11　(1) $u=1.5+4.2\times10^{-3}\sin(\omega t-90°)$ V

(2) $u=1.5+0.8\sin\omega t$ V

(3) 略

6.12　$C_1=9.4\ \mu F$，$C_2=75\ \mu F$

习　题　7

7.1　(*a*) 10 V，−0.5 A　　(*b*) 24 A，60 V

(*c*) −3.5 A，1.5 V　　(*d*) 48 V，0 A，0 V

(*e*) 4.5 A，3 A，1.5 A

7.2　$30e^{-50t}$ V，$-7.5e^{-50t}$ mA

7.3　(1) $2e^{-3000t}$ A　　(2) 0.1 A

7.4 $-2e^{-t}$ A, $\frac{1}{2}e^{-t}$ A

7.5 $2e^{-12.5t}$ A, $-0.67e^{-12.5t}$ A, $-10e^{-12.5t}$ V

7.6 10 Ω, 10 H

7.7 $3(1-e^{-1000t})$ V

7.8 $2(1-e^{-10^6 t})$ mA

7.9 $3(1-e^{-0.1t})$ V, $(1-0.4e^{-0.1t})$ A

7.10 1.39 μs

7.11 (*a*) 0.13 μs, 0, $\frac{4}{3}$ mA, $\frac{4}{3}$ mA, $\frac{8}{3}$ mA

(*b*) 39 ms, 10 kV, 0, 5 A

(*c*) 2 s, 14 V, −2 A

(*d*) 0.5 s, 6 V, 0

7.12 $\left(\frac{2}{3}+\frac{4}{3}e^{-0.5t}\right)$ V

7.13 $\left(\frac{4}{3}-\frac{1}{3}e^{-\frac{3}{2}t}\right)$ A

7.14 $-4.5e^{-100t}$ mA, $-45e^{-10^5 t}$ V

7.15 $(75+25e^{-0.1t})$ V, $-5e^{-0.1t}$ A

7.16 $(7.2-1.2e^{-\frac{1}{1.8}t})$ V, $(0.6+0.4e^{-\frac{1}{1.8}t})$ A

7.17 $(11-10e^{-0.5t})$ V, $(-1+5e^{-0.5t})$ A

7.18 $2(1-e^{-7t})$ A, $2e^{-7t}$ A, $14e^{-7t}$ V

7.19 (1) $2(1-e^{-100t})$ A

(2) $(3-e^{-200t})$ A, $2e^{-50t}$ A

7.20 $(-7.5e^{-0.2t}\sin 0.4t)$ V

$(-1.5e^{-0.2t}\sin 0.4t+3e^{-0.2t}\cos 0.4t)$ A

7.21 (1) $(10.5e^{-0.21t}-0.46e^{-4.79t}-10)$ V

(2) $[(10+10t)e^{-t}-10]$ V

(3) $[11.55e^{-0.5t}\sin(0.866t+60°)-10]$ V

(4) $[10\sin(t+90°)-10]$ V

自测题答案

自测题 1

1-1　11 A，90 V，5.25 Ω，1080 W

1-2　5 V，7 V

1-3　−47 V，9 A，−423 W

1-4　−4 V，24 V

1-5　12.5 V

自测题 2

2-1　(1) 2 Ω，1.5 Ω
　　(2) 12 Ω，4 Ω

2-2　2.5 A

2-3　1.5 Ω，3 A

2-4　10 V

2-5　14 V

自测题 3

3-1　6.4 V，−1.6 W

3-2　1.5 V，1 V

3-3　2 A，10 V

3-4　−0.8 V，2.4 A

3-5　10 Ω，4.9 W

自测题 4

4-1　① (B)　② (C)　③ (B)　④ (D)

4-2　$140\sqrt{2}\sin\omega t$ V，
　　$100\sqrt{2}\sin(\omega t+53.1°)$ V，
　　$20\sqrt{2}\sin(\omega t+180°)$ V

4-3　2420 W，4191.6 V·A，
　　4840 V·A，0.5

4-4　0.15 μF

4-5　$0.5\sqrt{2}\sin(10^3 t+90°)$ A

4-6　3+j3 Ω，1.5 W；4.24 Ω，1.24 W

自测题 5

5-1　① (√)　② (×)　③ (√)
　　④ (×)　⑤ (√)

5-2　4 H

5-3　$0.5\angle{-45°}$ A

5-4　8 V

5-5　$70.7\angle 45°$ V，$707\angle 45°$ Ω

自测题 6

6-1　① (否)　② (否)　③ (否)
　　④ (是)　⑤ (是)

6-2　① (×)　② (×)　③ (×)
　　④ (×)　⑤ (√)
　　⑥ (×)　⑦ (√)

6-3　436.7 V，53.8 V

6-4　77.14 V，63.64 V

6-5　10 A

自测题 7

7-1　① (C)　② (B)　③ (B)
　　④ (B)　⑤ (D)

7-2　15 V，−3 A，5 A，−15 V

7-3　3 A，1 A

7-4　$(3+5e^{-2t})$ V

7-5　30 V，$(40-10e^{-0.2t})$ V

参 考 文 献

[1] 李翰荪. 电路分析基础. 北京：人民教育出版社，1983
[2] 范世贵. 电路基础. 西安：西北工业大学出版社，2000
[3] 邱关源. 电路. 北京：高等教育出版社，1985
[4] 张永瑞. 电路分析基础. 西安：西安电子科技大学出版社，2000
[5] 周孔章. 电路原理. 北京：高等教育出版社，1989
[6] 吕增义. 电路分析基础(内部讲义). 北京：北京邮电学院函授分院，1984
[7] 郑秀珍. 电路与信号习题解答(内部讲义). 北京：北京邮电大学函授学院，1995
[8] 黄东泉.〈电路〉学习指导书. 北京：高等教育出版社，1983
[9] 刘增寿. 电路分析基础教程. 长沙：国防科技大学出版社，1996
[10] 吴承甲，陈毓琮. 电路基础. 北京：人民邮电出版社，1993
[11] 李翰荪. 电路及磁路. 北京：中央广播电视大学出版社，1994
[12] 李树燕. 电路基础. 北京：高等教育出版社，1994
[13] 张洪让. 电工基础. 北京：高等教育出版社，1990
[14] 腾本石，李浩然. 电工基础. 北京：中国农业出版社，1996
[15] 陈菊红. 电工基础. 北京：机械工业出版社，1998
[16] 裴留庆. 电路理论基础. 北京：北京师范大学出版社，1982